上海科技专著出版资金资助项目

"十二五"国家重点图书出版规划项目

BIM 应用·设计

主　编　许　蓁
副主编　于　洁

同济大学出版社
TONGJI UNIVERSITY PRESS

内 容 提 要

本书为"建筑信息模型 BIM 应用丛书"的分册之一,列选为"十二五"国家重点图书出版规划项目、上海科技专著出版资金资助项目。

本书由 BIM 领域的高校科研团队、设计企业以及咨询机构的一线工程师共同编写,依托丰富的工程实例,兼备理论性与实践性,旨在推动 BIM 在工程设计阶段的理论研究和应用实践,加快建筑业信息化建设。主要内容包括:概论、BIM 在设计前期阶段的应用、BIM 在方案设计阶段的应用、BIM 在初步设计阶段的应用、BIM 在施工图设计阶段的应用以及 BIM 设计的延伸应用共 6 章,以建筑设计信息化和 BIM 协同设计为基础,系统地介绍了 BIM 在工程设计各阶段的应用和具体实施过程。

本书内容丰富系统、案例详实,是国内第一本深入、丰富、贴近实际的 BIM 设计应用类图书,可供建筑行业的管理人员和技术人员使用,其中包括建筑工程各阶段的专业人员以及 BIM 应用的组织管理者和 BIM 设计师,也可作为高等院校土建类专业师生的参考资料。

图书在版编目(CIP)数据

BIM 应用·设计 / 许蓁主编. -- 上海:同济大学出版社,2016.5

(建筑信息模型 BIM 应用丛书/丁士昭主编)

ISBN 978-7-5608-6295-8

Ⅰ.①B… Ⅱ.①许… Ⅲ.①建筑设计—计算机辅助设计—应用软件 Ⅳ.①TU201.4

中国版本图书馆 CIP 数据核字(2016)第 082419 号

"十二五"国家重点图书出版规划项目
本书出版由上海科技专著出版资金资助

BIM 应用·设计

主　编　许　蓁　　副主编　于　洁

责任编辑　马继兰　赵泽毓　　**助理编辑**　张富荣　　**责任校对**　徐春莲
封面设计　朱焌凡　潘向蓁

出版发行	同济大学出版社　　www.tongjipress.com.cn	
	(地址:上海市四平路 1239 号 邮编:200092 电话:021-65985622)	
经　销	全国各地新华书店、建筑书店、网络书店	
印　刷	上海安兴汇东纸业有限公司	
开　本	787 mm×1 092 mm　1/16	
印　张	26	
字　数	649 000	
版　次	2016 年 7 月第 1 版　　2016 年 7 月第 1 次印刷	
书　号	ISBN 978-7-5608-6295-8	

定　价　128.00 元

建筑信息模型 BIM 应用

丛书编委会

本书编委会

BIM

总　序

BIM 作为建筑业的一个新生事物,出现在我国已经有十年了。在这十年中,通过不断的推广与实践,BIM 技术的应用在不断发展,在近两三年,更出现井喷之势。目前,BIM 技术的应用范围越来越广,成果越来越多。人们通过理论探索和应用实践,逐步认识到:

(1) BIM 不仅限于在设计工作中的应用,它的应用领域涉及建设项目的全生命周期,即包括建设项目决策期(前期论证分析)、实施期(设计阶段、施工阶段、采购活动等)与运维(运行维护)期;

(2) BIM 技术可为建设项目各参与方(投资方、开发方、政府管理方、设计方、施工方、工程管理咨询方、材料设备供货方、设施运行管理方等)服务,并为其提供了一个高效的协同工作平台;

(3) BIM 技术的应用可减少由于项目各方参与工作的不协同而引起的投资损失,并通过强化协同工作,有利于加快建设进度和提高工程质量;

(4) BIM 模型是建设项目信息的载体,BIM 模型的数据库是分布式的,是动态变化的,在应用过程中将不断更新、丰富和充实;

(5) 工程建设信息化的发展趋势是基于 BIM 的数字化建造,在此基础上建筑业的生产组织形式和管理方式将会发生与此趋势相匹配的巨大变革。

通过十年 BIM 的实践应用,人们取得了一个共识:BIM 已经并将继续引领建设领域的信息革命。随着 BIM 应用的逐步深入,建筑业的传统架构将被打破,一种以信息技术为主导的新架构将取而代之。BIM 的应用完全突破了技术范畴,将成为主导建筑业进行变革的强大推动力。这对于整个建筑行业而言,是挑战更是机遇。

美国 BIM 技术的应用在世界上先行一步,并十分注重相关理论的研究。美国 buildingSMART alliance(bSa)曾经对美国工程建设领域 BIM 的应用情况作过详细调查,总结出目前美国市场上 BIM 在建设项目全生命周期中各阶段的 25 种不同应用并加以分析研究,用于指导实际工程中 BIM 的应用。另外,美国 Charles Eastman 教授等编著的 *BIM Handbook：A Guide to Building Information Modeling for Owners，Managers，Designers，Engineers，and Contractors* 则按照建设项目全生命周期中各参与者应用进行 BIM 应用分类。以上介绍的不同类型的分类框架对于我国 BIM 的应用也有很好的借鉴作用。我们可以结合目前国内 BIM 技术的发展现状、市场对 BIM 应用的接受程度以及我国建筑业的特点,对 BIM 的典型应用进行归纳和分析,以指导 BIM 的应用实践。

目前,国内 BIM 应用正在不断发展,形势一片大好,住建部颁布了《2011—2015 建筑业信息化发展纲要》,在总体目标中提出了"加快建筑信息模型 (BIM)、基于网络的协同工作等新技术在工程中的应用,推动信息化标准建设" 的目标,同时住建部启动了中国 BIM 标准的制订工作。我国政府这一系列的措施必定对我国的 BIM 应用产生巨大的推动作用。

在当前,BIM 正处于蓬勃发展的大好形势下,对我国业界这十年应用 BIM 的过程中在理论上和实践上所收获的很多成果进行总结和整理,无疑对推动 BIM 在下一阶段的应用和发展是大有裨益的。

同济大学出版社策划并组织"建筑信息模型 BIM 应用丛书"出版项目是一件很好的事,丛书编委会确定了本丛书的编写目的:阐述 BIM 技术在建设项目全生命周期中应用相关的基本知识和基础理论;介绍和分析 BIM 技术在国内外建设项目全生命周期中的实践应用及 BIM 应用的实施计划体系和实施计划的编制方法;以推动 BIM 技术在我国建设项目全生命周期中的应用。希望它成为一套较为系统、深入、内容丰富和贴近实践的 BIM 应用丛书。

本丛书编写团队由对 BIM 理论有深入研究的高校教师、科研人员以及对 BIM 应用有丰富经验的设计和施工企业的资深专家组成,来自十余家单位的近五十位专家参与了丛书的编写。这种多元化结构的写作团队十分有利于吸纳不同领域的专家从不同视角对 BIM 的认识,有利于共同探讨 BIM 的基本理论、应用现状和未来前景。

本丛书被列选为"十二五"国家重点图书出版规划项目,包括如下三个分册:《BIM 应用·导论》《BIM 应用·设计》《BIM 应用·施工》。本丛书是一套开放的丛书,随着 BIM 理论研究和实践应用的深入和发展,还将继续组织编写其他分册,并根据 BIM 在中国建筑业的应用进程推出新版。

本丛书旨在系统介绍 BIM 理念,以及目前国内 BIM 在建设项目全生命周期中的应用,因此,本丛书的读者对象主要为:建筑行业的管理人员(包括领导)和技术人员,其中包括建筑工程各阶段的专业人员、BIM 应用的组织管理者及 BIM 工程师。本丛书也可以作为高等院校建筑、土木、工程管理等专业师生进行专业学习的参考用书。

感谢本丛书编写团队的每一位成员对丛书编写和出版所作出的贡献,感谢读者群体对本丛书出版的支持和关心,感谢上海科技专著出版资金的资助,此外,"建筑信息模型 BIM 应用丛书"成为首套列为"十二五"国家重点图书出版规划项目的 BIM 系列图书。感谢同济大学出版社为这套丛书的出版所做的大量卓有成效的工作。

BIM 技术在我国开始应用和推广的时间不长,是一项处在不断发展中的新技术,限于相关知识的理解深度和有限的实践应用经验,丛书中谬误之处在所难免,恳请各位读者提出宝贵意见和指正。

2014 年 10 月 3 日于上海

BIM

前　言

从 BIM 的应用和普及过程来看,建筑设计环节无疑是应用 BIM 最早也是最深入的。当前国内外已经完成的 BIM 设计案例不胜枚举。许多设计企业在实践过程中逐步完善 BIM 的内涵,优化企业的 BIM 设计标准,使 BIM 应用的成熟度越来越高;已经完成的 BIM 设计案例得到了施工过程的验证。随着 BIM 设计经验的积累,BIM 设计的效率和附加值将会逐渐彰显。本书的内容策划就是在这种大背景下产生的。

由于 BIM 设计的实施过程相较以往 CAD 的变革更加复杂,使许多设计企业望而却步,无从下手。希望通过本书对 BIM 设计流程组织与实践的整体性描述以及对 BIM 设计中应用要点的讨论为设计企业的管理者和设计师提供当下应对 BIM 设计实施的解决方案。

在筹划本书章节结构时曾有两种选择,其一是以不同的专业分类为主线进行论述,其二是以设计流程为主线进行论述。这就如同写史中的纪传体和编年体,只能二者取其一。最终决定以现有的一般设计流程作为时间轴组织全书内容,主要理由是 BIM 设计强调专业之间的协同设计,这样可以更清晰地展示每个时间剖面上专业协作的情况;此外,设计企业对于传统的设计流程非常熟悉,可以根据自身情况阶段性地实施 BIM 设计,可操作性比较强。

本书的章节结构基本按照上述思路进行,共 6 章,分别是概论,BIM 在设计前期阶段的应用,BIM 在方案设计阶段的应用,BIM 在初步设计阶段的应用,BIM 在施工图设计阶段的应用和 BIM 设计的延伸应用。第 1 章概论部分对BIM 设计应用的要点进行了综述,重点阐释了企业级和项目级 BIM 设计的具体实施方法;第2章到第5章按照典型的设计阶段的顺序,阐述了从项目前期设计到施工图设计过程中 BIM 项目的实施细节,结合案例加以说明;第6章介绍了施工图之后 BIM 设计的延伸应用,使本书内容能够自然地与施工相衔接。

本书编委集合了国内大学和设计院的优秀 BIM 设计与研究团队,没有他们在繁忙的设计之余艰苦努力的付出,就不可能有本书的顺利出版,在此一并对给予本书支持的单位和个人表示感谢。本书的编写分工如下:

主编:许蓁(天津大学)

副主编:于洁(中国建筑设计院)

第1章:许蓁(天津大学)

第2章:陈国伟(Aedas)、张金月(天津大学)、张永利(北京二炮工程设计研究院)、李哲(天津大学)、杨远丰(广东省建筑设计研究院)

第3章:杨远丰(广东省建筑设计研究院)、云朋(中国航空规划建设发展有限公司)

第4章:刘莹(机械工业第六设计研究院有限公司)、刘萍昌(华森建筑与工程设计顾问有限公司)、张建飞(机械工业第六设计研究院有限公司)、赵景峰(北京博超时代软件有限公司)、刘晓燕(北京鸿业同行科技有限公司)、翟超(上海宾孚建设工程顾问有限公司)、杨远丰(广东省建筑设计研究院)

第5章:于洁(中国建筑设计院)、石磊(中国建筑设计院)、刘莹(机械工业第六设计研究院有限公司)、毛璐阳(机械工业第六设计研究院有限公司)、刘占省(北京工业大学)、刘萍昌(华森建筑与工程设计顾问有限公司)、杨志(金螳螂建筑装饰股份有限公司)、宋灏(金螳螂建筑装饰股份有限公司)、过俊(悉地国际建筑设计有限公司)、郭伟峰(北京凯顺腾工程咨询有限公司)、陈国伟(Aedas)

第6章:张金月(天津大学)、过俊(悉地国际建筑设计有限公司)、杨崴(天津大学)

在本书编写的过程中,承蒙丁士昭教授、李建成教授、马智亮教授等对本书结构和内容提出了许多建设性的意见。感谢冯卫闯、魏晓娜、刘丽莎、金山、王丰碑、贾爽、刘岩、赵胜华、黄鹏、杜旭、林臻哲、史旭、柳霆、黄梓良、胡志华、吴昊、麻占领等配合本书编制提供的文字和项目案例。感谢天津大学 2013 级研究生祁金金、2015 级研究生杨亚洲和同悦为本书章节的修订和图片整理付出的辛苦工作,本书的部分研究成果来源于"高等学校学科创新引智计划"(项目编号 B13011)资助项目,在此表示感谢。

本书编委会

2016 年 1 月

BIM

目　录

BIM

1 概　论

1.1　建筑设计信息化的升级

信息技术是指以计算机和现代通信为主要手段实现信息的获取、加工、传递和利用等功能的技术总和。人类进入 21 世纪之后,信息的互通方式产生了巨大的变化。在由互联网编织成的信息网络中,每天都有大量数据信息被储存下来,进入各自的传递和处理的流程中。在这些信息中,有一些是具有明确的逻辑性和目的性,形成可追溯的"信息流";另一些则是人们在使用电子设备时有意或无意留下的痕迹,我们称之为"数字化排放"。前者对于一个企业的信息化运营和管理的方式是至关重要的,也是本书所要论述的核心内容;后者则对于城市及社会学研究提供了一个新的研究领域,通常称之为"大数据"研究或"数据挖掘"。

1.1.1　信息技术对建筑设计的影响

不管是信息的生产者、接收者还是信息的处理者,人们的生活和工作总是处于信息的某个环节中,并承担着相应角色。随着个人计算机、移动终端、GPS 等数字信息设备的集成化使用,整个世界正走向一个信息高度碎片化和高度互联化并存的状态,这种状态的不确定性催生了各种市场创新,也成为推动整个社会和行业变革的重要引擎。在此大背景下,传统的 AEC 行业也正处于一个信息化变革的十字路口。

1) 设计信息化的总体趋势

作为建筑工程行业的前端,建筑设计的信息化早在 20 世纪 70 年代初期已经初现端倪。此后信息技术在设计业的发展大致走过了一条从简单绘图到复杂设计,从文件孤岛到信息互通,最终整个行业逐步走向精益化和集成化发展的技术轨迹。

（1）从简单绘图到复杂设计

美国 Applicon 公司在 20 世纪 70 年代初推出世界上第一个完整的 CAD 系统，这种技术将手工绘制图纸转化为通过计算机语言绘制图纸的过程，从而开启了计算机辅助设计（CAAD）的概念。

经历了漫长的起步阶段，到 20 世纪 80 年代后期，计算机的运算能力已经可以驾驭比较复杂的图形操作，信息处理技术也从二维向三维图形过渡。与此同时，随着图形渲染能力的增强，模拟仿真和虚拟现实技术得到重视和发展。

到 20 世纪 90 年代之后，不同行业的设计软件普遍实现了图形界面的操作，使绘图更加简单便利，工作效率大幅提升。与此同时，计算机的硬件设施已经可以支持进行大规模的逻辑运算，使 CAAD 的概念拓展到真正的设计领域。例如生成式设计，就是利用计算机运行关联性的算法，最终代替建筑师进行建筑找形（form-finding）的方法。随着算法设计与计算机图形学的结合，计算机辅助设计已经开始触碰到更深层的设计思维，帮助设计师更加精确地比选和优化设计，并借助编程技术输出其中的关键步骤和内容。

（2）从文件孤岛到信息互通

1994 年，全球互联网开通是计算机技术与网络通信技术相结合的重大事件，开启了设计管理信息化和设计信息集成化的新方向。由此带来"工业时代"到"信息时代"至关重要的思维转变，将"建筑设计"从刚性的产品观念转变为流动的信息观念。

在此观念下，计算机并不仅是一种替代人工作业的"机器"，更重要的，它是一种信息载体，具有处理各种设计信息的能力。计算机不仅能够处理更加复杂的二维和三维图形，在数据运算、管理和分析方面也具有更多的优势。

计算机信息技术也使设计信息的储存和传递发生了根本性的变化。与纸质媒体相比，数字媒体具有储存成本更低、分享速度更快、传递更加准确的特点。利用网络和云技术平台可以将最新的设计信息进行共享，减少了信息传递的环节；利用设计项目管理系统可以实时监控项目进程；远程协同设计则极大地提高了工作空间的灵活程度。

（3）走向集成化和精益化设计

1985 年底，IBM 的 PC 系列微机进入中国市场，由此开启了 CAAD 技术在中国建筑行业普及化应用的发端。从 1986 年到 1996 年的十年时间内，中国设计行业在计算机软硬件技术、数据计算与图形处理技术等方面取得了巨大的进步，完成了从手工绘图到计算机绘图的转变。

从 1996 年到 2006 年的十年间，计算机在建筑设计行业的应用开始沿着信息的集成化和设计的精益化两个方向推进。在设计的精益化方面，结构计算、工程量统计、三维图形和虚拟现实等技术更加成熟，为设计与表达持续提供着更加强大的工具。在设计的集成化方面，CAD 成为实际占主导地位的通用文件格式，也成为设计信息沟通的主要媒介和载体。

2006 年之后，BIM 技术逐渐进入人们的视野——它全面支持三维空间下的设计、浏览和查询功能，并从一开始便致力于整合建筑行业不同的数据平台，使设计信息能够持续流畅地产生和传递。BIM 将建筑制造的精益化和信息管理的集成化加以整合，并延伸到建筑产品的全生命周期领域，形成了彼此嵌套的完整系统，这标志着建筑行业信息化水平的又一次升级。

2) 传统设计企业面临的挑战

从过去的几十年看，以信息技术推动衍生工具的普及，进而改变传统行业模式的例子已经屡见不鲜。建筑设计作为一种传统的技术兼创意型职业，长期以来已经发展了一套固定的模式和程序。针对个体的设计师而言，设计工具是相对固化的，改变熟悉的设计软件和协作程序已经非常困难，更何况改变模式化的设计思维路径呢？虽然软件工具总体趋向于更加简单，易于使用，但短期内仍有一定的技术门槛。因此，对于设计企业来说，BIM 的推广和普及无疑需要一定的时间和成本。

不论对大型设计企业还是中小型设计企业，建筑设计的信息化升级都是机遇和挑战并存，应根据具体情况采取不同的 BIM 设计应用策略。一般设计企业开始实施 BIM 时常会遭遇以下的困难和顾虑。

（1）系统复杂，实施困难

BIM 系统的复杂程度取决于企业具体的 BIM 应用策略。BIM 既可以是一个"全设计流程"的应用，也可以是一个局部的应用——"各取所需的 BIM"。事实上，仅将 BIM 运用于某个局部的设计流程是完全可行的。目前情况下，即使实施了全设计流程的 BIM，仍须导出二维图纸出图，以应对传统的审核程序。有些 BIM 项目是从初步设计阶段才开启的，在方案设计阶段仍延续着传统的设计流程。因此，从任何时候开始 BIM 或者返回传统的设计方式，这些都不是问题。本书尽管在系统上套用了"全设计流程"的 BIM，但在具体使用上仍可以"各取所需"。

（2）设计精细，影响进度

由于 BIM 是在三维模型上进行设计的，设计可以做到比传统的二维设计更加精细。但在设计过程中，模型的精细程度是可自由控制的，这方面有很多经验可循。至于设计效率和进度，很大程度上取决于设计师对软件的熟悉程度以及设计师彼此的协作方式是否达到优化。总体来说，BIM 项目的实际操作要比本书的系统性描述简单得多。即使过程中出现了一些错误，也是完全可以及时修正的，这与传统设计没有什么不同。

（3）无法预见的风险

初次实施 BIM 项目总会有些疑虑，例如，担心与业主之间的文件交流、专业之间配合以及文件的规范性等。目前，BIM 项目实现全部 BIM 出图已经不存在技术性的问题，但对于企业而言，通过小范围的团队进行实验，或者聘请专业BIM 咨询团队协助建立相关体系，逐渐积累经验，由小及大地扩展实施范围，逐步培育企业自身 BIM 团队的协作能力，会产生更好的实施效果。

1.1.2　BIM 设计的发展过程和应用前景

BIM 出现之前，主流设计软件是由 Autodesk 公司于 20 世纪 80 年代开发的 CAD 系统,同时 Bentley 公司研发的 Microstation 系统以其工作站的计算优势占据测量、设计和仿真技术的高端市场,带来了建筑设计的第一次信息化浪潮,使建筑设计效率大幅提升,也使其成为一种工业图形信息的通用格式。同时,在 CAD 和 Microstation 的平台上开发出了很多专业软件,以适应不同行业或专业,例如,在美国市场的 AutoCAD Architecture,AutoCAD Civil3D,AutoCAD Electrical,AutoCAD MEP,AutoCAD Mechanical,以及中国市场的天正、理正等,成为覆盖工业设计、建筑设计等行业的主要设计软件。

虽然这些软件具备三维的功能,但它并不能将其投影转化为工程绘图的表达方式,因此设计师大多还是使用它的二维绘图功能。在这种情况下,设计师在输入平面信息时,与立面信息没有任何关联。此后的一段时间各软件系统又开发出介于二维与三维之间的产品,允许在系统中插入构件模块,并且实现了对构件模块的数据库统计。主要方法是将重复使用的构件关联到一个三维的参数化模块上,从而允许用户自由修改和检索模块的数量。虽然这种方式并没有从根本上放弃二维的输入和输出方式,但向三维设计迈出了重要的一步。

1) BIM 技术的发展过程

现有的 BIM 概念来自查尔斯·伊斯特曼于 1975 年设计出的建筑描述系统(BDS)。这是第一个可以将可检索和可添加的信息库赋予三维构件的软件,它允许用户通过属性、材料的种类和供应商检索信息。查尔斯·伊斯特曼毕业于美国加州大学伯克利分校,作为一名建筑师,他当时为卡内基·麦伦大学的计算机实验室工作。由于 BDS 系统的开发早在微机诞生之前,因此这套系统未见有建筑师广泛应用,但他提出的理念与现今的 BIM 理念已极为相似,如修改构建时所有视图具有互关联性,可以记录并检索数据信息,以及指导施工过程等。1977 年,伊斯特曼研究的"交互设计的图形语言"(GLIDE)是这一理念的延续。

20 世纪 80 年代后期,4D 技术有了突破性进展。1986 年,GMW 公司在程序中第一次引入施工过程的时间相位概念,并应用于英国希斯罗机场三号航站楼的建设。1988 年,斯坦福综合设施工程中心(CIFE)研究的 4D 建筑模型技术为建筑施工的分时段模拟奠定了基础。此后的 20 年中,BIM 技术开始沿着设计与施工模拟两个方向展开。1993 年,劳伦斯·伯克利国家实验室开发出了"建筑设计顾问"(BDA)系统,并成功进行了基于模型的建筑模拟,成为第一个集成化的图形分析和模拟软件。至此,BIM 包含的关键性技术已基本产生,并在此后飞速发展。

在 BIM 技术逐渐完善和成熟的同时,在 Autodesk 公司的邀请和倡议下,1994 年由美国的 12 个工业财团组成了"国际互用性联盟",即 IAI,旨在为建造性工业提供了一个软件互用和信息交换的标准。1995 年,IFCS(Industry Foundation Class)首次在亚特兰大的 A/E/C SYSTEM 上对外展示,此后 IFCS 被升级为一个中立的、支持建筑全生命周期的工业模型标准。IAI 也于 2005 年正式更名为 buildingSMART。除了 IFC 标准外,buildingSMART 还致力于 BIM 的认证、国家标准的制定和 OPEN BIM 的开发与推广,为 BIM 软件数据的互用、设计协同工作以及建筑信息的全周期管理铺平道路。

2007 年,《美国国家建筑信息标准》(NBIMS-US)正式出版,标志着建筑产业的信息化进入了一个新的阶段。NBIMS 强调 BIM 的过程性和共享性,认为"BIM 是建设项目兼具物理特性和功能特性的数字化模型",且是一个"基于开放的互用标准的数字化共享体"。

到目前为止,BIM 设计已经逐渐克服了软件和操作的瓶颈,被设计企业主动接受并应用。BIM 实施的困难相对于整个行业产生的价值已经微不足道。据 McGraw-Hill 2012 年的报告,北美地区建筑行业 BIM 的使用比例从 2007 年的 28% 增长到 2009 年的 49%。到 2012 年,这一数字已增长到 71%,而在使用者中,承包商的比例首次超过了建筑师。

自 21 世纪初 BIM 进入中国以后,奥运工程"水立方"成为第一个采用 BIM 技术的建筑设计案例(2006)。2010 年的上海世博会是 BIM 技术集中展示的舞台,很多建筑都采用了基于 BIM 平台的设计,如"沪上·生态家"、德国案例馆、芬兰案例馆等。2011 年,住房和城乡建设部发布的《2001—2015 年建筑产业信息化发展纲要》将 BIM 和基于网络的协同工作作为"十二五"期间的发展重点。同时,对勘察设计企业提出"研究发展基于 BIM 技术的集成设计系统,逐步实现建筑、结构、水暖电等专业的信息共享及协同"的要求。2011 年,清华大学软件学院与 Autodesk 公司合作,开始 CBIMS(China Building Information Modeling Standard,中国建筑信息模型标准)的研究和制定工作,旨在深化 BIM 在中国工程建设行业中的应用。英国建筑工程信息委员会发布的 BIM 应用成熟度水平如图 1-1 所示,从某种角度也展示了建筑工程 50 年来的发展轨迹。

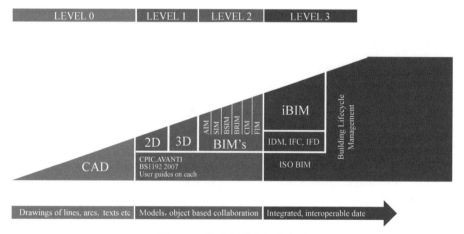

图 1-1　BIM 应用成熟度水平

2) BIM 技术的应用前景

在未来可以预期的时间内,不断发展的信息化技术将开创一个高度集约化的建筑产业。在建筑的全生命周期内,建筑行业将会由于数据可用性的提高而被高度整合。设计方面,BIM 将改变设计师的工作模式、思维模式和协作模式,信息的概念在设计中将更加凸显,如持续性地收集建筑模型信息、发布信息给所有参与者进行处理。设计团队的协作概念将更加增强,设计者将必须遵守数据信息交换的规则,各尽其责、各取所需地协作完成设计工作。

在设计工作的前期阶段,场地的日照条件、气候以及地理空间条件可以通过读取气候数据包和 GIS 数据获取。GIS 系统(Geographic Information System)是 20 世纪 70 年代之后发展起来的一项描述地理空间信息的系统,它的特点是具有强大的空间分析和建模能力,并且支持从互联网调用数据。与 BIM 相比,GIS 的数据范围主要集中在建筑物的外部。在设计前期阶段,GIS 的场地分析功能(如叠加分析、接近分析、表面分析、连通性和跟踪分析)将为建筑设计提供更多的决策参考信息。

BIM 和 GIS 数据的交换也将成为发展"智能城市"(Smart City)的一个关键。除了地理和气候信息,城市信息还包括三维实体类数据、城市空间类数据、运动行为类数据以及文本类数据。目前,三维实体通常采用三维激光扫描仪获取点云之后转为三维的矢量信息。城市空间类数据通常利用航测图像的处理获取数字高程模型(DEM)和数据正射影像图(DOM)。运动行为类信息通常以实地调查或问卷为主,通过 Java2b 或 Java3b 进行数据可视化,获取更多直观的影像。随着便携式 GPS 和智能手机的普及,采用以上设备进行动态跟踪、签到和轨迹记录可以获取更多的城市数据。BIM 则有望成为智能城市中建筑数据的主要提供者,为城市能源、水、垃圾处理、城市管网、公共安全、教育、医疗、绿色建筑、交通和市民服务提供综合决策的依据。

BIM 与物联网的结合也具有广阔的应用价值。物联网(Internet of Things,IOT)是指将各种信息传感设备,如射频识别(RFID)装置、红外感应器、全球定位系统、激光扫描仪等与互联网结合起来形成的巨大网络。在建筑业中,物联网与 BIM 的融合将实现建筑及其室内设备的生态智能化和管理智能化。其基本方法是通过安装 RFID 设备(无线射频识别、电子标签等),把建筑物和室内物体贴上标签,实现对物体的管理并追踪和控制建筑构件的状态。在施工过程中,BIM 与物联网的结合可以实现对建筑物构件生产厂家、生产日期、构件尺寸、价格和物体内部信息的获取,使其与建造施工过程无缝对接,从而实现许多办公和财务自动化的应用。

在建造技术方面,支持 3D 格式的数字机械可以将 BIM 的模型构件直接输出为实体,使 BIM 三维建模的优势发挥出更大的效用。目前应用较多的有建造机器人、数字机床、三维雕刻、激光切割以及三维打印等技术。可以预期,未来建筑施工将基于更加精细化的构件预制和加工。与工业化预制的概念不同,数字加工技术更加倾向于制造个性化的和具有设计师创意的构件,而不仅仅是工业时代的通用产品。

2012 年 11 月底,Autodesk 公司展示了其在移动设备上运行的"Formit"应用,允许在移动设备上使用 BIM 模型进行概念设计。Autodesk BIM 360 Glue 则包含了一系列基于云的服务,使用户可以利用移动设备随时随地访问 BIM 项目的信息。云服务与移动设备的结合开启了 BIM 崭新的应用前景,使 BIM 模型数据更加具有开放性和便捷性。

随着设计信息流的打通,设计上游与下游的信息将更加具有即时性、开放性的特征,协同设计的范围扩大到所有项目的参与者,流程的设计也更加精密,以保证三维协同设计的有序和效率。随着由业主主导的 BIM 项目的增加,集成化交付(IPD)将会逐渐占据更多的市场份额,它的优势就是可以将施工阶段与工程材料的信息及时准确地反映到上游的设计团队,为 BIM 合同的分阶段实施扫清障碍。

　　总之,BIM 设计的普及将带动整个建筑行业的信息化升级,建筑的设计流程和管理模式也将与之相适应,使设计者能够发挥出更大的创造潜能。

1.2　BIM 设计的实施价值与目标

　　BIM 设计的实施价值在于:在设计过程方面,实现更加精密的三维协同设计,提高工作效率,实现充分的信息共享;在设计成果方面,实现高质量和集成化的交付,使模型在施工和运维中发挥持续作用;在性能表现方面,空间性能、材料性能、环境性能等都经过充分地优化和完善,相应满足生态及绿色建筑设计的目标。

1.2.1　高质量集成化的设计与交付

　　BIM 设计的集成化大致包含五个方面的含义:①信息的集成化;②交付形式的集成化;③设计与模拟工具的集成化;④模型应用的集成化;⑤设计团队的集成化。

　　信息的集成化是指 BIM 模型具有同时包含二维和三维信息的扩展能力,在 BIM 软件中只需在某个视图中执行一次性的操作,所有视图都会随之更改。另一方面,BIM 模型软件的 IFC 数据格式又可以与许多建模软件、设计信息软件兼容,通过数据交换协议采集不同软件平台上的数据信息,集所有建筑信息于一体,具有良好的互操作性。

　　交付形式的集成化是指最终交付数据不再是许多相互孤立的文件集合,而是单一的、包含所有设计信息的模型。BIM 设计的理想交付形式是集成化的"模型交付"。所谓"模型交付",是指以 BIM 模型作为设计成果的最终形式,将所有的二维图纸、文本说明和三维空间信息均包含在一个 BIM 模型文件中。施工单位可以调用各专业的模型,查看设计图纸,制订施工计划和技术方案,也可以调用集成后的组合模型,综合验证计划的可行性。除此之外,BIM 模型具有强大的查询功能,可以任意设定检索目标,查找工程数量等信息。BIM 的三维可视化功能可以减少图纸的出错率,使设计表达更加直观。

　　设计与模拟工具的集成化代表了 BIM 的价值和方向,由于信息集成的优势,许多软件可以以插件的方式与 BIM 核心建模软件集成,这样就解决了设计信息导出到分析模拟工具过程中的问题,使 BIM 模型的性能一目了然。第三方软件公司可以通过 BIM 软件提供的应用程序接口(API),开发扩展工具,将其信息集成化的优势发挥到极致。由于 BIM 模型软件集成了各种模拟和辅助设计的插件,也为高性能的设计交付奠定了基础。BIM 集成化设计的基本流程如图 1-2 所示。

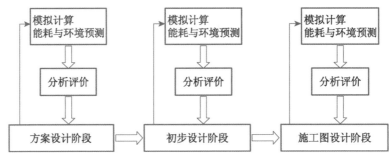

图 1-2　BIM 集成化设计的基本流程①

模型应用的集成化,为设计之后的延伸服务(如施工进度模拟、场地调度、材料计划等)提供了传统文件所不具备的价值和潜力。三维 BIM 模型作为法定设计文件的确认,有利于设计与施工的衔接,分清各自的责任。目前,由于二维图纸仍是法定的成果形式,三维模型的使用存在一定的法律风险,因此在交付模型时最好注明模型适用的范围和免责条款。BIM 集成化特征是对传统建筑工程行业的一次重大革新,但是,为了达成 BIM 的最大价值,目前还有很多问题有待解决,如:如何确定 BIM 模型的法律地位,如何健全建筑信息化相关的法规和标准,保障 BIM 模型的延续使用,等等。

设计团队的集成化主要体现在:BIM 设计平台集合了前所未有的多工种设计者以及业主、施工单位和产品供应商,以保证许多重要信息可以前置到设计阶段。

1.2.2　基于三维空间的协同设计

BIM 的集成化虽有很多优势,但也会带来相应的问题。最为突出的问题是如何在一个高度集中的平台上容纳庞大的设计团队共同工作。例如,每个专业模型只产生一个文件,那么如何让设计团队面对一个模型文件同时工作,这是BIM 设计必须面对和解决的问题,即所谓的"协同设计"问题。

协同设计是指基于网络的一种设计沟通交流手段以及设计流程的组织管理形式。协同作业的核心在于数据,以数据为核心,数据的创建、管理、发布成为信息化的基本定义。1994 年之后,互联网的出现改变了信息共享的基本模式,信息的传递从原来的线状或树状结构变成了网状结构,信息的层级更加扁平,信息的可见性剧增。BIM 设计的协同方式与传统设计的区别也正在于此。

BIM 设计支持更大维度的信息处理和交换。首先,BIM 的三维协同设计与传统的二维设计相比更直观,专业构件之间的空间关系比以往更加清晰,很大程度避免了误读或疏漏的情况。其次,BIM 协同不仅是空间意义上的,还包括物理信息的协同,不同专业根据阶段性的交付标准同步深化构件信息,使设计决策可参考的信息更加丰富。BIM 协同维度的扩大还体现在信息来源和范围的扩大上,在业主 BIM 项目或集成化交付(IPD)的项目中,设计团队可以得到业主

---

① 图片来源:徐峰,解明镜,刘煜,等. 集成化建筑设计[M]. 北京:中国建筑工业出版社,2011.

BIM 团队和承包商 BIM 团队的支持，获得更多来自设计上游决策层及下游施工与材料供应商的信息。以设计企业的团队为参照，我们将设计企业与外部的协调工作称为"外部协同"，而设计团队内部各专业的协调工作称为"内部协同"。设计阶段为达到最大的协同功效，需要二者紧密结合。

设计协同包含协同模式和协同内容两个基本要素。协同设计就好像在 BIM 这条信息高速公路上运行的状态，协同模式则是必须共同遵守的各种交通规则和指示。一般情况下，设计企业需要制定各种 BIM 设计标准，使设计流程得以顺利实施，具体到一个项目，精细地制定设计策略和计划是达成 BIM 目标的重要手段。协同内容就像运载的货物，实质上就是设计信息本身，是设计协同最终要达成的目的。

设计协同既是 BIM 设计的一大优势，同时也是完成 BIM 高质量集成化模型设计和交付的关键，最终达成 BIM 设计价值的关键。本书后文中还要着重讨论。

1.2.3　高性能与低耗损的绿色建筑设计

绿色建筑设计是在设计中体现建筑性能的重要指标。据美国能源部（DOE）称，建筑物的温室气体排放占全球总排放量的三分之一，在美国，建筑物消耗的电能占总发电量的 76%。我国与发达国家相比，人均能源占有量远不及世界平均水平，而单位面积能耗则是发达国家的三倍。因此，实现绿色建筑设计的目标应置于社会发展的重要地位。20 世纪 90 年代以来，世界各国都发展了各种不同的绿色建筑评估体系，如英国的 BREEAM，美国的 LEED 等，我国也于 2006 年颁布了国家标准——《绿色建筑评价标准》，这些标准成为绿色建筑评估的重要参考。

设计阶段的建筑环境与性能模拟包括日照模拟、视线模拟、节能模拟、疏散模拟、CFD 模拟等。自 Building Design Advisor 之后，建筑环境与性能模拟逐渐成为数字技术应用于设计的另外一个领域，如 Ecotect，Energy Plus，IES 和 Green Building Studio 等模拟软件允许直接导入 BIM 文件进行模拟，有些模拟软件则以插件的方式直接安装在 BIM 软件中，很大程度上方便了建筑师的使用。在方案设计阶段，Autodesk 公司开发了另一款可视化的模拟分析软件——Autodesk Vasari，它是一款与 Revit 概念模型环境相同的独立程序，专门用于日照研究，日照水平可以通过与 Ecotect 相同的气候数据包进行计算。基于 BIM 的建筑环境与性能模拟方法相比传统评估方法，更加准确、全面，如表1-1所示。

表 1-1　　　　　　　　基于 BIM 的建筑环境与性能模拟[①]

评估内容	传统评估方法	基于 BIM 的建筑环境与性能模拟量化方法
日照分析	系数管理，采用二维图示，不考虑立面详细日照	全三维显示，建筑物任意立面，地面在考虑遮挡情况下的日照时间，并分析建筑物的日照时间段、被遮挡时间段

① 参考：谢宜，葛文兰. 基于 BIM 技术的城市规划微环境生态模拟与评估[J]. 土木建筑工程信息技术，2010,2(3):51-57.

续表

评估内容	传统评估方法	基于 BIM 的建筑环境与性能模拟量化方法
通风分析	经验,开敞引入自然风,通风廊道	采用 CFD 流体力学模型进行分析,数据采用气象数据,并采用多级 CFD 模型计算,可详细描述风的流向、风速、空气龄和热岛区域等数值
热工分析	没有	能分析建筑物太阳热量收集、包括热量反射、辐射等,分析建筑物全立面和建筑物内在考虑遮挡情况的温度分布区域
能耗分析	通过区域调查	模拟在各个不同人口数量时的区域能量消耗,包括水、电、热、氧气及二氧化碳排放等
噪声分析	经验	采用三维声源分析、噪声在地形建筑物之间的反射、衰减
景观可视度	经验	通过详细的遮挡计算分析区域内景观各个地方对目的景观的可视区域

　　BIM 软件与模拟分析软件的集成推进了集成化设计的步伐,成为 BIM 设计的另一个趋势。软件商将各类的模拟分析软件嵌套在模型软件中,允许设计师不断动态优化设计性能,具有简单方便、便于流程化管理的特点。这种方式改变了传统设计中依靠设计师个体经验进行定性判断的局限,便于设计质量的控制。此外,这种集成化的模拟工具有很好的可视化功能,性能检测的结果可以直观地被建筑师理解。集成化模拟分析的原理是通过小步幅的迭代优化法,规避事后验证造成重复性设计的风险,从而提升设计的性能。2010 年,McGraw-Hill 公司 BIM 市场调查报告显示,绿色建筑和绿色 BIM 已经成为美国建筑市场的显著趋势,有近 80% 的公司在未来 3 年内会将 BIM 用于绿色建筑设计项目。

　　2004 年,Autodesk 公司推出了 Green Building Studio Web 服务,该项服务使用 DOE-2 引擎计算,分析结果符合 ASHRA Standard 140 并已获得美国能源部的认证。通过 GBS 可以使建筑师快速得到建筑的能耗、水耗和碳排放等分析数据。在 Revit 上安装插件后即可直接访问该服务,上传数据之后,即可返回一个清晰的绿色建筑性能指标的表格,用来监测设计方案的绿色性能。

　　较为常用的模拟分析软件还有 IES(VE)。IES 整合了一系列模块化的组件,包括三维建模、供暖—制冷—负荷计算、建筑空调系统模拟、采光分析、日照分析、投资分析、运行费用分析以及疏散分析等工具,内容广泛,易于与绿色建筑指标体系结合。IES 提供了 Revit 和 SketchUp 的插件,可精确地从上述软件导入模型信息。

　　Autodesk Ecotect Analysis 在国内建筑企业中应用广泛,易用性、灵活性和可视性程度较高,可以进行一系列的日照、遮阳、阴影与反射、声学分析和热工分析。通风和气流分析可将模型导出到 CFD 工具中完成分析计算,然后导回 Ecotect 完成数据可视化。

　　性能模拟软件的核心是基于物理模型的运算引擎,在它的基础上封装一个用户界面用以输入数据。因此,模拟的准确度实际取决于运算引擎的适用范围,因这方面并非建筑师的专长,一些复杂情况下还需要咨询专业人士,否则容易出现偏差。目前较为通用的绿色建筑分析的数据交换格式为 gbXML,主流的 BIM 软件都支持以 gbXML 格式导出模型数据,然后导入模拟软件进行分析。

1.3　BIM 设计在企业中的实施

BIM 不但是信息化的升级,同时也是行业设计精细化程度的升级。BIM 项目管理的分级更为复杂,规范更多,分工更细。专业之间和专业内部的协同更加趋于一种精巧的配合,需要依靠众多规范、标准、约定来制约和协调。因此,管理上的顶层设计是充分体现 BIM 优势的前提条件。

BIM 设计门槛较高,专业人员培训耗时耗力。一般而言,从软件学习到熟练操控须有 1～3 个月的时间,再加上流程与团队协作的磨合,大致需要多年时间才能形成相当的项目设计能力。因此,BIM 管理要求设计人员相对稳定,不适于人员流动过于频繁的设计企业。此外,BIM 项目的短期效率有可能降低,这取决于 BIM 团队的综合能力及其软件的熟练化程度,对此,企业 BIM 的决策层应有充分的了解。

针对 BIM 设计的特点,未雨绸缪地做好准备工作非常必要。以下介绍的实施计划在实际工程中证明是行之有效的,也是企业开启 BIM 设计项目需要预先筹划的内容。

1.3.1　企业级 BIM 设计的实施

BIM 设计实施系统可分为企业级实施和项目级实施两个层级。

所谓企业级 BIM 设计实施就是建立一套适用于企业内部 BIM 团队运行的统一标准和流程。大型的设计企业需要一个企业 BIM 负责人,专职负责企业 BIM 发展策略及企业 BIM 标准的制定,企业数据与国家(地方)规范的协调,企业内部设计网络的建设,计算中心数据库的建设和维护等。企业 BIM 负责人及其团队还负责企业云服务和对外开放数据的交换,使企业外部人员可以通过企业网关访问和共享数据。

企业级 BIM 实施系统应规定以下主要内容:企业 BIM 愿景(实施目的、预期收效)、企业 BIM 标准(建模标准、分析应用、软件集成、网络平台)、企业 BIM 协同计划(文件命名、访问权限、信息交互方式)和企业 BIM 人员计划(人员构成、技术责任、培训计划)等。

1) 企业 BIM 愿景

(1) 实施目的

由于每个设计企业的具体情况差异很大,实施 BIM 的范围和模式也不尽相同。因此,借鉴同类企业实施 BIM 的经验,确定企业的 BIM 实施主旨是十分必要的。在实施 BIM 之前,应当充分讨论 BIM 能够给企业带来的核心价值,哪些 BIM 应用进程可以使这些价值最大化,当前企业实施 BIM 的优势和劣势在哪里等。这样才能有效利用资源,制定出符合实际情况的实施策略,避免低效的工作影响实施的效果。

(2) 预期收效

应明确 BIM 项目实施后的预期成效,这样才能在实施之后不断地加以总结和改善。针对管理者而言,质量和效益的提升往往是相互制约的,如何达到二者的平衡需要具有长远的战略眼光。在预期收效过程中,应提取关键的指标性参数进行跟踪,力求全面反映 BIM 实施后的实际效果。此外,在企业中实施 BIM 是一个渐进的过程,积累经验才能使 BIM 实施渐入佳境。一般情况下,一个 BIM 团队经过三个月 BIM 培训,可以开始小型项目的实战操作,设计团队逐渐熟练和磨合之后,可以承担较大型的项目。

2)企业 BIM 标准

（1）采用的相关 BIM 标准和规范

企业 BIM 标准是协调企业内部的各个项目,统一规范企业 BIM 实施的内部标准。企业 BIM 标准应遵循或参照国际、国家或地方性的 BIM 标准。在这些标准中,一些标准指导整个建筑行业的数据协调与互用,基本上由软件自动完成,作为企业只需选择通过认证的软件,即可完成与上一级数据标准的对接;另一些标准指导建筑行业交付成果的范围和深度,应作为企业制定标准的重要参考。

目前国际通用的标准包括如下几类:①基于 ISO 的 BIM 标准:如该体系中的 IFC,IDM 和 IFD 针对不同的领域,共同组成 BIM 信息化的基础。②美国的 NBIMS-US(第二版)基于 ISO 标准制定,重点讨论全生命周期下信息的传递与交换,并提供项目团队的组织与实施指南。③英国标准（AEC（UK）BIM Protocols v2.0）面向设计企业,尤其对设计协同流程有非常详尽的描述,并结合了 Revit 软件,实用性与可操作性较强。④香港的 BIM 用户指南与英国较相似,对设计协同的细节进行了约定,如材料、线的属性、引用文件、二维绘图等,附有详尽的建模操作指南。

目前国内对 BIM 标准的研究和制定已经有了一系列成果。2007 年,中国建筑标准设计院编制了《建筑对象数字化定义》(JG/T 198);2009—2010 年,清华大学与欧克特公司联合推出《中国 BIM 标准性框架研究》和《2011—2015 年建筑业信息化发展纲要》;2012 年 1 月,住房和城乡建设部印发了 5 本 BIM 标准编制的任务,包括基础数据标准《建筑工程设计信息模型分类和编码标准》《建筑工程信息模型储存标准》,执行标准《建筑工程信息模型交付标准》《制造工业设计信息模型交付标准》,以及最高层级的《建筑工程信息模型应用统一标准》。2012 年,清华大学与北京部分设计企业合作完成《设计企业 BIM 标准实施指南》研究;2013 年,北京、上海等城市开始编写 BIM 地方性标准,表明我国已经向集成化的设计模型交付迈出了坚实的一步。

（2）阶段性模型范围和深度

设计企业可以通过制定"阶段性模型范围和深度"的方式,将重点的设计流程节点(如提资节点)的模型信息确立下来。制定的信息中应包括以下内容:①模型的负责范围。②模型的深度和精度(完成度和精确度)。③提供信息的时间节点。④可能使用该信息的对象。

制定同步的模型范围和深度规则是保证设计协同的重要步骤,只有在某一设计阶段和时间点上,协作者互相提供同步的数据,包括适宜的内容和准确度,设计者才可以不断地获得阶段性的设计数据，推进或重新评估自己的设计。

模型构件范围的定义，国外目前通用的方法是采用美国（Construction Specification Institute，CSI）制定的 Uniformat 作为构件的层次分解结构。目前，国内相应的标准《建筑工程设计信息模型分类和编码标准》正在制订中。大部分工程实践是以我们熟悉的不同专业系统（建筑、结构、设备、景观等）进行层级分类，然后确定哪些类型的构件应该被包含在模型中。

至于模型深度的问题，目前国内外大都以美国 AIA 的 Level of Development（LOD）定义或者 BIMForum 在 AIA 的 LOD 基础上进一步完善的 LOD 定义作为模型深度的定义依据。一般来说，LOD 分为 LOD100，LOD200，LOD300，LOD350，LOD400，LOD500 六个等级，对设计企业而言，实际可创建的 BIM 模型深度在 LOD100～LOD350 这一区间内。随着设计从概念设计逐渐发展到施工图设计，模型构件的深度和精度都在不断增加。LOD 的具体描述如下：

① LOD100 用符号或几何块描述一个通用类别的构件。

② LOD200 用三维几何模型描述一个通用类别的构件的大致尺寸、形状、数量、位置和方向，也可能包含简单的非几何信息。

③ LOD300 通过准确的尺寸、形状、数量、位置、方向等信息在模型中定义一个具体的构件或系统，并且可以携带非几何信息。

④ LOD350 在 LOD300 的基础上增加了一个构件和其他构件或系统间的交互关系的定义，比如一个型钢柱和其基础之间的关系。

⑤ LOD400 在 LOD350 的基础上增加了该构件制造和安装的信息。

⑥ LOD500 在 LOD400 的基础上通过了现场数据验证，并加入了与运营维护相关的信息。

分设计阶段（或设计重要节点）定义模型深度，首先应保证模型的充分性原则，即充分满足设计协作者对信息的阶段性需求；其次是适度性原则，设计者应当了解，每个设计节点对精度的要求是不同的，设计早期要求过高的精确度会降低设计的速度；第三是协作性原则，协同文件应关注模型负责人的设计范围和彼此的关系。

在 Autodesk 公司提供的企业级实施计划模板中，建议模型深度可分为四级：L1，L2，L3 和 CD 级。在 L1 级（大致对应设计前期阶段），模型将包括基本形状，这些形状能够表示对象的大致尺寸、形状和方位，并且这些对象可能是二维或者三维形式；在 L2 级（大致对应方案设计阶段），模型中将包括带有对象的实体集，这些实体集能够表示大致的尺寸、形状、方位和对象数据；在 L3 级（大致对应初步设计阶段），模型中将包括带有实际尺寸、形状和方位等丰富数据的实体集；在 CD 级（施工图阶段），模型中将包括带有最终的尺寸、形状和方位，用于施工和与之相关的详细配件。

2012 年，新加坡发布了《BIM 指南第一版》（*Singapore BIM Guide* 1），其中对不同阶段的模型深度进行了规定，分为概念设计（Conceptual Design）、初步设计（Preliminary Design）、详细设计（Detailed Design）、施工（Construction）、交付（As-Build）五个阶段，如表 1-2 所示。

表 1-2 不同阶段模型设计深度标准

阶段(Stages)	单元(Elements)	建模标准(Modelling Guidelines)	备注(Remarks)
概念设计 (Conceptual Design)	System distribution lines	Use line diagrams to show the entire system distribution Include equipment symbols in the line diagrams	Output: Schematic diagrams
	Space objects	Use box objects to represent spaces required for MEP systems Add names and colours to the space objects	
初步设计 (Preliminary Design)	Zone Objects, Transformers HV & LV switch boards, Switchgear, MCCB boards, MCB boards Cable trays, Trunking & cable containment Electrical risers Generators and exhaust flues, including acoustic treatments Diesel tanks & fuel pipes Telecom equipment and computer racks	Zone the spaces that have common design requirements with colour legends on plans. Model each element using the correct BIM generic object Each element should have an approximate size. Show only the main routes of the systems. All cable trays, conduits and trunkings should be connected to the equipments. Wires, fasteners and hangers are not required. In-line accessories eg. valves, fire dampers, volume controls and air filters are not required. Use CP83 symbols	Output: Preliminary Model Shows main distribution into different zones
详细设计 (Detailed Design)	Main elements of Preliminary Design Light fittings, Fixtures, Housings for light fixtures Conduit, Busduct, Power feeds Concealed and cast-in-place conduits Outlets, Panels Wall switches.	Use CP83 symbols and colour standards Model each element using object correspond to actual component with actual size, material, type code and performance criteria. Include insulation to reflect actual size for coordination purpose. System routing should be connected with fittings. Unavailable BIM objects that modelled using different objects should be identified accordingly, eg, use proper names and colours	Output: Detailed model for e-Submission and Tender For BIM e-Submission, please also refer to submission guidelines Services should be coordinated with
施工 (Construction)	The elements are the same as Detailed Design stage.	Model the portions of the building that need more attention. All changes made by contractor & approved by consultants should be clearly indicated. Objects not found in BIM tool can be represented by a box with proper identification and attributes such as equipment name, capacity, etc. Levels of the elements comprising the system from finish floor line or at the certain reference in the model should be clearly annotated. For construction coordination, documents such as coordinated services plans, sections, elevations, etc. should be derived from the model. Fasteners can be modelled if necessary	Output: Model with construction details Contractor to develop the detailed Design BIM into Construction BIM
交付 (As-Built)	The elements are the same as Construction phase.	When the building is complete, the consultant should check the Detailed Design to correspond with the final implementation (As-Built) based on the information from the Contractor	Output: Model that can be used for space management, building maintenance

（3）建模方法和规则

在建模过程中，每个人的建模手法和习惯都不尽相同，造成协同设计阶段模型难以拼合或被其他设计人修改。企业规定统一的建模方法和规则，可以大幅度改善模型的可用性，有助于在协同设计时发挥最大的效率。同时，优化的建模方法也可以使建模速度和精度得到提升。

英国《面向 Autodesk Revit 的建筑工程 BIM 标准》（后文简称《英国 BIM 标准》）建议，在项目的早期，应当遵循一套"模型深化方法"，以支持快速建模，并可以在较低的硬件配置上创建非常大的模型，目前的标准模板已经支持这种方法。这些模板针对每种图元（如"门"）仅提供一个概念性图元（1 级），它的作用是在模型中预留位置。随着设计的逐步深入，当设计师选择了准确的材料和组件之后，就可以选择具体的 2 级或 3 级对象来替代那些概念性图元，这一过程可以批量完成。这种图元范例又可称为"占位图元"，其主要功能就是提示在某一位置有该图元存在。

例如，可以用"占位图元"创建钢筋混凝土的梁柱体系，以快速提交结构分析受力情况，当返回准确的断面尺寸后，再用相应的组件进行替代。上述方法在水暖电系统组件时会产生错误，因此只适用于与系统无关的组件。

使用"模型深化方法"创建的组件均应分级、命名，并保存在项目或者企业中央文件夹中。①一级组件只是起到"占位图元"作用，只包含少量的细节和概念材质（如白色或透明玻璃），不包含制造商信息和技术参数。②二级组件包含所有的元数据和技术信息，建模精度足以辨认类型和材质，通常包含二维细节，用于生成适合比例的平面图。③三级组件在用于二维制图中与二级组件相同，只有在三维可视化时能够表现出更加逼真的细节。不同的分级组件通过命名规则加以区分，并应保持共享参数上的一致性。

建模方法还应包含对二维组件适用情况的约定。因为三维组件会占用较大的空间，将计算机的运行速度拖慢，因此应把控三维模型的细化程度，将出图前的建模工作转向二维详图，在不牺牲模型完整性的前提下，尽可能降低模型复杂程度。

（4）出图标准与规范

在任何情况下，优先选择在 BIM 环境下对视图和图纸进行整理汇编，因为在 CAD 二维环境下会失去很多 BIM 数据的协调优势。设计企业也可根据设计团队的组成和项目的具体情况调整出图方式，但原则上应最大限度地完成三维模型的深化。

当从 BIM 环境内生成工程图纸时，要在 Revit 软件内部将视图、详图索引、立面图和图纸等内容关联起来，确保所有链接数据均可见、有效并仔细检查输出内容的完整性和准确性。

出图样式如注释、图集、填充、线型、度量、尺寸、版权声明等，应以文字和企业标准模板两种形式确定下来，储存在企业中心文件区供设计者调用（图 1-3）。

3）企业 BIM 协同计划

协同设计是企业实现 BIM 设计价值的关键环节。如果前文所述的"企业模型标准"是对企业最终设计产品结果的控制，那么"企业协同标准"则是对企业设计及其协作过程的控制，因此，BIM 的企业协同标准是 BIM 设计流程与企业设计流程相结合的产物。

EDIT THE AREA SCHEDULE

1. In the Project Browser, double-click the schedule, **Area Schedule (Plots)** to make it active.

You will notice duplicate entries for Plot Numbers. The areas will appear as "Not Placed." In the Options Bar you can isolate these rows, by selecting Isolate from the drop down menu.

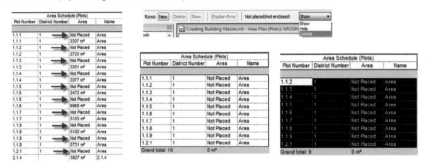

2. Click in one of the Rows.
3. In the Options Bar, click the Delete button.

图 1-3　统一建模方法与规则

（1）协同设计的流程

协同设计进程主要涉及 4 种工作环境和状态，它们是本地环境、专业共享环境、项目共享环境和企业共享环境，这些环境由企业局域网联系起来，被称为公共数据环境。不同环境下的工作文件分别存于本地计算机、专业中心服务器、项目中心服务器和企业中心服务器中，对应不同的设计状态。

《BIM 协同标准》应约定在何种情况下文件被上传至相应的服务器中。例如，位于本地计算机中的若干建筑专业模型会定期更新到建筑中心文件中，显示目前建筑专业的工作进程，应对刷新的频率等做出说明。在提资文件放置在项目共享环境之前，《BIM 协同标准》还应对提资文件提出前置审核的要求。首先，BIM 协调人或模型经理应审核模型构件的深度、精确度；需实施的 BIM 进程是否都已完成；是否符合《BIM 模型标准》的要求等。在共享之前还应清理、压缩模型文件，检查命名规则和文件格式，移除参照文件等。除此之外，专业负责人应负责校审设计内容。从 BIM 环境导出 DWF（优先选择）格式或 PDF 格式的不可编辑文件，以传统方式对其进行校核，以确保提资文件的信息无误。

（2）信息交互的方式

对协作校审过程中发现的协调冲突，应进行记录和管理。这些问题应以报告形式传达给相关方，包括问题构件的具体位置、问题对象的图元 ID、问题的详细说明以及建议采取的解决方案或措施等。此外，应对当前该问题的状态加以标注，以显示该问题是否正在解决或已经解决完成。一旦冲突构件得到更新，应提示相关设计人及时更新参考文件。信息交互方式中还应确定企业信息管理的方式，如采用企业邮件、智能管理平台、召开项目协调会议等沟通方式。

（3）数据互用性规范

BIM 平台在信息的交换格式和交换方式方面具有很大的优势，理想状态下，所有软件的数据都可以通过 IFC 标准与 BIM 平台之间进行自由转换。但现实情况下,有些软件的兼容性还不足以达到这个理想程度。不同软件包的数据传递,如 CAD 与 BIM 的导入与导出会出现各种问题。

不同软件产品之间的数据互用性对于成功的 BIM 工作流程是极其重要的。无论输出到二维 CAD 用于后续施工图制作,还是输出用于三维可视化或分析,整个流程都需要经过精心的测试和规范,包括数据的格式、版本,并对导入后系统的稳定性进行评估,以确保交换前后的数据是无误和可靠的。项目 BIM 协调人应预先检查导入数据是否适用,然后才能将其放到项目的"共享"区域。对于导入数据,应在导入之前删除无关和冗余的数据,尽量避免进行修改,除非数据格式致使设计无法继续进行。

以 BIM/CAD 的导入和导出为例,应保证设计团队导出后的 CAD 文件具有相同的图层和线型属性、坐标点,以便于项目的协同操作。

(4)模型拆分原则

模型拆分是协同工作的前提,根据不同的项目和不同团队的特点,采用的模型拆分方式也不尽相同。模型拆分应符合清晰原则和操作效率原则,照顾到参与设计建模的内部团队和外部团队,并获得一致认可。一般情况下,模型在最初阶段应创建孤立的、单用户文件。随着模型的规模不断扩大或团队成员的不断增加,应对模型进行拆分。

通常采用的拆分原则包括:①一个文件最多包含一个建筑体;②一个模型文件应仅包含来自一个专业的数据;③单模型文件不宜大于 100 MB,否则可能影响速度;④当一个项目中包含多个拆分模型时,应考虑创建一个"容器"文件(专业中心文件),将多个模型组合在一起,以供模型协调和冲突检测时使用。

不同阶段模型拆分的具体方法和案例在后文中还会详细描述。

(5)空间位置与度量单位的协调

BIM 项目应为真实坐标系,根据项目的基准高程,按实际高度创建。所有 BIM 数据文件均应采用已建立的项目共享坐标系,以便在项目参考时无需修改。

如果 CAD 数据的坐标距离原点(在任何平面上)大于 1 500 m,应在导入 Revit 之前将其移动至坐标(0, 0, 0),以避免出现精度问题。一些软件(如某些结构分析软件)要求数据位于 0,0 处,在将数据导出至这些软件时,可能需要调整坐标系。

项目中所有模型均应使用统一的单位与度量制,默认的项目单位为 mm(带两位小数)用于显示临时尺寸精度。二维输入/输出文件应遵循特定类型的工程图规定的单位与度量制,如场地总图的单位为 m,图元、详图、剖面、立面和建筑轮廓精确到个位。CAD 在导入到 BIM 环境之前,应将其换算至适当的单位。

(6)文件夹结构

应建立企业中央资源文件夹,以保存企业的共享数据。同时,每个项目都应创建项目文件夹,储存在项目中心服务器中。《BIM 协同标准》应定义项目文件夹和企业文件夹的结构和命名规范,以便使用者能够方便、准确地查找到所需资料。

例如,根据英国标准 BS1192—2007 中推荐的"进行中的工作(WIP)""共享(Shared)""发布(Published /Issued)""存档(Archived)"的 4 种公共数据环境,

分别设置项目文件夹,并在规定的文件夹中保存数据。

　　企业中央资源文件夹保存企业的标准模板、标题栏、族和其他通用数据,且应实施严格的访问权限管理。项目中心模型的本地副本不需要进行备份,因为它会定期与项目中心模型定期保持同步。以下是项目文件夹结构的一个范例,其方式符合上述标准的规定。文件夹名称中不要夹带空格(可采取下划线替代),以免在某些文件管理工具和互联网协作时出现不兼容的情况。族库的子文件夹应区分不同的 Revit 版本和专业。2010 年英国发布的 *BIM Standard for Autodesk Revit* 中的项目文件夹结构范例和族库文件夹结构范例如图 1-4 和图 1-5 所示。

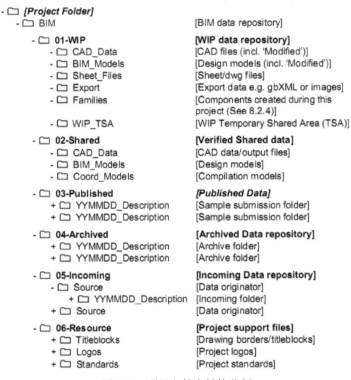

图 1-4　项目文件夹结构范例

　　(7) 一般命名规范

　　《BIM 协同标准》应定义文件夹和文件的命名规范。在名称上可以使用字母 A—Z、连字符、下划线,不能使用空格(可采取下划线替代)。所有文件均不得删除或者修改后缀。国内企业也可据此制定中文字符的命名规范,但在境外合作项目中不宜采用。

　　根据英国标准 BS1192—2007 规范的建议,模型文件命名方式应采用"项目-创作者-分区/系统-标高-类型-角色-描述"的顺序规则,如果文件非特指某一分区或者标高,可用"XX"替代。对于使用工作集时强制要求在文件尾部添加"-LOCAL"或者"-CENTRAL"字样。2010 年英国发布的 *BIM Standard for Autodesk Revit* 中对模型命名规则进行了规定,如图 1-6 所示。

```
- 📁 Architecture
    - 📁 Casework
    - 📁 Ceilings
    - 📁 Columns                        [Arch non-analytical columns]
    - 📁 Curtain_Panel_by_Pattern
    - 📁 Curtain_Wall_Panels
    - 📁 Detail_Components
    - 📁 Doors
    - 📁 Electrical_Fixtures            [Arch versions]
    - 📁 Entourage
    - 📁 Floors
    - 📁 Furniture
    - 📁 Generic_Models
    - 📁 Lighting_Fixtures             [Arch versions]
    - 📁 Mass_Elements
    - 📁 Mass
    - 📁 Planting
    - 📁 Plumbing_Fixtures            [Arch versions]
    - 📁 Profiles
    - 📁 Q_Families
    - 📁 Roofs
    - 📁 Site
    - 📁 Speciality_Equipment
    - 📁 Stairs_and_Railings
    - 📁 Balusters
    - 📁 Sustainable_Design
    - 📁 Walls
    - 📁 Windows
```

图 1-5　族库文件夹结构范例

例如,模型文件名为"37232-ZYW-Z6-01-M3-AR-Main_Model-LOCAL. rvt",表示的含义依次是项目名称(编号)为 37232,模型归属人为 ZYW,所在分区为 Z6 区,模型的类型属于三维(M3),模型专业角色为建筑(AR),文件描述为"主模型",属于本地文件。再举一个例子说明,文件"FTR-ACM-XX-XX-M3-ST-School_Stage_E. rvt",表明该文件是学校项目的结构专业模型,处在阶段 E,且没有区分分区或细分标高建模,且没有采用工作集模式拆分模型。

工作集可采用"分区-内容"或"分区_标高-内容"的句法命名,如"L01-Model"或"L01_14-Internals"。

视图可采用"标高-内容"的句法命名,如"LEVEL1-FLOORPLANLEVEL1-CEILINGPLAN"。一些特殊的视图,可在该句法的前面加一个前缀字符加以说明,如"IMPORT-""EXPORT-"等。

(8) 成图样式

作为成熟的企业 BIM 实施,在国家绘图标准的基础上,通常会定义企业的绘图标准,以输出统一的、高品质的图纸。成图样式的模板保存在企业中心服务器中,由企业的 BIM 负责人及其团队负责维护。在 BIM 项目开启之前,BIM 协调人应评估哪一种模板更适合本项目,也可对模板进行修改,存放在项目资源文件夹中。

成图样式定义了注释、字体、线宽、线条图案、线条样式、填充图案、尺寸标准、符号标记等方面的内容。例如,HOK 的企业成图样式对路缘石、水体轮廓线等的线型、宽度等都有非常详细的规定。

Discipline Codes	
AR	Architects
BS	Building surveyors
CI	Civil engineers
DR	Drainage, Road, Sewer
EL	Electrical engineers
CC	Cable Containment
EL	Electrical Services
FA	Fire Alarms
LP	Lightning Protection
LT	Lighting
SE	Security
SP	Small Power
FI	Fire
FM	Facilities managers
GI	GIS, land surveyors
HS	Health and safety
ID	Interior designers
TE	Telecommunications
CL	Client
LA	Landscape architects
ME	Mechanical engineers
CW	Chilled Water
HT	Heating
ME	Mechanical Services
VT	Ventilation
EN	Environmental
PH	Public health
DR	Drainage
FS	Fire Services
PH	Public Health Services
SR	Sanitation and Rainwater
WS	Water Services
QS	Quantity surveyors
RA	Rail
ST	Structural engineers
TP	Town / Transport planners
CO	Contractors
SC	Sub-contractors
SD	Specialist designers
ZZ	General (non-specific)

Project Zone Code Examples	
01	Building or zone 1
ZA	Zone A
B1	Building 1
CP	Car park
A2	Area Designation 2

Project Level Code Examples	
01	First floor
B2	Basement 2
M1	Mezzanine 1
RF	Roof
PL	Piling
FN	Foundation

图 1-6　模型命名规则

（9）资源位置

① 企业中央 BIM 资源库。企业中央资源库中保存着企业 BIM 的通用模板、标题栏、族和其他通用数据，无论向资源库中添加或是修改内容，均应得到 BIM 协调员的权限或批准。库中的文件或者软件产品依据版本号储存在不同的文件夹中。当需要更新版本文件时应注意，老的版本需要保留，并将新版本移动至对应的文件夹。

鼓励创建企业级共享参数文件，以便在内容创建过程中保持命名方法的一致性。企业模板和共享参数文件保存在中央资源库的"标准"文件夹中，该文件由 BIM 管理团队进行维护。这些资源包括模型的命名代码、编码表参考、标准工程图符号、模型填充图案、线性、样式、线宽、模型对象属性、视图模板、视图过滤器、键盘快捷键、类别缩写代码等。

2010 年英国发布的 *BIM Standard for Autodesk Revit* 中的企业级共享参数文件实例如图 1-7 所示。

Name	Pattern															
	1		2		3		4		5		6		7		8	
	Type	Value	Type	Value	Type	Value	Type	Value	Type	Value	Type	Value	Type	Value	Type	Value
Demolished	Dash	3	Space	1.5												
Elevation Swing	Dash	2	Space	1												
Grid Line	Dash	12	Space	3	Dash	3	Space	3								
Hidden	Dash	4	Space	2												
Overhead	Dash	2.5	Space	1.5												
Window Swing	Dash	6	Space	3	Dash	3	Space	3								
AEC_Centre	Dash	12	Space	4	Dash	4	Space	4								
AEC_Dash 1.5 mm	Dash	1.5	Space	1.5												
AEC_Dash 3 mm	Dash	3	Space	3												
AEC_Dash 3 mm Loose	Dash	3	Space	6												
AEC_Dash 9 mm	Dash	9	Space	4												
AEC_Dash Dot 3 mm	Dash	3	Space	2	Dot		Space	2								
AEC_Dash Dot 6 mm	Dash	6	Space	4	Dot		Space	4								
AEC_Dash Dot Dot 6 mm	Dash	6	Space	4	Dot		Space	4	Dot		space	4				
AEC_Dot 4 mm	Dot		Space	4												
AEC_Dot 1 mm	Dot		Space	1												
AEC_Dot 2 mm	Dot		Space	2												
AEC_Double Dash	Dash	15	Space	4	Dash	6	Space	4	Dash	6	Space	4				
AEC_Hidden 2 mm	Dash	2	Space	1												
AEC_Triple Dash	Dash	15	Space	4	Dash	6	Space	4	Dash	6	Space	4	Dash	6	Space	4

图 1-7　企业级共享参数文件实例

②　项目资源库。企业中心资源一般只是提供了基本的构件信息,不可能包含所有类型的构件,因此设计师必须在基本构件的基础上根据项目进行扩展。如果企业中央资源库中的族库不能满足项目要求,需要添加或者修改,不能直接在中央资源库中修改而必须复制到项目资源库中修改。如果设计者个人需要创建族,则需要在本地计算机创建,在获得 BIM 协调人或模型经理的权限后,才能放置到共享区中。由项目产生的新的共享组件在提交到企业族库之前应经过BIM 协调人确认,以保证符合质量要求。

作为最终提交成果的 BIM 模型,其构件、部件、族库的组织方式要考虑工程量统计和相应的施工活动成本、提取信息创建合同要求的图纸、BIM 模型的效果图用于与客户和主管部门的沟通、支持施工模型的提取构件查询以便根据设计需要做出修改、数据提取过程构件的符号表示重新设置、层级管理等项内容。

当项目采用与企业标准不同的非标准资源时(这种情况会在特殊项目或者业主有特殊要求时遇到),BIM 协调人会预先将相应的企业模板和共享参数进行修改,并设定访问和修改的权限。

4) 企业 BIM 人员计划

(1) 企业 BIM 实施人员

企业 BIM 的实施人员是企业 BIM 负责人,负责制定企业 BIM 的发展策略、企业 BIM 模型和协同标准、企业 BIM 知识和版权管理、BIM 构件库的开发与维护、企业数据环境的搭建与维护、内部网络与外部网络的数据交换等。企业 BIM 负责人领导下的 BIM 团队还负责辅助企业中心资源库的开发和维护。

（2）项目 BIM 负责人

每个项目都应设立 BIM 协调人,其他人员可按照项目和团队构成的具体情况设置。

① BIM 协调人（BIM Coordinator）:是项目级 BIM 的主要实施者。负责项目的建模计划、分析计划与协同计划的制订,对项目设计人员进行适当 BIM 培训。BIM 协调人应是熟谙 BIM 技术的专业工程师,能够解决 BIM 应用中产生的各种技术问题。

② 项目系统管理员（PSA）:对于外部协同较为频繁的项目可设立项目系统管理员,辅助 BIM 协调人的工作。负责建立内部与外部项目相关人之间的联络,保证信息通道的畅通。项目系统管理员（PSA）还负责管理和创建项目文件夹,维护用户账户、联系人信息和公司信息等。

③ 专业模型经理（BIM Manager）:负责建筑、结构、机电、暖通等专业模型的切分组合,数据完整度检查并协调和维护数据。专业模型经理将本专业的模型数据整合后,上传至中央文件区,再由 BIM 协调人负责各专业模型的整合。

④ 其他辅助人员:有些项目团队还设有 BIM 助理,专门负责模型的导出成图、模型的渲染与可视化、模型冲突检查等内容。有的团队设有专门负责建模的 BIM 建模员作为设计师助理。

（3）培训计划

企业应制订 BIM 培训计划,定期对 BIM 团队人员进行软件应用、企业模型标准和协同标准的培训。由于 BIM 软件操作和相关标准比 CAD 更加复杂,三维协同对设计人的要求更高,因此,企业培训是提高工作效率,实现 BIM 价值的关键。

对于初步实施 BIM 项目的企业而言,比较有效率的方法是,先对开展 BIM 项目的团队进行小范围培训,结合项目进行实际操作演练,逐渐扩展到企业层面。

1.3.2 项目级 BIM 设计的实施

项目级 BIM 设计实施是指在企业级的基础上,针对某一特定项目所做的实施计划。项目级 BIM 设计的主要实施者是 BIM 协调人,大型项目还包括专业模型经理和项目系统管理员（PSA）,分担和辅助 BIM 协调人的工作。对于设计企业内部协同的项目,也可以简化 BIM 团队的人员,由 BIM 协调人统一把控项目。

BIM 协调人的主要职责是确定关键的项目任务、输出成果和模型配置。在实施过程中,项目协调人应定期进行 BIM 项目会审,以确保模型的完整性并维护项目工作流。在整个项目期内,明确规定所有图元的责任人。

1）签署 BIM 合同

一般情况下 BIM 合同由业主提出要求,也可能由业主委托的 BIM 咨询单位签署。

在签订合同时,设计单位需要考虑到项目实施流程的要求。BIM 设计团队可能要求分包和供货商提供相应部分的 BIM 内容,也可能希望收到产品的 BIM

模型,并入协调模型中。这些工作需要在业主的协调下定义范围、模型交付实践、文件及数据格式等。

BIM 设计合同包括以下方面的内容:①BIM 模型开发和所有参与方的职责;②模型分享和可信度;③数据互用和文件格式;④模型管理;⑤知识产权。

当 BIM 模型需要运用到施工阶段,以实施 4D 或 5D 模拟时,需要对模型的详细程度和包含的数据格式、内容进行界定。一般情况下,设计阶段的工程量没有达到施工的深度,这与材料商的数据和具体施工方案有关,需要在施工阶段进行添加或确认。

2) 会商项目 BIM 实施计划

项目负责人和 BIM 协调人应组织会商,根据合同要求确定该 BIM 项目的工作模式、专业负责人、模型经理和主要专业人员。BIM 项目的工作模式根据项目的大小、复杂程度和合同要求确定,从企业标准中选择适合本项目的目标及其相应流程和标准,以充分满足 BIM 项目的实施目标。

3) 制订"项目 BIM 策略"文档

在项目实施开始之前,项目协调人应制订一份清晰的"项目 BIM 策略"文档,并在项目进行中不断更新"项目 BIM 策略"文档,确保该策略的实施。"项目 BIM 策略"文档应当至少包括以下方面的内容:

① 采用标准:项目中采用的 BIM 标准,以及是否有未遵循标准的变通之处。

② 软件平台:确定将要使用的 BIM 软件,以及如何解决软件之间数据的互用性问题。

③ 相关人员:确定项目的负责人和其他相关人员,以及各方的角色和职责。

④ 交付成果:确定项目交付成果,以及文件交付的格式。

⑤ 项目特性:建筑的数量、规模、地点等以及工作和进度的划分。

⑥ 共享坐标:为所有 BIM 数据定义通用坐标系,包括如何设置要导入的 DWG/DGN 文件的坐标。

⑦ 数据拆分:解决工作集和链接文件的组织问题,明确各阶段拆分后的模型责任人。

⑧ 校审确认:确定图纸和 BIM 数据的校审和确认流程。

⑨ 数据交换:确定交流方式,以及数据交换的频率和形式。

⑩ 会审日期:确定所有团队(包括内部和外部团队)共同进行模型会审的日期。

以上文档中的内容已经包含在企业 BIM 模型标准和协同标准中的部分,且该项目没有另需说明的内容时,可直接引用企业标准。2012 年,新加坡发布的 *BIM Guide* 中的 BIM 项目执行计划模板参考如图 1-8 所示。

4) 制订"建模计划"

建模计划是 BIM 项目启动和实施的关键步骤,旨在保证项目按时完成和顺利实施协同设计。每一个 BIM 项目都需要将设计流程分解成为建模计划中的关键节点,根据合同书制订项目进度表与设计节点表,将建模计划绑定在一个时

Appendix C—BIM Project Execution Plan Template 1

This appendix is adapted from the "**BIM Project Execution Template**" by the Penn State Computer Integrated Construction (CIC) Research Group, which can be downloaded separately from the CIC website at http://bim.psu.edu/Project/resources/

Important: This template example is based on US practices. Users are expected to interpret content appropriately and customize for local practices, where necessary.

Section A: BIM Project Execution Plan Overview

To successfully implement Building Information Modeling (BIM) on a project, the project team has developed this detailed BIM Project Execution Plan. The BIM Project Execution Plan defines uses for BIM on the project (e. g. design authoring, cost estimating, and design coordination), along with a detailed design of the process for executing BIM throughout the project lifecycle.

[INSERT ADDITIONAL INFORMATION HERE IF APPLICABLE. FOR EXAMPLE: BIM MISSION STATEMENT. This is the location to provide additional BIM overview information. Additional detailed information can be included as an attachment to this document.

Please note: Instructions and examples to assist with the completion of this guide are currently in grey. The text can and should be modified to suit the needs of the organization filling out the template. If modified, the format of the text should be changed to match the rest of the document. This can be completed, in most cases, by selecting the normal style in the template styles.

Section B: Project Information

This section defines basic project reference information and determined project milestones.

1. Project Owner: _____
2. Project Name: _____
3. Project Location and Address: _____
4. Contract Type / Delivery Method: _____
5. Brief Project Description: _____
6. Additional Project Description: _____
7. Project Numbers: _____
8. Project Schedule / Stages / Milestones: _____
Include BIM milestones, pre – design activities, major design reviews, stakeholder reviews, and any other major events which occur during the project lifecycle.

Section C: Key Project Contacts

List of lead BIM contacts for each organization on the project. Additional contacts can be included later in the document.

Section D: Project Goals / BIM Uses

Describe how the BIM Model and Facility Data are leveraged to maximize project value (e. g. design alternatives, life – cycle analysis, scheduling, estimating, material selection, pre – fabrication opportunities, site placement, etc.) Reference www.engr.psu.edu/bim/download for BIM Goal & Use Analysis Worksheet.

1. Major BIM Goals / Objectives: _____
2. BIM Use Analysis Worksheet: Attachment 1 Reference www.engr.psu.edu/bim/download for BIM Goal & Use Analysis Worksheet. Attach BIM Use analysis Worksheet as Attachment 1.
3. BIM Uses: _____
See BIM Project Execution Planning Guide at www.engr.psu.edu/BIM/BIM_Uses for Use descriptions.

Section E: Organizational Roles / Staffing

Determine the project's BIM Roles / Responsibilities and BIM Use Staffing.

1. BIM Roles and Responsibilities: _____
Describe BIM roles and responsibilities such as BIM Managers, Project Managers, Draftspersons, etc.
2. BIM Use Staffing: _____
For each BIM Use selected, identify the team within the organization (s) who will staff and perform that Use and estimate the personal time required.

Section F: BIM Process Design

Provide process maps for each BIM Use selected in section D: Project Goals / BIM Objectives. These process maps provide a detailed plan for execution of each BIM Use. They also define the specific Information Exchanges for each activity, building the foundation for the entire execution plan.

1. Level One Process Overview Map: Attachment 2
2. List of Level Two – Detailed BIM Use Process Map(s): Attachment 3

Section G: BIM Information Exchanges

Model elements by discipline, level of detail, and any specific attributes important to the project are documented using information exchange worksheets.

1. List of Information Exchange Worksheet(s): Attachment 4
2. Model Definition Worksheet: Attachment 5

图 1-8 BIM 项目执行计划模板

间轴上,对应设计节点确认模型详细程度。随着项目的实施,还需对模型进度进行定时检测,随时调整计划。

建模计划包括总体计划和详细计划两部分。

(1) 总体计划

总体计划是把选定的所有 BIM 应用放入总体流程,根据建设项目设计阶段为 BIM 应用在总体流程中安排顺序,并为每个 BIM 过程定义责任方。被定义的责任方需要清楚地确定执行每个 BIM 过程需要输入的信息,以及由此产生的输出信息。BIM 协调人可根据设计流程与合同要求,为建模计划设置时间节点,每个时间节点对应阶段性交付标准的模型深度要求。应确保团队的每一个人了解总体计划中不同 BIM 应用之间的关系,包括这个过程中主要的信息交换要求。总体计划应说明特定 BIM 应用的详细工作顺序,包括设计过程的责任方、参考信息的内容和创建、共享信息交换的具体要求。

(2) 详细计划

详细计划是决定每个微循环进程的框架,包括信息的责任方、进程之间的相互关系和信息传递方式。创建详细计划的工作应把 BIM 应用逐层分解,定义每一组进程之间的相互关系,理清每个进程的逻辑顺序,最后生成具有以下信息的详细流程图。流程图需要包括信息交换的内容和每个进程的相关责任人。流程的重要决策点应设置决策框,用以判断执行结果是否满足要求。决策框可以控制一个 BIM 任务是否满足质量控制的要求。每个项目完成后应重新检查决策框,通过实际流程和计划流程的比较,改进未来项目的 BIM 应用流程。

① 在总体建模计划的基础上,定义每一个确定实施的 BIM 进程或应用的目的和需要达到的要求。例如,在设计阶段的某个节点,需要对建筑节能进行测试,以确定外墙的构造和厚度。

② 确定创建方和接收方以及创建和接收数据的类型、软件名称、版本号,以确保数据之间的互操作性。

③ 确定数据的详细程度,如大小、位置、材料以及对象参数。模型难以表达的信息,也可用注释的方式进行补充。

④ 报告该进程实施后的结果。

以上详细计划通常包含三类信息:首先是参考类信息,包含执行一个 BIM 应用需要的企业内部和外部信息,如气象信息和地理地形信息等,通常是以表格的方式表达。其次是进程类信息,即描述构成一个 BIM 应用需要的具有逻辑顺序的活动,通常是以图解的方式表达。第三是信息交换,包括前一个进程需要交付给后一个逻辑进程的模型及相关的数据,通常是以交付手册的方式表达。

5) 分配模型归属

根据项目进度确定项目成员及其模型归属,拆分模型,设置工作集和项目文件夹目录,并将工作集权限分配给企业内部和外部的协同工作成员,共享项目的坐标点,建立本项目的资料库等。项目开始之后,BIM 协调人将在管理系统上推送各种信息,并通过日志记录设计过程中的重点信息。

6) 实施协同设计

在设计开始之后,设计人应严格按照建模计划规定的流程完成 BIM 建模及相关应用的实施,模型的内容、深度、格式、信息更新方法应满足企业或者项目规定的相关标准的要求。

当出现问题时,应按照企业协同标准的约定加以解决。对于有业主方和施工方 BIM 团队共同参与的项目,BIM 应用的每一个参与方都应该有一个指定的模型专员来负责协调模型。这个模型专员应根据情况参加所有主要的 BIM 协调会议和沟通。他们应该负责解决可能出现的和确保模型信息及时、准确的有关问题。

7) 控制模型质量

模型的质量控制的关键是对相关任务的控制,比如设计审查、设计协调会、关键里程碑等。每个负责模型内容创建的项目人员都应该对自己所创建的模型信息负责,并在正式提交这些模型信息之前进行自检。这种检查包括:

① 使用预先定义的模型软件打开模型,确保收到的模型没有在传输过程中损坏。使用模型软件中的相关导航漫游功能,观察模型中是否包含不应该存在的构件,同时确定所有设计意图都已经通过模型正确表达。

② 通过 BIM 建模软件内自带的碰撞检查功能或者专门的碰撞检查软件(比如 Solibri Model Checker)检查提交的模型是否自身存在碰撞问题以及是否与其他参与方提交的模型产生交叉碰撞问题。

③ 根据信息交换内容定义对模型的范围和深度进行检查,确认提交的信息和数据符合 BIM 执行规划所确定的数据标准,而且在模型范围和深度(LOD)上符合要求。

8) 校核设计成果

设计成果的校核包括设计过程中提资的专业图纸校核以及最终成果的校核。现阶段,大部分的 BIM 项目的设计成果采用图纸和模型校核双向校审的方式:先将 BIM 模型导出为二维图纸,然后进入传统的审核流程。

BIM 模型则提交给 BIM 模型团队进行信息完整性和冲突检查。正式提交的成果模型经过 BIM 团队的重新整理,删除重复的冗余对象后放置在成果发布区中。经过整理的模型应将归属改为最终的修改者并保留原负责人的信息。BIM 模型用于成果交付的情况下,应当注明该模型的使用范围及免责条款。

9) 发布和存档设计成果

将发布和存档的设计成果按照企业标准的要求进行整理,存入企业中心服务器中的相应目录下,以备随时查阅。

1.4 BIM 设计协同的实施

协同包含两个基本要素,一个是协同的方法和渠道,另一个是协同的内容和实体。BIM 协同设计之前,需要建立企业协同设计标准,确定企业使用的 BIM 软件平台、数据格式、文件夹结构、基本流程与设计节点,会商与审定机制和相关的责任框架图。在项目层级上,根据企业标准制订项目的 BIM 策略和建模计划,包括在项目的时间轴上添加设计节点,建立工作集,分配模型负责人与用户权限,搭建 BIM 项目的基本框架。

BIM 协同设计是通过中央服务器上的中心文件共享实现的。每个项目参与者都面对中心文件工作,上传、下载或调用信息。这种以网络为媒介、以数据为中心的模式信息来源更加直接,有利于项目参与者迅速做出判断,有效提高设计效率和质量。

除了 BIM 平台本身具备的强大协同功能外,设计师还可以依靠一些专门为设计团队开发的软件进行信息管理工作。例如,Ms Project (MSP) 通常用于项目合同管理、进度安排、人力资源调配、任务发布、进度跟踪与调整、成本控制与管理等。如果说 BIM 协同设计模式提高了信息的维度与传递效率,则 MSP 的作用是使每个项目成员了解各自的任务和流程计划,加强信息的系统性和组织性。

1.4.1　不同阶段的协同设计要点

总体而言,整个建筑的存在过程可以分为策划决策阶段、设计阶段、建造阶段和运营维护阶段。其中,设计和建造阶段是建筑产品生产和有形化的实施阶段,也是建筑设计者实施服务的核心阶段。此前的策划和决策阶段又可称为"前期阶段",此后的运营维护阶段又可称为"后期阶段"。

设计前期和方案阶段涉及的专业较少,但受方案比选、审批等因素的影响,设计周期往往难以精确控制;初步设计和施工图阶段涉及的专业较多,但设计周期往往都是确定的,比较容易把控。由于设计前期和方案阶段的特殊性,这一阶段的设计合同往往单独签署,或者在整体设计合同的框架下形成独立的条款。

1) 设计前期阶段的协同设计

设计前期阶段(Pre-design & Conceptual Design)的主要目的是提供项目的策划和决策。项目策划包括组织运营策划、资金收益策划、空间环境策划、技术法规策划等。根据项目策划拟定设计任务书和建筑物的主要规格指标,确定后续工作的目标和控制性指标,制订相应的进度计划,选定并组建设计咨询团队和运作团队,决定后续的组织和运营方式。成果包括选址意见书、项目建议书、项目可行性分析报告、计划进度等。

设计前期阶段属于非标准程序,业主可能要求进行项目的概念设计,以帮助确定项目的实际需求和价值,并将这种价值实体化和空间化。概念设计还有助于比较不同方案在空间使用、场地布局、环境影响、交通组织等方面的优劣,最终形成更有甄别性的技术指标文件。概念设计阶段外部协同的工作较多,设计企业的 BIM 团队需要经常与外界沟通设计意向,例如,讨论场地规划条件、外部管网条件、功能策划、工程成本和经济指标的核算等。假如项目已经由业主搭建了 BIM 协同平台,可以实现更加精细和即时的信息管理。

BIM 项目在设计前期的主要任务是导入场地条件,建立关联模型。通过参数控制比较和分析项目的优势和劣势,为业主提供一个综合判断的依据。概念设计阶段只需要达到体块模型的程度,就可以进行环境模拟与仿真测试,以及估算出建筑面积、体积、能量消耗和工程造价等技术指标。因此,模型的精确度不是最大的问题,关键在于如何建立与场地关联的模型,通过充分的分析和比较,以提供决策依据,最终形成项目建议书、进度计划和设计任务书等文件。

2) 方案设计阶段的协同设计

方案设计阶段(Schematic Design)主要提供基于概念设计的具体空间、功能、材料以及可初步计量的目标参数,供业主进行评估和分析。这一阶段的建筑设计为结构专业和机电专业设计提供初始化的属性、坐标和条件模型。

这一阶段的内部协同设计主要集中在建筑专业,其他专业则是在后期提供一定的协作支持。方案阶段的模型精细程度要求达到 LOD100~LOD200,即非精确的三维几何体块级别,无需过于追求精确度。建筑构件(如墙体、门窗等)可以采用前文中提到的"占位图元"的方法,只考虑其空间属性,快速占据构件的位置,等待方案确定后替换。

方案阶段使用的软件较多,例如 SketchUp,Rhino 或 Grasshopper 等曲面工具或参数化软件,甚至一些编程软件。由于不同建筑师熟悉的软件不同,而不同软件擅长解决的设计问题也不同。因此,需要解决多平台导入和导出 BIM 的数据衔接问题。很多情况下空间数据虽能导入,但无法在 BIM 平台下实现编辑功能,或者参数的关联性丢失,这些问题都需要具体地测试解决。企业 BIM 标准应该明确常见的数据交换的准确性及可用性问题。

方案设计阶段建筑模型的切分比较特殊,一般原则是尽可能地减少切分,或者按照合同要求的图纸,如建筑、场地、景观、道路等图纸进行切分和设计。一旦方案进行到深化阶段,需进行进一步的模型分割,将设计权限交付给不同的设计师,这样可以加快设计进度。

3) 初步设计阶段的协同设计

初步设计(Preliminary Design)是位于方案设计和施工图设计之间承上启下的阶段,这个阶段的主要任务是深化和优化方案设计,确定技术方案以及与业主要求的综合。我国的初步设计阶段大致对应美国的设计发展阶段(Design Development),初步设计之后,项目中各专业的主要技术方案已确定,专业之间的空间与技术协调已充分解决,这样才能顺利过渡到施工图设计。

初步设计阶段的特点是协同设计专业较多,但设计周期明确,节点较清晰。因此,本阶段协同设计的重点和难点是各专业之间如何保持模型信息的同步,通过信息的交互达到深化和优化方案的目的。

① BIM 协调人应认真制订本项目的 BIM 策略文档和"建模计划",做好设计协同前期的准备工作。每个项目成员都应在项目开始之前经过相应的 BIM 技术和流程培训,确保熟悉企业 BIM 模型标准和协同标准,了解本项目的特殊约定。

② 初步设计过程中,应确保每个约定的 BIM 进程的完整实施。例如,项目计划中约定在建筑专业提交初始模型前,需要添加一个"风环境、光环境测试"的 BIM 进程,据此优化共享大厅的空间形式,这一进程应当被记录在设计日志中,并对测试和优化结果进行描述。再如,在结构专业配合后,建筑专业可能需要重新检查墙身设计,对建筑表皮进行优化,细化构造节点的尺寸以确认可建造性。

③ 完善对提资模型的精度和信息完整度的检查。在提资之前应实行模型自检,确认符合模型的精度和信息深度的要求。在协同设计过程中,应确定一个适当的共享文件频率,例如,专业之间每三天或一周在共享区更新一次专业中心文件,专业内部每几小时更新一次中心文件等。大型复杂项目应设置专门负责进行冲突检查的人员,提高检查和信息反馈的频率。

④ BIM 项目平台可以与企业项目管理平台相结合,整合任务管理、财务管理、出差管理、邮件系统、即时信息、客户信息管理等于一体,提高信息的沟通效率。如果出现复杂问题,应及时启动会商程序,解决冲突和相关问题。

⑤ 初步设计最终经过自校、互校,由各专业负责人校核等程序后,递交最终的审核和会签,完成设计验证。设计图纸和文件将提交归档,并以不可编辑的文件格式储存在项目归档区中。

4) 施工图设计阶段的协同设计

在施工图文件设计阶段(Construction Document)应提供建筑及其相关系统的最终设计。承接初步设计,施工图文件要确定建筑物的全部空间尺寸和节点细部,包括场地设计、平面图、立面图、剖面图、外表皮(外墙、外檐)、屋面、楼梯和核心筒、电梯扶梯、厨卫、门窗、室内设计、环境设施、详图大样、轴线定位及分区、建造细则等方面。

① 总平面专业:应包括图纸目录、设计说明、设计图纸、主要技术经济指标、计算书。

② 建筑专业:应包括图纸目录、建造细则、室内装修做法表及门窗表、平面图、立面图、剖面图及详图。

③ 结构专业:应包括结构设计总说明、基础平面图及详图、结构平面图、钢筋混凝土构件详图、节点构造图和结构计算书(内部归档)。钢结构设计图和建筑幕墙结构设计文件一般应由具有专项设计资质的加工制作单位完成,也可作为专项设计外包给具有该项目设计资质的其他单位完成。

④ 建筑电气专业:应包括施工设计说明、电气总平面图、配电、照明、热工检测及自动调节系统、建筑设备监控系统及系统集成、防雷接地及安全、火灾自动报警系统、主要设备表、计算书(内部归档)等。

⑤ 给排水专业:应包括图纸目录、设计总说明、给水排水总平面图、排水管道高程表和纵断面、取水工程相关图纸、输水管线图、给水净化处理设施图纸、污水处理设施图纸及主要设备材料表、计算书(内部归档)等。

⑥ 采暖通风与空气调节专业:应包括图纸目录、设计说明及施工说明、通风空调、制冷机房平剖面图、系统图及立管图、详图、计算书等。

⑦ 热能动力专业:应包括图纸目录、设计图纸、主要设备表、计算书等。

此外,结合业主的合同协议要求与约定,还可能要求提供工程预算书、销售与招商说明等项目,BIM 项目合同还可能要求提供施工图深度的 BIM 模型作为交付要件,用以与施工阶段的应用衔接。

由于施工图文件阶段已接近整个工程设计交付,BIM 项目应确保模型导出的二维图纸满足质量要求,同时也应满足导出图纸目录、材料与设备表和工程数量统计的要求。施工设计文件在发布之前应经过模型审核和冲突检查,及时发现问题并修正,最终经过设计验证后发布和归档。

1.4.2 BIM 设计的协同手段

整体的 BIM 项目是跨企业、跨专业、跨地域、甚至跨语言的协作行为。就每一个协作单元而言,都可分为外部与内部协作。通过业主方搭建的整体协作平台,项目的参与方可以实现信息的即时互通,进行沟通、提资、决策和方案验证等工作。

企业内部协作平台则是由项目参与方的企业搭建的,基于企业内部局域网。它的主要功能有两个方面,其一是实现企业内部的数据和信息产生与传递;其二是接收外部信息,并且有选择性地将信息发布到整体协作平台。此外,企业协作平台提供了团队浏览模型、互动讨论、外地远程人员参与等工作环境。

1) BIM 协同设计平台的类型

（1）设计与建模平台

模型设计平台主要是由 BIM 核心建模软件组成的,供设计人员和 BIM 模型管理人员设计使用的平台。当一个企业或者项目的核心建模软件确定了,所有团队成员都要围绕这个软件群组成的平台工作。目前,BIM 模型设计平台中最为普及的有 Autodesk Revit 建筑、结构和机电系列、Bentley 建筑、结构和设备系列、Nemetschek ArchiCAD，AllPLAN，Vectorworks 系列以及 Dassault Catia 或基于该平台的 Digital Project 系列。

在方案设计阶段,还有一些著名的软件参与到模型设计过程,这些软件虽然不能称为核心建模软件,但往往在空间造型和参数化设计方面具有更强的优势,如 SketchUp，Rhinoceros，FormZ 等,其设计结果可以通过不同的数据接口导入核心建模软件进行深化。

（2）计算与分析平台

计算与分析平台是由不同的计算与分析软件构成,用于对 BIM 模型的计算、分析和优化。计算与分析类软件大致可以分为以下几类。

① 建筑绿色性能分析软件:如 Ecotect，IES，Airpak，Green Building Studio 等,用于对日照、风环境、热工性能和噪声等方面的分析。

② 结构分析软件:如 ETABS，STAAD，Robot 等国外软件和 PKPM 等国内软件,都可以与 BIM 核心建模软件配合使用。

③ 设备与机电分析软件:如国内的鸿业、博超,国外的 IES Virtual Environment 等。

④ 冲突检测与分析软件:如 Autodesk Navisworks，Bentley Projectwise Navigator 和 Solibri Model Checker 等,上述软件的功能虽不尽相同,但都具有强大的数据整合和分析碰撞功能。

⑤ 工程量与造价分析软件:如国外的 Innovaya，Solibri 和国内的鲁班软件,可以控制和监视工程规模和造价。

其他还有针对模型中包含的信息完整度的分析、规范检查、疏散分析等软件,这些软件的共同特点是使用 BIM 模型作为信息来源,直接或间接导入 BIM

数据进行计算和分析,返回可视化的结果。分析软件作为 BIM 核心建模软件的插件使用,其方便和灵活程度更高,也是未来发展的趋势。

（3）可视与校验平台

可视与校验平台是将 BIM 模型转化为不同的观察模式,使其更加便于观察、校验和讨论,在可视和校验过程中对模型本身不会产生影响。Autodesk Navisworks,Bentley Projectwise Navigator 等软件都具备这种功能。

（4）协同与管理平台

在 Autodesk Revit 体系下的协同数据管理平台由 Autodesk Vault,Autodesk Buzzsaw 和 Autodesk Revit Server 三个软件构成。

Vault 是协同数据管理的核心,负责管理中心数据库中所有项目数据,包括模型、文本、合同、变更、电子邮件、计划以及相片和视频资料等。它与 Revit 系列的其他产品无缝链接,如 Revit 的使用者可以在工具栏中随时获取贮存在 Vault 中的文件,上传文件至 Vault,Vault 则会记录和跟踪数据来源及更新情况。Revit Server 则通常作为项目设计者的个人终端与 Vault 之间的缓冲和中介,称 Vault 中的文件为中央文件。Autodesk Vault 软件的界面如图 1-9 所示。

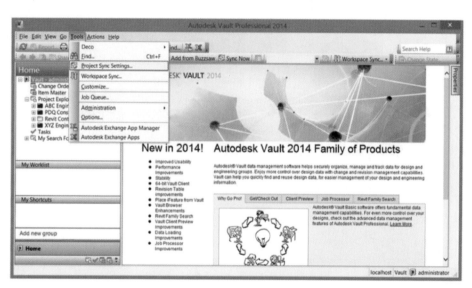

图 1-9 Autodesk Vault 软件的界面

Buzzsaw 可以自动将贮存在 Vault 中的数据镜像至云服务器,发送到企业之外的项目相关人。Vault 的功能主要是负责企业防火墙之内设计人员之间的文件和信息共享。而 Buzzsaw 则主要负责与防火墙之外协作者的数据共享和安全链接。

2）BIM 设计协同平台的基本结构

考虑到设计项目的复杂程度以及软件的运算速度,BIM 项目是依靠一个网络架构进行协同工作的,前提是企业内部网络的速度与环境应支持高强度的数据传输。

协同设计平台的架构可分为本地文件区和共享文件区两部分,本地文件区存储的是工作正在进行中的文件(WIP)。不同专业有各自的本地文件,如果专业模型经过切分后分配给若干相同专业的模型设计人，那么就需要在本地组合成完整的专业模型，这一模型又称为专业中心文件。例如，建筑专业模型被切分为 4 个独立的模型，由 4 个设计人分别负责建模，这些文件最终被整合在"建筑中心文件"中。设计人通过定时更新处于编辑状态的最新模型，使建筑中心文件不断更新。

专业中心文件经过审核后被上传至项目共享区，成为可供其他专业读取和链接的文件资料。置于共享区的中心文件原则上不允许被直接打开，为了保证共享区模型的唯一性，只允许被复制到本地后，作为链接文件使用。一般情况下，也不允许跨专业直接访问其他本地文件区的内容。

2010 年英国发布的 *BIM Standard for Autodesk Revit* 中，对专业协同平台的基本结构进行了描述，如图 1-10 所示。

3）协同设计模型的数据引用

Revit 系列工具提供了"链接模型"和"工作共享"两种方式来完成专业间或专业内部的协同工作。一般情况下，专业间的协同多通过链接方式，而专业内的协同多采用工作集方式。在实施模型数据的相互引用之前，需要根据拆分原则确定模型的范围和责任人，并为项目确定统一的基点、测量点、轴网和标高系统。然后，首先创建各专业或子项的中心文件，再由各设计成员创建本地文件。

（1）"链接模型"模式

使用"链接"方式调用其他专业产生的模型，如建筑师可以采用"链接"的方式将结构工程师通过 Revit Structure 生成的结构模型导入 Revit Architecture，完善建筑结构部分的 BIM 模型。由于 RA 和 RS 是彼此兼容的，从而保证了结构工程师和建筑师之间进行准确便捷地相互调用和参照。当链接文

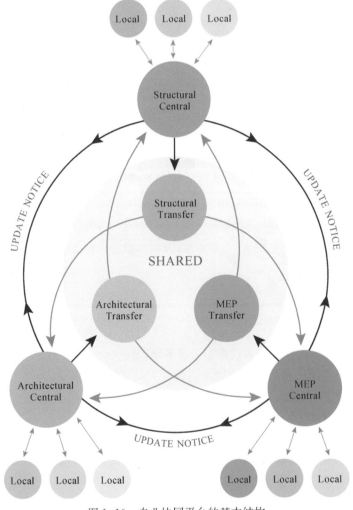

图 1-10　专业协同平台的基本结构

件产生变化时,可以运用 Revit"协调查阅"和"协调主体"工具。这一工具可以帮助发现更改的设计部分,当设备附着的主体消失时,也能及时通知设备专业加以关注。

　　(2)"工作共享"模式

　　工作共享通常被称为"工作集"模式,它可以近乎实时地将修改显示在中央文件中,并反馈给协作的设计师。工作集在设计协作中具有极大的优势,首先可以明确工作区域的划分;其次可以进行可见性控制,减少刷新和调用模型的实践;第三,可以进行灵活修改权限控制。

　　启动工作共享(工作集)模式可遵循以下步骤(BIM 协调人操作)(图 1-11)。

　　① 划分工作集:编辑工作集划分的文件存入网络服务器中。工作集划分的基本原则是每个设计人负责 2～3 个工作集。建筑专业可按照外立面、裙房、内墙和门窗、卫生间、楼梯间、家具布局等划分工作集;结构专业先按建筑分区,后按楼层划分,再按构件划分;机电专业可先按系统划分,再按子系统划分工作集。

　　② 启动工作集:必须事先定义共享中心文件的名称和位置。

　　③ 为现有图元分配工作集:在 Revit 中打开工作集选项,输入工作集的名称,软件自动将项目中的图元按照确定的工作集进行分类,也可以手动将现有图元分配给相应的工作集。

　　④ 保存中心文件:在工作集选项中依次新建工作集,并在网络路径上保存以生成中心文件。

　　⑤ 签出工作集的编辑权限:将编辑权限赋予该工作集的负责人。

　　⑥ 关闭中心文件。

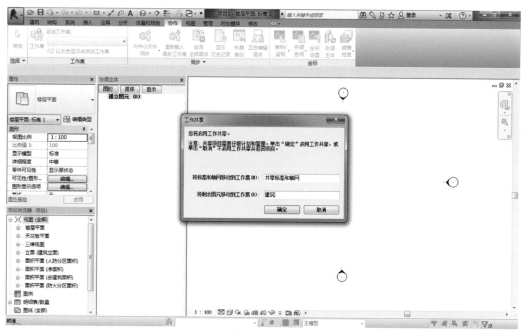

(a) 启动工作集对话框

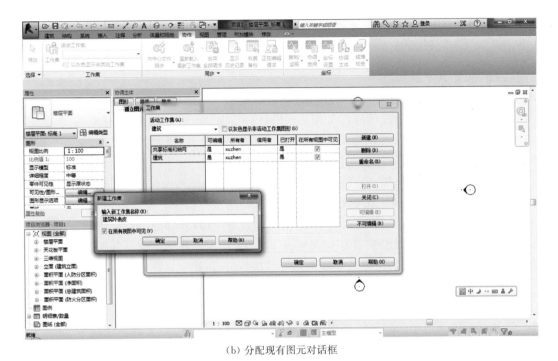

(b) 分配现有图元对话框

图 1-11　启动工作集和分配现有图元对话框

专业或子项目的中心文件已经建立,接下来是设计者使用工作集的过程。

① 创立本地工作文件:设计者在本地连接服务器上的专业中心文件,创建本地的工作文件副本。

② 签入自己的工作集编辑权限:在签入编辑权限后,设计者重新定义自己负责的工作集的可见性等参数。不同工作集的设计者可以采用相互借用模型的方式,其他工作集的编辑权限。

③ 工作并定期同步数据:在自己的工作集中开始工作,并定期将工作内容更新至服务器上的中心文件。设计者可以选择单向或者双向同步更新。

④ 同步并关闭本地文件:当工作结束或下班时,同步并关闭本地文件。如果此时其他设计者还在工作,可以选择在离开工作室之前保留或者放弃编辑权限。

1.4.3　BIM 设计协同的实施方法

1) 专业内 BIM 模型协调

按照建筑、结构和机电专业进行分类,各设计专业依据建模计划创建自己的模型:各设计专业储存与处理模型数据并进行检查和验证。

一般情况下,根据每个构件的尺寸、形状、位置、方位和数量进行建模。在项目的初期,构件属性一般为概数,随着项目的进展,构件属性会越来越具体和准确。为确保建模质量,模型创建者在 BIM 项目实施期间应当设置和遵循最低建模要求标准。

2）专业间 BIM 模型协调

各专业在创建各自本专业模型时，项目成员应当与其他项目成员定期共享模型，供相互参考。在特定的重要阶段里，应当对不同专业的模型进行协调，提前解决可能存在的碰撞，防止在施工阶段出现返工，以免耽误工期。

建立"权限许可"和"文件目录结构"的协作计划，帮助团队成员在整个项目中有效进行沟通、共享、检索信息，这样可以使设计者从设计者协作的项目管理体系中收获最大信息，节省时间。

建议项目团队建立协调流程，用于项目团队之间的合作。在信息模型共享之前，应先检查、审批数据，使其"适合于协调"。应当将协调中发现的问题形成书面材料并进行调整、修改跟踪。应当记录、管理协调过程中发现的不一致，包括冲突位置和建议的解决方案并通过协调报告与相应模型创建者进行沟通。

在分析过程中，根据所使用的分析类型，将模型链接到源文件模型软件或编辑分析软件中。解决冲突时，各方在自己的专业模型上按照协商一致的意见修改。分析前后各专业模型的责任权归属不变。

确定协作流程计划时，建议考虑如下方面。

① 协作策略：描述该项目团队将如何协作，包括交流方式、文件管理及转交，记录、存储等方面。

② 会议程序：工作周例会、工种协调会等。

③ 信息交换模型递交时间表的提交和审批：将该项目所发生的信息交换和文件传输以文档形式记录下来。

④ 互动工作区：该项目团队应该考虑贯穿整个项目作业期所需的物理环境并使其适应能够提高 BIM 计划决策进程的必要协作、交流以及审核，包括关于本项目工作平台所有附加消息。

⑤ 电子沟通程序：解决文件管理问题以及每个问题的步骤进行定义，包括许可/访问，文件位置，FTP 站点位置，文件传输协议，文件/文件夹的维护等。

3）BIM 数据共享的管理

在协同工作时，所产生的数据一般存放在 4 种不同的公共数据环境（CDE）中，通过一定的规则进行共享和发布（图 1-12）。

（1）本地区域（可编辑）：此时的数据处于产生和工作阶段（WIP），由每个专业小组分别创建，形成动态的专业中心文件。由于该阶段的数据未经审核，不适合在本设计小组之外使用。一般情况下，个人数据每 1 小时备份或上传回小组中心文件一次。

（2）共享区域（不可编辑）：位于与其他专业共享的中心区域，在发布之前需要数据审核和确认。定期放入中心区域的模型数据，其频率由《BIM 策略》规定。二维图纸应与模型文件同时发布，以降低错误风险。共享数据变更应及时发布变更通知。

从本地区域到共享区域共享之前应确认：无关视图都已经删除，文件已经过审核、清理和压缩，文件格式和命名规则符合协议，模型包含了所有的本地修改，加载模型的所有数据均可获取，链接的参照文件已被移除等事项。

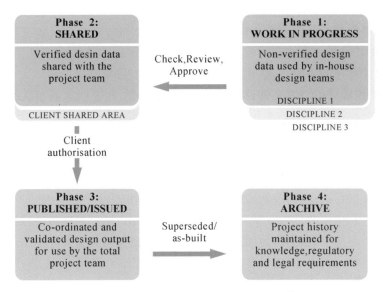

图 1-12 BIM 设计的公共数据环境①

　　一般情况下其他专业不能直接访问本地区域的工作文件（WIP），在特殊情况下必须直接访问 WIP 文件时，建议设立临时共享区域（TSA）数据共享区，TSA 文件存在 WIP 区域中的 WIP_TSA 文件夹中。

　　（3）发布区域（不可编辑）：采用 Autodesk Design Review 对二维 DWF（优先选择）或 PDF 文件进行正式审批，保存文件至发布区域。如有条件建议采用 Navisworks 进行三维浏览和校审。避免用可编辑软件打开文件。如需要发布 BIM 模型时，应附加"仅供参考"的免责声明。

　　（4）归档区域（不可编辑）：归档适用于设计流程的每个关键阶段，包括发布、修改和竣工数据。

---

① 资料来源：*BIM Standard for Autodesk Revit*（UK）。

BIM

2 BIM 在设计前期
阶段的应用

2.1 概述

    设计前期阶段的最初设计对整个项目意义重大,很大程度上决定了建筑成本、建筑使用情况、建筑结构复杂程度、建筑施工周期以及其他关键性问题。

    传统的前期设计几乎全部依赖设计师的经验和实践,依赖设计团队的知识积累。基于 BIM 的前期设计是对传统前期设计流程的一种挑战,其特点包括直观模拟分析和方向性指导两方面。在前期设计阶段,项目的变动性大,建筑师需要快速生成不同建筑体量进行模拟分析对比,因此模拟分析应该是比较直观的。BIM 的前期设计阶段主要通过方案比选完成的。前期阶段方案的信息量不一定十分完整,也许只有建筑群的简单布局、建筑形体体量,因此,BIM 模拟分析软件不需要精确计算建筑的各个指标,只需要在已知指标的基础上进行粗略的模拟分析,用以提供方向性的建议。

    在设计前期阶段,建造场地的地形、地貌、地物、植被等因素是影响设计决策的重要因素。从既能提高人的舒适度又能保护资源和环境的角度出发,设计方案应该尽量保持其与周围景观环境的协调,与周围的地形相匹配,减少地形植被的破坏。传统建筑场地设计的地形图以点、线为单位进行标注,设计师很难清晰地了解场地地势、坡度、植被等情况,也很难掌控所创建建筑与周围环境的协调性。因此,创建场地三维模型是 BIM 设计需要完成的重要工作。

1) 设计前期阶段的任务和目的

    设计前期阶段的出发点往往始于总体概念规划,建筑师针对经济特点以及所要求的空间品质测试各种体块组合的方案。体块组合也是建筑师用来表达城市肌理的重要手段。这些图纸可以是一张简单的草图,在它上面有明确的分析目的、比例、长度以及规模。随着新兴的电脑软件技术的发展,建筑师可以在新的维度上通过虚拟媒介去理解深化以及实践他们的想法,这是传统的建筑师无法想象的设计方式。

这种新的总体概念规划的方式看似与过去几个世纪的建筑师所采用的方式有着很大的不同,然而建筑师思考的关键过程是相同的,即建筑师用他们惯用的设计手法为客户以及使用者提供最好的设计,只是设计工具向着更高端的方式更新。

2)设计前期阶段的 BIM 应用点

在设计的前期阶段,应用 BIM 进行基地分析,如场地建模、场地处理等的主要目的,在于确认项目的可行性以及项目潜在的目的与需求。因此,应用 BIM 进行基地分析可以使建筑法规与客户的成本目标、面积控制能够很好结合,更直观地协助客户理解项目,进而完成设计任务书的编制。建筑师在概念规划时需要与客户合作,了解客户对项目的想法,然后用建筑的语言将其实现。在这个阶段通常并不需要极尽详细或者复杂的信息,而是需要从不同的角度理解基地和它的潜力,快速从中提取设计数据,为建筑师提供进入下一个阶段设计所必需的设计依据。传统的基地分析存在诸如定量分析不足、主观因素过重、无法处理大量数据信息等弊端,通过 BIM 结合地理信息系统(GIS),对场地及拟建的建筑空间数据进行建模,利用 BIM 及 GIS 软件的强大功能,可以迅速得出可信的分析结果,帮助项目在规划阶段评估场地的使用条件和特点,做出最理想的场地规划、交通流线组织和建筑布局等关键性决策。

3)在设计前期阶段的设计协同

BIM 的出现带来了设计方法的革命,其变化主要体现在以下几个方面:从二维设计转向三维设计;从线条绘图转向构件布置;从单纯几何表现转向全信息模型集成;从各工种单独完成项目转向各工种协同完成项目;从离散的分步设计转向基于同一模型的全过程整体设计;从单一设计交付转向对建筑全生命周期的支持。BIM 技术与协同设计技术将成为互相依赖、密不可分的整体。协同是 BIM 的核心概念,同一构件元素,只需输入一次,各工种共享元素数据从不同的专业角度操作该构件元素。从这个意义上说,协同已经不再是简单的文件参照。可以说 BIM 技术为协同设计提供了底层的支撑,大幅提升协同设计的技术含量。BIM 带来的不仅是技术,也是新的工作流及新的行业惯例。在当前设计周期越来越短的前提下,协作的信息分享也成了必然的趋势,它能有效提升团队的工作效率,也为团队之间的相互检查校对提供了平台;并且在设计管理上也提供了便利,不仅设计师可以随时更新到团队的最新内容,客户、顾问方也都可以参与进来,监督管理交流。

通常,在设计阶段不仅仅使用 Revit,而是采用 Revit,Rhino,Vasari 等软件合作的方式。Rhino 具有强大的三维曲面编辑功能,生成的三维信息可直接应用于Revit,经过Revit的导入和编辑,生成建筑相关图纸,如建筑平面、立面、剖面、大样详图等。这些图纸直接由Revit中的三维构件生成,其中不含有多余的二维线条。而标注及图框等也由Revit系统自动生成,且图纸与图纸、项目与图纸、视图与图纸均相互关联。当出现设计改动时,Revit便将变动直接反映到相关图纸上;且由于建筑各构件的内在关联性(建筑各构件存在于有机系统中),关联性能直接发挥作用并做出反应。因此Revit可以节省设计时间,增加设计效率。

4)设计前期阶段BIM应用的价值评估和总结

BIM强化了设计过程,为建筑师提供了更大范围的网络数据,同时也为客户、顾问方、设计师提供了更广阔的协同合作平台。使用BIM,对于建筑师而言,是为其提供一个更具创造性的工作平台,但它并不意味着建筑师的视野会被局限在某个软件本身,而是为了更高效地将建筑师的想法应用在设计上。在设计前期使用BIM,在完美表现设计创意的同时,还可以进行各种面积分析、体形系数分析、商业地产收益分析、可视度分析和日照分析等。协同设计,将不再是单纯意义上的设计交流、组织及管理手段,它将与BIM融合,成为设计手段本身的一部分。借助于BIM的技术优势,协同范畴也将从单纯的设计阶段扩展到建筑全生命周期,需要设计、施工、运营、维护等各方的集体参与,因此具备了更广泛的意义,从而带来综合效率的大幅提升。

2.2 场地建模

在Revit中包含一些简单的建模工具,可以导入现有的矢量地形、平整场地和进行场地设计,如果需要对场地进行更为细致的分析,例如精确的土方量计算和精确的道路坡度设计,Civil 3D等BIM软件则提供了更加有效、实用和专业化的工具。

Revit为建筑师提供多种场地规划工具,包括创建三维地形表面、场地规划、场地平整(建筑地坪)、土方计算、场景布置以及创建三维视图或渲染视图,以期达到更真实的演示效果。在场地设置中,可以随时修改项目的全局场地设置,也可以定义等高线间隔,添加用户定义的等高线,选择剖面的填充样式等。如果需要对场地进行更为细致的分析,接下来可以使用Revit中的场地平整与土方计算。在完成场地规划后,可以对地形中的道路、停车场、广场等区域进行场地平整,为建筑添加地坪,并计算挖填土方量。场地平整及土方计算功能必须借助"阶段"功能实现,即Revit将原始地面标记为已拆除并创建一个地形副本来编辑,平整后两个表面对比即可计算挖(填)土方量。场地平整后即可在建筑区域内添加地坪,并设置地坪的结构和深度。

针对土方计算的问题,首先需要对所有的地形表面进行命名,以区分平整场地、建筑地坪子面域;在明细表中,类型选择"地形",字段选择"名称""填充""截面""净剪切/填充",再勾选"总计",Revit便会自动生成地形明细表,用于查看土方量,如图2-1—图2-4所示。

图 2-1　Revit 中的平整场地

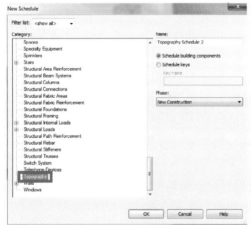

图 2-2　土方计算勾选地形

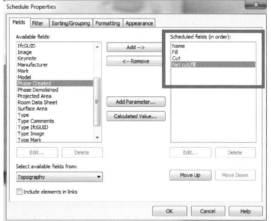

图 2-3　土方计算勾选总计

<Topography Schedule 2>			
A	B	C	D
Name	Fill	Cut	Net cut/fill
	0.00 m³	0.00 m³	0.00 m³
基地	0.00 m³	10.45 m³	-10.45 m³
平整场地	0.00 m³	15.90 m³	-15.90 m³
Grand total: 3	0.00 m³	26.35 m³	-26.35 m³

图 2-4　在 Revit 中生成最终的地形表统计

　　场地动态设计包括场地配景的插入，如停车构件、场地构件、植物、人、车、门等。这里要引入 Revit 中一个非常重要概念——族。族文件可算是 Revit 软件的精髓所在。族可以被看成是一种参数化的组件，如一个门，在 Revit 中对应一个门的族,可以对门的尺寸、材质等属性进行修改。值得一提的是,Revit 中的植物在插入时可以选择不同植物的种类,这些植物在窗口显示状态并没有太大的区别,但在实际渲染后便可显示出季节和树种的差异。插入的场地构件都会自动依附在地坪上,无需手动调整标高。

2.2.1　现状地形建模

在 BIM 设计中,场地模型通常以数字地形模型(Digital Terrain Model, DTM)表达。数字地形模型是地形表面形态属性信息的数字表达,是带有空间位置特征和地形属性特征的数字描述。BIM 是以三维数字转换技术为基础的,因此,BIM 场地模型中,数字地形模型的高程属性是必不可少的,首先要创建场地的数字高程模型(Digital Elevision Model,DEM)。

建立场地模型的数据来源有多种,常用的方式包括地图矢量化采集、地面人工测绘、航空航天影像测量三种。地图矢量化采集是从现有纸质地形图上,通过手工的网格读点法、半自动的数字化仪法等方式,获得矢量的数据点或等高线,作为创建场地模型的基础数据;地面人工测绘通过利用全站仪、GPS、水准仪等地面测绘设备,采用人工操作的方式获得地表高程点作为创建场地模型的基础数据;航空航天影像测量是通过测绘卫星、有人驾驶飞机或无人低空飞机搭载数字摄影设备获得地表数字影像,根据数字影像合成处理得到地表高程点和图形影像,作为创建场地模型的基础数据。

在创建场地地形模型时,往往采用以上两种或三种方法的混合使用,互为补充。最终根据具体场地建模需求,通过内插方法生成所需场地 DEM 数据。场地模型的矢量化表达方式有规则网络结构和不规则三角网(Triangular Irregular Network,TIN)两种算法。TIN 结构数据的优点是能以不同层次的分辨率描述地表形态,与网格数据模型相比,TIN 模型在某一特定分辨率下能用更少的空间和时间,更精确地表示复杂的表面。特别当地形包含有大量如断裂线、构造线等特征时,TIN 模型能更好地顾及这些特征的表现,如图 2-5—图 2-7 所示。

1) 利用 Civil 3D 进行地形建模

在 Civil 3D 中,数字地形模型被称为"曲面"。Civil 3D 中的曲面分为两种类型,即三角网曲面和栅格曲面,其中三角网曲面是缺省的曲面类型。它使用不规则三角网(TIN)模拟真实地形,较为精确,因此更适合土木工程设计应用。

在 Civil 3D 中,尽管可以使用多种不同的样式(如等高线或坡度分析)显示曲面,但是请记住,在不同的显示样式背后,曲面的数据是以三角网模式存储和操作的。在 Civil 3D 中建立曲面时,用户需要首先创建一个曲面对象,然后把源数据(如测量点、等高线、DEM 文件等)添加到曲面定义中,就可以生成曲面。在 Civil 3D 中创建曲面对象的步骤是:在工具空间的"快捷方式浏览"选项板上找到"曲面"结点,单击右键,选择"新建",然后在弹出对话框中输入新建曲面的名称与描述(可选),确定即可,如图 2-8 所示。

图 2-5　覆盖影像地形模型

图 2-6　着色地形模型

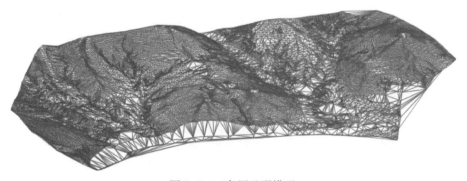

图 2-7　三角网地形模型

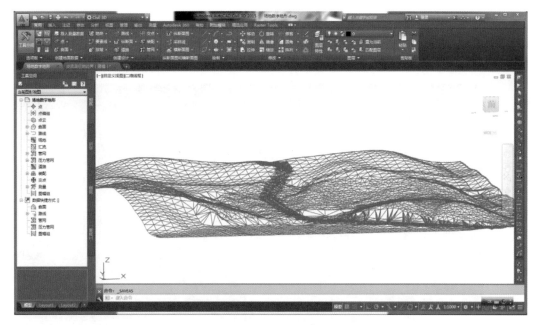

图 2-8 在 Civil 3D 中创建数字地形模型

2）利用 Revit 自带工具进行地形建模

传统的基地设计信息大多为二维 CAD 文件,其弊端并不能直观地向建筑师提供基地的三维影像,设计师很难从 CAD 文件的数字中准确了解基地的真实状态。通过对 CAD 文件中基地标高数字格式进行转换,导入 Revit 文件后,这些数字能够快速生成三维模型,建筑师便可以更直观地看到地形地貌。场地模型可以通过放置点、导入实例以及导入点文件三种方式来建立,但大多数时候需要三种方式相结合才能建立出一个完整的场地模型。

① 首先,通过拾取点创建地形表面。在选项栏上,需要首先设置"绝对高度"的值;点及其高程用于创建表面。注意选择此高程为绝对高程,即点显示在指定的高程处,这样就可以将点放置在活动绘图区域中的任何位置了。这种做法的缺点是重复单一,同时手工逐一对高程点的添加也比较耗时,适合做一些较简单的以平地为主的基地。

② 其次,通过导入实例创建地形表面。可以根据以 DWG,DXF 或 DGN 格式导入的三维等高线数据自动生成地形表面。Revit 能够分析三维等高线数据并沿等高线放置一系列高程点。需要拥有一个涵盖等高线及数值的 CAD 文件,然后在 Revit 中导入 CAD 文件。在建立基地选项中选择导入实例,在图中选择导入的 CAD 文件并选择等高线所在的图层。最终生成场地模型并设置材质(图 2-9)。

③ 最后,通过点文件导入的方式来创建地形表面。需要在拥有矢量的数据点或等高线的 CAD 中,数据点进行摘取并在 Excel 中处理,得到有逗号分隔的 CSV 文件或 TXT 格式的地形测量点文本文件。在建立基地选项中选择导入点

文件,将其导入 Revit 中,便可生成较为准确的三维基地模型。根据基地实际情况对地形进行划分(图 2-10—图 2-12)。

通常,在建立基地模型时先使用导入点文件的方式将矢量点导入建立模型,然后用编辑点的方式完善整个基地模型。

图 2-9　涵盖等高线数值 CAD 文件

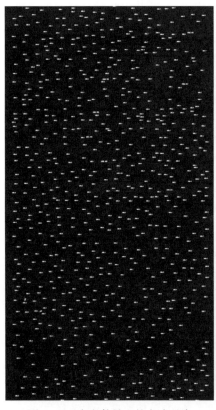

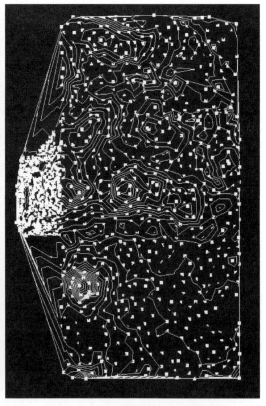

图 2-10　点文件导入的方式示意　　　图 2-11　编辑点文件生成等高线

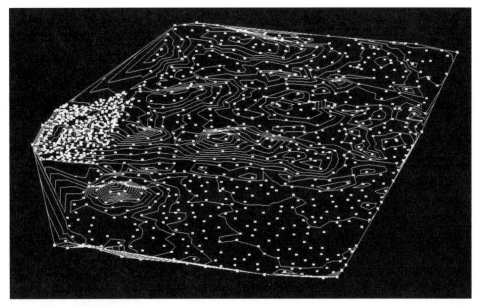

图 2-12 编辑点文件生成等高线轴测图

3）利用小型无人机测绘方式创建地形文件

在设计前期，使用已有的地形测绘数据是最方便的途径，可以集中有限的工作资源到 BIM 本身，而且随着基础地理信息资源的普及，可购买甚至免费获取的 DEM 地形数据越来越多。即使无法直接获得 DEM 模型，若有等高线数据、地形图等非数字化、三维化的地形资料，也可以通过建模软件自己生成 DEM 模型。如遇到以下四种情况，则在建模及空间分析之前，需自行获取地形数据。

① 无法购买到该地块的 DEM 或其他类型的可生成 DEM 的地形数据资料。

② 获得的数据不够精细，无法满足场地建模与空间分析的需求。

③ 获得的资料时效性差，场地现状已经有所变化。

④ 除基本地形三维数据外，还需获取植物密度、树形、溪流宽窄等附加信息。

自行获取地形数据是费时、费力的工作，租用载人飞机对于建筑师来说成本高、经济性差，较难实现；而地面人工使用全站仪、GPS 打点作业不仅周期长，而且数据密度低，容易遗漏细节。针对这一情况，基于小型无人驾驶飞机（简称无人机）的低空航测方法兼顾经济性与高效率，越来越多地应用到场地信息获取工作中。

由于不必载人，无人机可以做的很小，在保证地形测量数据质量的基础上，明显降低了使用成本，使之非常适用于小范围、高精度、时效性要求比较高的测绘任务，与载人飞机和卫星在高精度、作业范围、时效性等方面构成了互补的多层次平台。建筑师的场地分析具有范围小、精度和时效性要求高的特点，又不能投入太多时间到地面测绘活动中，因此在基础地理信息不足的情况下，适于使用无人机平台完成低空测绘。

在所有的无人机中,能够垂直起降的无人直升机、多旋翼机的使用频率最高。固定翼无人机虽然航程远,但需要跑道起降,在跑道条件不具备的时候,需要使用弹射起飞架、降落伞等辅助起降装置,因此一般不适用建筑师的场地分析任务(图 2-13)。无人直升机和多旋翼机虽然滞空时间相对较短,但可以在建筑密集地区使用,而且能够空中悬停或慢速移动,获得的建筑等地物数据模型更为精细,盲区更少,因此非常适用于设计师的场地信息采集任务。在直升机与多旋翼之间又存在性能互补,多旋翼多为电池动力,体积更小,使用更灵活、方便,适合于携带相机进行超低空摄影测量;直升机可装备电动机、汽油发动机、航空煤油涡轮发动机等不同动力,因此可选级别更多(图 2-14、图 2-15)。不仅可以执行低空摄影测量任务,更是机载激光扫描仪等高端测绘设备的最佳载具。

图 2-13　固定翼无人机　　　　图 2-14　汽油动力直升机　　　　图 2-15　电动多旋翼机

目前,机载激光扫描和摄影测量是无人机获取地形数据的两种最主要方式,对于前者,机载激光器的扫描头快速旋转扫描周边地形,可在每秒获取数万个三维点;与此同时,用机载 GPS,INS 等定位、定姿设备实时记录飞行器自身位置、姿态变化并通过后期计算消除其影响,就得到了地形的三维点云数据。这样的点云数据没有构成完整的地表,而且还可能带有行人、汽车等带来的噪点,因此需要经过点云清理、三角化、构面、修补等多个后处理步骤,才能将其中不要的点删除,修补好扫描盲区,构成完整、连续的地表数据,最终转化为 BIM 等软件系统可以使用的 DEM,DSM 格式数据(图 2-16)。

图 2-16　机载激光扫描获得的堤岸点云

在这些步骤中,如果地块环境复杂,则噪点清理、盲区填补都是比较费时的过程,一般需要操作人员手工去掉车辆、人员、灯杆等干扰数据,并且手工填补表面的细微残损。但随着软件技术的进步,越来越多的数据处理工作可交由计算机自动完成,例如,很多软件具有植被自动剔除的功能,能够根据点的高程差别,智能发现一定高度的乔木并将其从点云中自动消除;也可能有网格修补命令,自动检测构面后产生的多个空洞,并尽量将其填补,这样人员的工作压力就大大减轻,快速输出地形模型到 BIM 系统中。

摄影测量是在得到相机的镜头变形、焦距、像素数量等一系列参数(称作相机的"内方位元素")后,使用该相机在不同的机位,对同一目标拍摄不少于两张照片,由于机位不同,则地表同一个点在两张照片中的成像位置必然不同,摄影测量正是利用这一点,根据目标点在 CCD 上成像位置的不同,首先计算出拍摄时相机自身的各个位置,再根据图像识别技术发现立体像对中目标物的自然特征点(也被称作同名点),反向计算出各点的空间位置,按此过程快速计算,亦能在数小时内获得数亿个三维点,构成密集点云,与激光扫描有异曲同工之妙。摄影测量对拍摄角度、拍摄间隔、拍摄距离、拍摄数量,甚至相机和镜头的选择等诸多方面都有严格的要求,这是它的缺点;但和机载激光扫描相比,摄影测量设备轻巧、购置成本低、使用风险小是其非常明显的优点,尤其摄影测量能够自动获取地形目标的彩色信息数据,这是其固有的优势(图 2-17、图 2-18)。

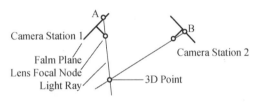

Locating a Point in Space from Two Rays

图 2-17 摄影测量原理示意图

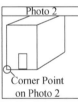

Example of referencing 3 views of the same point.

图 2-18 同一点(同名点)在不同照片中位置不同

摄影测量可分为近景摄影测量和航空摄影测量,针对普通地形的航空摄影测量一般要求相机向下拍摄,并保持镜头角度偏斜变化不超过 3°,像对之间的光轴大致平行;并且相机在飞行过程中间隔一定距离拍摄,相邻两次拍摄的间隔距离与飞行高度之比(B/H)一般在

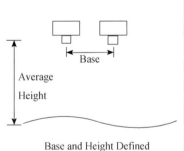

Base and Height Defined

图 2-19 航测基本方法图

图 2-20 航线及拍摄机位轨迹图

0.2~0.5 之间,这样就可以构成地形摄影测量可用的立体像对。飞行器按照这样的航线往复"U"形飞行,就可以像扫描一样用很多连续的立体像对覆盖整个待测地块,只要满足了照片之间的航向重叠(前后相邻照片的重叠度)、旁向重叠(相邻航线照片之间的重叠度)要求,就完成了地形摄影测量外业(图 2-19、图 2-20)。

一般来说，小型无人机重量轻，自身不带高精度定位装置，因此航空摄影测量得到的三维点云成果仅具有模型内相对的位置正确性。要想建立正确的坐标系，还需要全站仪、测量型 GPS 这样的地面定位设备提供少量的地面控制点坐标。获得地面少量控制点坐标后，测绘外业就基本结束了。

在内业中，目前绝大多数摄影测量软件都具有图像特征识别模块，可以自动计算地表自然特征点的空间三维坐标，因此，近些年来使用摄影测量技术也可以生成高密度的三维点云，最终制作成高精度的 DEM 数据成果，这一技术手段被普遍应用于卫星、载人飞机、无人机上，平常所看到的大多数遥感图像、地形数据都是以航空摄影测量为核心技术制作的（图 2-21）。

图 2-21　常见的地形数据测绘与生成过程

2.2.2　现状地物建模

1）BIM 软件三维建模

建筑设计除应考虑现有地形条件外，还应妥善处理建筑场地与周围建筑物、公用设施的关系，如交通出入口设置、周边建筑的协调、绿地树木的保留等，要充分合理地分析和利用。现状道路建模通过采集道路的平面走向、纵断高程和横断宽度数据，通过三维道路建模软件如 Civil 3D，InfraWorks 或 Power Civil 等软件复原现状道路，建模精度以满足建筑场地设计出入口设置要求和反映现有交通状况为宜(图 2-22)。现有建筑可根据原建筑竣工图纸翻建,若无法找到图纸,可采用现场测量翻建、三维激光扫描,当需要大范围建筑群数据时,亦可采用航空倾斜摄影等手段完成现有建筑的建模。

图 2-22　InfraWorks 软件中创建的道路模型

现状建筑建模可采用 BIM 软件直接完成,也可采用常用 3D 建模软件完成,如 SketchUp,3Ds MAX 等,建模精度以充分表达建筑体量,能满足建筑设计配合分析为宜,一般以建筑外形建模为主。非 BIM 软件创建的现状建筑模型可以用 OBJ,3Ds,FBX 等数据格式进行转换,再进一步导入地形模型中,实现场地的集成(图 2-23—图 2-25)。

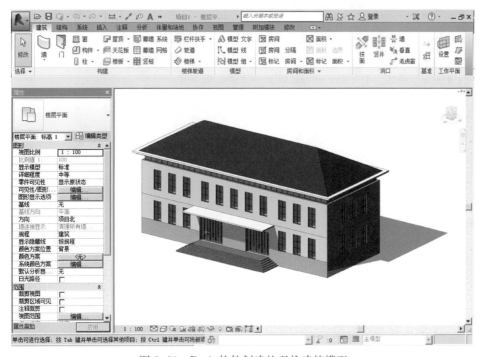

图 2-23　Revit 软件创建的现状建筑模型

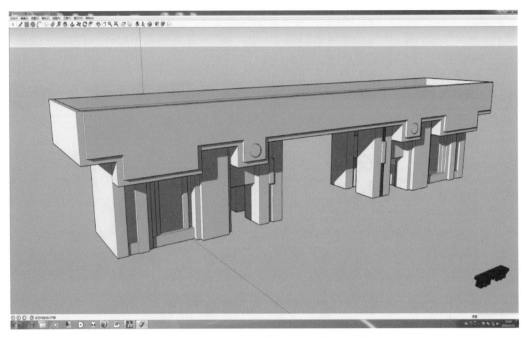

图 2-24　SketchUp 软件创建的现状地物模型

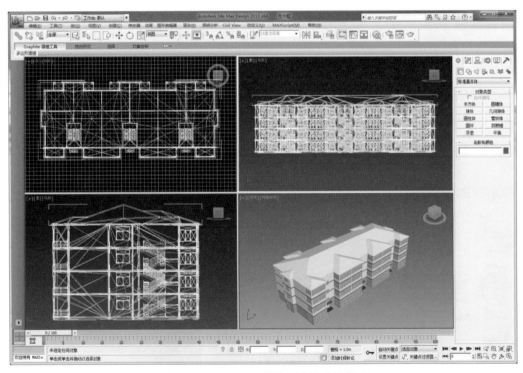

图 2-25　3Ds MAX 软件创建的建筑模型

BIM 软件的建模方法在第 3 章进行详细描述，在此从略。

2）无人机测绘建模

从空中测绘的角度来看，建筑与地表是类似的被测对象，地物建模的过程与地形建模是一致的,最主要的区别在于地表一般来说可以被看作略有起伏的平面对象,相机向下平行拍摄即可获取基本完整的 DEM 数据,但建筑是三维化的闭合物体,若要测绘各个完整表面,需要更多的拍摄机位或扫描机位围绕着被测建筑,因此作业方法相对来说更复杂。

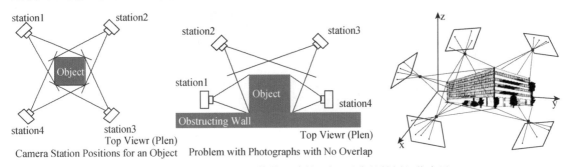

图 2-26　对于地面的正方体普通建筑目标,基本的拍摄机位布局

　　即便是最简单的正方体普通现代建筑,也需要多角度围绕拍摄才能获得完整的表面模型(DSM),拍摄角度不仅要环绕水平地面,最好还有空中多角度环绕拍摄。若换作表面凹凸、充满细节装饰的古代建筑,其拍摄机位、照片数量的要求就更高了。例:如图 2-27 所示某实心古塔摄影测量实施过程中,为了达到亚毫米级细腻度的 DSM 数据,需要无人航空器从零高度到塔尖连续环绕拍摄,获得超过 300 张以上的 3 600 万像素高分辨率照片,生成的点云包含 4 亿多个彩色三维点,在计算机工作站上,全部计算过程耗时超过 3 天。

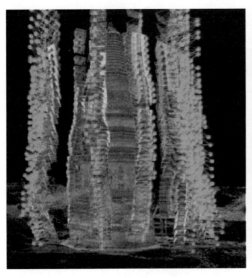

图 2-27　某古塔无人机低空摄影测量航迹

　　古建筑测绘不仅需要记录表面雕刻、装饰细节,也需要精确测定建筑主体歪闪、变形等保存现状,因此强调数据的精细度,对于现代建筑目标以及空间分析类的需求来说,完全不必如此精细,因此航线可以更高、照片数量更少、计算过程更快。但是空间分析的绝大多数对象是建筑群体,例如已有村镇、街巷,这些建

图 2-28 某村落单相机四向倾斜拍摄航迹

筑拥挤排列、相互遮挡,而每个建筑的每个朝向都需要有基本完整的测量数据,这样才能保证空间分析的正确性,因此原有的竖直向下拍摄模式不再敷用,而是采用四向倾斜拍摄方法,如图 2-28 所示。

载人机的四向倾斜拍摄大多是使用四个 45° 倾斜摆放的航测相机,每个朝向都有 90°夹角(如东、南、西、北四个方向),这样在飞机掠过一个地块的时候,建筑的每个朝向、每个主要的表面都能被拍到,建立相对完整的三维模型。在小型无人机上,为了尽可能缩小设备重量、降低成本,也可以仅安装一台倾斜拍摄的相机,但同一地块需要分四次飞行,每次的航向均不同,以达到和载人机四相机拍摄相近的效果。

在建筑紧密遮挡的条件下,为了尽可能获得完整的建筑模型,还有可能需要调整相机的向下俯角,因此拍摄角度的设置和调整还与街巷高宽比、建筑形态、院落尺寸等密切相关,其专业性较强。当然获得的成果也是最详实、信息最完整的,例:如图 2-29 所示,基于四向倾斜拍摄,村落中的各个建筑均有较为完整的外表面三维数据,虽然仍然是由点云组成的"沙子"模型,但可读性已经非常好了,这样的高质量三维数据清理、修补的工作量少,更容易完成后处理,得到DSM 模型。

图 2-29 某村落四向倾斜拍摄间接获得周边地形数据

　　总之,无人机低空测绘是建筑师了解和调查地块现状的有力工具,可以应用到地形建模或者线状地物(建筑)建模工作中,所采用的方法都是接近的,只不过地形测量相对更为简单,建筑建模的方法更复杂,若要得到最优的测绘数据,需要具体环境具体分析。

　　在实际工程中,使用低空平台进行地物、地形测绘和建模是统一的、不必截然分开的。如图 2-29 所示,使用四向倾斜拍摄方法测绘古村落建筑群的同时,也获得了高质量的村落周边地形数据,包括农田、山地、植被等。

　　机载激光扫描亦然,为了将皇陵从望柱到宝顶轴线上的全部建筑、基础等地物扫描完整,无人直升机采用了迂回的 U 形航线,从每组建筑之间的空地穿过,这样遮挡最少,模型最完整。从图 2-30 中可以看到,得到建筑物数据的同时,其实也获得了相当完整的地形数据。从伪彩高程图中可以看出,为了便于地宫排水,宝顶附近地势较高(暖色),而南侧神道的标高最低(冷色)(图 2-31)。

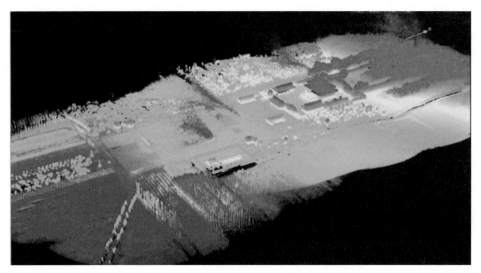

图 2-30　某皇陵机载激光扫描(伪彩高程图)

3) 地面激光扫描建模

　　对于建筑、地物建模,地面激光扫描也是常用的空间数据采集手段。地面激光扫描设备中,最常见的是基站式激光扫描仪,如图 2-32(a)所示,该扫描仪能够在水平和俯仰两个角度上旋转,不断发射出高频率激光束,根据接收的反射光束和自身旋转角度计算出大量目标点的坐标,构成三维点云,完成对周边环境的扫描。因此,三维激光扫描仪非常适用于获得建筑室内空间的详细测绘数据,也适用于获取外墙、屋檐下的三维数据。地面激光扫描具有易于学习使用的优点,只是受到站位高度的限制,在建筑顶部容易出现数据缺损,如图2-32(b)所示。地面测绘手段还有近景摄影测量等多种,但受拍摄角度限制,目前应用不及无人机低空摄影测量普及。

4) 测绘数据的后期处理

　　不论机载激光扫描、机载摄影测量或其地面版本,都不是独立使用的。首

图 2-31　某皇陵机载激光扫描（反射率图）

先,所有扫描都基于全站仪(图 2-32(c))、测量型 GPS(图 2-32(d))给出的控制点坐标实施,例如图 2-32(e)中显示的黑白两色标志点,它不仅可以被摄影测量软件记录,也可以被激光扫描软件识别,因此测量控制是扫描或摄影测量的必要条件;其次,目前空中或地面的激光扫描、摄影测量都逐渐开始被组合使用、扬长避短,尤其是当无人机低空平台引入后,由于飞行高度可以从零起步,因此空-地之间的配合作业可以达到无缝衔接的程度。

　　由于建筑是构造复杂的建模对象,其智能化、自动化的程度有限,自动三角化、构面生成的模型难以令建筑师满意,人工描绘、修补甚至人工重建模操作都是不可避免的,这显著降低了地物建模的效率,因此,有用数据的自动化提取一直是近几年来相关研究的热点。相信伴随着相关软件技术的进步,以上操作的自动化水平必然逐年提高,发展前景看好,为建筑师提供详实的场地数据和快捷的处理服务,如图 2-33 所示。

　　现状地物建模应当考虑其适当的精度,一般而言,除了极为特殊的情况,需要非常准确的建模,一般能够大致满足设计前期对场地条件模拟的需要即可。

(a) 激光扫描仪　　　　(b) 顶部数据盲区　　　　(c) 全站仪　　　　(d) GPS　　　　(e) 标志点

图 2-32　基站式激光扫描仪工作场景

图 2-33　中式古建筑自动化建模

2.3　场地设计

场地设计的目的是通过设计,使场地中的各要素尤其是建筑物与其他要素能形成一个有机整体,并使基地的利用能够达到最佳状态,以充分发挥最大效益,节约土地,减少浪费。具体来讲,在建筑前期需要根据建设条件对场地进行必要的分析;平面布置确定后,为减少土方量,在场地竖向设计过程中进行动态土方计算;为保证建筑的安全,进行必要的边坡处理。常用的 BIM 场地设计软件有 Autodesk 公司的 Civil 3D 和 Bentley 公司的 Power Civil 软件。

在 Revit 软件中,场地平整及土方计算功能必须借助"阶段"功能实现,即 Revit 将原始地面标记为已拆除,并创建一个地形副本用来编辑,平整后两个表面对比即可计算挖(填)土方量。场地平整后即可在建筑区域内添加地坪并设置地坪的结构和深度。然后进一步通过子面域处理在场地中分出道路、水系等其他因素。

2.3.1　场地分析

建设场地往往是高低起伏的,坡度和高程分析是场地分析的重要内容。通常当地表坡度超过 25% 时,不利于施工,且容易产生水土流失;当坡度大于 10% 时,建筑室外活动会受到一定的限制,不利于停车、驻车,施工也比较困难;而当地表坡度在 5%～10% 时,能够进行一般的户外活动,施工不会有较大困难;理想的场地地表坡度应在 5% 以内,它适合于大多数的户外活动,施工也相对容易。利用BIM场地模型,可快速实现场地的高程分析(图2-34)、坡度分析(图2-35)、朝向分析(图2-36),尽量选择较为平坦、采光良好的区域,并根据防洪和排水要求对地表进行雨水分析及模拟(图2-37),以便减少开发后的径流量,并根据综合分析结果,合理布置建筑体量、规划场地要素,为建设和使用创造便利的条件。

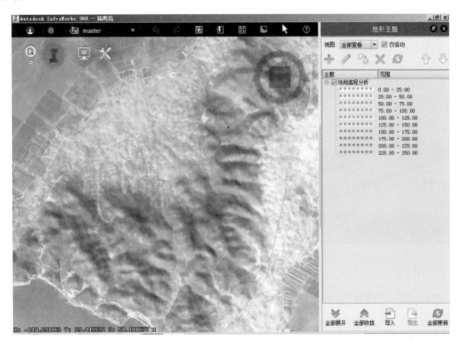

图 2-34　InfraWorks 软件场地高程分析

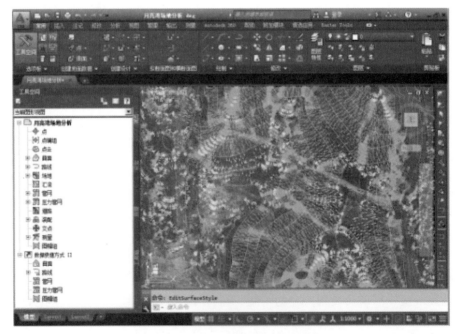

图 2-35　Civil 3D 软件场地坡度分析

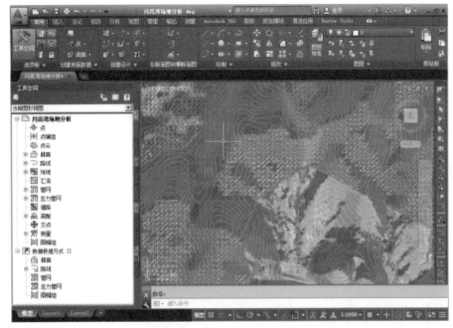

图 2-36 Civil 3D 软件场地朝向分析

图 2-37 Civil 3D 软件场地地表径流和汇水分析

高程分析是将地形等高线根据场地使用需求划分为不同的分组,用不同的颜色或标识加以区分,以显示地形的高低变化的过程。通过高程分析,可全面掌握场地的高程变化、高程差等情况。高程分析可为工程的整体布局提供决策依据,如建筑物有交通要求、高程要求、视野要求,特别是临近水域,当有防洪要求时,高程分析则显得尤为重要。Autodesk InfraWorks 软件和 Civil 3D 软件均提供了场地地形分析的功能。在 Autodesk InfraWorks 软件中,场地地形高程分析,需要在软件中首先完成分析准备工作。在软件模型分析功能中,选择点云主题,设定高程分析主题,根据场地情况和具体场地建设需求,设定高程分析的最小值和最大值,并设定高程分组数(规则数),将场地分为等间距的若干组,如图 2-38 所示。准备工作完成后,将该分析主题应用到场地模型,即可得到场地地形高程分析结果,如图 2-39 和图 2-40 所示,并可从三维模式对场地高程分布进行精细查看。

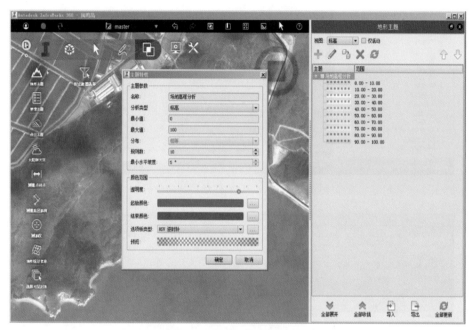

图 2-38 InfraWorks 软件高程分析设定界面

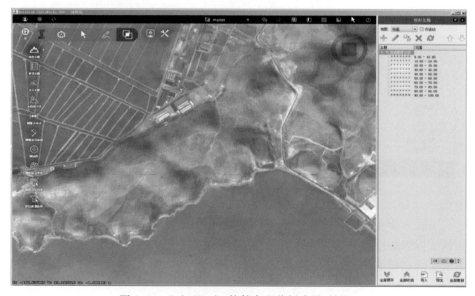

图 2-39 InfraWorks 软件高程分析成果(俯视)

图 2-40　InfraWorks 软件高程分析成果（人视）

在 Civil 3D 软件中高程分析与在 InfraWorks 软件基本相同，同样根据场地情况和具体场地建设需求，首先在地形曲面的曲面特性对话框"分析"标签页设置高程分析的条件，如图 2-41 所示，在地形曲面的曲面样式对话框显示内容中点亮高程选项，即可得到高程分析的结果，不同高程分组会以不同的颜色进行区分，如

图 2-41　Civil 3D 软件高程分析设定界面

图 2-42 所示，场地设计师可根据不同的高程分布确定场地选址或进行建筑布设。

坡度分析是按一定的坡度分类标准，将场地划分为不同的区域，并用相应的图例表示出来，直观地反映场地内坡度的陡与缓，以及坡度变化情况。以 Civil 3D 软件的坡度分析为例，坡度分析结果可用两种不同的图例表示方法进行展示，一种是以不同颜色表示不同的坡度分组，分析设置界面如图 2-43 所示，分析结果如图 2-44 所示。另一种是用更为具体的颜色坡度箭头，分析设置界面如图 2-45 所示，分析结果如图 2-46 所示。

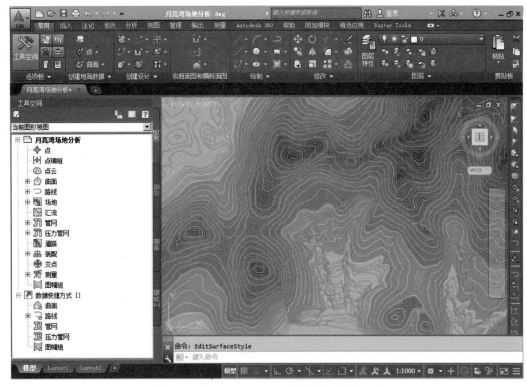

图 2-42 InfraWorks 软件高程分析设定界面

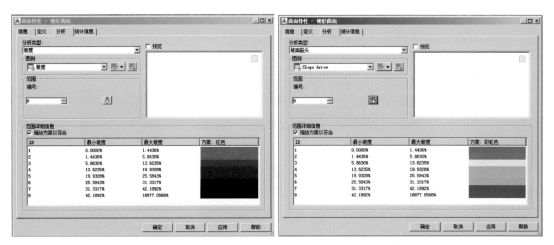

图 2-43 Civil 3D 软件坡度分析设定　　　　图 2-44 Civil 3D 软件坡度分析设定
　　　　界面(坡度颜色)　　　　　　　　　　　　界面(坡度箭头)

　　朝向分析是根据场地坡向的不同,将场地划分为不同的朝向区域,并用不同的图例进行表示,为场地内建筑采光、间距设置、遮阳防晒等设计提供依据的过程。我国地处北半球,南坡向是向阳坡,利于采光,建筑日照间距可相应缩小;北向坡则与之相反,建筑间距布置则应相对增大,以满足必要的日照要求。朝向分析可根据场地地形的不同,区分为不同的朝向分组,最简单的分组可分为东、南、

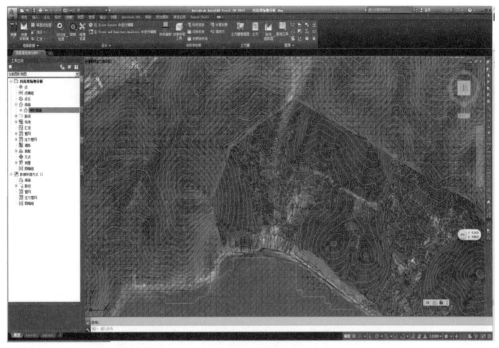

图 2-45 Civil 3D 软件场地坡度分析界面（坡度颜色）

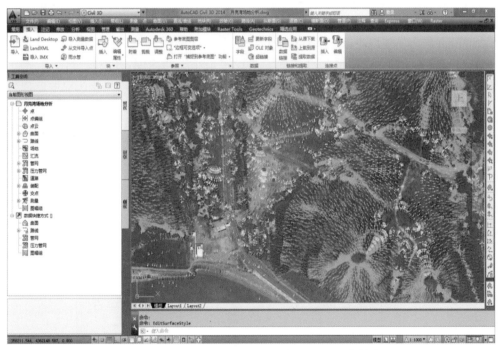

图 2-46 Civil 3D 软件场地坡度分析界面（坡度箭头）

西、北四个方向。以 InfraWorks 软件的场地朝向分析功能为例，在点云主题中设定朝向分析主题，根据场地情况和具体场地建设需求，设定朝向分组，将该分析主题应用到场地模型，即可得到场地朝向分析结果，如图 2-47 所示。

图 2-47　InfraWorks 软件场地朝向分析

　　在坡地条件下,排水分析主要分析地表水的流向,作出地面分水线和汇水线,并作为场地地表排水及管道埋设的依据。以 Civil 3D 软件为例,首先在地形曲面的曲面特性对话框"分析"标签页设定最小平均深度,并设置分水线、汇水线、汇水区域等分析要素颜色,如图 2-48 所示,运行分析功能,并在地形曲面模型上显示分析结果,如图 2-49 所示,场地设计师即可根据场地自然排水情况设计场地坡度和排水设施。

图 2-48　Civil 3D 软件排水分析设定界面

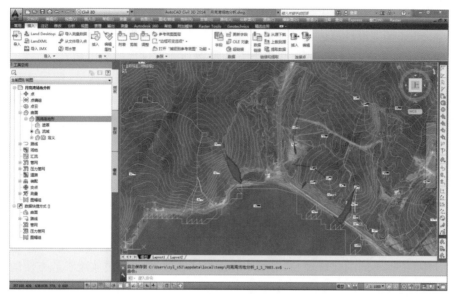

图 2-49　Civil 3D 软件场地排水分析

2.3.2　场地平整

对拟建建筑物的场地进行改造和平整,使其达到最佳使用状态,是场地处理的重要内容。平整场地应坚持尽量不改变自然排水方式,尽量减少开挖和回填的土方量,尽量减少对场地地形和原有植被的破坏等原则进行,建筑场地理想的坡度应不大于 5%。传统场地平整一般基于平面图纸,采用手工计算坡度和工程量的方式完成,存在的问题是工程量计算精度不高,调整困难。BIM 场地平整基于三维场地模型进行,通过基准曲面和设计曲面的体积差,由计算机自动算量,如图 2-50 所示。设计阶段中,通过 BIM 场地可反复论证设计方案,精准计

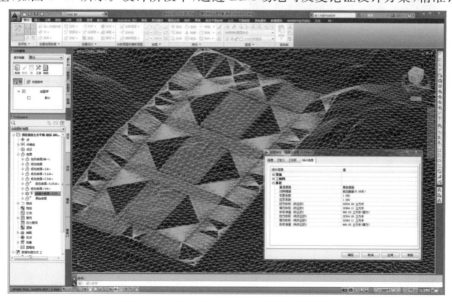

图 2-50　Civil 3D 软件场地平整土方计算

算施工土方量,确定最优竖向设计方案,减少土方施工,更好地保护环境;施工阶段中,BIM 场地设计形成的填挖方分布,可为施工组织设计提供重要依据,能够实现有计划的土方调配方案,减少土方的浪费和施工过程的无用功。

Revit 中的场地平整,需要先在现有的地形表面创建平整区域,然后在平整区域内编程高程点并设置其新高度。完成后的地形表面会和原地形表面重叠显示,可以通过过滤器控制地形表面的显示。值得注意的是,平整场地应坚持尽量利用原有地形条件,减少土、石方工程量并对场地原生态地貌进行保留或补偿。

2.3.3　边坡处理

对于路面边坡或坡地环境,为实现场地使用目的,难免会产生高边坡或陡峭边坡,为保持边坡的稳定,需要进行边坡处理,一般采取放坡的方式降低坡度,保持土体自然平衡,如没有足够的场地进行放坡,可采取加固处理。在 BIM 场地设计中,依据不同的放坡规则,对场地进行放坡处理,并可通过放坡参数方便地实现坡度调整,在放坡完成后,通过查询,可以得到放坡表面积、占地面积等数据。利用场地的剖面生成算法,可以迅速得到任意位置的剖面图形,如图 2-51 所示。

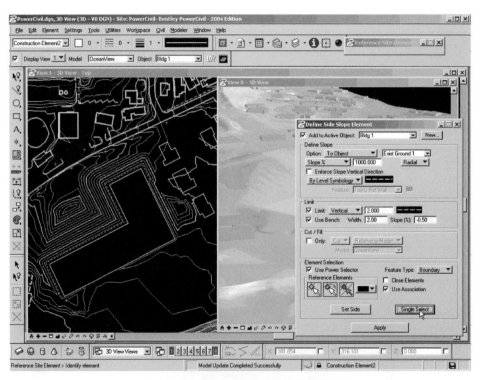

图 2-51　Power Civil 软件边坡设计

2.3.4　道路布设

建筑场地除了通过出入口与外部联系外,内部建筑物之间的联系依靠内部交通道路的布置,特别是复杂地形项目中,道路系统设计除了需要满足横断面的配置要求,符合消防及疏散的安全要求,达到便捷流畅的使用要求外,作为场地内各标高台地的衔接和过渡空间,还需考虑与场地标高的衔接问题。基于 Power Civil 软件的场地道路设计能够依据设计标高自动生成道路曲面,实现平面、纵断面、横断面和模型协调设计,具有动态更新特性,可帮助用户进行快速设计、分析、建模,方便用户探讨不同的方案和设计条件,摆脱传统设计过程中繁琐的绘图工作,从而高效地确定场地道路设计的最佳方案,如图 2-52 所示。

图 2-52   Power Civil 软件场地道路设计

Revit 自带的场地道路设计是在整理过的地形上进行的。在绘制地形表面并经过场地平整之后,接下来就要进行地形表面的编辑,即场地规划。场地规划在 Revit 中可通过拆分表面以及子面域的方式来处理。拆分表面主要是通过将一个地形表面拆分为几个不同的表面,然后分别编辑这几个表面的形状,并制定不同的材质表示公路、湖泊、广场等。而采用子面域的方法做场地设计则能动性更强。在现有的地形表面内部绘制一个封闭区域,并设置其属性,如设置不同材质,表示不同的区域,而原始的地形表面并没有发生变化。子面域轮廓线可以任意绘制,如超出地形表面之外,完成后的子面域会自动进行处理和地形边界重合。

2.4   匹配规划设计条件

在一些大型的总体规划项目中,往往需要快速地建立不同的体块方案来对比测试,在这种项目中,对基地内体块之间关系的把控以及对整个基地的面积的控制显得尤为重要。Revit 在这两方面有着极为突出的优势。首先,建筑师对基地周边通过 Revit 的三维表现有所了解后,他们可以迅速地在 Revit 中建立体块模型,并在 Revit 中使用"方案级"功能,可直观地在一个基地模型中尝试不同体量、体块造型,通过对比比选方案。其次,在体块生成的同时,可根据高度生成楼板,Revit 可通过表格的形式向建筑师反馈体块总面积。与此同时,体块间的相互关系也可直观地通过三维的形式表现出来。

Revit 可以快速地通过设计师所建成的体块核算建筑乃至整个区域的面积，如图 2-53 所示，这为建筑师控制基地面积提供了极大的便利，而且随着体块模型的更改，面积也会相应地更新。与此同时，建筑师可以根据需要在 Revit 模型上做任意角度和位置的剖切，这也为建筑师理解区域内及建筑内的交通流线以及针对地形高差的衔接和处理提供更为便利的平台。在此平台上，建筑师可以方便快捷地检查并控制整个设计流程。

Mass Floor Schedule		Mass Floor Schedule		Mass Floor Schedule		Mass Floor Schedule	
Mass Family	Floor Area	Mass Family	Floor Area	Mass Family	Floor Area	Mass Family	Floor Area
Mass 1	24141 m²	Mass 4	19330 m²	Mass 5	13120 m²	Mass 5	8200 m²
Mass 1	19500 m²	Mass 4	20116 m²	Mass 5	13120 m²	Mass 5	8200 m²
Mass 1	32637 m²	Mass 4	19426 m²	Mass 5	11480 m²	Mass 5	8200 m²
	76278 m²	Mass 4	18692 m²	Mass 5	11480 m²	Mass 5	8200 m²
		Mass 4	18692 m²	Mass 5	11480 m²	Mass 5	8200 m²
Mass 2	15876 m²	Mass 4	14632 m²	Mass 5	11480 m²	Mass 5	8200 m²
Mass 2	15876 m²		110888 m²	Mass 5	11480 m²	Mass 5	8200 m²
Mass 2	21666 m²			Mass 5	11480 m²	Mass 5	8200 m²
	53418 m²	Mass 5	13120 m²	Mass 5	11480 m²	Mass 5	8200 m²
		Mass 5	13120 m²	Mass 5	11480 m²	Mass 5	8200 m²
Mass 3	41750 m²	Mass 5	13120 m²	Mass 5	11480 m²	Mass 5	5376 m²
Mass 3	38935 m²	Mass 5	13120 m²	Mass 5	8200 m²	Mass 5	5376 m²
	80685 m²	Mass 5	13120 m²	Mass 5	8200 m²		304312 m²

图 2-53　Revit 核算建筑及区域面积

在设计的前期，指标控制是一个比较重要的关注点，需在符合规划条件的前提下实现较优的经济技术指标。以往采用传统方式做场地及总体规划设计时，指标控制很难做到实时统计，每次修改方案都需要重新统计，效率较低。采用 BIM 设计方式则在此方面有所突破，基于其参数化、信息联动的技术特性，可以实现在体量建模与调整的同时，实时统计其技术指标。

2.4.1　场地规划指标的控制

1）导入规划设计红线、绿线和场地边界

Revit 中可以在明细表中放置建筑红线。如图 2-54 所示，明细表可以包含"名称"和"面积"建筑红线参数。建筑红线的创建可以通过直接绘制以及输入距离和方向角表两种方式来完成。如有规划设计红线 CAD，也可以将其按照坐标原点导入 Revit 中，并以此为底图，采用直接绘制的方式"描线"，从而完成设计红线、绿线和场地边界的绘制。若采用输入距离和方向角的方式创建建筑红线，在"建筑红线"对话框中，单击"插入"，然后从测量数据中添加距离和方向角。同时，"编辑表"工具可将绘制的建筑红线转换为基于表格的建筑红线，但注意此过程是不可逆的，它将不可再用编辑草图进行编辑红线。

2）在 Revit 中生成场地面积、建筑占地和绿地面积计算表

除了上面提到的在规划阶段 Revit 可提供的体量信息如体量面积、总建筑面积等，而针对建筑本身的布置，如核心筒、可租售面积比及使用率等都可以通过 Revit 中的设置自动生成。以确保在设计的各个阶段，团队的每个成员都能第一时间监测并检测建筑的各项指标系数，如图 2-55 所示。

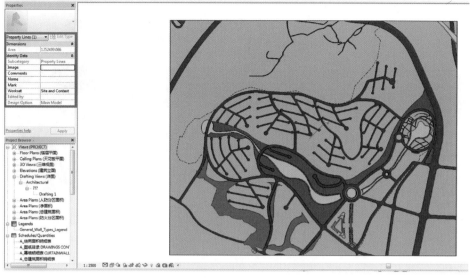

图 2-54　Revit 明细表中放置红线

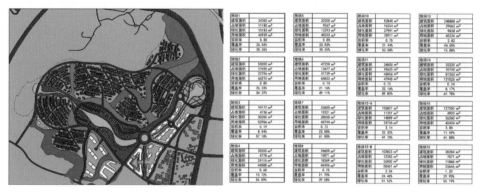

图 2-55　Revit 中生成各种面积计算表

2.4.2　建筑容积率指标的控制

Revit 的体量功能在这方面做了有针对性的优化,体量及楼层划分功能将在后文详述,这里先介绍其指标统计方面的应用。如图 2-56 所示,是一个老年住区里的公寓体量,已按设计高度划分了楼层,体量属性中显示了总的楼层面积,如果选择单个楼层则可查看单层面积。如果对此体量进行修改,其属性值会跟着修改。为了对多个不同功能的体量进行区分,在其"注释"参数中添加了功能分类。

整个规划范围里的各个单体都有了初步体量及位置后,就可以通过 Revit的明细表功能对体量指标进行统计。如图 2-57 所示,是整个老年住区的初步规划方案,右下角列出两个明细表,一个是各个单体的建筑面积汇总表,一个是各种功能属性的面积表,并对其比例进行统计。这些明细表可以根据自己的需要添加其他参数(如层高)或计算值(如百分比),由软件实时、自动地完成指标统计,因此可对设计过程中的总体控制提供非常高效的帮助。

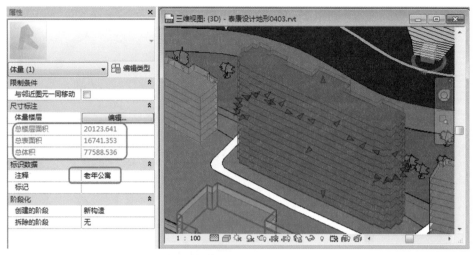

图 2-56　体量指标属性

图 2-57　体量指标统计

　　对于另外两个重要的指标：容积率与建筑密度，Revit 没有提供直接的参数，需通过计算值来统计。容积率的计算方法是将每个楼层面积除以总用地面积，得出的汇总数就是总容积率，计算公式如图 2-58 所示，如果有不计面积的地下室，则需另外设置过滤器将其排除。建筑密度要复杂一些，需要将各栋单体楼的首层面积除以总用地面积再汇总，对于多个单体且标高各不相同的规划方案，需要设置条件对各个单体的首层过滤出来，如本例的标高命名规则是"栋编号·楼层号"，图 2-59 的容积率与建筑密度表表示 3 号楼的二层标高，因此将明细表过滤条件设为"'标高''末尾是''.1'",即可过滤出各单体的首层。列表结果如图 2-59 所示。

Revit 的明细表功能强大,可以帮助我们快速实现各种数据的统计汇总。需要注意的是,针对体量楼层所做的建筑面积统计,只是粗略的外轮廓线面积,没有对阳台、架空等特殊部位进行处理,因此并非精确数值,仅在总图规划阶段辅助进行总体控制。

图 2-58 容积率计算公式

〈容积率表〉

体量:类型	楼层面积	体量:注释	容积率
1号楼	6245.40	行政办公	0.108058
1号楼 2	2017.68	行政办公	0.03491
2号楼 1	13430.34	保健医院	0.232371
2号楼 2	14336.70	保健医院	0.248053
3号楼	9607.84	老年公寓	0.166234
4号楼	3797.44	活动中心	0.065703
5号楼	5581.89	会所	0.096578
6号楼	18865.91	老年公寓	0.326417
7号楼	6272.85	老年公寓	0.108533
8号楼	5240.64	老年公寓	0.090673
9号楼	34540.33	老年公寓	0.597615
9号楼 10F	4544.40	老年公寓	0.078627
后勤楼	4550.72	后勤	0.078736
总计: 101	129032.15		2.232506

〈建筑密度表〉

体量:类型	楼层面积	体量:注释	楼层标高	建筑密度
1号楼	1249.08	行政办公	1.1	0.021612
1号楼 2	1008.40	行政办公	1.1	0.017455
2号楼 1	1492.26	保健医院	2.1	0.025819
2号楼 2	2048.10	保健医院	2.1	0.035436
3号楼	873.44	老年公寓	3.1	0.015112
4号楼	949.36	活动中心	1.1	0.016426
5号楼	1860.63	会所	5.1	0.032193
6号楼	1257.73	老年公寓	6.1	0.021761
7号楼	896.12	老年公寓	3.1	0.015505
8号楼	873.44	老年公寓	5.1	0.015112
9号楼	1727.02	老年公寓	5.1	0.029881
9号楼 10F	454.44	老年公寓	5.1	0.007863
后勤楼	2275.36	后勤	1.1	0.039368
总计: 13	16965.82			0.293541

图 2-59 容积率与建筑密度表

2.5 投资估算

2.5.1 BIM 和投资估算的关系

美国设施管理研究院(Facility Management Institute,FMI)和美国施工管理协会(Construction Management Association of America,CMAA)对美国业主的年度报告指出,大约有三分之二的业主在他们的建设项目中出现建设费用超出预算的情况。建设费用超支情况主要由两个因素引起:一是对工程项目的投资估算和预算不准确,二是在环境因素发生变化时(比如市场供需变化引起材料价格变化)对项目成本的控制能力不够。为了应对建设过程中可能出现的超支情况,很多项目在预算中列支风险费(contingent fee),处理项目执行过程中由于不确定因素引起的额外支出。不同项目参与方在项目的不同执行阶段都会考虑相应的风险费,而所有的风险费都会通过技术(咨询)服务合同或施工合同转移到项目业主方,从而增加投资方的成本。

在概念设计阶段,对项目进行投资估算的主要目的是,评估一个建设项目能否在预定的投资金额下按照项目要求顺利完成。项目的主要要求包括建筑设施的建设规模和功能需求、质量标准、可以接受的工期等。项目投资估算通常在项目的概念设计阶段进行,是项目可行性分析的重要组成部分。除了业主单位在概念设计和方案设计阶段利用投资估算来控制项目成本外,建筑师也经常通过投资估算评价不同的设计方案。早期投资估算能够在设计数据非常有限的情况下对项目的成本进行快速预估,是工程建筑领域非常重要的工具。

传统的早期投资估算主要基于设计草图进行手工计算,更多地依靠业主方和建筑师的经验。BIM 技术的出现将项目早期投资估算从一种基于草图和经验的工作提升到基于模型和数据的新水平。BIM 技术支持投资估算需要两个基本功能的支持:一是 BIM 软件应该能够支持概念设计模型的建立,二是 BIM 软件能够将概念设计模型和成本信息进行关联和计算。BIM 技术支持项目早期估算的能力在过去几年间经历了不同的发展时期。

2009 年之前的主流 BIM 建模软件(包括 Graphisoft ArchiCAD,Autodesk Revit,Bentley Building,Tekla Structures 等)主要关注扩初阶段(Design Development)和施工图阶段(Construction Drawing)的建筑模型创建,以及如何生成高一致性的、充分协同的施工图纸和施工说明,并不关注如何通过创建概念设计模型支持方案设计和项目的可行性分析。早期的 BIM 建模软件在设计全部完成后,能够通过对构件的工程量统计(比如门窗的个数或石膏板墙的面积)有效支持项目预算。然而在项目的早期阶段,大量设计数据还没有形成,但又要求在有限的数据下对项目的经济可行性进行评估的时候,这些早期的 BIM 建模软件就无能为力了,因为那时的 BIM 软件连基本的体量建模的功能都不具备,不能建立概念设计阶段的 BIM 模型。

作为对早期的 BIM 建模软件的补充,市场上存在一批专注于创建项目早期的概念模型或场地分析的软件,比如 SketchUp,Form-Z,Google Earth。这些软件的优势是在虚拟的三维空间内快速建立项目的物理体量,但是这些软件建立的体量模型中不包含除了三维空间几何信息以外的任何建筑功能信息,比如对空间、楼层或构件种类的定义,因此无法将模型构件和相关的成本信息进行关联,也就不能实现项目的早期投资估算。

主流 BIM 软件开发商逐渐认识到概念模型功能的重要性,并在 2009 年前后,纷纷将体量模型建模功能加入到其主要 BIM 建模软件产品中,比如,2008 年底,Bentley 推出了 V8i 版本的建模软件开始支持概念设计模型。Autodesk 公司紧随其后,在其 2010 版的 Revit Architecture 中也增加了概念设计模块。但是,从业主和承包商的角度看,这些主流 BIM 建模软件中的概念设计功能仍然不能有效支持项目的早期投资估算。虽然这些概念设计模块可以计算概念设计模型中的面积和体积,但建设成本信息仍然需要人工计算。同时,多数面向扩初和施工图阶段设计的建模软件,不考虑早期投资估算的关键性信息,比如项目的地理位置、项目类型、功能空间的大小和用途等。

"宏 BIM(Macro BIM)"的概念是由 Beck Technology 提出来的,专门用来

描述在项目早期针对概念设计进行建模和成本估算的 BIM 应用模式。相对于宏 BIM，"微 BIM(Micro BIM)"是指现有的在扩初和施工图设计阶段以及在施工、运维阶段对 BIM 技术的应用模式。宏 BIM 关注在项目的早期阶段通过虚拟的三维空间对建设项目构建体量模型并赋予各种功能和成本信息，进而支持项目规划、概念设计、投资估算等可行性分析和研究。

在项目的早期阶段，面积和体积是两个最为重要的估算投资的参数。通过计算概念设计模型中不同功能空间和构件的面积和体积，然后将其与相应的单位成本(每平方米价格或每立方米价格)相乘，就可以得到该空间或构件的估算价格。将所有空间和构件的估算价格相加就可以得到该项目方案的估算价格。单位成本信息通常来自历史数据库、过去项目的经验数据、供应商和分包商的成本信息。宏 BIM 应用软件通常会集成地区历史数据和来自供应商的成本信息，同时允许用户根据项目类型、结构形式、质量等级、功能特点等信息对单位成本进行调整，或直接采用用户的经验数据。

北美常用的供应商的成本信息主要来自两个数据库：RSMeans Square Foot Cost 和 Marshall & Swift Cost Data。RSMeans 是 Reed Construction 旗下的产品，为业主、开发商、建筑师、工程师、承包商等提供最新的建筑成本信息，并且每年更新一版。Marshall & Swift 包括了绝大部分美国城市、加拿大主要城市、部分其他国家城市的建筑成本信息，这些信息可以从多种媒体形式获得，比如成本信息手册、PDF 格式电子文档、单机版成本分析软件、在线成本信息服务等。

2.5.2 正确引入 BIM 进行投资估算

正确应用 BIM 技术服务项目的早期估算，能有效支持项目的方案比选和成本控制。但是，在投资估算上用好 BIM 技术并不是一件简单的事情。如果把应用 BIM 技术支持早期成本估算认为就是购买一款实用的 BIM 软件并进行相应的培训，这样会导致事倍功半的结果。在任何领域成功应用一项新技术，都需要周密的计划、有步骤地实施并且要投入可观的时间和资金。在投资估算上成功应用 BIM 技术也不例外。本节主要介绍正确应用 BIM 技术支持项目投资估算的策略。

基于 BIM 的早期投资估算并不仅仅是技术革新，更重要的是流程上的革新。跨专业合作是 BIM 技术一个重要特点，因此应用 BIM 软件进行投资估算的专业人员，应该首先具备专业预算人员的基本技能(估算、概算、预算的基本知识、方法、经验)，其次还要掌握 BIM 建模软件的操作(至少是体量模型的构建方法以及体量模型和成本信息的关联方法)。同时，成功应用 BIM 技术进行投资估算还需要同时获得公司管理层和执行层的同时认可和支持。无论是业主单位、设计咨询单位、还是施工承包单位，如果没有领导层的支持，在投资估算上应用新技术很难获得时间和资金上的支持。如果仅仅是管理层有意愿采用 BIM 技术，而执行人员比较抵触，新技术也难以取得成功。

从小规模的试点项目入手，一次不要贪多。有些公司在制订应用 BIM 技术进行投资估算的计划时，雄心勃勃，希望在短期内将所有相关软件熟练掌握，并且一开始就在大型项目上入手,结果导致新技术实施失败。仔细考察那些引入BIM 技术进行投资估算的成功案例,会发现几个特点。第一,首先使用免费的试用版软件进行尝试,避免上来在软件采购上投入过大。通过使用不同种类的投资估算软件,对其功能进行测试和评估,并针对自身的需求进行综合比较,最后确定软件投资方式。第二,在试点项目的选择上,要注意规模不要太大,同时试点项目应该是公司最为熟悉的项目类型。大型项目涉及的工作量比较大,不利于从整体上快速掌握投资估算软件的主要功能,同时,如果项目团队对项目类型不熟悉,很难客观分析和比较基于 BIM 的投资估算和传统的投资估算方法上的异同和得失。

学习行业先锋的经验,避免不必要的探索。大部分需要应用投资估算的公司都不具备专业的软件开发能力和经验,因此在引入 BIM 技术的时候,尽量避免自己花费大量的人力、物力去独立测试和评估不同种类的 BIM 软件,而应该多向 BIM 软件的开发商和销售商进行咨询,同时也应该参考行业内先行采用BIM 技术的公司的成功经验。BIM 软件的开发商对行业应用有较全面的理解,并且充分了解新技术部署过程中可能会遇到的问题,因此可以为刚开始应用BIM 技术进行投资估算的企业提供有价值的建议。必须指出,因为每个软件开发商从技术上都只对自己的产品最了解,同时也不可避免在咨询过程中重点推荐自己的产品,所以在产品比较的时候,要广泛咨询不同产品开发商的意见。一旦选定 BIM 产品后,多数软件开发商或销售商都会提供技术辅导和培训,应用企业可以利用这个机会快速提升自己的应用能力。

正确设置模型精度。概念设计阶段的 BIM 模型和后续扩初或施工图设计阶段的 BIM 模型有不同的建模深度要求。概念设计模型不是用来生成施工图纸或用来协同不同专业间的设计工作,而是用来表达建筑师的设计意图,帮助项目的利益方理解设计方案,进而做出合理的决策。如果在方案模型中以图形方式展现过多的细节,会影响业主等项目决策人员快速分析不同的设计方案。因此,我们看到的用于投资估算的 BIM 模型通常相对简单和朴素,不如渲染后的模型那样精致,但这正是投资估算模型的价值所在,投资估算关心的是 BIM 中的 I(信息,尤其是价格信息),而不是华丽的外表。

善于总结经验并持续改进。真正理解并掌握基于 BIM 模型的投资估算方法,不能依赖于一个简单的培训课程。通过众多企业的经验(成功的和失败的),我们总结出一个三步走的模式。首先,利用以前完成的投资估算项目进行演练。选择不同类型的建设项目,利用选定的软件(可以使用多种软件进行比较),进行概念设计建模并计算投资数额,和利用传统投资估算方法得出的结论相比较,分析出现差别的原因。其次,在充分熟悉软件操作的基础上,对于实际项目,采用BIM 估算和传统估算并行的方式,在实战过程中提升应用 BIM 技术进行投资估算的能力和水平,并且熟悉实战过程中不同参与方的配合模式。最后,当企业有足够的自信抛弃传统的投资估算方法,全面转向基于 BIM 的投资估算后,应该利用由于采用 BIM 技术节省的工程量计算时间进行更有效的价值工程实践,同时,应该善于总结每个项目的经验教训,指导和支持后续工程。

2.5.3 常用的投资估算 BIM 软件和案例

到目前为止,直接支持宏 BIM 概念的,可以用于概念设计的软件并不是很多,而可以直接用于投资估算的软件就更少了。本节主要介绍三个比较流行的宏 BIM 工具,包括 Onuma System,Vico Office,DProfiler。Onuma System 主要面向项目总体规划和概念设计,但结合第三方系统的成本信息系统,可以进行从单一建筑到多建筑整体规划的投资估算。Vico Office 的主要功能是为建筑提供 4D 和 5D 仿真,但如果按照概念设计深度进行建模,Vico Office 可以按照不同价格粒度进行成本分析。DProfiler 是目前最为成熟的投资估算工具软件,以其完整的成本信息为特色。本节将重点介绍 DProfiler 以及其应用案例。

1) Onuma System

Onuma System 是由 Onuma System Inc. 开发的一款基于浏览器的网络应用(图 2-60),无须安装客户端程序,同时支持 Mac 系统和 Windows 系统。在 Onuma System 中,用户可以利用其内置的关系型数据库管理不同级别的项目数据,可以是一个单一小空间(比如一间房间)、一个楼层、一个单体建筑、同一场地上的多个建筑,甚至多个场地上的多个建筑。通过合理控制用户的访问权,Onuma System 支持多用户同时工作。

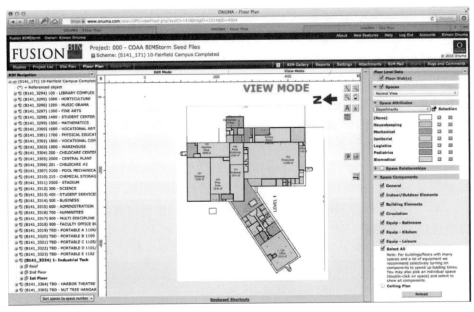

图 2-60 Onuma System 功能模型①

Onuma System 建立在 IFC(Industry Foundation Classes)和 OGC (Open Geospatial Consortium)等开放标准上,因此保障了在不同软件系统间的互操作性,可以和多种 BIM 应用软件进行数据交换(ArchiCAD, Revit, SketchUp 等)

---

① 图片来自 www.onuma.com。

和多种 GIS 应用系统(比如 Google Earth)。

Onuma System 可以从多个渠道输入概念设计模型,包括 Revit,ArchiCAD,SketchUp 等。用户甚至可以在电子表格 Excel 文件中定义项目各功能空间的数据要求(比如一间教室的面积),然后将 Excel 文件导入 Onuma System 建立项目的体量模型。Onuma System 中的体量模型可以通过多种渠道和其成本信息关联,比如通过 Excel 数据库中的关联关系或者第三方应用程序(如 Tokmo)。Onuma System 中的物理模型一旦和其成本进行合理关联之后,模型中的任何修改都会引起整个项目的总投资数额的即时更新。

2) Vico Office

Vico Office 是由 Vico Software Inc. 开发的专注于建筑工程项目 4D 和 5D 的解决方案。为了有针对性地服务于建筑业不同用户的多种需求,Vico Office 采用了一种模块化的产品构架,其中 Vico Cost Planner 和 Vico Cost Explorer 是专门为预算和成本控制开发的两个模块。Vico Cost Planner 的设计概念来自目标成本规划,对模型中的构件采用逐步细化的预算模型,从构件到工序再到资源,逐步将建筑构件和构成其成本的人、机、材相联系,并且可以比较不同成本方案与成本目标间的区别。Vico Cost Explorer 是业界第一个基于模型的预算软件,将成本的变化以可视化的方式呈现,无须通过繁琐的电子表格检索就能发现影响成本的关键因素。

和 Onuma System 类似,Vico Office 不提供 BIM 建模环境,但可以从其他主流 BIM 建模软件输入模型。目前,Vico Office 直接支持从 Revit,ArchiCAD,SketchUp 输入模型。对于其他 BIM 平台创建的建筑模型,可以通过 IFC 格式文件输入 Vico Office。目前大部分主流 BIM 建模软件都支持构建项目体量模型,将建好的体量模型输入 Vico Office。Take Off Manager 是 Vico Office 中专门管理工程量计算的模块。通过 Take Off Manager 用户可以定义体量的基本成本单位并计算其工程量。例如,对于一个标准办公楼层,可以定义其基本成本单位为 m^2,而体量计算标准是这个楼层的底面积,然后通过定义单位面积成本值就可以计算出这个标准办公楼层的估算价格。

Vico Office 可以对同一个模型建立多个版本的价格信息,比如上面提到的办公楼层,按照装修标准的不同,可以有 3 000 元/m^2 和 3 500 元/m^2 两个价格版本。同时,如果概念设计模型调整了,Vico Office 也支持对同一个项目的多个模型版本进行跟踪比较。因此,利用 Vico Office 可以有效比较多个概念设计方案下,不同成本标准间的投资估算信息(图 2-61)。

3) DProfiler

DProfiler 是由 Beck Technology 开发的一款专门辅助概念设计的 BIM 软件。Beck Technology 是 Beck Group 的一家子公司。Beck Group 至今有超过 100 年的发展历史,目前是一家集建筑设计、工程设计和咨询、施工总承包、建筑科技开发等多项业务的集团公司。Beck Technology 在 2006 年开发了 DProfiler,并在 2008 年的 AIA 年会上推向市场,以其特有的宏 BIM 概念在建筑方案规划和概念设计领域引起业界的特别关注。

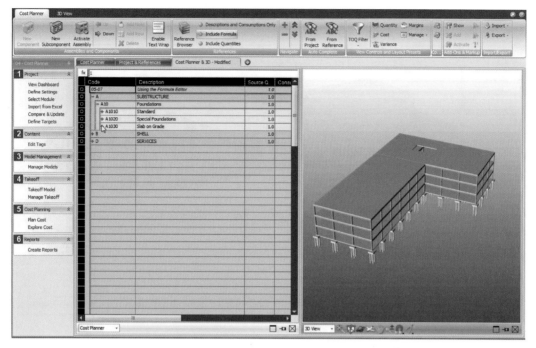

图 2-61　利用 Vico Office 进行项目早期投资估算①

　　Beck Technology 认为，目前主流的 BIM 应用软件，包括 Autodesk，Graphisoft，Bentley 等产品，专注的是微 BIM 领域。也就是说，这些软件致力于在扩初设计阶段和施工图设计阶段为设计师的工作提供帮助。微 BIM 通过协调不同专业设计人员之间的工作以及专业人员和业主的沟通来提升工作效率，并且通过减少设计成果中的错漏碰缺来提高产品质量。其他下游 BIM 应用，比如利用 BIM 技术进行合理的施工进度组织、有效的成本控制、高水平的质量和安全管理、甚至后期数字化的运营和维护，都需要在微 BIM 模型工作完成之后才有可能继续。这些微 BIM 应用不能在项目早期帮助业主回答最为根本的问题："我应该投资建设这个项目吗？"

　　DProfiler 的优势是把 3D 概念设计和成本信息相关联，辅助项目早期的投资概算。目前在美国有超过 30％的设计事务所和总包商采用 DProfiler 作为其早期投资估算工具。DProfiler 的核心优势在于集成了 MSMeans 造价数据库（图 2-62）。MSMeans 包括超过 12 万条的造价信息，这些造价信息可以按照北美通用的 MasterFormat 和 Uniformat 分类标准进行检索和引用。同时，MSMeans 还包括了超过 2 万条概念组合信息。一个概念组合是由多个造价信息整合的可以组合应用的单元，比如一个现浇钢筋混凝土楼板就是多个造价项目的组合，可以被用在一个项目的不同位置。DProfiler 的其他优势包括：整合 Timberline 的造价应用程序和能耗分析程序，易于和 SketchUp 的体量模型配

---

　　①　图片来自 www.vicosoftware.com。

合使用,包括易于使用的场地设计模块和自动停车场设计程序,多方位的模型和成本视图和丰富的报表功能,支持 IFC 格式的输出等。

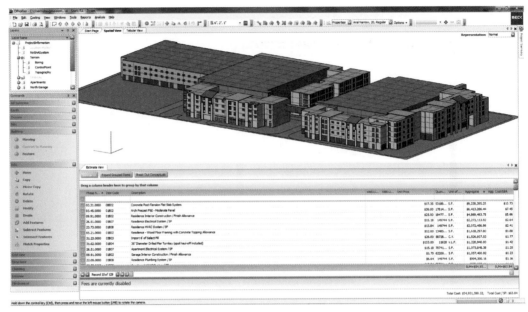

图 2-62　利用 DProfiler 创建概念设计模型并进行投资估算①

4) DProfiler 工程案例

本案例是来自 AECbytes 的一个多层办公楼项目。项目第一步是通过"新项目引导"界面建立新项目信息(图 2-63),最主要的是通过美国的邮政编码(Zip Code)确定项目所在地信息和建筑物的类型。如果不输入邮政编码信息,DProfiler 会使用 RSMeans 数据库中全美平均价格信息来计算项目的造价。如果输入项目所在地的正确邮政编码,计算造价的价格信息会按照项目所在地的市场情况进行相应调整。同样,正确选择建筑物的类型,能够保证 DProfiler 为模型中的构件自动选择正确的价格信息。比如,在本案例中,建筑类型选择的是5～10 层钢筋混凝土框架的办公楼,明确列出了项目中所用到的构件、组合的编号、描述、单位、计算公式等。用户也可以根据自己公司的项目积累,建立客户化的建筑类型信息。

与 Onuma System 和 Vico Office 不同,DProfiler 直接支持在三维可视化的环境下创建概念设计模型。虽然有些建筑师认为其建模操作不如真正意义上的概念设计软件好用,在某种程度上限制了建筑师的创造性思维,但毕竟DProfiler 的定位不是建筑创作软件。DProfiler 提供 7 种不同类别的建模系统,其中 Earth 用来构建能够将来输出到 Google Earth 的组件,Site 用来构建场地、道路、景观绿化、停车位等,Building 用来构建建筑物的体量,Structure 用来在体量模型上描述梁板柱等结构信息,Cladding 用来在体量的外表面建立围护结

———————————
① 图片来自 www.beck-technology.com。

构的信息，Interior 把体量模型的空间划分为房间，最后 Mechanical 用来定义热
负荷分区，以便进行能耗分析。图 2-64 是该项目利用 DProfiler 自带的建模功
能构建的概念设计模型，模型定义粒度详细到房间和热负荷分区。

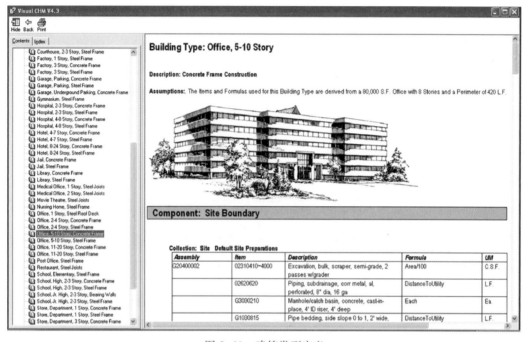

图 2-63　建筑类型定义

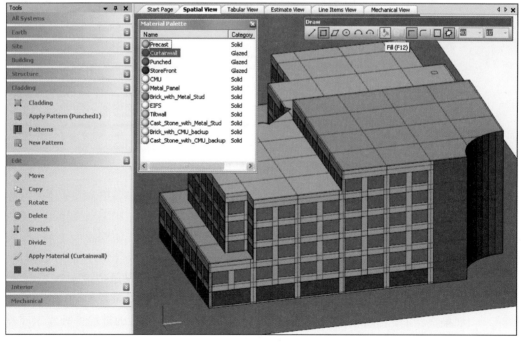

图 2-64　利用 DProfiler 建立概念设计的空间模型

　　根据在项目开始时定义的建筑类型结构，模型中的构件可以和造价数据库中的价格信息进行对应关联。这种对应关联可以是构件级、组合级，甚至更高层级的集合。这种模型和造价信息的关联使 DProfiler 可以对项目的成本实施估算。通过切换模型空间和造价管理空间（图 2-65 中电子表格形式的界面），用户可以管理不同级别的构件的造价信息。图 2-66 中显示是体量构件中的构件成本信息，包括分类、描述、工程量、工程单位、单位成本、该构件的总成本。在电子表格界面下，如果从数据库直接获得的造价信息不适合（比如用户确切知道某一产品或分包的单位价格），用户可以直接编辑与构件相关联的造价信息。同时，用户也可以修改成本计算公式，增加新的成本条目，或者删除已有的成本条目。所有这些编辑都可以保存到用户数据库以备将来项目使用，所以，随着用户应用 DProfiler 的项目逐渐增多，用户可以积累大量客户化的成本信息，对新项目的成本计算更方便快捷。

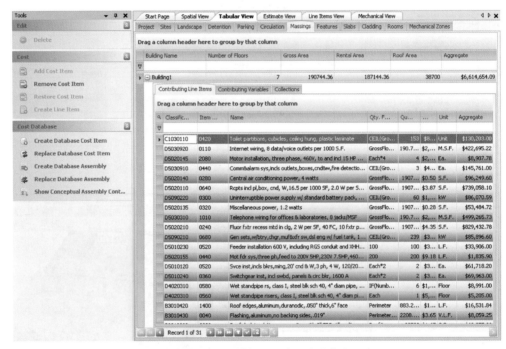

图 2-65　定义构件和组合的造价信息

　　除了刚才介绍的电子表格形式的界面（Tabular View），DProfiler 还可以在预算视图（Estimate View）中对项目的总体投资进行分析。在这个视图中，用户可以看到模型中某个位置的所有构件的总成本信息。如图 2-66 所示，在 Summarize 按钮被选中的时候，可以看到按照 Uniformat 格式整理的成本信息，其中基础结构 Substructure 的总成本是 471 762.25 美元（单位成本是 2.47 美元），而维护结构 Shell 的总成本是 6 234 513.49 美元（单位成本是 32.69 美元）。如果选择 Uniformat 中的不同级别（当前视图是 Level 1），则可以看到在不同级别下各部分的造价信息。在这个视图的最下方，用户可以看到项目总成本 Total Cost 是 17 028 046.30 美元，而每平方英尺的成本是 89.27 美元。

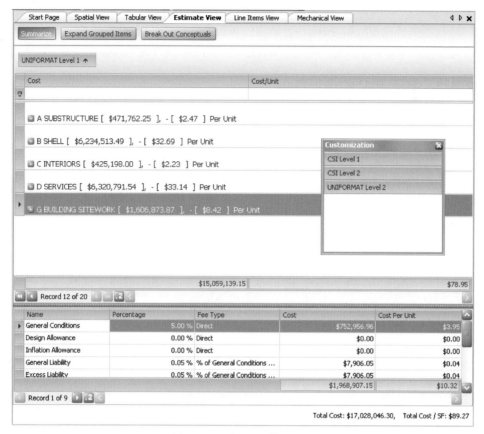

图 2-66　项目造价信息统计

2.6　设计任务书的编制

在工程建设项目中,设计任务书是项目前期策划的成果,应该体现业主单位对项目的真实意图,充分反映其在功能、造价、工期、质量等方面的基本要求,是工程设计的基本依据和指导性文件。设计单位擅长的是技术性设计工作,由于业务角色不同,很难从业主单位的视角准确理解项目意图,因此设计任务书作为项目意图的规范化技术性信息传递手段,在保证设计成果准确反映业主单位需求上作用重大。缺乏量化指标,或量化指标不明确,是造成设计任务书表达不明确的主要原因。BIM 技术的应用,很大程度上解决了设计指标量化的问题。为了保证在项目执行过程中顺利应用 BIM 技术并实现 BIM 技术应用的期望效果,业主单位在编写设计任务书时,应该将前面介绍的利用 BIM 技术实施的场地建模、场地分析和处理、对规划设计条件的匹配等方面的应用成果整合进设计任务书。在业主单位特别强调 BIM 在设计阶段综合应用的情况下,建议在设计任务书中用专门一章(或 BIM 专篇)详细陈述 BIM 技术在该项目设计中的应用要求。通过设计任务书中的 BIM 专篇,参与项目的各方(不仅仅包括设计方,可能还包括设计后的施工和运营维护阶段的参与方)可以理解在该项目中应用 BIM 技术的目标和策略,明确各自的角色和职责。一般来说,设计任务书中的 BIM 专篇中应该明确以下几项内容:应用目标、应用依据、设计成果和技术要求。

2.6.1 基于 BIM 的设计任务书

项目规划设计任务书的第一部分应该介绍并分析项目概况。经过前期对场地 BIM 建模和分析之后,很多以前只能用文字、数据、二维图形表达的项目概况信息,都可以通过 BIM 模型以更直观的 3D 形式表达出来,方便业主单位和设计师之间的沟通。早期的场地地形和地物的建模以数字化方式表达地址、地形(包括周边河流水文等情况)、界址、红线范围和面积、场地现有地物(包括需要避让的建筑、需要保护的植被和名贵树木等)。同时,更大范围的建模可以清楚研究项目周边配套现状(包括交通、商业设施、人文景观等)。应用 BIM 模型对场地地形的剖析结果,设计师可以清楚了解到场地的坡度和高程情况,有利于场地平面设计和优化挖方(填方)工作量。有了场地模型,业主也可以准确地表达退让红线的要求、配套设施的位置、出入口的位置等需求。

项目的设计依据也是规划设计任务书中的重要内容。传统的设计任务书以各种报告、二维图纸、法律法规等作为设计依据。采用 BIM 技术的设计任务书,应该将尽可能多的图纸模型化,便于沟通理解,也能支持快速量化查询。这些模型应该包括实测地形模型、地表构筑物模型、用地红线模型、市政条件模型等以确定项目定位以及与周边环境的关系。同时,相关的 BIM 应用规范也应该被列入设计依据,比如北京、上海、广州等地出台的地方 BIM 应用标准和导则。一些国家层面的 BIM 标准也正在制定,一旦发布,如果适用,也应作为设计依据。

项目用地经济技术指标是设计任务书中最能体现 BIM 优势的部分。土地面积、退让红线和间距要求等都可以从模型中准确获得。同时,建筑容积率、建筑密度、绿化率、计容建筑总面积、停车位等指标,都可以在设计过程中快速(甚至实时)进行检查和校核。

设计任务书中的设计理念、设计要点、总规划要求等也可以利用模型表达的更清楚,易于沟通。比如场地内与城市交通的衔接,项目内的人流、车流设计、停车方式、消防要求、日照度和阴影要求、场地排水、垃圾中转运输、围墙以及场地临时设施等。

对于基于 BIM 的施工图设计,因为对 BIM 技术的应用更为全面,所以更多的是在设计任务书中通过 BIM 专篇的形式确定 BIM 应用目标、应用依据以及设计成果和技术要求。

2.6.2 设计任务书中的 BIM 专篇

1) 应用目标

设计任务书中的 BIM 部分首先要明确 BIM 的应用目标。BIM 应用目标的确定,要以业主单位为主导,同时和 BIM 应用的参与方进行充分沟通,主要考虑四个方面的因素。第一是业主在该项目上的需求,比如,业主需要通过 3D 协同设计提升设计效率、提高设计图纸和说明质量,就是目前在我国业主对 BIM 应用的一个主要需求。第二要考虑其他项目参与方的需求,比如,运营和维护保修单位需要利用精确的竣工模型进行设施管理的需求。第三还要考虑到不同参与方对 BIM 技术的应用能力,不同的应用目标在执行时对 BIM 应用能力要求是不一样的,比如,对大部分项目团队来说,可以熟练应用 3D 碰撞检查,但 5D 成本控制就不是每一个团队都能实现的。第四还应顾及可以用于 BIM 应用的资金限制,虽然总体上来说,BIM 应用应该是有正收益的,但也应该理性分析不同应用的投入和产出,在有限资金范围内对 BIM 应用进行明智选择。

BIM 技术的应用目标,可以从两个角度进行定义。一个角度是 BIM 技术提升项目的总体水平,比如缩短工期、降低工程造价、提升施工质量、有效预防安全事故等。另一个角度是关注 BIM 技术对某些特定的任务提升效率和改进质量,比如应用 BIM 技术提高生产施工图的效率、应用 BIM 技术自动计算工程量等。由宾夕法尼亚州立大学编写的《BIM 项目应用规划指南》中建议通过以下方法确定 BIM 应用目标:首先列举出全部期望的 BIM 应用目标和对应的 BIM 应用内容;其次,根据该项目标对项目的价值、对参与方的价值、执行该应用的能力等因素进行综合评估;最后确定该工程项目的 BIM 应用目标。选定的 BIM 应用目标应该在设计任务书中进行明确表述,作为 BIM 应用的基本出发点。

当利用该方法确定 BIM 应用目标和具体应用内容时,应该避免只考虑 BIM 应用内容的得分而忽略其他因素的做法。对某些得分不高但对项目产生特别明显的价值的 BIM 应用内容,应该慎重评价,找出得分低的具体原因。如果得分低是因为该项 BIM 应用内容对参与方的价值低,那么作为业主单位应该继续执行该项 BIM 应用内容,同时与该项应用内容的参与方进行充分沟通,提升参与方的积极性。如果得分低的原因是该项 BIM 应用内容的参与方在资源、能力、经验上存在欠缺,则应该理性评估在该项目上对提升各参与方的咨询、能力、经验方面的投入和预期的应用,该项 BIM 内容后的回报之间的关系以及参与方对提升其 BIM 能力的积极性,最后综合确定是否采用该项 BIM 应用内容。

2)应用依据

在确定 BIM 技术的应用目标和具体的应用内容后,设计任务书中的 BIM 专篇应该对 BIM 应用的依据和原则进行说明。

任何设计,包括 BIM 设计,首先要依据国家相关法律、法规、强制性条文、国家及行业设计规范、规程、行业条例。因为 BIM 技术相对来说是一项新兴技术,虽然各国陆续出台了一些国家或行业标准,但大部分或处于草案阶段,或还在不断完善,比如美国的 *US National BIM Standard*、英国的 *The BIM Protocol*、新加坡的《新加坡 BIM 指南》、日本的《BIM 实施导则》等。我国虽然 BIM 技术起步相对较晚,但由于政府和业界对这项新技术的认识和接受速度较快,在新世纪的最初几年经历了一个短暂的了解和学习之后,无论是在 BIM 技术的应用范围还是在 BIM 技术的应用深度上,都进入了快速发展阶段,因此行政管理部门也开始着手制定中国 BIM 技术的应用规范。目前我国正在制定的和 BIM 相关的国家级规范一共有 5 本,包括由中国建筑科学研究院主编的《建筑工程信息模型应用统一标准》和《建筑工程信息模型存储标准》、由中国建筑设计标准研究院主编的《建筑工程设计信息模型分类和编码标准》和《建筑工程设计信息模型交付标准》、由中国机械工业部第六设计院主编的《制造工业工程设计信息模型应用标准》。目前看来，这几本在编的国家级标准都属于推荐标准，而不是强制性标准。

除了依据国家级相关标准外，BIM 应用设计还应该依据项目所在地的地方性规定和标准。国内外都有部分城市和地区在建设 BIM 应用的地方标准。中国香港房屋署在 2009 年就发布了 *Building Information Modelling User Guide*。纽约 2012 年 7 月发布了纽约市建设项目应用 BIM 技术的 *BIM Guidelines*。北京于 2013 年 10 月也发布了《民用建筑信息模型（BIM）设计基础标准》的征求意见稿。上海市虽然没有制定相应的 BIM 应用地方标准，但 2013 年初发文要求 2013 年 3 月 1 日后报建的项目必须应用三维报批和归档。

除了国家级和地方 BIM 应用标准、规范、法规外，一些大型业主单位为了保证其实施的建设项目中应用 BIM 技术的一致性和标准化，也制定了自己企业级的 BIM 应用标准或指南。在建立企业 BIM 应用标准方面，美国通用服务管理局（General Services Administration，GSA）在 2006 年启动了 BIM 标准的研究和建设。类似的还有美国印第安纳大学也为其校园建设项目制定了统一的 BIM 应用指南。不单单是业主企业在建设自己的 BIM 应用规范，一些大型设计企业和施工企业也非常重视建设企业级的 BIM 标准。美国著名建筑师 Frank Gery 旗下专门为其建筑设计进行技术服务的高科技公司 Gery Technology 在 2007 年就开始制定公司 BIM 发展战略和标准。我国中建总公司也在 2014 年发布了企业级的 BIM 应用标准。

综上对设计规范、标准方面的讨论，在设计任务书中，对 BIM 应用的依据上首先要考虑满足国家和地方强制性标准。在中国目前没有强制性标准的前提下，要参考适合的国内外国家和地方级标准、项目当地政府的推荐性标准以及项目参与企业特别是业主企业的内部标准。

BIM 应用的设计实施还应该依据该项目的工程设计图纸和设计说明。某些 BIM 应用内容以工程设计图纸和设计说明作为该应用的输出成果之外，比如三维设计出图。除此之外，其他大部分 BIM 应用内容都应该以工程设计图纸和设计说明作为 BIM 应用的依据，比如成本计算、能耗分析等。

此外，很多工程项目的设计任务书还将该设计任务书本身作为设计依据，因为所有设计工作的要求都以设计任务书作为最终的明确表示。在很多情况下，设计任务书会作为合同的附件成为项目各参与方法律关系的一部分。

3）设计成果和技术要求

本节对工程建设项目中常用的 BIM 应用内容进行介绍，为编写设计任务书时定义 BIM 应用内容的交付成果和技术标准提供参考。因为本书中其他章节和本丛书中的《BIM 应用·施工》分册对具体的 BIM 应用内容的含义有较为详细的介绍，这里偏重介绍这些 BIM 应用内容的交付成果和技术指标，用于指导设计任务书的编制，并以定性的要求为主。BIM 应用内容的执行方应该为 BIM

应用制定 BIM 实施规划,在实施规划中应该详细表述 BIM 应用的执行过程、交付成果的具体内容和格式、交付时间、应用的技术标准等。

(1) 项目策划

这项 BIM 应用的内容执行时间覆盖整个规划阶段并延伸到早期的设计阶段,其主要交付成果为针对空间分析和优化的技术报告和方案推荐。应用 BIM 技术支持项目规划主要是使用支持三维空间建模的软件对项目的空间使用要求进行准确的量化分析。

(2) 场地分析

和项目规划一样,场地分析的应用也会延伸到设计的早期阶段,主要使用 BIM 和 GIS 相结合的分析工具,对场地选址和建筑物的朝向进行优化。其交付的场地分析报告要足以支持从成本、绿地建设等方面对场地选择进行有效决策。

(3) 4D 模拟

这项 BIM 应用跨越的建设阶段包括规划、设计、施工三个阶段,针对在不同应用阶段的应用目的,这项任务交付成果的内容有所不同,主要区别在对交付的 4D 模型的技术要求上。在规划阶段的 4D 模型要能够支持项目里程碑的决策,在设计阶段要能够解决空间和时间的动态冲突以及初步的可施工性分析,在施工阶段如果做到工序级 4D 模拟,能够对施工组织的进度优化、成本的控制、采购和物流管理等起到重要支持。

(4) 算量和造价管理

造价管理和成本控制的应用贯穿项目的整个生命周期。在项目规划阶段,BIM 模型应该能够支持对不同方案的造价估算和比选,在设计阶段和施工阶段,整合成本信息,支持实时造价分析和优化。在运营维护阶段,成本模型能为后期的改建提供基础依据。在各阶段交付的成果能达到该阶段造价管理效果的含有造价信息的 BIM 模型以及相应的造价报告。

(5) 模型创建和设计图纸生成

这项 BIM 应用内容主要应用在设计阶段,用以取代传统的二维图纸设计过程。对这项应用的交付成果要求是为通过三维设计创建的 BIM 模型,并从模型能生成符合当地制图规范的设计图纸。

(6) 设计审查

如果 BIM 模型用于设计审查,则其交付成果应该是工程设计图纸现存问题的检查报告,以及对所发现的问题提出符合设计规范的优化解决方案。

(7) 各类工程分析

作为 BIM 技术的一个明显优势,在设计过程中,可以对工程项目的各方面进行工程分析,形成分析报告,并且在分析报告中提出合理化的建议。包括结构分析、能耗分析、照明采光分析、交通分析、热舒适度分析等。对这类 BIM 应用内容,分析模型和分析报告是主要交付的内容。

(8) 施工阶段的三维协同

因为施工阶段的三维协同是设计阶段设计审查的延伸,在引入专业分包商施工模型的基础上进行深化设计后的协同分析,所以这项 BIM 应用内容的交付成果包括各分包专业的深化设计模型、总包单位的综合模型、各专业单独协同分析报告以及总包单位综合协同分析报告。在分析报告中，应该详细列出发现的问题和合理的解决方案。

（9）支持数字化加工

如果要求 BIM 应用能有效支持施工过程中建筑构件的数字化加工和生产，设计团队应该交付下游制造过程中所使用的机械设备所需的数字模型或数据包，同时要保证其信息的详细程度和准确性。

（10）竣工模型

竣工模型是目前 BIM 实践中大多数业主方要求的一种 BIM 应用内容，因为其交付成果是设计和施工阶段众多 BIM 应用过程的综合结果。竣工模型的交付应该达到预先确定的模型内容和精度等级。

（11）与设施管理系统衔接

该项 BIM 应用内容大多数情况下和竣工模型联合应用，但也有例外。在没有竣工模型的情况下，如果设计和施工阶段产生的模型信息符合设施管理平台要求的规范格式（或符合国际 COBie 规范），也可以与设施管理系统相对接。该项 BIM 应用的交付成果不一定以模型的形式体现，关键是其数据信息符合选定的设施管理系统的数据要求。

2.7 BIM 实施规划

BIM 实施规划（BIM Execution Plan, BEP）为具体项目执行 BIM 应用设定目的、规范协作流程、确定信息交换机制、明确实施内容并规定交付内容及技术标准。一般来说，BIM 实施规划包括项目的基本情况、BIM 实施的组织以及 BIM 实施的具体内容和相应的技术措施。不同的项目参与方都有可能需要建立自己的 BIM 实施规划。对于业主方来说，其 BIM 实施规划应该对具体的建设项目的 BIM 应用进行全局规划，从业主的角度定义和不同参与方的 BIM 实施流程以及全项目生命周期内的 BIM 实施内容和相关技术措施。业主方的 BIM 实施规划的主要目的是实现 BIM 应用效益的最大化。而设计方和施工方的 BIM 实施规划应该按照业主方的要求（或基于业主方的 BIM 实施规划），针对合同范围内的 BIM 应用内容，制定相应的 BIM 实施规划，主要是满足投资方对 BIM 应用的要求。本节以设计方的视角讨论 BIM 实施规划的制定。

2.7.1 项目基本情况

BIM 实施规划的第一部分首先要对项目的基本信息进行描述，包括以下几方面。

① 项目名称、企业内部项目编号。

② 项目业主信息。BIM 实施合同的甲方如果不是项目业主方的话（比如业主方聘请专门的 BIM 咨询管理方直接对全程 BIM 应用负责），还要记录合同甲

方信息。

③ 项目地点信息。

④ 项目交付方式。项目的交付方式直接影响 BIM 实施的流程组织,相对于传统的"设计—招标—建设"模式,"设计施工总承包"更有利于 BIM 技术的应用。国际上最新提出的"整体交付模式"(Integrated Project Delivery,IPD)和 BIM 技术的应用结合的最好,但由于国内某些法律法规的限制,还不能有效执行。

⑤ 项目简述。

⑥ 项目进度计划。描述项目的进度安排、阶段、主要里程碑,用来辅助 BIM 流程组织中正确识别 BIM 应用内容交付时间。

紧跟项目基本信息的应该是执行该项目的关键联系人的通信信息。这个清单应该包括和本 BIM 实施规划中规定的 BIM 应用内容相关的所有参与方,比如业主方、建筑设计所、结构和设备设计所、施工总包方、施工分包方、项目监管方(如监理公司)、构件生产厂商、建材供应商等。每个参与方应该至少有一个联系人进入这个关键联系人通信录。同时,该通信录中的所有人员还应该明确其在该项目中的角色,比如项目经理、BIM 经理、专业负责人、驻场经理等。该通信录中的联系信息应该定期更新来反映任何联系方式的变化甚至是人员、角色的变化。这些信息不但应该在 BIM 执行规划中明确,而且应该在有条件的时候发布到一个信息共享平台上,以供项目执行过程中方便查阅。

在项目的基本情况中还应该简要说明 BIM 实施的目标和 BIM 应用的内容。本章的另外一节"任务书的编制"中详细解释了业主方如何确定 BIM 应用目标,然后对所有潜在的 BIM 应用内容,基于对项目和参与方的价值以及现有的资源、能力、经验等最终确定主要 BIM 应用内容。因为本节是以设计方的视角研究如何制定 BIM 实施规划,因此很可能这个实施规划并不涵盖所有业主方确定的 BIM 应用目标和内容,所以很有必要了解项目基本情况,进一步明确该项目业主方都要实施哪些 BIM 应用内容、本 BIM 实施规划具体涵盖哪些 BIM 实施内容以及本规划所要达到的 BIM 应用目标(以业主方的 BIM 应用目标为原则但可能不完全相同)。明确了本 BIM 实施规划的目标和应用内容,对后续实施流程设计和技术措施的制定也具有非常重要的指导意义。

在项目的基本情况部分的最后,还应该按照 BIM 应用内容描述执行该 BIM 应用的各参与方及其角色和职责。关键联系人部分只是列出了该项目每个参与方的一位或两位关键参与人,而这里应该对应每个 BIM 应用内容,都要列出全部参与方、每个参与方的角色和职责、每个参与方所派出的具体执行人员的姓名和职位等信息。对于某些关键角色,还应该明确其工作量(工作日或工作时)和工作地点。

2.7.2　实施组织

1)定义 BIM 实施的过程

定义 BIM 实施过程是一个项目的 BIM 实施规划中非常重要的内容。通过定义 BIM 实施过程可以让项目团队从总体上了解项目的 BIM 实施计划,明晰

BIM 实施过程中的信息交换机制,并且对每一个具体的 BIM 应用内容的实施过程有明确的认识。一个项目的不同参与方都需要从各自的角度上定义 BIM 实施过程,而业主方的 BIM 实施过程应该是最为全面和关键的,其他项目参与方(比如设计方和施工方)的 BIM 实施过程设计应该与业主方的 BIM 实施过程相配合,在强调各自实施过程设计的同时,应该满足业主方 BIM 实施过程的要求。BIM 实施过程的设计包括两个层次:全局 BIM 实施过程和单一 BIM 应用内容的 BIM 实施过程。这里简要介绍由宾夕法尼亚州立大学编写的《BIM 项目应用规划指南》中推荐的 BIM 实施过程的设计方法:Business Process Modeling Notation,简称 BPMN。

当一个项目确定其全部 BIM 实施应用内容后(BIM 实施内容的确定方法,参见本章"设计说明书的编制"一节),每一个 BIM 应用内容都应该被看作一个"过程"(Process)被加入到 BIM 实施过程总图,也就是我们说的全局 BIM 实施过程。某些 BIM 应用内容如果在项目执行过程中被执行多次,比如基于 BIM 的造价应用就有可能在方案阶段、设计阶段、施工阶段分别应用。这种情况下,该 BIM 应用内容可能会在全局 BIM 实施过程中出现多次。接下来这些被放入 BIM 过程总图的 Process 应该按照在项目的生命周期中的执行顺序进行排序。这样做的目的是将各个 BIM 应用内容与项目的不同阶段相关联,以便明确相关的执行参与方。某些情况下,一个 BIM 应用内容必须由多个参与方协同完成。在这种情况下,必须确定一个牵头执行单位,尤其确定执行该项 BIM 应用内容所需要输入的信息和执行后所能输出的信息。全局 BIM 实施过程应该建立该工程项目 BIM 执行过程中的全部信息沟通管道和顺序的概览,明确哪个 Process 应该在什么时间为哪个 Process 以什么形式提供信息输入。

在完成项目的总体 BIM 执行过程的设计后,还应该设计具体的 BIM 应用内容的执行过程,用以定义为执行该 BIM 应用内容所履行的不同任务。因为不同公司执行一项任务的方法可能不同,所以,对于某一个特定的 BIM 应用内容,可能存在不同的 BIM 执行过程组织方法。首先应该利用 BPMN 方法将所有任务按照逻辑关系形成执行该具体 BIM 应用内容的流程图,然后针对每一个任务,主要研究三个方面:信息需求、任务、信息交换。信息需求部分定义要完成一个 BIM 应用内容所需要的信息资源,比如成本数据库、天气数据、产品性能数据等。完成一个 BIM 应用内容所需执行所有任务都需要被明确定义(类似定义全局 BIM 执行总图中的过程(Process),并且也要定义每一个任务的责任主体。最后,要明确该项 BIM 应用内容的信息交换内容。对信息交换的定义见下节。

2) 定义信息交换

在确定 BIM 执行过程之后,必须对执行过程中所发生的信息交换进行定义。定义信息交换的内容可以使信息的创建方明确什么信息内容应该由自己提供,同时信息的接收方也可以清楚地知道什么信息内容会从上游过程中传递给自己。同样,业主方如果已经制定了自己的 BIM 实施过程,则很可能也已经定义了其过程中涉及的信息交换内容。在这种情况下,设计方在制定项目设计阶段的 BIM 实施过程后,需要以业主方的 BIM 信息交换定义为基础,为本项目

BIM 应用内容定义相应的数据交换要求。之所以不完全采用业主方的信息交换定义,有两方面的考虑:第一,业主方的信息交换定义有可能是企业级标准,是面向该企业所有项目的,因此不一定适合当前执行的项目;第二,即使业主方的 BIM 实施过程和信息交换定义是为当前项目制定的,也可能和设计方、施工方的理解有差别,因此需要和设计方、施工方充分沟通后形成双方认可的信息交换定义。信息交换定义是 BIM 应用内容交付标准的重要参考信息,因此通常会被包含在合同附件内约束 BIM 实施的交付成果。

目前各种信息交换主要以不同类型和用途的数据文件形式来实现。常见的信息交换文件包括建筑信息模型文件、4D 模拟动画、物料清单、造价报告、施工进度组织文件、碰撞分析报告、管线综合优化报告、与设施管理系统对接的数据库、工程设计图纸、施工说明、工程变更等。除了建筑信息模型文件外,上述大多数信息交换内容都比较容易定义其范围和深度。目前 BIM 应用领域对建筑信息模型文件的范围和模型深度的定义还没有统一的规范和共识,因此有必要在 BIM 实施规划中对不同阶段的模型内容进行定义。

对模型内容的定义主要包括模型构件的范围定义和具体某类构件的深度定义。模型构件范围的定义,国外目前通用的方法是采用美国 Construction Specification Institute (CSI)制定的 Uniformat 作为构件的层次分解结构。中国国内目前因为相应的标准《建筑工程设计信息模型分类和编码标准》正在制定中,所以大部分工程实践中是以我们熟悉的不同专业系统(建筑、结构、设备、景观等)来进行层级分类,然后确定哪些类型的构件应该被包含在模型中。

3) 定义协作过程

BIM 应用执行团队应该制订详细的协作计划,包括数据和信息的协作(模型的交接、版本的更迭等)和人员之间的协作(定期的电话和会议沟通)。设计团队应该充分和业主方、施工方进行沟通,以确定一个确保设计过程顺利实施、符合业主方利益、同时又可以被施工方接受的协作计划。BIM 实施协作计划主要考虑沟通方法、资料的管理和传递。

沟通方法包括面对面的沟通以及虚拟的网络沟通。项目团队首先应该计划并尽可能保证和其他参与方的 BIM 相关团队面对面进行沟通的管道和频率(时间)。面对面沟通可以有效解决 BIM 实施过程中信息收集、数据传递、交付成果的审核、冲突和争议的消除等问题。在某些成功的项目中,一个集中的 BIM 工作室中集合了不同参与方执行 BIM 应用的关键人员,这些关键人员在定期协调会之外可以随时就相关问题进行高效沟通。这个集中的 BIM 工作室也不是固定不变的,在设计阶段可以是设计公司的某一个办公室,而在施工阶段则有可能是施工现场的一个临时办公房,同时在不同阶段 BIM 工作室内的人员也可能有所变化。在建立这种面对面沟通机制存在困难的时候,在线会议或电话会议可以部分替代面对面沟通的需要。

对数据资料和信息的管理,首先要建立一种在线沟通程序,即一种在线项目管理系统,相关参与方可以通过这个系统创建、发送、接收、归档和项目相关的电子文档。同时这个系统还应该可以对文档的版本进行追踪,并记录与文档相关的操作(谁在什么时间对哪些文件进行了哪种操作)。接下来应该规划文档的管理方法,对文件夹结构进行定义、明确数据的访问权限、确定数据的备份维护方法以及各类数据文件的命名规则的定义。因为模型是协作沟通的主要途径,所以应该特别给予重视,针对以下几个方面做好协作规划:不同阶段的模型创建方和接收方、模型交付的频率、模型交付的日期、创建模型使用的软件、模型的原始文件类型、模型的交付文件类型(有可能是不同于原始文件类型,比如由 Revit 创建的模型但交付的是 IFC 文件格式的模型)等。

4) 模型质量控制

为了确保在每个项目阶段用于信息交换的模型的质量,项目 BIM 执行规划应该确定并向所有 BIM 模型信息的提供方明确其对模型的质量控制整体策略,重点考虑模型的内容、深度、格式、信息更新方法。BIM 应用的每一个参与方都应该有一个指定的模型专员负责协调模型。这个模型专员应根据情况参加所有主要的 BIM 协调会议和沟通。他们应该负责解决可能出现的和确保模型信息及时和准确有关的问题。

BIM 模型的质量控制的关键是对相关任务的控制,比如设计审查、设计协调会、关键里程碑等。每个负责模型内容创建的项目人员都应该对自己所创建的模型信息负责,并在正式提交这些模型信息之前进行自检。在设计协作过程的时候,如果条件允许,应该在协作过程中设定"模型内容自检"一项,只有这项工作完成后,才允许提交模型信息。该项 BIM 应用内容的责任方应该负责对各参与方提交的 BIM 内容进行检查验证。这种检查包括以下几个方面。

① 使用预先定义的模型软件打开模型,确保收到的模型没有在传输过程中损坏。使用模型软件中的相关导航漫游功能,观察模型中是否包含不应该存在的构件,同时确定所有设计意图都已经通过模型正确表达。

② 通过 BIM 建模软件内自带的碰撞检查功能或者专门的碰撞检查软件(比如 Solibri Model Checker)检查提交的模型是否自身存在碰撞问题以及是否与其他参与方提交的模型产生交叉碰撞问题。

③ 根据信息交换内容定义对模型的范围和深度进行检查,确认提交的信息和数据符合 BIM 执行规划所确定的数据标准,而且在模型范围和深度(LOD)上符合要求。

2.7.3 技术措施和交付成果

1) 软件和硬件环境

在规划 BIM 项目实施方案时,首先要考虑到技术措施就是执行 BIM 应用的软件和硬件环境。软件环境的选择,设计方应该结合自己的现有能力和业主方的要求综合确定。通常来说,业主方更关注项目最后交付的成果,对于实现交付成果的工作并不做太多限制。设计方自己的软件能力包括现有软件的商业授权和设计师对不同软件的操作能力。在 BIM 实施规划中应该明确设计方已有的软件是否可以满足 BIM 应用的要求,如果不能满足则应该明确相应的采购措施,包括采购或租赁商业授权以及何时完成。同时,还要明确定义使用软件的版本,因为目前 BIM 领域内的不同软件之间的互操作性较差,可能存在因为版本不同而导致模型信息不能协同的情况。软件方面最后还要考虑设计团队内部不同专业之间甚至同一个专业内不同设计师之间的工作协同模式,比如是基于工作集还是基于链接、族库和内容库的组织等。

硬件的配置对于 BIM 应用的实施也非常关键,尤其是当项目规模较大的时候,对硬件资源的要求就更加明显。当设计公司面对"什么是最好的工作站"这类问题的时候,一个通用的答案是:最好的工作站是你能够负担的最贵的工作站。之所以这么说,因为目前的 BIM 领域依然是一个软件驱动的行业,也就是说,针对目前的软件发展速度,还不存在某一个能负担得起的配置对软件来说存在"浪费"的情况。这里说的"浪费"是指硬件配置过高超过了软件最大的能力需求的现象。在这种情况下,选择一个适合的硬件环境尤其重要。硬件环境的选择要根据前面确定的软件环境来决定,要考虑现有硬件设备和可以使用的资金,实现选定软件方案的最佳运行环境。

在考虑设计方(或其他任何一个 BIM 应用参与方)的软硬件环境的时候,还要顾及其他 BIM 参与方的软硬件环境。如果上游应用的软硬件环境配置过高,可能会造成交付的 BIM 成果不能被下游应用使用。比如,设计方使用高性能工作站输出的一个大型项目的整体模型,可能不能被业主方的 BIM 团队或施工方的 BIM 团队顺利操作,因为下游应用方的工作站性能有限。在这种情况下,设计方就可以合理配置其内部资源,将高性能设备用于其他更合适的项目,或者按照下游应用的软硬件能力将大型项目进行拆分。

2) 模型结构

BIM 实施规划应该对模型结构进行明确定义,以保证 BIM 应用各参与方创建的 BIM 模型的准确性和全面性。模型结构定义方面主要考虑如下内容。

① 为所有 BIM 创建人员(不同专业设计方、总包方、分包方、专业咨询方等)定义统一的模型命名规则,比如"项目编号_项目简称_设计(施工)阶段_专业_区块/系统_楼层_日期.后缀"形式,其中括号内可根据模型的级别、叠加程度等为可选项。例如:PA0051_彩虹_DD_M_HEAT_B1_2011.6.13.rvt。

② 描述并用图形表示项目模型如何被拆分成不同部分。这种拆分可以按照体量(比如建筑单体、楼层、分区),也可以按照专业或系统(比如土建、空调、消防、给排水),也可以体量和专业/系统相结合。

③ 定义模型原点位置和其他有可能用到的参考点位置,以便不同参与方创建的模型可以快速整合。

④ 定义模型创建所遵循的数据标准,对应的二维图纸的 CAD 标准以及 IFC 标准的版本号等。

3) 交付成果

BIM 实施规划应该对各种 BIM 应用内容的交付成果进行具体定义。业主方如果有其 BIM 实施规划,设计方和施工方则要确保自己的 BIM 实施规划中对交付成果的描述应该满足业主方 BIM 实施规划中的相应要求。这里对常见的设计阶段的 BIM 应用内容应该在 BIM 实施规划中定义的交付成果进行介绍。

（1）项目策划

其主要交付成果为针对空间分析和优化的技术报告和方案推荐。技术报告中应该包括不同方案中各主要功能空间的数据、关键性体量数据和周边相关建筑的关系分析、场地挖（填）方量估算、造价估算等。

（2）场地分析

项目策划和场地分析在项目的早期阶段通常会交叉进行，而一旦建筑方案初步确定后，需要进行更深入的场地分析，其交付的场地分析报告要包括较为精确的挖填方分析、日照和阴影分析、太阳能利用分析、初步建筑能耗分析、交通分析等，进而支持建筑物的定位和朝向选择。

（3）4D 模拟

针对在不同应用阶段的应用目的，4D 模拟交付成果的内容有所不同。在规划阶段的 4D 模型主要用于对项目里程碑的确定，因此其时间轴一般以周为单位（甚至以月为单位），而模型构件基本以主要土建构件（甚至楼层模块）为主。随着设计的深入，在设计阶段的 4D 模拟应该以主要建筑构件（包括土建构件和设备、管道构件）为对象，重点研究关键设备和系统的可施工性和可维护性。在施工阶段的 4D 模拟应该做到工序级（或工作包）模拟，有效支持施工组织进度优化、成本控制、采购和物流管理。

（4）算量和造价管理

工程量清单是算量应用的主要交付内容，在设计阶段的工程量清单应该能准确统计主要建筑产品（比如门、窗）的型号和个数以及主材的工程量。施工阶段的工程量清单应该准确反映工程项目所有施工工序所涉及的人、机、材。造价方面，如果结合施工组织进度，应该能够支持对阶段性资源预测和资金需求分析，根据情况可以精确到工作日、工作周或主要里程碑。

（5）模型创建和设计图纸生成

模型创建应该明确规定模型覆盖的范围（根据专业或者按照国际通用的 Uniformat），并且确定构件建模深度（LOD）。模型创建还应该确定应用的建模软件种类和版本、交付的数据文件格式等。

（6）设计审查

设计审查报告应该包括全部的硬碰撞检测结果，以及根据强条或其他规范发现的软碰撞检测结果。设计审查报告应该以截图形式反映碰撞问题。设计审查还可以包括设计优化内容，比如对检查到的碰撞问题提出合理的优化解决方案，或者对不存在碰撞问题但不够合理的设计进行优化，比如通过管线综合提高走廊净高。

（7）各类工程分析

各种专业分析（包括结构分析、能耗分析、照明采光分析、交通分析、热舒适度分析等）应该明确分析所用软件、输出数据格式、分析报告内容等关键交付成果。

（8）支持数字化加工

对某些特殊构件如果有数字化加工要求，在 BIM 实施规划中要明确支持数字化加工的构件范围、其下游加工制造所需要的数据要求、创建所需数据的软件（很有可能和 BIM 模型创建软件不同）、输出的数据文件格式等。

BIM

3 BIM 在方案设计阶段的应用

3.1 概述

在建筑设计最初的方案构思阶段,讲的是思维的随意性与连贯性,对工具的要求主要是方便顺手,对设计思维不形成干扰与束缚,其次才是设计表现、数据量化、可视化分析等方面的要求。因此,传统的手绘草图仍然是不可代替的,手绘意到笔到,可快速形成模糊的概念方案,再进行逐步修正与细化。如弗兰克·盖里的毕尔巴鄂古根海姆博物馆设计(图 3-1),从手稿到最后定稿经历了无数的修改、深化,但仍可以看出,潦草的手稿所表达的概念,控制了整个设计过程。手绘对于设计灵感的捕捉,是数字化设计工具难以企及的。

图 3-1 盖里的毕尔巴鄂古根海姆博物馆手稿及实景

但数字化设计工具一直在朝着贴近设计师思维方式的方向发展。从二维设计到三维设计,一开始主要使用 3Ds MAX(及其前身 3D Studio),SketchUp 面世之后,其随意推拉的造型方式、简单快速的编辑以及富有设计感的视图显示,迅速吸引了众多的设计师,成为近年最为流行的辅助设计工具。

    BIM 工具的信息化、参数化、构件化等特点契合了建筑行业对数字化工具的要求,并且提供了"所见即所得"的虚拟建筑体验,不仅从外部观察方案,更从内部以人的视点身临其境地感受空间,更全面地把握空间效果,使设计者更注重内部空间的设计,在为设计带来全新体验的同时,也将设计的重心从外观转为内外并重(图 3-2)。

图 3-2　BIM 模型的室内外体验

    但在方案阶段,设计者构思的往往还只是比较粗略的几何体块或平面关系,尚未细化到构件级别的深度,同时也需要频繁对模型进行大幅度的调整,过于细化的构件级模型反而对设计者的思维形成掣肘。

    BIM 软件厂商也意识到这个问题,开始寻求解决方案。如 Autodesk Revit 软件即提供了概念体量的建模功能,使设计者可以暂且不考虑构件,从大局入手进行设计,同时结合表面分割功能进行立面造型设计,结合技术指标统计功能方便做出决策,大体确定之后再将体量转换为楼层及构件。这是一个创造性的思路,既适应设计思维的需求,又通过技术手段对设计过程进行功能上的增强以及过程上的整合,为 BIM 在方案阶段的应用打下基础。

另一 BIM 软件 ArchiCAD 从 ArchiCAD 16 版开始也加入了自由形体建模功能"Morph(变形体)",如图 3-3 所示,类似 SketchUp 的建模方式,可以快速地建立体量模型,同时进行指标统计。虽然还不能直接转换为构件,但已部分地实现了 BIM 概念设计的目的。

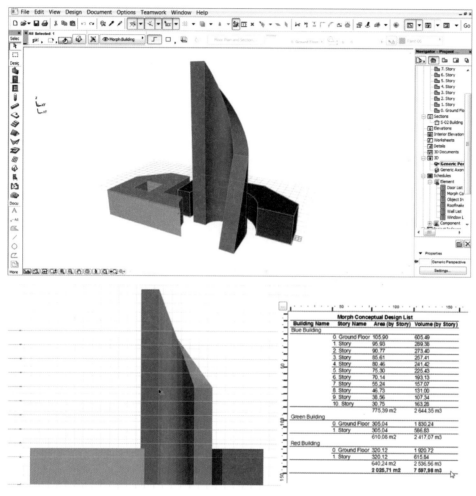

图 3-3　ArchiCAD 的变形体及指标统计

在概念方案确定之后,BIM 技术在可视化表现、性能分析等方面的优越性可充分发挥出来,使得方案可以更快、更好地进行展示、交流、决策,并尽快转化为可实施的方案。

虽然 BIM 软件努力在其内部实现整个设计流程,但技术上无法一蹴而就,用户也不一定适应这个流程。比较务实的做法是结合其他 3D 建模软件进行设计,将其他 3D 格式的模型导入 BIM 软件进行深化设计。

另一方面,随着建筑行业的发展,建筑形态越来越多样化,尤其是在参数化设计思潮下,曲面造型与表皮处理对数字化技术提出了更高的要求。Rhino 以其强大的曲面造型功能以及结合 Grasshopper 实现的参数化设计功能,成为曲面造型及参数化设计的首选工具。BIM 设计软件也开始集成参数化设计的功能,或通过插件实现类似 Rhino＋Grasshopper 的参数化设计功能,进一步扩展了设计的思维模式。

需注意的是,尽管 BIM 发端于建筑设计领域,随着技术发展也不断对方案设计做出优化,但其真正目的立足于建筑全生命周期,需考虑上下游应用的连接与信息的流通,因此单纯看其设计方面的功能,与针对性更强的 SketchUp,Rhino 等软件相比,可能在易用性、效率、局部功能等方面均有所不及,其更多的优势体现在作为一个基础平台的模型整合、协同作业与信息流转方面,因此应该辩证地分析 BIM 设计的优缺点,并通过多种软件的组合应用以充分发挥其优势、克服其缺陷。

BIM 建筑设计的优势总结起来有以下几方面。

① 从概念方案到深化设计,再到初步设计、施工图设计,整个设计流程可以整合到一个软件内部进行,减少在不同软件之间异步操作导致的设计问题。

② 平面、立面、剖面、三维、指标列表等均来自同一模型,同步生成,关联互动,实时更新,避免平面、立面、剖面对不上,图纸与效果图对不上的错误。

③ 可随时观察整体或局部、室内或室外的效果,从而更好地把控设计效果。尤其是在室内以人的视点体验空间,可将设计者的关注点更多地拉回空间体验方面。

④ 灵活多样的可视化表现方式,使设计方案得到快速、全方位的展示,给方案的讨论、审阅、表现带来极大的便利。

⑤ 可应对复杂造型、复杂空间的创意设计,拓宽设计的可能性。对于一些 BIM 软件本身难以实现的造型,可融入其他造型软件的设计成果进行深化。

⑥ 可应对参数化设计的要求,或与相关软件对接,使参数化设计的可实施性得到增强。

⑦ 在方案初期,即可应用配套的分析软件(如 Ecotect 等),对方案模型进行性能分析,为方案决策提供依据。

⑧ BIM 软件(特指 Revit,ArchiCAD)的协同工作机制,使团队协作效率更高,比如内部平面与外立面分别由不同的成员设计,通过协同工作,可以保持同步更新,避免冲突,也避免了来回对图的麻烦。

由于软件技术发展的限制,目前 BIM 软件运用于建筑方案设计还存在以下缺陷。

① BIM 软件由于按构件(而非纯几何体)建模,并且需整合众多功能,因此软件不可避免地变得庞大、复杂,给用户尤其是初学者带来相当大的障碍。在效率方面也受制于软件的反应速度,迟滞感明显。

② BIM 软件对硬件的性能要求普遍较高,普及应用会对公司成本形成不小的压力。

③ BIM 软件自身的功能还在不断发展当中,三维建模能力仍有欠缺,尤其是异型曲面造型,单靠 BIM 软件"力有不逮"。也有部分 BIM 软件有出色的建模能力,如基于 Catia 平台的 Digital Project,但因软件操作复杂、成本过高、推广力度不够等多方面原因,目前应用范围极小。

在二维表达方面,仍需贴近当前制图规范的要求,BIM 软件目前还有很大的提升空间,这与软件的本地化程度也有很大关联。相对而言,ArchiCAD 在这方面的表现较好。

从概念体量到建筑构件的"构件化"过渡,Revit 已有一定基础,但还没有完全打通,比如幕墙所受的限制还很大,而 Catia 作为一个工业产品软件在幕墙设计和构件化过程中则具有相当大的优势。

本章介绍 BIM 技术在方案阶段的应用,从 BIM 软件的建模方式讲起,然后介绍 BIM 软件的参数化设计以及与其他 2D,3D 软件的结合,接着介绍对 BIM 模型的生态模拟分析,以及 BIM 模型的可视化表现、虚拟现实等内容,最后通过两个案例介绍 BIM 方案设计的流程。

3.2　方案建模

3.2.1　体量建模

方案构思阶段,设计师往往从概念体块开始建模,逐步细化,体型敲定后再用具体构件去实现造型。为适应方案构思阶段的建模要求,主流的 BIM 设计软件提供了类似 SketchUp 的体量建模方式,如 Autodesk Revit 提供了非常有针对性的"概念体量"功能,ArchiCAD 也提供了灵活的方案建模工具——"变形体"(Morph)工具,这些特殊的功能模块可以实现比常规构件更为灵活的建模与编辑功能,方便建筑师快速地表达设计概念,在一定程度上满足了复杂形体的建模需要,并且将概念体量与 BIM 模型集成在一起。

本小节以 Revit 的概念体量功能为例,介绍在 BIM 软件中进行体量建模的方法和流程,再对 ArchiCAD 的变形体工具作简要介绍。

Revit 的概念体量既有独立的建模环境,也可以直接在项目内部建立体量模型,后者称为"内建体量"。Revit 体量有以下特点。

① 体量属于 Revit"族"中的特殊类别,不属于具体某个构件类别,载入项目后本身没有建筑属性。

② 有较灵活的模型方式,可满足常规建模要求,包括常规的曲面建模甚至自由曲面形态的建模要求。

③ 仍保留参数化调整的特性,方便反复修改。

④ 体量中也可以导入其他 3D 软件的模型(如 Rhino,SketchUp 等)作为形体,流程详见 3.2.3 节。

⑤ 体量中的曲面可作为特定构件类型(幕墙、屋顶、墙)建模的基面,从而达到将曲面转化为常规构件的目的,可在方案确定后进行深化设计,无缝连接。但这种转化并非完全随心所欲,有些情况受几何变形的限制可能转换不成功。

从体量开始的完整设计流程如图 3-4 所示。根据用途的不同,也经常从体量建模直接载入项目,进行构件化操作,不一定进行表面处理或划分楼层。本小节主要介绍前面两个流程,将体量载入项目后的楼层划分及构件化处理在 3.2.5 节介绍。此外,体量模型可直接在 Autodesk Project Vasari 中打开,或导出到其他相关软件进行绿色性能化分析,请参考本书相关内容。

概念体量环境   项目环境

图 3-4   体量设计常见流程

上述流程中,前两部分需在 Revit 的概念体量(或内建体量)建模环境中进行,界面如图 3-5 所示,其实质是一个族编辑器。在概念体量建模环境中,建筑师可以进行下列操作。

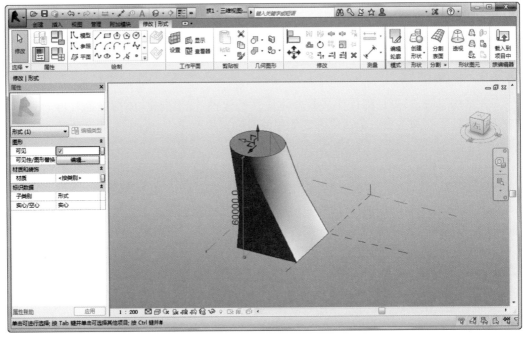

图 3-5   概念体量建模环境

(1) 创建及编辑自由的形状

Revit 提供了类似 SketchUp 的操作方式,可通过三维控件直接操作形体的变换。图中的小坐标系即为三维控件,可捕捉到 X, Y, Z 轴方向或者 XY 平面、XZ 平面、YZ 平面进行操作。形体的点、线、面均可直接拉动变换,同时提供尺寸驱动(在临时尺寸标注上直接输入目标尺寸)以便进行精确控制,兼顾了操作的灵活性与精确性。

在 Revit 的体量设计中,有一个基本概念叫"形状"。形状是一个单独的几何体,它有可能是曲面、立方体、球体或者圆柱体、放样或旋转得到的几何体等。体量是由一个或多个形状拼接和连接组成的。

Revit 创建形状的方式与许多 3D 建模软件不同,并非直接提供类似"放样""旋转"等建模方法,而是根据当前所选择的对象(线条或曲面、数量、相对位置、是否闭合等)自动选择相应的建模方法,并且还需满足一定的几何条件,比如发生自相交时无法创建等,在此不再详述。

在形状创建出来后,可通过三维控件对几何体的点、线、面进行调整,还可以在形体中添加轮廓,通过调整中间轮廓控制形体,如图 3-6 所示。在沿路径放样的形体中,添加一个中间轮廓并编辑,从而影响放样。这个功能使形体建模可遵循从粗到细的顺序,先进行控制性的建模,再逐渐细化。

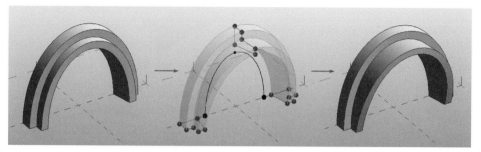

图 3-6 添加轮廓控制造型

体量模型一般通过多个形状组合而成。如图 3-7 所示,是通过体量组合进行概念方案设计的案例①。

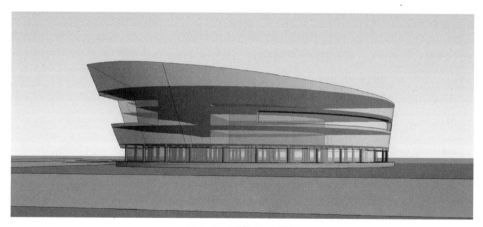

图 3-7 形体组合案例

(2)对形状表面进行有理化处理

几何体创建好后,可直接载入项目文件应用,也可以根据需要进行表面有理化处理。所谓有理化,大意指对表面进行规则的分割,形成有规律的肌理效果。表面有理化包括以下几个步骤:① 表面分割;② 应用填充图案;③ 应用填充图案构件族。

其中表面分割为另外两个操作的基础。图 3-8 示意了一个曲面造型从建模到表面分割的过程,需注意的是,按常规 UV 线进行的表面分割如第 3 步所示,侧面的分割不符合工程上的要求。所幸 Revit 还提供了手动分割表面的功能,通过多个参照面与曲面相交进行分割,从而可以随意控制分割形式,如图 3-8 所示第

① 案例来自 ChinaBIM 论坛,作者为 niusy,网址:http://www.chinabim.com/bbs/thread-68346-1-1.html。

④步将分割按竖直方向划分。手动分割表面还可以作出一些随机或渐变的效果。

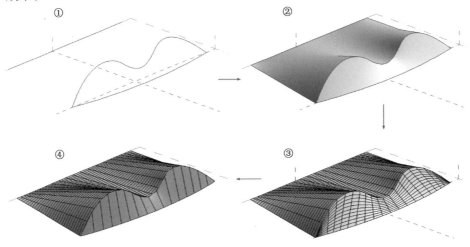

图 3-8　从曲面建模到表面分割

　　图 3-8 中顶面的曲面分割肌理应用了 Revit 自带的矩形填充图案。Revit 自带 16 种填充图案,并且可以扩充自定义的图案。图 3-9 示意了另外几种肌理,最后一个是自定义的填充图案构件,其单元是一个金字塔形状,当应用到曲面时,会自动适应曲面的 UV 线分格,这类似于 Rhino 的"曲面流动"(FlowAlongSrf)功能,并且可控性要好得多。可以看出这个功能对于曲面的表皮设计是非常有帮助的,可以快速展现各种肌理的效果。

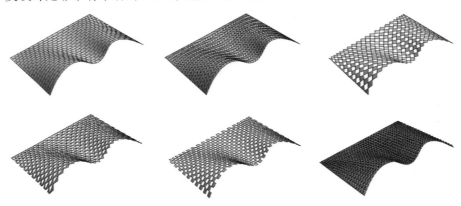

图 3-9　多种曲面分割肌理

　　Revit 自带的填充图案均为二维的图案,没有厚度,如果需要实体的模型,需要在自定义的填充图案中把实体建立出来,即"填充图案构件族",如图 3-10 所示,是一个更为复杂的示例①,通过四个定位点确定单元形状(有厚度的实体),然后阵列到曲面上,形成有规律变化的肌理。

---

　　① 案例来自网友 maya88 的"人人小站"博客,网址:http://zhan. renren. com/maya88? gid＝3674946092076834915&checked＝true。

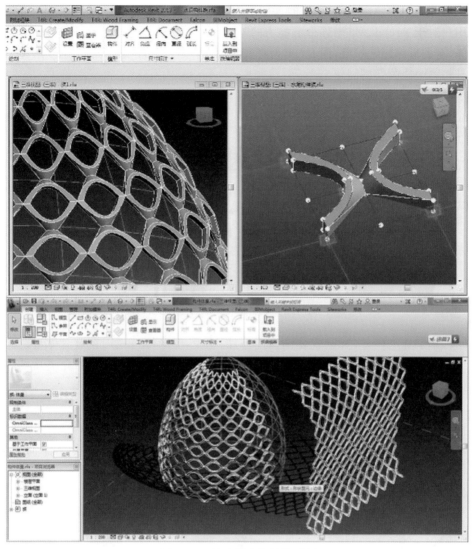

图 3-10　填充图案构件族示例

　　填充图案构件族多用于表皮的设计,它属于 Revit 的"自适应族"的一种。自适应族功能强大,通过添加参数控制,可做出更多复杂的变化效果,不但用于表皮,也可用于整体模型的建立,在 3.2.2 节有更详细的讲述。

　　需注意的是,形体进行了表面有理化之后,虽然可以将有理化结果导入项目文档中,也可进行构件的统计、分类、尺寸、定位等进一步操作,但无法转换为项目的常规幕墙构件,只能作为体量的组成部分存在于项目中。

　　(3) ArchiCAD 中的"变形体"工具

　　下面介绍另一个 BIM 软件 ArchiCAD 的方案建模工具——变形体。这个工具使用多边形建模方式,与另一个使用 NURBS 建模方式进行曲面建模的"壳体"工具一起,都不是常规构件类的建模工具,但功能都很强大,尤其是变形体,基本上可以满足概念体量的建模要求,因此专门介绍。

从 ArchiCAD 16 版开始加入变形体工具,这个工具可以说满足了长久以来用户对于 ArchiCAD 增强造型能力的盼望。通过变形体可以得出千变万化的形体,有的形体超乎想象,图 3-11 为官方教学视频里的截图,演示了仅用变形体工具将整个比萨斜塔制作出来。

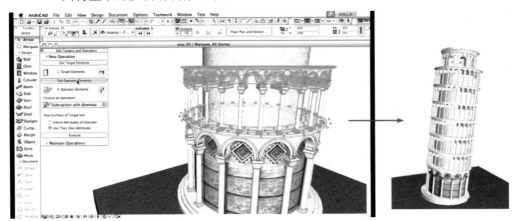

图 3-11   变形体制作的比萨斜塔

除了异型构件(如欧式装饰构件等)的建模,变形体也应用在概念体量设计方面,并且在 ArchiCAD 17 版中得到加强。篇幅所限,这里不详细介绍其具体操作,仅将主要的技术特点归纳如下。

① 变形体工具通过类似 SketchUp 的推拉、切割等方式快速创建形体。这种随意的、无需精确的操作让设计师感觉亲切。如图 3-12 所示,从一个矩形框开始,拉伸为体块、表面分割、边界编辑等,既可输入精确数值,也可以顺手而为,使概念体量快速成型。

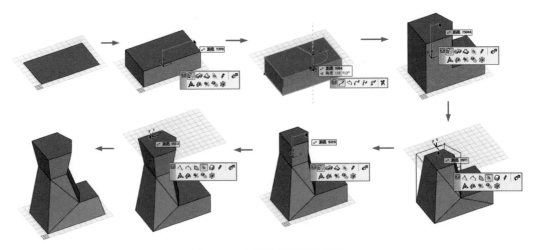

图 3-12   变形体塑造形体示意

② 支持 ArchiCAD 特有的"魔术棒",拾取现有构件的线面均可直接创建新的变形体。

③ 编辑方式丰富而快捷,延续 ArchiCAD 的"弹出小面板",当鼠标点选不同部位时,即刻弹出对应可选的操作,非常方便。

④ 变形体不像 Revit 的体量可以转换成构件,但可以直接定义构件类别,在通过 IFC 格式导出时,可以保留其类别属性。

虽然变形体无法变成构件,但 ArchiCAD 提供了一个出人意料的逆向功能——可将所有类型的构件转变为变形体,如墙柱、门窗、梁板、楼梯等构件,均可一键转换为变形体。这个功能一方面可以利用现有构件快速建模,另一方面也可以对一些细部进行手动修改。如图 3-13 示意将一个楼梯变成变形体后进行细部编辑。

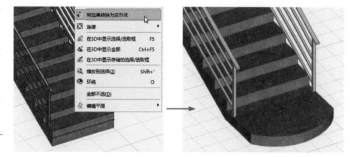

图 3-13 将楼梯变成变形体后再进行细部编辑

⑤ 变形体支持合并、扣减等布尔运算,也支持面分割,可以拾取任意面将变形体切成两半。

用变形体来做概念方案,可随时了解整体以及各楼层的建筑面积指标(在 ArchiCAD 17 版实现,如图 3-3 所示)。另外,变形体可直接得出不同楼层的平面轮廓,对于不规则体型的建筑来说尤为方便,如前述例子,各楼层平面如图 3-14 所示。后续可在此基础上深化设计,用"魔术棒"拾取边界可快速添加墙体,部分实现构件化的功能。

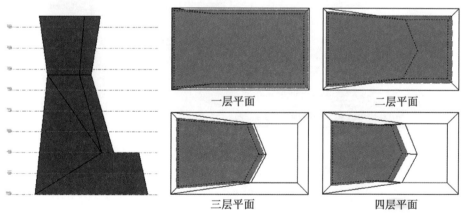

一层平面 二层平面

三层平面 四层平面

图 3-14 变形体的平面显示

⑥ 关于变形体还有很多有意思的功能,比如形体倒角、平滑化、用控制框控制变形等,杂糅了 SketchUp 和 Rhino 的一些功能,增加了更多的可能性,有待用户去深入挖掘。

3.2.2 参数化建模

尼科斯·A. 萨林格罗斯在《建筑论语》一书中开篇即说:"在我看来,建筑学是几何秩序的一种表达和应用。"如何在建筑学中实现几何秩序,当代建筑师在新的数字化设计工具的帮助下,有了更简单可控的方式,并且可得到无穷无尽的可能性。"参数化"与"BIM",是实现几何秩序的两把利刃。

在建筑设计的语境当中,参数化设计一般指"通过相关数字化设计软件,把设计的限制条件与设计的形式输出之间建立参数关系,生成可以灵活调控的电脑模型",其关注的重点是通过参数控制整体或局部的形态。但需理清的另一个概念是"参数化构件",即通过参数控制具体建筑构件(如墙、柱、门、窗等)的几何尺寸与信息。参数化构件是所有 BIM 设计软件的一个基本技术特征,也是 BIM 设计与传统设计方式的一个显著区别,但并非每一个 BIM 软件都能进行"参数化设计"。反过来,可进行参数化设计的软件也不一定是"BIM 软件"。如图 3-15 所示,通过 Rhino + Grasshopper 模拟著名的梦露大厦进行参数化建模,可方便地调节形体,但得到的结果是不带建筑信息的纯几何体,不能称之为 BIM 模型,原生的 Rhino 一般来说也不归入 BIM 软件[①]。

图 3-15　梦露大厦的参数化模拟建模

图 3-16 则是参数化构件的一个典型示例,BIM 模型里的门附带了详尽的构件信息,既有几何参数,也有描述性的文本参数。修改参数可以驱动模型的变更。

目前集成了"参数化设计"的 BIM 软件有 Microstation 平台下的 GC(Generative Component)、Catia 平台下的 DP(Digital Project)等,Revit 也有参数化设计的插件 Dynamo,提供类似 Grasshopper 的可视化编程功能。当然由于 BIM 软件起步稍晚,设计师更习惯、更普遍的做法是通过 Rhino + Grasshopper 进行参数化设计,然后将结果导入 BIM 软件如 Revit,再进行后续的深化设计。

---

① 　不排除有可能在 Rhino 基础上开发插件,实现或部分实现 BIM 的功能。

图 3-16　参数化构件示例

由于 Rhino ＋ Grasshopper 是目前应用最广泛的参数化设计方法,本书对其具体操作不再赘述,将重点放在 BIM 软件自身实现参数化设计的流程上。在 3.2.5 节将介绍参数化建模的成果如何在 BIM 软件中继续深化设计。

本小节以 Revit 为例,介绍使用 BIM 软件自身功能进行参数化设计。Revit 主要通过插件 Dynamo 来进行参数化设计,但 Revit 本身的“自适应构件”功能非常强大,可部分地实现参数化设计功能,在方案阶段非常有用,因此下面先介绍 Revit 的自适应构件功能。

1) Revit 中的自适应构件功能

自适应功能是 Revit 里概念设计的参数化工具,简单地说,就是在自适应族里根据若干指定的点(称为自适应点)进行构件的定位与建模,载入其他构件族后,依次拾取目标点,即可将原来的指定点一一对应到目标点,同时形体自动适应新的几何条件。通过一些参数的控制,自适应族可以做出有规律的体量或表皮效果;甚至可以叠加参数的变化,得到出乎意料的复杂效果;同时还可通过“报告参数”[1]的功能,提取自适应后的几何数据,进行列表分析。在 3.2.1 节中讲到了该功能在表皮设计时的典型用法,下面再举三个例子,介绍该功能的拓展用法。

(1) 梦露大厦的制作

第一个例子为前面提到的梦露大厦[2],其几何秩序为一个椭圆平面,随着高度增长而旋转,因此思路是通过高度控制旋转角度。

如图 3-17 所示,以“自适应公制常规模型 RFT”为模板制作一个单层的椭圆体量。任意定位高度不同的两个自适应点,将其垂直高度赋予参数 H,以上

---

[1]　报告参数是 Revit 的一类特殊参数,它可以提取并记录族里的构件相对尺寸,但不能反向驱动构件移位或变形。加载到项目中后,报告参数是只读的。

[2]　案例一的做法参考南京大学缪纯乐研究生毕业论文《Revit 自适应构件功能在形体与表皮建模方法上的研究》,如图 3-17 所示。

面一个自适应点为基准放置一个参照点,并将其旋转角度赋予参数 Angle,以此为基准绘制椭圆参照线,并拉升为单层体量。关键之处是用公式将参数关联:Angle = H/层高×5°。这样每增加一层层高,旋转角度即增加 5°。

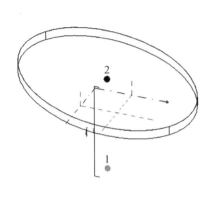

图 3-17　梦露大厦-单层体量

然后新建一个自适应族,绘制一根竖直的线作为路径,并按楼层数等分,另外添加一个参照点作为基点。将前面制作的族加载进来,依次选取定位点,放置最底楼层,接着通过"重复"功能将其沿竖直路径阵列,各层依次旋转,得出基本体量,如图 3-18 所示。

通过调整单层体量族的参数,如长短轴的长度、每层旋转的角度等,重新加载到整体体量族,可得出不同的体型供对比选择。如图 3-19 所示,左侧为每层旋转 5°的效果,右侧为 4°的效果。

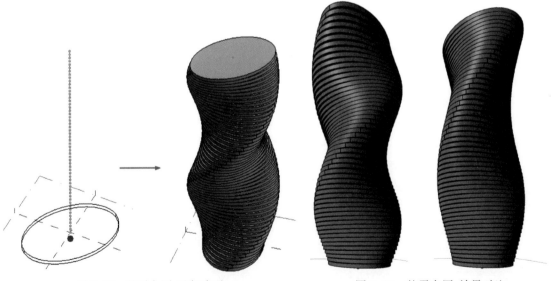

图 3-18　梦露大厦-重复阵列　　　　图 3-19　梦露大厦-效果对比

如果希望做出更精细的变化,比如分段控制旋转角度,则需对参数或公式进行更复杂的改造,如添加 if 语句进行条件控制,或添加中间参数作为过渡等,在此不再赘述。

（2）曲面弯曲度的可视化

第二个例子为曲面弯曲度的可视化表达。出于施工的可行性、难度及非标准件造价方面的考虑,曲面造型往往细分为网格,再将曲面网格单元拟合为平面网格单元。在这个过程中,需要衡量曲面的变形度,将细分后的曲面网格变形度控制在一定范围之内,使最后的平面分格既尽量贴合原来的曲面,又符合加工与施工的要求。Revit 的"报告参数"功能可在此发挥作用。

首先准备需分析的曲面,在体量环境中划分好 UV 网格。

新建一个"基于公制幕墙嵌板填充图案"族,在基准平面中放置三个自适应点(点 1~点 3),然后在基准平面以外放置第四个自适应点 4,以点 1、点 2、点 4 确定一个倾斜的平面,将点 3 到该平面的竖直距离设为报告参数 H,如图 3-20 所示,我们以这个距离来衡量一个曲面单元的变形度。

加载这个族并将其应用到曲面,每一个曲面单元都有其相应的 H 参数,可以对嵌板进行列表统计,但不直观,下面通过视图的设置将其表现出来。如图 3-21 所示,添加多个视图过滤器,分别按 H 参数的不同范围设定不同的颜色,这样就可非常直观地反映各个单元的变形度大小。后续可通过调整曲面形状或分格大小,随时进行观察,从而将变形度控制在容许范围之内。

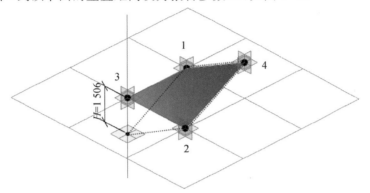

图 3-20　变形度分析——嵌板族报告参数

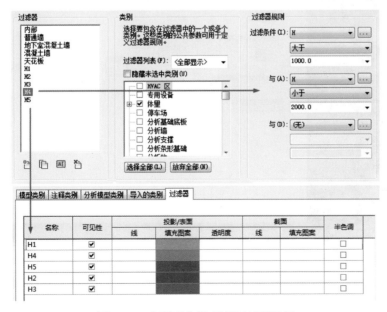

图 3-21　变形度分析-视图过滤器设置

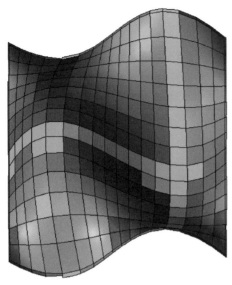

图 3-22　变形度分析—按颜色表达变形度

需注意的是,这个例子图 3-22 显示的只是对曲面单元变形度的分析与可视化表达,并没有用平面去代替曲面单元(其平面的面片之间是不闭合的,因此不是细分曲面)。细分曲面需要更复杂的计算与操作,一般使用 Rhino 软件并结合 Grasshopper 或编写脚本程序来完成。

2) Revit 中的 Dynamo 插件

下面介绍更简单易用且功能更强大的参数化设计插件 Dynamo。就像 Grasshopper 之于 Rhino,Dynamo 是一款在 Revit 和 Vasari 环境下运行的采用图形算法生成模型的插件,同时也为 Revit 用户提供了一个可视化的程序应用平台。运用 Dynamo,可以通过调整参数的方法直接改变模型的形态,使 Revit 和 Vasari 的参数化建模能力得到提高。Dynamo 同时也是一个开源平台,可以让用户通过编程,改进和完善程序的功能。

当 Dynamo 安装后,通过 Revit 的"附加模块"Ribbon 调出,其操作界面如图 3-23 所示,主要通过左侧的命令面板和右侧的工作空间进行操作。其中命令面板包含了所有的节点(Node),我们可以把节点看成类似 Grasshopper 的电池,它需要用电线(Wires)组合连接,实现操作目的。

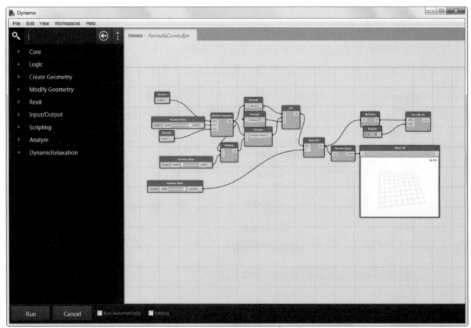

图 3-23　Dynamo 插件界面

Dynamo 插件安装后自带若干样例,可供参考与学习。其"Workspaces"菜单下面列出了内置的一些常见的固定组合,以便快速调用。其思路与操作方式均与 Grasshopper 较为相似，在此不再详述。图 3-24 为用 Dynamo 做"曲线干扰"效果的示例，通过改变参数或拉动滑动条可更改点阵的数量、密度，找到满意的形态。

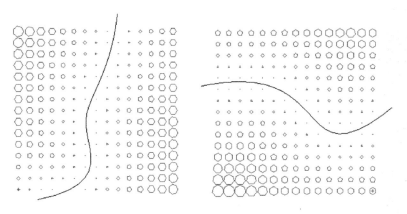

图 3-24　Dynamo 插件制作曲线干扰效果

图 3-25 是一个国外的实例[①]，用 Dynamo 进行一个体育场的表皮设计。通过参数的调整可以快速得到不同数量、不同尺度的形态效果，方便设计者进行选择。

可以看出，Dynamo 跟 Grasshopper 从理念到操作都非常相像，通过可视化的逻辑关系进行参数化设计，无需掌握编程语言即可操作，比较贴合设计师的需要。由于尚在起步阶段，且受制于 Revit 的 API 接口限制，因此功能与 Grasshopper 相比仍有差距，在易用性与稳定性方面也有待加强，但它嵌入 Revit 内部，可以与 Revit 构件进行交互，比如拾取构件的表面作为基准面建模或直接对构件进行阵列或坐标变换等操作，再通过 Dynamo 内置的几何算法、数据处理等工具，从而实现各种可能性，这对于 Revit 用户可以说是一个突破。

与前述通过 Revit 自适应族的做法相比，显然使用 Dynamo 插件的做法在易用、直观、易调控等方面均有明显的优势。而最重要的一点，笔者认为是其反映了清晰的逻辑关系，整体的思路通过节点之间的联系体现，从程序界面中即可了解其思维脉络。相对而言，Revit 的自适应族的参数关系是比较隐晦的，如果不是本人制作的族，其实现思路与方法可能并不容易理解。

另一款插件 Rhynamo 则可以将 Rhino 中的数据转移到 Revit 中，需配合 Dynamo 使用，以上两款插件都是免费的开源软件，版权人 CASE 设计公司还有很多基于 Revit 的插件产品。这两款软件为工业设计产品和建筑设计之间建立一种数据的互用性，并开启了建筑设计的一种新的可行性的流程。

3) Grasshopper 参数化数据与 Revit 的联动

由于 Revit 平台的开放性，目前也有其他途径进行参数化设计，比如一些新兴的插件（如 Hummingbird，Chameleon，Lyrebird 等）可以将 Revit 与

---

① 案例来自 http://buildz.blogspot.com/。

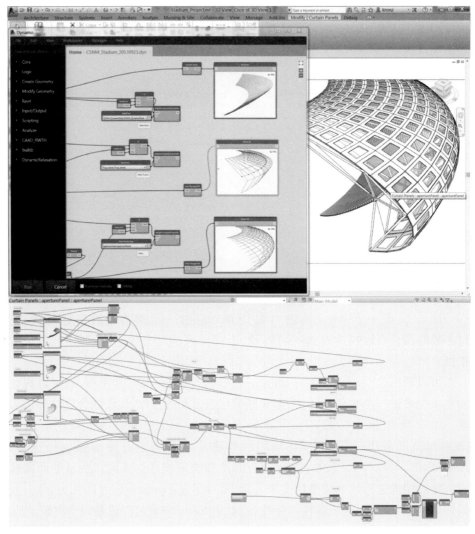

图 3-25　Dynamo 体育场表皮案例

Grasshopper 直接结合起来,其机制是将 Grasshopper 里的定位坐标导出,然后通过配套的 Revit 插件导入,并按导入坐标依次放置预先设定的自适应族,以此形成参数化的形体或表皮。如图 3-26 所示为 Hummingbird 的官方示例。这类插件适用范围有限,但如果应用得当则可以极大提高效率,避免手工操作。本书仅进行拓展性介绍,有兴趣的读者可以深入钻研。

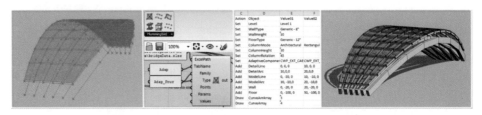

图 3-26　Hummingbird 插件示例

4) 通过 Revit 二次开发实现参数化建模

图形化的插件虽然比较直观易用,但受制于插件自带的功能,此外也不支持循环、递归等算法,更自由的方式则是直接基于 Revit API 进行二次开发,编写插件实现更加灵活的建模功能。Revit API 原生支持 C#,Visual Basic 和 Visual C++ 三种编程语言,如图 3-27 所示用 C# 代码制作随机效果与曲线干扰效果,其关键的代码如右侧所示。可以看出这种方法是带根本性的,支持循环迭代等操作,可以让一些重复性的工作(如建立相似逻辑的族等)事倍功半,应用范围非常广阔,但需要设计者有一定的编程基础。

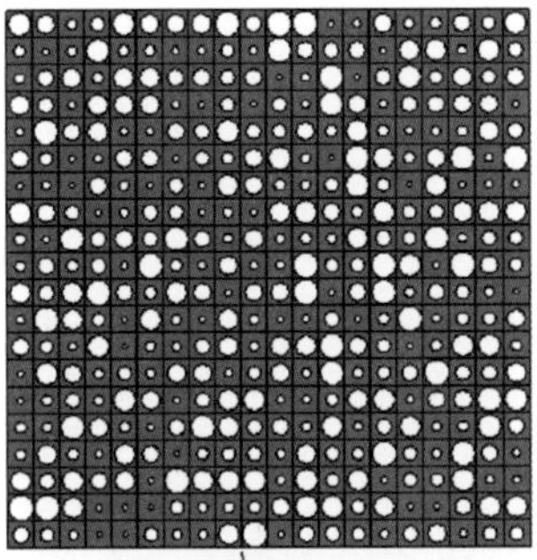

```
for (int i = 1; i <= 20; i++)
{
    for (int j = 1; j <= 20; j++)
    {
        Transaction transaction = new Transaction(doc, "test"); transaction.Start();
        XYZ p = new XYZ(i * 1000 / 304.8, j * 1000 / 304.8, 0);
        FamilyInstance instance = doc.Create.NewFamilyInstance(p, fs, StructuralType.NonStructural);
        Random ran = new Random();
        double random = ran.Next(100, 500) / 304.8;
        instance.get_Parameter("r").Set(random);
        transaction.Commit();
    }
}
```

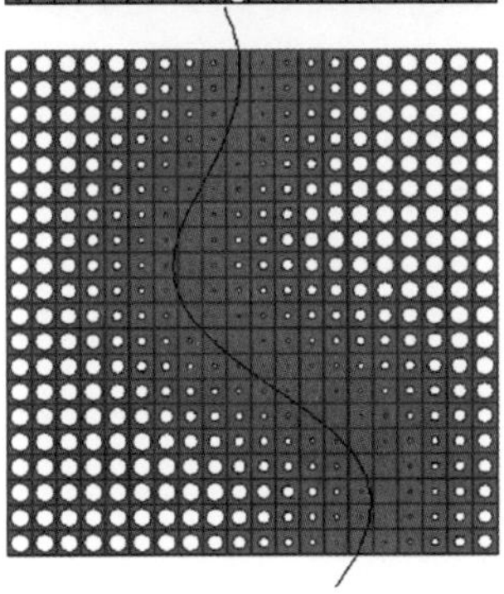

```
for (int i = 1; i <= 20; i++)
{
    for (int j = 1; j <= 20; j++)
    {
        Transaction transaction = new Transaction(doc, "test"); transaction.Start();
        XYZ p = new XYZ(i * 1000 / 304.8, j * 1000 / 304.8, 0);
        FamilyInstance instance = doc.Create.NewFamilyInstance(p, fs, StructuralType.NonStructural);
        double distanc = c.GeometryCurve.Project(p).Distance;
        if (distanc < len * 0.5)
            instance.get_Parameter("r").Set((distanc / (len * 0.5)) * 400 / 304.8);
        else
            instance.get_Parameter("r").Set(400 / 304.8);
        transaction.Commit();
    }
}
```

图 3-27　Revit API 随机与曲线干扰效果

3.2.3　其他三维软件的配合使用

对于建筑师日益多变的造型要求,BIM 软件本身的造型能力未必能够满足需求,在操作的便利性方面也可能不及专门的 3D 造型软件,许多建筑师更加习惯使用常规的 3D 造型软件进行方案构思,如 SketchUp,Rhino,3Ds MAX,Maya,Catia 等。这些软件所建立的模型由于不包含构件信息,因此一般不归入严格意义上的 BIM 软件范畴[①],但其模型可通过各种途径导入到 Revit 或 ArchiCAD 等 BIM 软件中。本节讨论这些软件与 BIM 软件的配合使用。

3D 模型导入 BIM 软件,涉及两个层面的问题:一是导入是否可行,二是导入后如何使用。下面先讨论第一个问题,第二个问题详见 3.2.5 节。

---

① 部分 3D 软件如 SketchUp,在插件的支持下,将建筑构件信息赋予模型,已具备一定的 BIM 能力,在其模型及信息均支持上下游软件互导的前提下,可归入严格意义上的 BIM 软件范畴。类似的,基于 Catia 平台进行建筑专业化开发的 DP(Digital Project),也属 BIM 软件。

　　一般来说,3D 模型的互导在大部分情况下都是可行的。Revit 可接受的 3D 格式包括:DWG,DXF,DGN,SAT,SKP,其中 DWG,DXF,SAT 为比较通用的格式,其他格式可通过这几种格式中转;SKP 为 SketchUp 的文件格式,Revit 可直接导入该格式让很多建筑师感到欣喜。但目前版本(Revit 2014)无法直接导入 3Ds,MAX 及 FBX 格式。

　　以下列出常见 3D 格式导入 Revit 的一般途径:

　　① SketchUp(.skp 格式):直接导入;

　　② Rhino(.3DM 格式)、3Ds MAX(MAX/3Ds 格式):通过 SAT 或 DWG 格式导入;

　　③ Catia(.CATPart/.CATProduct):通过 Autodesk Inventor 来读取 Catia 的模型文件,再导出为 ∗.sat 文件格式,导入 Revit;

　　④ Maya(.mb 格式):通过 OBJ 或 FBX 格式中转到 Rhino 或 3Ds MAX,再通过 SAT 或 DWG 格式导入 Revit;

　　⑤ 其他 3D 软件格式:一般可通过 3Ds,ODJ,SAT 这几种格式,经由 Rhino 或 3Ds MAX 中转来导入。

　　ArchiCAD 可以直接打开或导入 DWG,DXF,DGN,SKP 等格式,但无法直接导入 3Ds 格式,需通过官方提供的插件"3D Studio In"导入,该插件可从 ArchiCAD 官网免费下载。Rhino 及其他 3D 软件的模型可通过 3Ds 格式中转来导入。对 SKP 格式的支持是 ArchiCAD 17 版才开始有的,以往的版本通过官方插件"Google Earth Connection"导入。

　　如图 3-28—图 3-30 所示,将理查德·迈耶名作 Weishaupt 法院的 SketchUp 模型分别导入 Revit 及 ArchiCAD,保真度比较高,但细看会发现,弧形墙导入之后,Revit 与 ArchiCAD 均变成网格面,这是 SketchUp 模型导入 BIM 软件常见现象,原因及解决方案后文谈及。

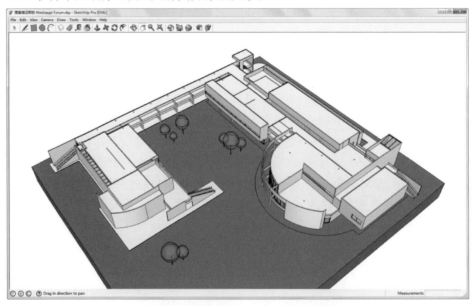

图 3-28　转换案例——SketchUp 界面

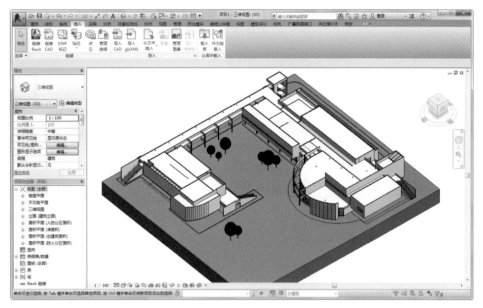

图 3-29　转换案例——Revit 界面

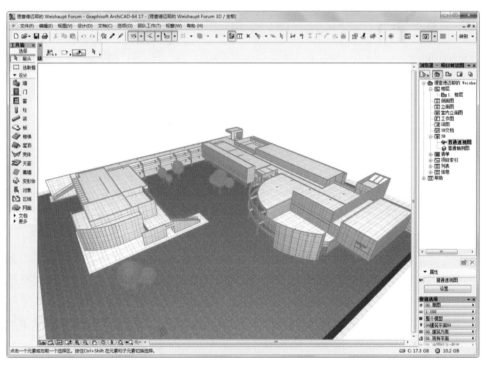

图 3-30　转换案例——ArchiCAD 界面

　　需注意的是,这种整体导入的流程实际上很少用到,因为原 SketchUp 的 3D 模型是不带构件信息的纯几何体,导入之后也只能作为纯几何模型存在,没有构件属性和信息,而且导入之后就成为一个整体对象,无法分开编辑,因此整体导入的情形极少,图 3-31 为这种需求的一个典型示例:该项目为一个体育场,方案用 Rhino 建立模型,需要依据模型切出多个剖面辅助各专业深化设计,但 Rhino

等软件出剖面图不太方便,因此将模型导入 Revit,借助 Revit 的剖面工具,随意在需要的部位进行剖切,再导出剖面的 DWG 文件为后续应用。注意这里仅作为辅助设计之用,如果要在 Revit 中深化设计,那就不能简单地整体导入,需区分构件分别导入,再转化为 Revit 构件或在 Revit 中重建模型。

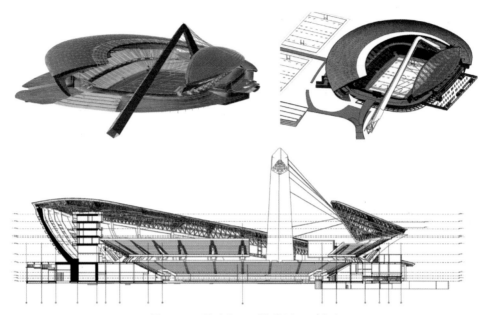

图 3-31　通过 Revit 得到 Rhino 剖面

　　其余大多数的情形是一些局部的构件,由于 BIM 软件建模不够方便,或者已有现成的模型,无需重复建模,才采用导入的方式。但即使是导入现成模型,也要考虑复杂度的问题,需避免一些很小的构件因面数太多,反而占用了很多的系统资源。如图 3-32 所示的是一个来自网络的 SketchUp 灯柱模型,将该模型导入 Revit 后,各种曲面出现网格化的现象,导致面数急剧增加,这种构件在项目中往往不止一个,对运行速度带来极大的影响。对于包含大量曲面的家具、欧式装饰构件等模型,尤其要慎重考虑是否导入。

　　这个问题产生的原因是 SketchUp 本身采用网格(Mesh)建模技术,而非 NURBS 曲面建模技术,虽然在 SketchUp 里看不见网格线,但转换之后,网格线就显示出来了。如果曲面是采用 NURBS 方式建模(如使用 Rhino,Maya 等软件),就可以避免出现这种问题。如图 3-33 所示的案例,按上海世博会丹麦馆所建的 Rhino 模型,导出 SAT 格式后再导入 Revit,曲面得到较完美的转换。

　　但这种转换并非百分之百成功,如果涉及复杂的曲面,则有可能转换失败,这种特殊的情况极难通过常规方法处理。所幸在建筑造型的范畴里,这种情况是很少见的,因为无论方案造型如何扭曲变化,总归需要将其细分并且构件化,而对于现实中可以制造并施工的构件,BIM 软件基本上都可以胜任。如果遇到曲面无法转换的情况,可以考虑在原造型软件中细分曲面,或拆分为单元构件再行转换。如果知道原来曲面的生成逻辑,又能提取出关键要素(比如放样的路径与截面),则可以尝试将关键元素导出,在另一软件中重新生成曲面。

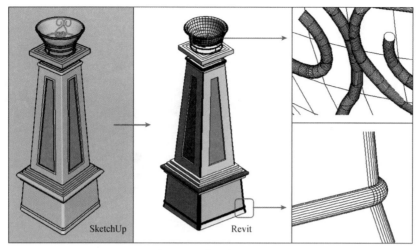

图 3-32　曲面的网格化

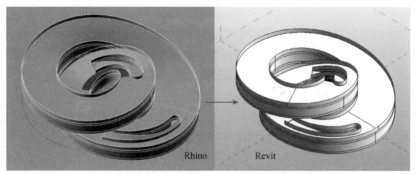

图 3-33　转换案例——上海世博会丹麦馆

3.2.4　二维软件的配合使用

在方案阶段,虽然 BIM 软件提供了多种途径辅助方案构思,但二维软件的应用仍是必不可少的,如地形图等基础条件均以二维图形文件提交,许多建筑师也更习惯于从二维生成三维,从平面布局着手进行设计,因此在设计初期使用 AutoCAD 进行平面构思草图的绘制,然后再导入 3D 软件或 BIM 软件去深化设计,如图 3-34 所示。除了广泛应用的 DWG 文件外,光栅图像(位图)文件也经常与 BIM 软件配合使用。本节介绍这两类二维图形文件与 BIM 软件配合使用的常规做法与要点以及一些拓展性的用法。

1) 矢量数据的配合使用

一般 BIM 软件与 AutoCAD 之间均有非常好的兼容性,可直接打开或导入 DWG 文件。导入 DWG 文件的目的大致分两种:

大多数是作为底图使用,导入后无需分解;另一些则在导入后需分解,以利用其线条等图元。对于第一种情况,我们建议改用"链接",而非"导入",链接可以方便地进行卸载、加载、重新链接等操作,而且不会增加主文件的负担。导入则会将 DWG 文件里的线型、文字样式、填充样式等属性一起导入主文件中,可能造成混乱。

图 3-34　将 DWG 底图导入 3D 视图

不管是导入还是链接 DWG 文件,均需注意以下要点。

① DWG 格式的版本:BIM 软件各个版本对 DWG 格式的支持均有对应的版本要求,如 Revit 2012 版不支持 AutoCAD 2013 版的 DWG 格式,需另存为低版本 DWG 文件才能导入。

② 基于 AutoCAD 平台开发的自定义对象一般无法直接导入 BIM 软件,如国内广泛应用的天正(特指天正 6.0 以上版本),其墙体、门窗等自定义对象无法导入 BIM 软件,需在天正中将文件导出 T3 格式(指天正 3.0 格式,即普通 DWG格式),再行导入。注意不要直接用"分解(Explode)"命令来分解天正图元,此操作会造成墙端连接出错等问题。

③ 注意为 DWG 文件"减负",将无关的图元删去,再清理 DWG 文件(用AutoCAD 的"Purge"命令),以减小 DWG 文件的大小。尤其要注意隐藏或冻结的图层,以及远离目标区域的零星图元(常常无意中产生),以避免导入后缩放时,由于总体区域太大而目标区域极小的情况发生。比较好的方法是用 AutoCAD 的"wblock"命令将目标图元另存为一个单独文件再行导入,可以一下解决上述问题。

④ 还要注意原点的确定,尤其是有可能反复导入/链接的文件,尽量采用固定的特征点(比如 1 轴×A 轴交点、纵横对称轴交点等)作为原点,先将需导入的图元整体定位,再行导入,以避免导入后的手动对位。

⑤ Revit 导入或链接 DWG 文件均有一个"仅当前视图"的选项,如果是作为 3D 视图底图使用的话不要勾选,如果是作为平面底图使用的话则建议勾选,以免影响相关视图。如果是 ArchiCAD,则在导入 DWG 时勾选"输入模型空间的内容作为 GDL 对象"选项,方可显示在 3D 视图中。

以上是导入或链接 DWG 文件的"前处理"。在导入或链接进来以后,如果是作为底图使用,还需进行"后处理",将其设为淡显,以便跟自己绘制的对象区分开来。这个操作在 Revit 跟 ArchiCAD 里是不一样的:Revit 直接在视图设置里将其设为"半色调";ArchiCAD 则可将 DWG 导入一个独立的详图视图,再将此视图设为其他视图的"描绘参照"视图,如图3-35所示,可模拟出使用半透明硫酸纸蒙在草图上面做设计的效果,对建筑师来说是一种非常友好而亲切的体验。

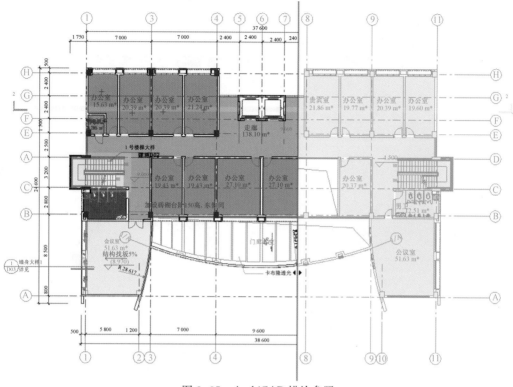

图3-35 ArchiCAD描绘参照

2）光栅文件的配合使用

下面再介绍光栅图像文件在BIM方案设计中的应用。常规的导入图片作为底图比较简单,不再赘述,这里介绍两个拓展的应用,一是与Google Earth结合,将BIM模型融入场地;二是用图像控制立面表皮肌理。

Revit跟ArchiCAD均有官方提供的插件与Google Earth结合,Revit的插件为"Globe Link for Autodesk Revit";ArchiCAD的插件为"Google Earth Connection",功能类似,下面以Revit的插件进行说明。

首先为保证在Google Earth上定位准确,先在Revit中将项目地点及项目正北方向设定好,如图3-36所示。

然后在3D视图中,点击命令"附加模块→Export Google Earth file",在弹

图3-36 设定项目地点图

出的列表中选择需导出的构建类别,将其导出为 KMZ 文件。为了在 Google Earth 中能流畅地浏览,应尽量减少导出的构件数量,比如结构框架、设备管线等可不勾选,仅保留建筑物外观构件。

在 Google Earth 中打开该 KMZ 格式文件,BIM 模型出现在设定的位置,可观察方案与周边环境的关系,如图 3-37 所示。

图 3-37　BIM 模型融入 Google Earth

图 3-38　根据点阵灰度控制构件参数

另一个应用是用光栅图像控制表皮肌理[①],这里需要用到二次开发的技术,或通过前面介绍的 Dynamo 插件实现。如图 3-38 所示,准备一张黑白灰的点阵位图,然后通过 Revit API(二次开发接口)编写插件,或使用 Dynamo 插件,用"Read Image File"命令读取位图文件,记录每一个像素点的灰度,再将其转化为构件族的参数,即可形成如图 3-38 所示的肌理效果。

这种做法也有不少实例,比如 Gramazio and Kohler 设计的瑞士 Gantenbein 酒庄,图 3-39 运用了类似的参数化做法。通过事先确定的肌理,控制每块砖的旋转角度并使用数控机器人砌筑以确保精确,最终形成独特

① 案例来自网友星晨的博客"星晨的 BIMRevit 空间",网址:http://blog.sina.com.cn/s/blog_7dba62770100qm2z.html,以及网友 maya88 的"人人小站"博客,网址:http://zhan.renren.com/maya88?gid=3674946092077798948&checked=true。

的光影效果。这个设计手法的原理、做法都很简单,但效果可以千变万化,有很大的发挥空间,他们也应用在其他的项目上,如图3-40所示的两个方案①。

图 3-39　瑞士 Gantenbein 酒庄案例

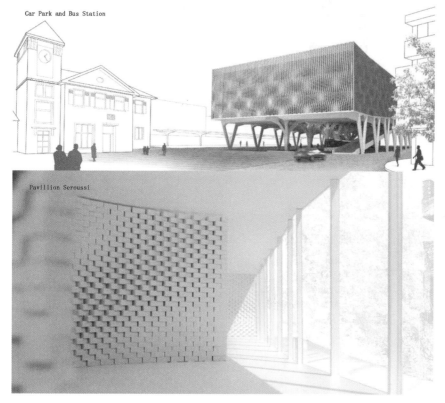

图 3-40　类似手法的案例

① 案例来自 Gramazio and Kohler 的网站,网址:http://www.gramaziokohler.com/。

3.2.5 体量模型的构件化

前面介绍了方案阶段的体量建模和多种参数化建模的方式,将外部模型导

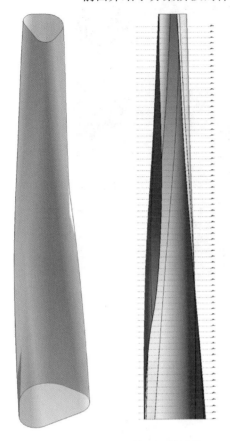

入 BIM 软件的流程,本节讲述体量模型及导入的模型如何转化为建筑构件。由于 ArchiCAD 没有体量建模及构件化的机制,因此以 Revit 为例来说明。

1) 通过 Revit 体量工具创建构件

首先介绍 Revit 的"体量楼层"功能。此功能将载入项目的体量按设定的楼层标高进行划分,得出每一层的平面轮廓并可实时统计各层面积,当体量形状及面积调整至满意时,可用"面楼板"命令将体量楼层转变为楼板构件。此功能特别适用于曲面、折面等异型的建筑造型,因为这类造型在传统的设计流程当中,需要在 Rhino 等普通 3D 建模软件中切出每一层的平面轮廓,比较麻烦,也难以实时统计面积[①]。

下面通过模拟上海中心的一个体量来说明体量楼层的操作过程。

① 首先在 Revit 的体量环境中将体量模型建好,然后载入项目环境。

② 设置好楼层标高,如图 3-41 所示。部分第三方的 .Revit 插件可快速地批量添加楼层,对于超高层来说尤为便捷。

图 3-41 仿上海中心体量及楼层设置

③ 选择该体量,然后用"体量楼层"命令,

选择已设定好的所有楼层,如图 3-42 所示,确定后随即得出各层相应的体量楼层,此时已有楼层的面积等属性,但还不是楼板构件。

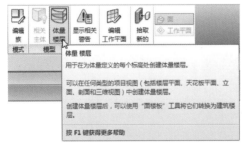

图 3-42 设置体量楼层

---

① 通过 Grasshopper 插件的辅助,Rhino 也可以做到上述流程,但 SketchUp,3Ds MAX 等软件比较困难。

④ 可通过简单的明细表设置,将体量楼层按面积、周长等参数进行列表统计,看各项指标是否满足设计要求(图 3-43)。

⑤ 此时可回到体量环境,调整体量的形状,重新载入到项目环境中,体量楼层及其列表均实时反映新的体量划分结果,因此非常方便快捷。

⑥ 调整满意后,通过"面楼板"命令,选择合适的楼板类型,选择体量楼层,将其转变为楼板构件,如图 3-44 所示。

在上述流程中,最后一步应用了 Revit 提供的一个颇有突破性的功能,即拾取体量楼层将其转化为楼板构件。对于其他构件类型,Revit 也提供了类似功能,即可以拾取导入的模型面,将模型面转化为建筑构件。支持这个操作的构件类型有墙体("面墙"命令)、屋顶("面屋顶"命令)、幕墙("幕墙系统"命令)三类①。这个操作大大简化了从方案构思到深化设计的转换过程,可以说实现了从概念方案到实施方案的无缝链接。这个构件化的流程对于从其他 3D 软件导入的曲面同样适用,因此非常实用。

体量楼层明细表			
标高	楼层面积	楼层周长	用途
1层	1462.85	141.30	
2层	1442.04	140.29	
3层	1421.82	139.30	
4层	1402.18	138.34	
5层	1383.04	137.39	
6层	1364.36	136.46	
7层	1346.09	135.54	
8层	1328.19	134.64	
9层	1310.60	133.74	
10层	1293.33	132.86	
11层	1276.35	131.98	
12层	1261.20	131.20	
13层	1246.40	130.42	
63层	599.79	90.48	
64层	590.86	89.80	
65层	581.57	89.09	
66层	571.83	88.34	
67层	561.64	87.55	
屋顶	551.00	86.72	
总计: 68	64419.11		

图 3-43 体量楼层列表

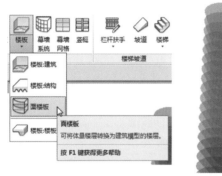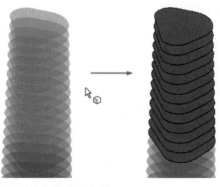

图 3-44 将体量楼层转化为楼板构件

如需进行这个流程,不能直接在 Revit 项目环境中导入模型,必须在 Revit 的族环境中导入,再将族加载到项目环境中,才能进行上述操作。如图 3-45 所示是一个简单例子,将体量曲面载入项目环境后,用"面墙"命令拾取曲面,可按设定的墙体类型生成墙体。

生成的墙体已带有墙体构件的所有属性,包括各个构造层次、表面积、体积等属性,其平面显示也是正确的,如图 3-46 和图 3-47 所示。

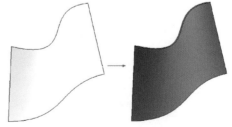

图 3-45 拾取曲面转化为墙体

---

① "面楼板"命令只能拾取体量楼层,不能拾取体量的几何表面。

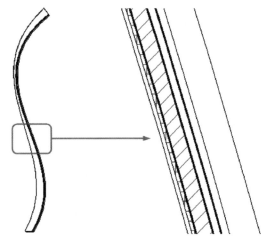

图 3-46 面墙的平面显示

图 3-47 墙体的构造层次

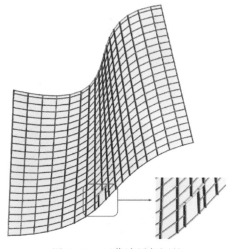

图 3-48 面幕墙局部调整

需注意的是，这个转换的过程同样受曲面的几何特性限制，不能保证一定转换成功。

对于幕墙来说，涉及更复杂的几何处理，因此 Revit 拾取体量面的"幕墙系统"命令，目前仅提供了纵横分格的模式，除了纵横分格的间距外，没有更多的设置，因此做出来的幕墙形式有限。其竖梃的形式可以自由设置，并且可以通过局部的增减，适应功能或造型的需要，如图 3-48 所示。但嵌板形式无法替换为门窗等嵌板（因曲面按 UV 线划分后，分格不是矩形，因此按矩形模板制作的门窗族无法应用于其中）。

如需更多的幕墙形式，需在体量环境中进行表面有理化的处理，请参见 3.2.1 节。如图 3-49 所示曲面，其原型为 SOM 设计的卡塔尔石油综合体中庭幕墙，原分格为菱形。用幕墙系统只能做出纵横分格的形式，要做出菱形的分格，需在体量环境中对表面进行有理化表面分割，再填充菱形图案（图 3-50）。后续可通过制作填充图案构件族，将嵌板、竖梃的模型细化，加载到此体量族中，最后加载到项目中直

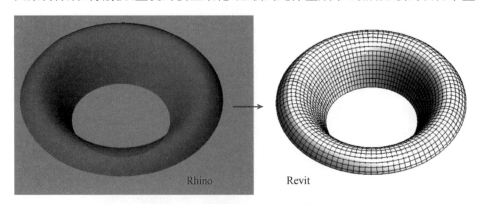

图 3-49 幕墙系统仅支持纵横分格

接应用。这个流程如同 3.2.1 节所述,无法将体量模型转化为幕墙嵌板、竖梃等构件类型,只能保持其体量的属性,如有修改,需回到体量族中修改。

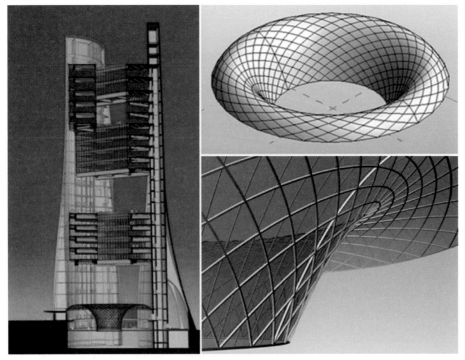

图 3-50　用菱形填充图案制作菱形分格

2) 通过导入方式创建构件

下面介绍一个带有曲面屋顶的小展馆方案示例,其曲面屋顶在 Catia 中完成,导入 Revit 再转化为屋顶及幕墙,这是一个典型的做法,其操作流程如下:

首先在 Catia 中建好曲面模型(图 3-51),注意 Revit 不能对外来曲面进行修改,所以曲面分割需要在 Catia 中完成。

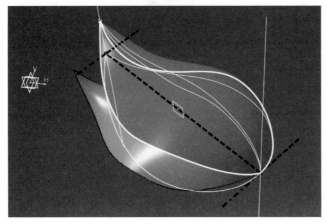

图 3-51　Catia 曲面模型示例

通过 Autodesk Inventor 读取 Catia 的 CATPart（CATProduct）文件，再导出为 SAT 文件，在 Revit 的体量环境中导入。

将此体量族载入项目文件，如图 3-52 所示，用幕墙系统命令分别拾取曲面，生成曲面幕墙。

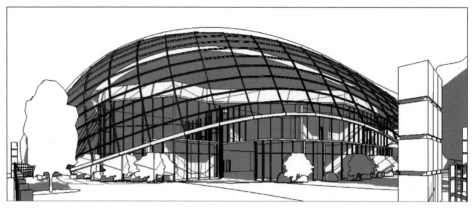

图 3-52　Catia 曲面导入 Revit 深化

继续完善模型，添加墙体等常规构件，形成完整的方案 BIM 模型，并以 BIM 模型为基础形成图纸，如图 3-53 所示。

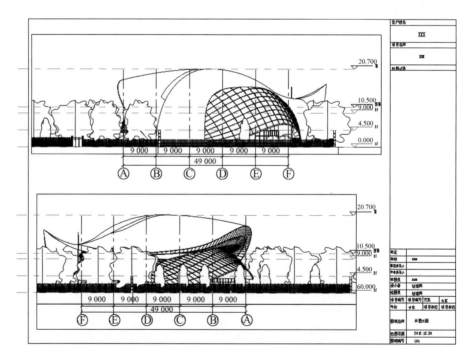

图 3-53　在 Revit 完成方案

模型构件的优化也是构件化课题的重要一环，包括检查构建的曲度是否符合材料加工的极限标准，如何在实施方案中减少构件的加工难度和型号，降低建造成本等。这些内容在方案阶段尚未涉及，将在初步设计章节中做详细的说明。

3.3 建筑生态模拟分析

3.3.1 BIM 与建筑生态模拟分析

建筑生态模拟可以在建筑建成前按照设计方案对建筑的性能进行精确地数字化仿真模拟,并在此基础上有针对性地改进和优化设计方案,从而达到提升建筑性能和改善使用舒适度的目标。现在应用较多的生态模拟分析包括能耗模拟、自然采光模拟、自然通风模拟以及疏散模拟等几种类型,它们涉及建筑、物理、机电、消防等诸多学科和专业。同时,我们也应该看到,应用生态模拟分析同时也是绿色建筑的内在要求,要达到"四节一环保"的目标,必须要借助精确的数字化手段。

设计前期阶段的环境性能评估与方案阶段建筑的生态模拟有一定的相似性,但不完全等同,它们都使用了数字化技术,所不同的是前者主要关注环境方面的影响因素,而后者则更多地关注室内布局、围护结构和机电系统等方面的内容,另外这一阶段的分析通常定量化程度更高。

生态模拟分析是建立在数字化仿真的基础之上的,因此其不仅对几何模型有着较高的要求,同时对于影响物理边界条件的各项参数也有着严格的要求。通常来说,不同的生态模拟对边界条件参数的要求是不同的,例如能耗模拟一般要求输入温湿度、机电设备、围护结构构造和人员活动时间等数据,而自然采光模拟则需要输入内表面的可见光反射率、窗户的透过率以及天空计算模型。

在传统的二维 CAD 模式中,各种相关数据分别属于不同的专业,位于不同的图纸上,或者有时候是在设计师的心中,并没有在图纸中直接标明,因此从设计到模拟的转换中,不仅几何模型要在相应的软件中重新建立,相关的边界条件参数也需要从大堆的图纸中查找并手动输入,直接影响了工作效率。应用了BIM 技术后,在理想的状态下,所有相关的参数都可以作为信息直接储存在BIM 模型中,通过类似于 gbXML 的专用数据交换格式,生态模拟软件可从模型中提取到相应的参数,这大大简化了生态模拟分析的过程,提高了工作效率。从某个角度来说,BIM 技术是推动了生态模拟分析发展的重要因素。

BIM 技术契合了生态模拟分析对于大量专业数据的特殊需求,从而简化了模拟和数据输入的工作(图 3-54)。随着 BIM 软件的逐渐发展,许多生态模拟软件将会以插件(add on)的方式嵌入 BIM 建模软件中,方便建筑师在方案设计过程中进行甄别和遴选,真正实现"边

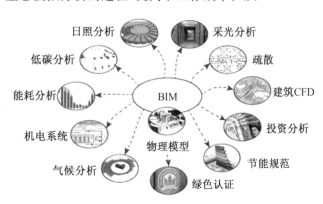

图 3-54 生态模拟与 BIM 的协同

设计,边模拟"的 BIM 设计理念。基于当前的软硬件水平,还无法直接将生态模拟分析功能完美内嵌于 BIM 软件中,同时信息的传递过程也尚未达到最优化,因此现阶段主要是根据不同模拟软件的要求,从 BIM 软件中导出相应格式的信息模型,然后在模拟软件中检查校准并导入模型,开展相应的模拟。由于不同的模拟软件的支持度不同,部分软件可能依然需要手工输入大量的数据。

3.3.2　生态模拟对于模型的要求

虽然不同的生态模拟对于物理及几何模型的具体要求不尽相同,但它们的总体要求还是有较大的共通性。首先,大部分模拟分析软件需要对模型进行简化,一方面是受限于当前的计算机硬件水平,软件无法 100%基于设计图纸进行模拟,这将导致模拟时间成本大幅攀升;另一方面,某些局部的细节对于整体分析结果的影响微乎其微,因此也没有必要 100%重构模型。对于这一点,现在的软件技术在一定程度予以克服,例如 Revit 就可以自动根据 BIM 模型生成符合能耗、采光和通风等模拟要求的 gbXML 格式模型,简化掉不必要的细节。不过通常来说,如果可能,BIM 模型最好还是要经过一定的简化,这可以大大降低生成模型的难度,从而减少手工修改的工作量。

目前大部分的生态模拟过程的数据仍是单向的,即生态模拟软件需要从 BIM 模型软件中读取有用的数据,但模拟数据无法再返回到 BIM 模型数据中。因此,操作的过程仍需要设计者对生态模拟分析的数据具有较强的专业辨识能力,这方面的经验也必不可少。目前研究者正在试图结合一些优化算法,在对模拟结果进行综合评价的基础上进行数据优化,并将数据返回到模型数据中,实现更为智能化的辅助设计流程。这首先需要完善数据的双向互用问题,也是这方面研究的未来方向。本节部分仍以较为成熟的模拟流程为例加以说明。

3.3.3　能耗模拟

1) 能耗模拟的意义

能耗模拟是基于传热学的基本理论针对建筑进行全年逐时仿真模拟,以预测建筑的能源消耗量(以下简称能耗)。一般来说,全年能耗是评价建筑性能的一个非常重要的宏观指标,它可以直观地对设计进行各种比较。在我国和很多国家的节能标准中,通常以设计建筑与基准建筑的能耗比值作为法定节能评价指标,我国节能标准中常常提到的权衡计算实际上就是一种能耗模拟。

能耗模拟不仅考虑了围护结构的传热影响,同时还考虑了建筑中各种复杂机电系统的耦合效应,因此其是一种技术要求较高的综合模拟。

2) 能耗模拟软件

能耗模拟是建筑生态模拟中较为复杂的一种仿真模拟类型,其涉及了专业的传热和机电方面的内容,因此能耗模拟软件的研发有着一定的技术门槛。

现在流行的能耗模拟软件大部分都是国外产品,如 IES〈VE〉,eQUEST 和

DesignBuilder 等;部分国内产品则以国外内核为基础研发的,例如清华斯维尔和天正系列节能软件都是基于美国 DOE2 核心研发的;清华大学开发的 DeST软件是我国自主研发的具有世界先进水平的能耗模拟软件。

上述能耗模拟软件中,最为流行的是美国的 eQUEST 软件和英国的 IES〈VE〉软件:eQUEST 是一套基于 DOE2 核心的免费能耗模拟软件,但由于研发年代较早,没有提供对于 BIM 的支持;IES〈VE〉软件是一套成熟的商业化综合能耗模拟软件,近年来软件商不断强化其对于 BIM 的支持力度。现在 IES〈VE〉可以直接读取 gbXML 格式的模型文件,同时通过内嵌于 Revit 和 SketchUp 中的插件,其可以直接从上述软件中导入模型,大大提高了工作效率。

除了第三方专业的能耗模拟软件外,某些 BIM 软件商本身也集成了简单的能耗模拟模块,例如 Autodesk 公司在 Revit 中集成了 Green Building Studio(GBS)模块,其可以在云端进行简单的能耗模拟并直接给出模拟报告,但从目前来看,这类模块的功能有限,尚不完善。

3) 能耗模拟的流程

不同的能耗模拟软件与 BIM 协同的流程往往有较大的区别,这里我们将以对 BIM 支持最为完善的 IES〈VE〉为例,简要说明能耗模拟软件与 BIM 的协同工作流程。

在 BIM 软件中,首先要建立包含封闭房间的模型,其中可初步赋予围护结构、房间温湿度以及机电系统的数据信息,然后以 gbXML 格式导出模型。在 IES〈VE〉中直接导入 gbXML 格式模型,进行初步检查,确保 BIM 软件中导出的各种信息没有错误,并在此基础上补充缺失的数据,这里主要是详细的机电系统数据,最后是展开模拟和数据分析。

4) 能耗模拟案例

唐山曹妃甸综合服务大楼项目在实施的全过程中都使用了 BIM 技术(图 3-55),同时应用了屋顶绿化、地源热泵、地下室光导采光、太阳能光热和强化自然通风等一系列节能策略。本项目在方案设计阶段中应用能耗模拟进行了多方案的比较,如图 3-56 所示,以保证设计达到绿色建筑三星级认证对于建筑节能的严格要求。

 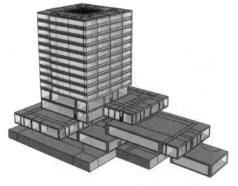

图 3-55　建筑效果图　　　　　图 3-56　IES〈VE〉中能耗模拟模型

表 3-1　　　　　设计建筑节能量计算结果

比较内容	参考建筑		设计建筑	
	能耗	标准煤	能耗	标准煤
采暖主机	煤:6 435 MW·h	791 ton	电:393 MW·h	131 ton
制冷主机	电:300 MW·h	100 ton	电:168 MW·h	56 ton
输配及控制系统	电:1 999 MW·h	668 ton	电:1 012 MW·h	338 ton
冷却水系统	电:150 MW·h	50 ton	电:112 MW·h	37 ton
照明系统	电:1 491 MW·h	498 ton	电:454 MW·h	152 ton
生活热水系统	煤:2 991 MW·h	368 ton	天然气:803 MW·h	99 ton
能耗总计	煤+电:13 366 MW·h	2 475 ton	天然气+电:2 942 MW·h	813 ton
设计建筑相对于基准建筑的节能率			转换成一次能源,考虑不同燃料的转换效率	67%

　　根据能耗模拟计算,优化后方案的节能量达到了67%,如表3-1所示,满足了绿色建筑三星标准对于节能的要求,同时也在控制成本的前提下为业主节省了运行费用。

3.3.4　自然采光模拟

1)自然采光模拟的意义

　　自然采光是建筑中的重要影响因素之一,良好的自然采光可以获得更高的使用舒适度,并降低不必要的照明以及空调能耗。另外,自然采光也是建筑艺术创作的重要手段,其可以起到塑造空间的作用。在建筑建成前,利用模拟的手段对自然采光进行仿真,从而优化建筑设计可大大提高设计的效率,创造出舒适宜人的空间效果。与传统的效果图不同,自然采光模拟完全基于物理规律,真实地再现了采光的客观效果,而传统的效果图则更偏重主观气氛的表达。

2)自然采光模拟软件

　　美国Autodesk公司开发的Ecotect Analysis软件是自然采光模拟中常用的软件,其可以直接导入BIM软件输出的gbXML格式模型,同时其还内置了Radiance高级采光计算核心,可以对自然采光进行各种精确的模拟和分析(图3-57)。Radiance计算核心基于辐照度缓存技术的混合式光线跟踪算法,其具有如下特点:不需要对表面划分网格,只需通过八叉树结构自动对模型进行简化;只需计算可见点处的辐照度,无需计算不可见点,因此可大幅度降低计算量。Radiance的算法特点决定了其能以相对较小的计算成本取得精确的计算结果。

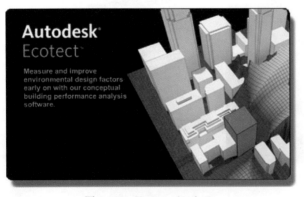

图 3-57　Ecotect Analysis

3) 自然采光模拟的流程

由于 Ecotect Analysis 对于 BIM 软件的支持度较高,因此在自然采光模拟中可以直接从 BIM 软件导出 gbXML 格式的模型文件,其中携带了材质以及地理位置等一系列的信息和数据。进入到 Ecotect Analysis 中,只需要设置工作平面位置、天空模型和分析指标类型即可展开模拟计算。另外,需要注意的一点是,周围的遮挡物在采光模拟中是需要考虑的,否则将导致模拟结果出现偏差。

根据所针对的标准不同,自然采光中使用了不同的天空模型,我国国标中规定使用全阴天模型,而美国 LEED 标准则使用了晴天模型,它们对应的分析指标分别是采光系数和照度。另外,如果需要直观分析某一视角的可视化采光效果,还可以使用基于亮度的模拟分析,其得出的结果非常接近于人眼看到的实际效果。

以下是一个自然采光模拟的案例,如图 3-58 所示。这里以一个居住建筑的案例简要说明住宅户型的自然采光模拟,本项目中所使用的软件为 Ecotect Analysis。

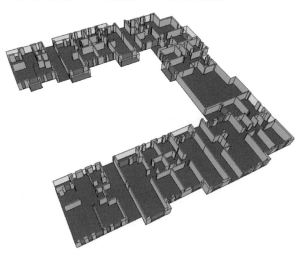

图 3-58 导入到 Ecotect Analysis 中的模型

经过模拟分析可发现部分户型的设计存在采光不良的问题,例如,由于进深较大,大部分起居室的采光相对较差,如图 3-59 所示,根据模拟结果,设计团队对户型设计进行了优化以改善室内采光的舒适度。

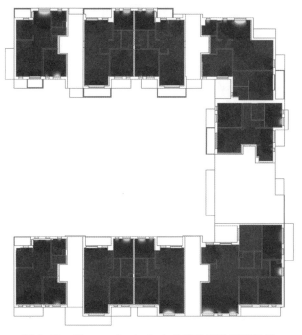

图 3-59 Ecotect Analysis 中的采光系数模拟结果

3.3.5 自然通风模拟

自然通风是在自然压差作用下,使室内外空气通过建筑围护结构的孔口流动的通风换气。根据压差形成的机理,可以分为热压作用下的自然通风、风压作用下的自然通风以及热压和风压共同作用下的自然通风:热压是由于室内外空气温度不同而形成的重力压差,这种以室内外温度差引起的压力差为动力的自然通风,称为热压差作用下的自然通风;建筑在风压作用下,具有正值风压的一侧进风,而在负值风压的一侧排风,形成风压作用下的自然通风。某一建筑物周围风压与该建筑的几何形状、建筑相对于风向的方位、风速和建筑周围的自然地形有关,而通风强度与正压侧与负压侧的开口面积及风力大小有关。

自然通风是当今建筑普遍采取的一项改善建筑热环境、节约空调能耗的被动式技术,其重要意义在于:一是实现有效被动式制冷,当室外空气温湿度较低时,自然通风可以在不消耗不可再生能源的情况下降低室内温度,减少能耗、降低污染,符合可持续发展思想;二是可以提供新鲜、清洁的自然空气,有利于提高室内空气品质,满足人和大自然交往的心理需求。

1) 自然通风模拟的意义

利用计算流体力学技术,可以精确地分析室内的风速、温度以及舒适度,从而为进一步优化设计提供坚实的依据,同时可最大限度地提高建筑的使用舒适度。

2) 自然通风环拟软件

自然通风模拟实际上与室外风环境评估使用的是一类软件,即 CFD 软件。大部分 CFD 软件基本都是通用型软件,因此尚没有提供对于 BIM 的专门支持,现阶段无法提取几何模型之外的信息,这不能不说是一种遗憾。

自然通风模拟中常用的 CFD 软件有 Fluent,STAR-CCM+和 Phoenics 等,它们都是通用的大型商业 CFD 软件,价格动辄几十万元,但其精度和认可度较高,在建筑领域的应用也较为成熟。Fluent 和 STAR-CCM+是基于有限体积法和非结构化网格,而 Phoenics 则基于结构化网格,其计算精度相对前二者稍低,但操作相对简单,计算速度较快。

3) 自然通风模拟的流程

一般来说,自然通风模拟中的边界条件不是直接以风速形式给定的,而是从室外风环境模拟中间接读取相应表面的风压作为输入数据。因此,首先需参照本书 2.5.4 节进行室外风环境模拟获取窗户等开口表面的风压数据,然后在 BIM 软件中再次导出要进行通风分析的室内模型,格式为 SAT 或 STL,然后在 STAR-CCM+等 CFD 软件导入上述室内模型、划分计算网格并指定开口风压数据。如果要考虑热压的作用,需同时设置温度、辐射、围护结构热工参数。最后是设置 K-E 湍流模型及相应的收敛条件,所有设置完毕后就可以展开模拟。

4) 自然通风模拟案例

这里以一个居住小区的例子来说明室内自然通风的模拟和分析优化,所使用的软件为 STAR-CCM+。

首先是进行整体室外风环境模拟,在 BIM 软件中采用体量方式建模并导出到 STAR-CCM＋软件中进行模拟以计算各户型窗户表面上的风压分布,如图 3-60 所示。

图 3-60　风环境模拟中的风压分布

接下来是建立各户型的模型,然后以 SAT 或 STL 格式导出到 STAR-CCM＋中,划分网格并按照获取的风压数据进行边界条件设置,如图 3-61 所示。

模拟计算后,可对室内的自然通风风速以及平均空气龄分布进行可视化分析,从模拟的结果来看本设计除局部位置外,大部分户型都保持了相对较为良好的通风效果,如图 3-62 和图 3-63 所示。

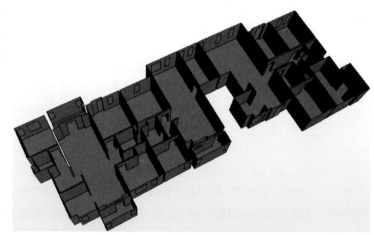

图 3-61　导入到 STAR-CCM＋后的模型

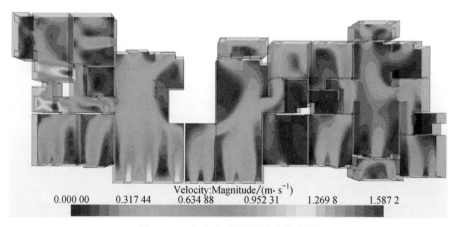

图 3-62　室内自然通风风速分布图

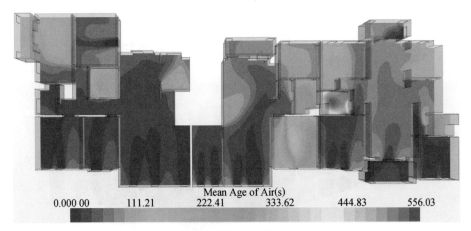

图 3-63　室内自然通风平均空气龄分布图

3.3.6　生态模拟的评价方法

生态模拟作为一种定量评价的仿真技术手段,其目标是优化建筑设计,提高使用舒适度并降低能耗。因此,基于模拟结果对建筑设计进行评价是极为关键的一环,模拟结果本身无法说明任何问题,只有进行深入分析后给出的建设性意见才是真正有意义的。要客观分析模拟结果,就必须依赖于客观的评价指标,所有分析实际上都是基于相应的评价指标。在生态模拟中,不同类型的模拟所使用的评价指标不尽相同,但只要理解了指标的特点以及相应标准中给出的具体要求,我们就可以对模拟进行相对客观的评价和分析。

本书中所讨论的生态模拟和环境评估的评价方法及指标,可以在相应的标准和规范中找到,其中最全面的标准就是《绿色建筑评价标准》(GB/T 50378—2006)(以下简称《绿标》),这里以公共建筑为例,摘要列出了相关的评价方法和指标。

(1)能耗模拟

《绿标》5.2.18 条,建筑设计总能耗低于国家和当地现行规定值的 80%。

《绿标》5.2.19 条,合理利用可再生能源。可再生能源产生的生活热水量不低于建筑生活热水消耗量的 25%,或可再生能源技术承担了建筑总供暖供冷量的 25%,或可再生能源发电量不低于建筑用电量的 1%。

(2)风环境模拟

《绿标》5.1.9 条,优化场地风环境,保证室外活动区域的舒适性和建筑通风,控制建筑物周围人行区风速低于 5 m/s。

《绿标》5.2.10 条,建筑总平面设计有利于冬季日照并避开冬季主导风向,夏季利于自然通风。

(3)噪声模拟

《绿标》5.1.10 条,场地环境噪声符合现行国家标准《城市区域环境噪声标准》(GB 3096)的规定。

(4)自然通风模拟

《绿标》5.5.8 条,建筑设计和构造设计有促进自然通风的措施,保证自然通风的条件下,主要功能房间换气次数不低于每小时 2 次。

(5) 自然采光模拟

《绿标》5.5.12 条,办公、宾馆类建筑 75% 以上的主要功能空间室内采光系数满足现行国家标准《建筑采光设计标准》(GB/T 50033)的要求。

《绿标》5.5.16 条,采用合理措施改善室内或地下空间的自然采光效果。

除此以外,各地也相继出台了地方绿色建筑的评价标准,这类标准更有地域相关性,有助于进一步提升模拟评价的针对性,感兴趣的读者可在做设计和模拟时进行参考。

3.4 可视化分析与表现

3.4.1 BIM 模型与 3D 可视化设计

BIM 技术在设计阶段的应用,有一点是跟以往的设计流程完全不同的,即设计与 3D 表现的同步性。以往的手绘草图、效果图等表现形式都与设计图有异步性,中间反复的修改有可能导致二者的脱节,尤其在效果图已成为一种独立的流水线式作业后,年轻的设计师开始有一种将平面设计与造型或表皮设计者为分离的倾向,并且对第三方的效果图表现产生一定的依赖性,这并不是一个好的倾向。

BIM 技术带来全新的设计方式。它将设计图与 3D 模型统一起来,因此可实现从三维开始设计思考,平面设计与造型设计互相结合,同步进行,实时修改。这种设计方式也许更接近于设计的本源,从这个意义上来说,数字化技术带来的设计方式是一种"回归"。但这种回归并非一蹴而就,一方面需要继续改进 BIM 软件,使其更贴合设计思维;另一方面也需要设计者摆脱思维惯性,以整体性设计思维对待建筑的平面与造型设计。

BIM 设计的 3D 可视化特性,使设计者可以实时检视设计的成果。这种设计过程中的检视跟传统效果图的作用与体验是不一样的,它更注重如实反映建筑的体量关系、构件组成,侧重点并不在于图面效果的展示(当然也跟软硬件的发展水平有关系,随着实时渲染、GPU 计算等技术发展,BIM 的实时 3D 显示速度与效果将继续提高),图面效果与专门渲染制作的效果图无法相比,但其便捷、实时、动态的优势则是效果图无法替代的。图 3-64 是一个展示中心的效果图与 BIM 模型的对比,可看出 BIM 模型更侧重于工程技术方面的表达与展示。

总结起来,BIM 模型的 3D 可视化设计优势有以下几个方面。

BIM 模型是全方位的展示,可随意变换角度观察。如图 3-65 所示,视点既可以是室内,也可以是室外;既可以是低点透视,也可以是鸟瞰,可以全面把握建筑的整体效果。

除了整体效果以外,BIM 模型更可以方便地进行局部的观察,给方案细部的设计与调整带来极大的方便。如图 3-66 所示的欧式建筑,细部繁多,用传统设计方式比较困难,BIM 的应用使细部的推敲过程变得直观高效。

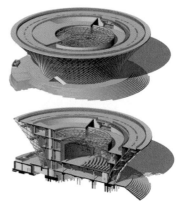

图 3-64　某展示中心效果图与 BIM 模型

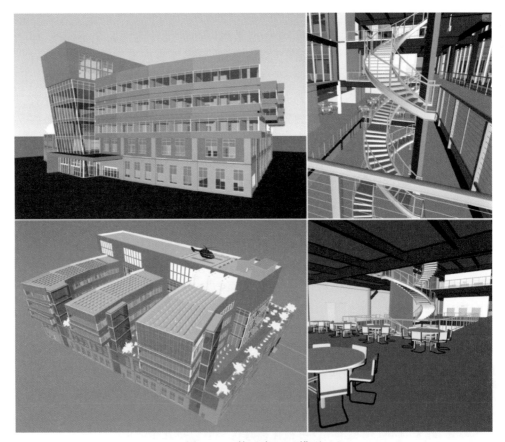

图 3-65　某医院 BIM 模型

　　3D 可视化不单指 3D 视图,对于设计师常用的剖面图,BIM 模型游刃有余。这是 BIM 软件与普通 3D 软件一个较明显的区别,如 Rhino,3Ds MAX 等普通 3D 建模软件,很难切出剖面图,而 Revit,ArchiCAD 等 BIM 软件均可随意切出剖面图以及剖透视图,方便观察标高与空间关系(图 3-67)。

　　在方案设计过程中,常常需要对多个方案进行对比,这本可以通过另存一个

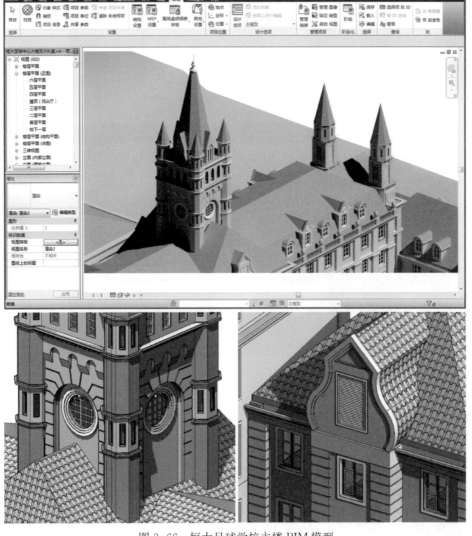

图 3-66 恒大足球学校主楼 BIM 模型

文件进行修改对比,但 Revit 软件考虑得更周到,它提供了一个称为"设计选项"的功能,可以在同一个主体模型里,对局部进行多个方案的设计,不同的方案归入不同的"设计选项",即可互不干扰,可以随时切换进行对比,这可以说是为方案设计量身定制的一个功能。如图 3-68 所示,为 Revit 自带的样例,原设计为双坡屋顶,为了尝试四坡屋顶的效果,增加了一个设计选项,在此选项中新建一个四坡屋顶,然后切换两个选项的显示,可以方便地对比两个方案的效果。如果有必要,还可以继续添加其他设计选项。

　　Revit 2014 版开始,还提供了来自工业设计的"爆炸图"(即装配图)功能,可以将选择集临时赋予一个位移,使其不遮挡内部对象,以便清晰反映其组合关系。这个临时的位移只在该视图中有效,并非将构件真的移动。这种图对于复杂空间或构件组合的关系表达非常清晰有效,如图 3-69 所示。

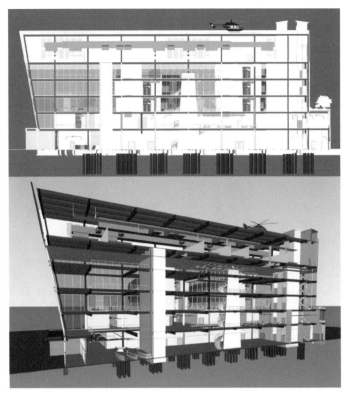

图 3-67　某医院 BIM 模型剖面示意

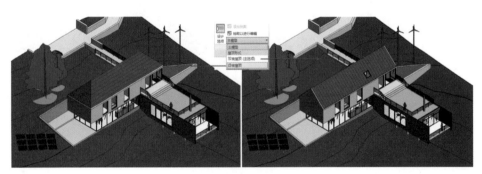

图 3-68　用设计选项对比方案

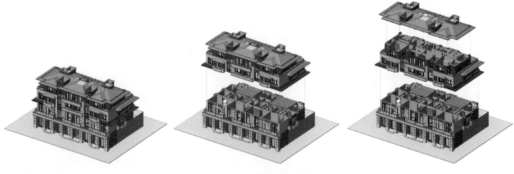

图 3-69　装配图示例

3.4.2　设计的渲染与漫游

前面讲到,BIM 设计在 3D 可视化方面与传统的效果图或动画相比有不一样的作用与体验,但作为展示与沟通的主要媒介,效果图与动画的作用还无法代替。我们立刻可以想到,BIM 模型同样可以进行渲染与后期制作,以满足更高的表现要求。事实上,由于 BIM 模型随着设计进程而不断调整,以其为基础制作的效果图与设计之间就可以避免"脱节"的关系,使其更真实地反映设计本身。

本小节所说的"漫游",仅指"指定路径的漫游动画",至于由用户自由控制视点与行进路径,类似第一人称游戏的漫游,将放到下一小节"虚拟现实"部分讲述。BIM 模型的渲染与漫游制作有两种途径,一是利用 BIM 软件内置的功能,二是将模型导出到专业渲染软件来制作。下面分别进行介绍。

1) 静态 3D 视图渲染

对于静态的 3D 视图渲染,Revit 提供了几种渲染的方式,分别有不同的速度与效果。

最简单快捷的方式是直接将视图的"视觉样式"设为"真实"①,即可在视图中反映模型的材质与光影效果,其中光线、阴影等设置均按视图设置,默认打开构件的边线显示,使视图更偏向于工程图效果。由于视图按屏幕分辨率显示,构件的边线往往非常密集,使视图明显偏暗,如图 3-70 所示,要想得到好一点的效果,最好将视图导出为图片。具体操作为:Revit 的主菜单下"导出→图像和动画→图像",在设置框中设定图片的分辨率与质量等级,导出即可。由于这个操作仅将视图放大导出,并非渲染,因此速度极快,几乎无需等待。效果如图 3-71 所示,作为设计过程中的展示与交流已经足够了,其优势是方便快捷。需注意的是,如果感觉构件边线仍然太粗,可将导出分辨率设大一点,或者在"管理→其他设置→线宽"处将"透视图"页面里的线宽设小一点。

图 3-70　Revit 的视图样式设为"真实"

图 3-71　将视图导出为图片

---

①　前提是需在 Revit 的"选项"对话框里启用"硬件加速"选项,否则"真实"的视觉样式效果与"着色"相同。

另一种视图样式为"光线追踪"①,这是一种照片级真实感的渲染模式,使用该样式时,模型的渲染在开始时分辨率较低,但会逐渐增加保真度,使图像质量更高,直至用户点击"停止"按钮,如图 3-72 所示。在进入该模式之前,应先对照明、摄影曝光和背景等进行设置。

图 3-72　Revit 的视图样式设为"光线追踪"

以上两种方式是作为视图样式来操作的,Revit 也提供了专门的渲染命令。通过"视图→渲染"或直接在视图下方点击 按钮,弹出渲染设置框如图 3-73 所示,设置好后开始渲染。渲染时间视模型及渲染分辨率大小、硬件条件而定。

图 3-73　Revit 渲染设置与结果

---

① 仅 64 位系统支持此样式。

从 Revit 2013 版开始，Autodesk 提供了"云渲染"的功能，属于其"Autodesk 360"的其中一个服务。如图 3-74 所示，只需注册一个账号，在 Revit 标题栏中登录，即可随时通过"视图→Cloud 渲染"功能将需渲染的资料上传，使用 Autodesk 的云端服务器进行渲染，完成后的结果将保存在用户账号的"渲染库"中，如图 3-75 所示，并可发送邮件到注册邮箱进行提醒。除了按视点渲染，还可以进行该视点的全景渲染（即周围六个面都渲染），结合相关软件可以进行虚拟现实浏览。对于较大的模型，通过云渲染功能可大幅节省渲染时间，可以说是一项非常实用的创造性功能。

图 3-74　云渲染设置　　　　　图 3-75　云渲染示例

另一 BIM 软件 ArchiCAD 在常规渲染效果以外，提供了一个"草图渲染引擎"，颇值得尝试，软件自带十几种已设定好的草图样式，也可以自行修改其设置，选择不同的线型，进行非常细致的设置，从而渲出各种手绘或卡通效果的草图。图 3-76 示意了两种草图效果，可看到各种效果之间有极大的差异。

Revit 缺省状态下采用的是 Mental Ray 渲染器，如果对 BIM 软件内置的渲染效果不够满意，或者设计者习惯于另一种渲染器，可以将模型导出到 3D 软件或第三方渲染软件中进行渲染。如需将模型导出至效果图公司常用的 3Ds MAX 软件进行后期处理及渲染，可通过 FBX 格式进行

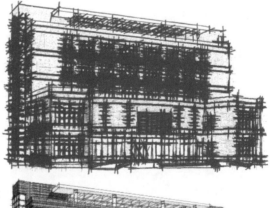

图 3-76　ArchiCAD 草图渲染效果示意图

模型导出。这里介绍一个针对建筑室内外表现的专业渲染软件,即法国 Abvent 公司的独立渲染器 Artlantis,它支持 SketchUp,ArchiCAD,VectorWorks,Revit 等建筑设计软件,渲染质量高、快速易用并且可进行动画渲染。如图 3-77 所示为 Artlantis 官方的示例,将 Revit 模型通过插件导出到 Artlantis,调节材质、灯光并加入配景,再渲染成图。

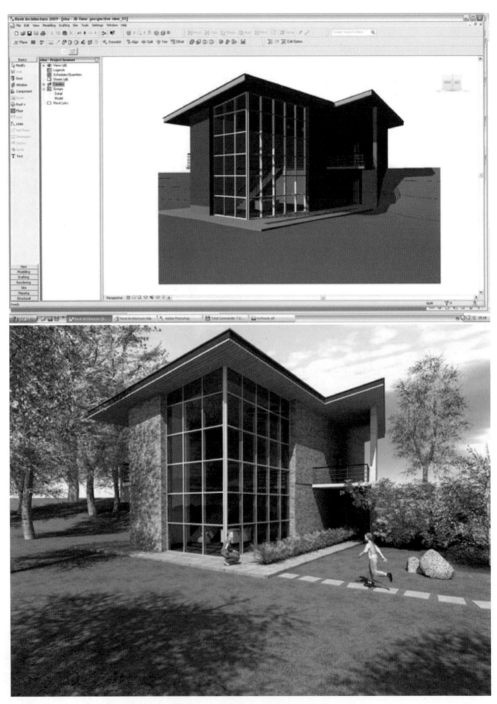

图 3-77　Artlantis 的渲染效果

2）制作漫游动画

对于漫游动画，Revit 的自由度较小，主要通过"视图→三维视图→漫游"命令放置多个关键帧确定路径，再渲染出整个动画。如图 3-78 所示每个关键帧就是一个相机，可单独设置视点及目标点的位置；整个漫游可设置总帧数、视距以及视图样式。后续可编辑路径或关键帧相机，但相机高度无法再更改。

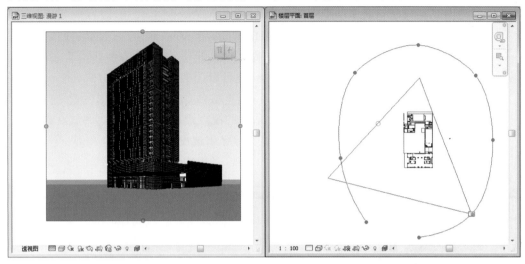

图 3-78　Revit 漫游关键帧

漫游路径设定好后，可在 Revit 中播放以观察效果，但如果模型比较大的话，速度会相当慢，基本上只能看到单帧效果。如果想看连续的动画效果，可以先导出一个小尺寸的动画看看，满意之后再导出大尺寸的动画。导出动画的操作跟导出视图类似，先打开漫游视图，点击 Revit 的主菜单下"导出→图像和动画→漫游"命令，弹出设置框如图 3-79 所示，设定导出的长度范围、视觉样式及尺寸。需注意动画时长的确定，是通过设置漫游的总帧数以及导出时的帧速（"帧/s"参数）共同确定，如本例，漫游总帧数为 1 600，按每秒 24 帧导出，总时间为 1 600÷24≈67 s。每秒 24 帧是参考常规电影的帧速，看起来比较流畅。

从设置框中的"视觉样式"选项中可以看到，这里的漫游实际上就是连续单帧图像的导出合成，跟前述的静态 3D 视图第一种导出方式是完全一致的，因此并不能算作真正意义上的"渲染"。除非视觉样式选择"渲染"，这跟前述第三种方式一致，但渲染速度极难接受。

图 3-79　导出漫游设置框

即便选择可直接导出的视觉样式，如果模型复杂，其导出时间也是相当可观的，目前"云渲染"还不支持漫游渲染。这里介绍一个小技巧：如果赶时间的话，可以将 Revit 文件拷贝到多台电脑，分别设定渲染的起点和终点，各自负责一个区间,渲染之后再用视频处理软件拼接起来。

Revit 的漫游动画功能简单,实际应用中往往将模型导出其他软件进行动画制作,这里介绍两种较常见的途径:Navisworks Manager 与 Lumion。这两个软件虽然都可制作漫游动画,但侧重点完全不一样,因此分开讲述。

Navisworks Manager 是一款功能强大的 BIM 模型浏览与管理软件,制作漫游动画只是它众多功能中的一个。它出自 Autodesk 公司,兼容众多 3D 格式且流畅度奇高,可轻松浏览非常复杂的模型,与 Revit 也有专门的转换接口。它偏重于 BIM 模型的管理,在显示效果上不太讲究,优点是方便快捷。它可以用鼠标控制行进路径,直接记录为动画;也可以用类似关键帧的方式,将一系列视点记录下来,由软件进行插值计算,将其连接成动画。一般多用后者。图 3-80 为 Navisworks 自带样例,记录了一系列的视点组成动画,可即时回放观察,也可导出为 AVI 格式的动画。其浏览速度与导出速度都远比 Revit 要快,但画面效果未算得佳。

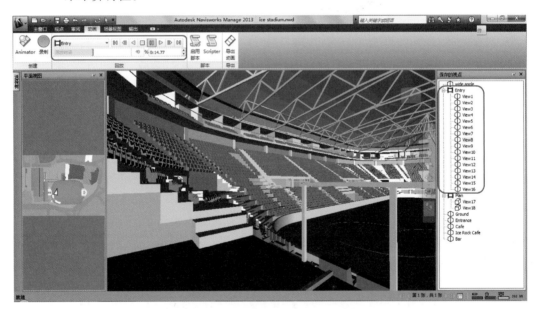

图 3-80　Navisworks 漫游动画示例

Lumion 则是一款专门针对建筑表现而制作的软件,一经面世即大受欢迎。如图 3-81 所示它的特点是通过简单的操作添加生动逼真的配景,以实时渲染的技术控制效果,操作风格比较"傻瓜化",使设计师无需通过专业公司,即可制作出画面精良的动画。它也提供了 Revit 接口,可以将 Revit 模型导出为 DAE 格式,然后在 Lumion 场景中放置。Lumion 同样以关键帧的方式记录一系列视点,连接成动画。其优点是操作简单,效果良好;缺点是对显卡要求较高,导入大型复杂模型后流畅程度下降明显,且视点角度全靠鼠标控制,较难精确控制,漫游路径无法直接编辑,需通过更新关键帧编辑。如图 3-82 所示为一个海边会所的示例,将 Revit 文件导入 Lumion 软件后,添加配景,并用一系列相机视点连成动画。

图 3-81　Lumion 界面

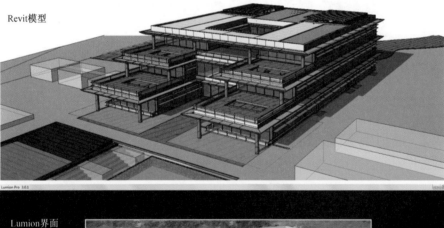

图 3-82　Revit 模型导入 Lumion 制作动画

值得注意的是，Lumion虽然针对建筑表现主要用来制作动画，但它单帧渲染的效果也相当不错，跟前述的ArchiCAD软件一样，提供了极其丰富的非写实渲染模板，每一种模板都有不同的可调选项，可以渲染出各种艺术化、草图化或卡通化的效果图，并且这些效果同样可以应用于动画。图3-83为图3-66所示欧式建筑的Revit模型，通过Lumion渲染出彩色铅笔画的效果。

图3-83　Lumion特效渲染示例

3.4.3　虚拟现实技术的应用

根据百度百科的定义，虚拟现实技术（Virtual Reality，VR）是利用电脑模拟产生一个三维空间的虚拟世界，提供使用者关于视觉、听觉、触觉等感官的模拟，让使用者如同身临其境一般，可以及时、没有限制地观察三维立体空间内的事物。真正意义上的虚拟现实在全方位多种感觉的模拟、场景与浏览者之间的交互等方面均有很高的要求，当前的建筑数字化技术发展仍未达到理想的境界，主要应用仍集中在沉浸式视觉三维体验方面，作为比效果图、动画更进一步的表现工具。部分软件已开始在人机交互方面作出进一步的研究，比如浏览者可尝试更换构件材质等。

即使是属于较低端的虚拟现实，BIM模型在这方面的应用已引起业界的重视，因其提供了一种以人的视角进行任意路线或角度进行观察的设计体验，由用户自己控制漫游的路径与角度，可以说是全方位的设计展示，在室内空间体验方面确实有不可替代的作用，目前在商业地产业界应用较多，如各种"数字楼盘系统"等。随着相关软件技术不断发展，虚拟现实在易用性与显示效果方面也在不断改进，iPad等触摸屏式手持设备以及可穿戴设备的出现更大大降低了体验的技术门槛。

　　在设计阶段,虚拟现实技术主要用于空间体验与方案对比,因其仍处于不断调整的动态过程中,因此对易用性要求较高。BIM 设计有先天的优势,最基本的模型已经具备,只需将模型导入虚拟现实环境即可。

　　(1) Navisworks Manager

　　Navisworks Manager 在虚拟现实技术方面同样具有易用、快速的优点,并且具有良好的可扩展性,可以作为基础平台进行有针对性的二次开发。其在施工、运维阶段的管理功能更为突出,这里仅介绍其虚拟现实方面的简单应用。

　　图 3-84 为 Navisworks Manager 自带的样例文件,用户可以使用多种方式查看 BIM 模型,其中"漫游"工具最接近人的视点,通过鼠标控制行进方向,可以打开重力感应、碰撞感应等模式,自由浏览建筑模型的室内外环境。结合选择工具,可以显示任意构件的信息,或者作出隐藏、调节透明度、替换材质、临时位移等操作,为模型的展示与体验带来更多的可能性。

图 3-84　Navisworks 漫游示例

　　(2) BIM 360 Glue

　　Autodesk 针对 iPad 平板电脑推出的 BIM 360 Glue,如图 3-85 所示可以直接打开 Navisworks 文件格式(NWD),利用触摸屏的优势,只需用手指触摸屏幕即可作出旋转、缩放、漫游等操作,同时也可以查看构件信息,还可以做批注标记,极大方便了模型的查看与浏览。

　　(3) Fuzor

　　还有一款支持 Revit 界面友好的软件 Fuzor,它是一款类似游戏引擎与 BIM 提供的 3D 空间结合的软件,通过 Live Link 实现 Fuzor 和 Revit 之间的信息传递。它支持在 Fuzor 中漫游的过程中随时在自带的材质编辑器中修改材质,返回 Revit 后材质也随之改变。甚至在漫游过程中可以随时添加窗户或调整门的宽度。Fuzor 软件最吸引人的地方还是它的流畅性和真实性,可以如游戏一样将第三人带入到场景中,随时感受地面高差的变化和顶棚的高度是否合适。

图 3-85　Autodesk BIM 360 Glue 界面

Fuzor 同样带有冲突分析功能,除了能够快速运行针对不同对象的类别碰撞测试、生成冲突报告,还可以在 Fuzor 中调整对象、针对冲突添加注释并可以载回到 Revit 或 Fuzor。Fuzor 自带的照明和天气效果非常强大,可以模拟类似雨天或刮风等气候的动画效果,使 Revit 模型漫游具有一种逼真和艺术化的效果。

（4）BIMx

另一 BIM 软件 ArchiCAD 则推出配套的 BIM 项目交流与展示工具 BIMx,它是一款效果良好的交互式 3D 演示工具,带有多种模式的立体视图、重力响应、图层控制、飞行模式、出口识别和预存的行进模式等功能,加载完之后的操作极其流畅,几乎没有任何迟滞,为设计的展示带来了全新的体验。BIMx 通过插件将 ArchiCAD 模型导出,如图 3-86 和图 3-87 并保存为一个独立运行的 EXE文件,无需主程序即可运行浏览,方便模型的分享交流。

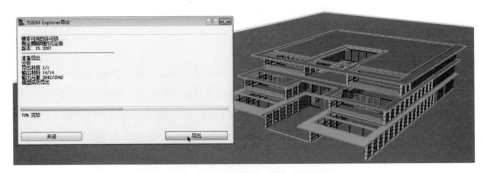

图 3-86　ArchiCAD 模型导出到 BIMx

图 3-87　BIMx 界面

　　同时，BIMx 在 iPad 平台上也提供了浏览模型的应用程序，是同类程序中最早出现的开创性 APP。而其技术进步的脚步并未停止，最近 BIMx 与头戴 3D 显示设备 ZEISS Cinemizer Glasses 的结合让人耳目一新，如图 3-89 所示①，这已经是更进一步的虚拟现实了。可以想象，随着 Google Glass 之类的头戴设备的普及，这种虚拟现实的体验将更加容易实现（图 3-88）。

图 3-88　BIMx 与平板电脑

---

　　①　该图为 BIMx 宣传片截图，宣传片来自 Bimst 论坛（http://www.bimst.com/）Leglo 网友的上传。

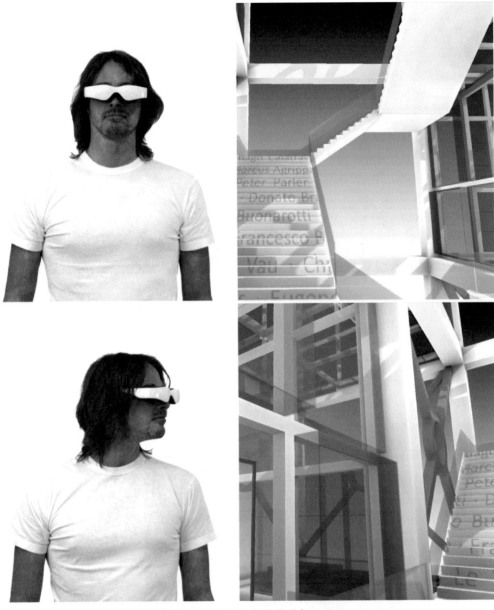

图 3-89　BIMx 与头戴设备

（5）iVisit 3D

　　另一个值得介绍的软件是 iVisit 3D，与前面介绍过的渲染软件 Artlantis 同样来自 Abvent 公司，跟 Artlantis 紧密结合，同时提供插件与 ArchiCAD，Autodesk 云渲染相连接，可渲染出建筑模型的全景照片，通过预设的观察点进行 360°的浏览，并且通过多节点互相链接跳转的方式形成完整的演示。虽然它不能像前面的几个软件那样自由控制行进路线进行漫游，但制作者预设的节点可以更好地展示设计意图，也避免了用户难以控制方向的问题，实际体验相当不错。图 3-90 为 iVisit 3D 官方网页提供的示例，可从 iPad 的 iVisit 3D APP 里直接下载体验。

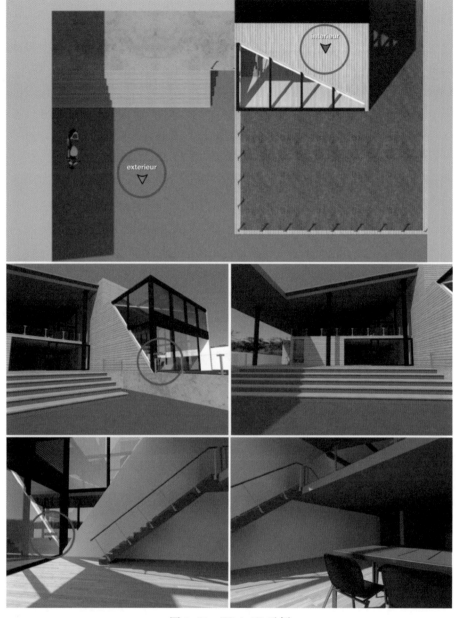

图 3-90　iVisit 3D 示例

3.5　工程案例

本节介绍两个经典的 BIM 设计案例,一个是杭州奥体博览中心主体育场,另一个是北京凤凰国际媒体中心,这两个案例都运用了参数化设计与 BIM 工具相结合的技术手段,将非常复杂的方案转化为可实施的设计,体现了技术进步给设计创意带来的更多可能性。

3.5.1　杭州奥体博览中心主体育场

　　杭州奥体博览中心主体育场是 CCDI 与 NBBJ 合作完成的一座大型体育场馆,位于杭州奥体博览城的中心位置,隔钱塘江与杭州新的市民中心相望。[①] 体育场建筑面积 22 万 m^2,建筑高度 60m,设有 8 万个座席。体育场以"荷"为设计概念,追寻一种轻盈的律动感;通过编织的概念,将原本生硬的结构骨架转化为呼应场地曲线的柔美形态,再以一种秩序将这些体态轻盈的结构系统编织起来,最终形成了体育场的主体造型,如图 3-91 所示。

图 3-91　杭州奥体主体育场鸟瞰图

图 3-92　杭州奥体主体育场效果图

---

　　① 本案例的图文资料均来自《建筑技艺》2011 年第 1—2 月刊《杭州奥体博览城主体育场设计——参数化设计方法在 CCDI 体育建筑中的应用》,作者籍成科,郑倬华。

从图 3-92 中可以看出,其形体构成为复杂的曲面组合,罩棚的形体确定与结构的空间定位是其中的难点。在方案初期,设计师通过 Rhino ＋ Grasshopper 来调节单元形体及数量,快速、准确地生成一系列比选方案,使建筑师可以做出更准确的决定,如图 3-93 和图 3-94 所示。

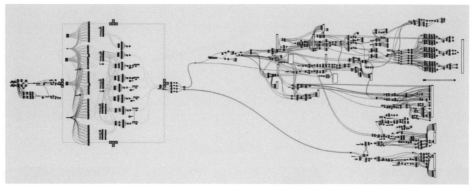

图 3-93　Grasshopper 脚本

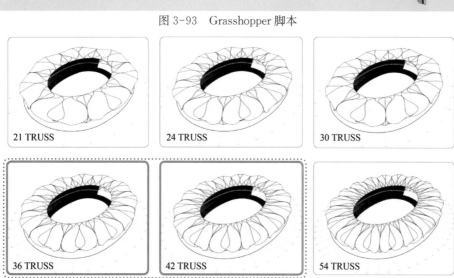

图 3-94　利用参数化方法快速形成多方案比较

利用参数化工具,从一个整体曲面开始,通过等分、偏移等操作得到一系列的控制点,再分组生成单元曲面,最终确定的体育场罩棚由 14 组形态轻盈柔美的"花瓣"单元构成。如图 3-95 所示确定好理想的形态之后,一方面继续使用 Rhino＋Grasshopper 进行结构支撑体系的确定,另一方面将模型与 Revit 对接,进行看台等部位的深化设计如图 3-96 所示。

在项目深化设计以及施工图设计阶段,BIM 还应用在管线综合设计方面,减少管线冲突发生的几率,降低施工阶段修改设计的数量。

参数化设计的理念和技术特点非常好地与 BIM 在方案深化阶段对接,使得建筑师的设计意图在工具和平台上能够完美地得到各专业的支持和配合,大大释放了建筑师的想象空间,也为业主提供了更多的选择方案[①]。

---

① 建筑师:籍成科。

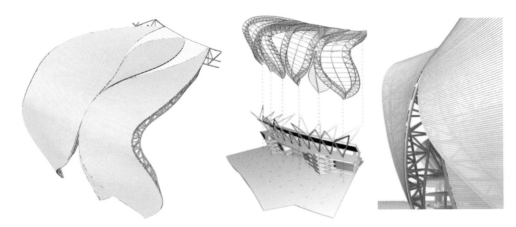

图 3-95　罩棚单元构成

图 3-96　杭州奥体主体育场 BIM 模型

3.5.2　北京凤凰卫视媒体中心

北京建筑设计研究院方案创作工作室设计的凤凰卫视媒体中心[①]，是一个综合性的项目，包含电视演播厅、办公和商务等多种功能，项目位于北京朝阳公园西南角，占地面积 1.8 hm²，总建筑面积 6.5 万 m²，建筑高度 55 m。壳体的曲面形态构思来源于莫比乌斯环概念，用一个具有生态功能的外壳将具有可独立维护使用的空间包裹在里面，形成宏伟的中庭空间。设计利用数字技术对外壳和实体功能空间进行量体裁衣，精确地吻合彼此的空间关系（图3-97、图 3-98）。

---

①　除注明外，本案例的图文资料均来自《建筑技艺》2010 年第 1—2 月刊《为明天而建造——凤凰国际传媒中心参数化设计实践》，作者邵伟平，以及《建筑技艺》2010 年第 1—2 月刊《北京凤凰国际媒体中心：融合开放、创新集结——访北京市建筑设计研究院总建筑师邵伟平》。

图 3-97　凤凰卫视媒体中心鸟瞰图

　　该方案从最初的构思开始就是一个整体三维的环状形体,随着设计的深化,逐步调整体型、加入表面纹理、深化建筑细节,同时结合了生态技术的应用。在整个设计与建造的阶段,数字化技术的应用都是必不可少的,可以说 BIM 技术使这个富有想象力的方案得以实施,如图 3-99 所示。

图 3-98　凤凰卫视媒体中心透视图

图 3-99　设计概念

由于特殊的造型，在表达方式上传统的平面图纸已无法胜任，必须通过 3D 模型进行精确描述。设计者在几何控制方面做了大量的研究，利用 Catia 软件为方案形体设计出一整套的几何控制参考线，将曲面形体确定下来，如图 3-100 所示。

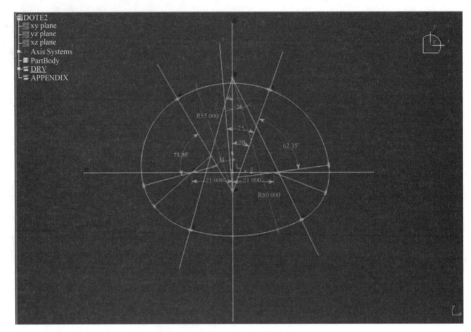

图 3-100　平面控制线

在体型的优化过程中，通过分析软件对体量进行绿色节能方面的分析，如图 3-101 和图 3-102 所示。

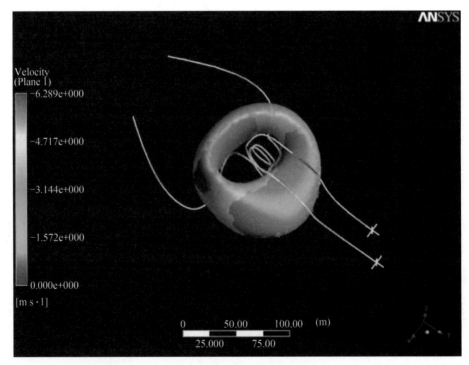

图 3-101　风环境模拟图

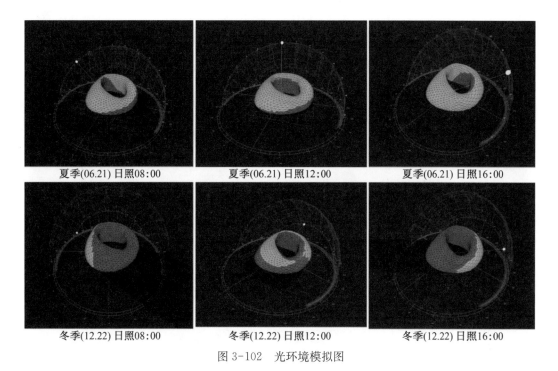

夏季(06.21)日照08:00　　　　夏季(06.21)日照12:00　　　　夏季(06.21)日照16:00

冬季(12.22)日照08:00　　　　冬季(12.22)日照12:00　　　　冬季(12.22)日照16:00

图 3-102　光环境模拟图

　　曲面形态确定之后,按"莫比乌斯环"的构思,在其表面进行富有流动性美感与几何韵律的纹理划分,如图 3-103 所示,并在 BIM 模型的辅助下,确定主肋、次肋的几何尺寸与相对位置,使主肋作为外立面的装饰出现,次肋则成为内立面的装饰,这样结构之美真正在建筑上展现出来,如图 3-104 所示。

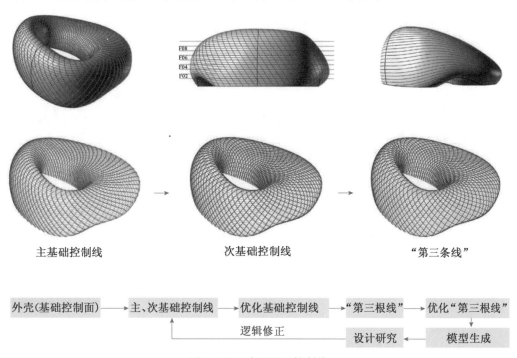

图 3-103　表面纹理控制线

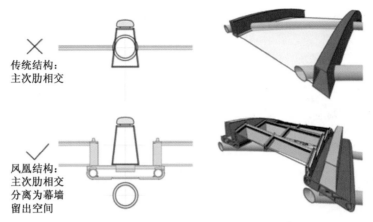

传统结构：
主次肋相交

凤凰结构：
主次肋相交
分离为幕墙
留出空间

图 3-104　表皮结构层次的研究（主次肋结构分离，为幕墙预留空间）

　　在外壳形态基本确定后，进入室内空间的设计。对于这种曲面、异型的内部空间，BIM 模型提供了快速、流动的在位体验，使设计师可随时掌控内外效果，如图 3-105 所示。

图 3-105　室内空间

　　整个方案难度最大的部分仍是外壳。在深化的过程中，整个曲面外壳通过几何划分，用平面的玻璃单元来拟合出曲面，以此控制制造成本。即便如此，这个建筑所有的幕墙单元尺寸仍然没有两个是一致的，需通过数字化技术控制其构成逻辑，得出每一个单元的几何尺寸及定位点，幕墙及钢结构厂家根据模型精确控制加工并精确施工，才能将复杂的幕墙设计变成现实，如图 3-106—图3-108 所示。

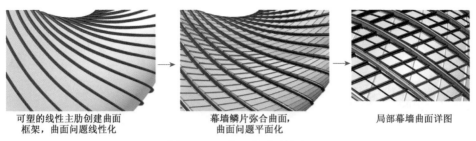

可塑的线性主肋创建曲面 框架，曲面问题线性化

幕墙鳞片弥合曲面， 曲面问题平面化

局部幕墙曲面详图

图 3-106 曲面的平面拟合

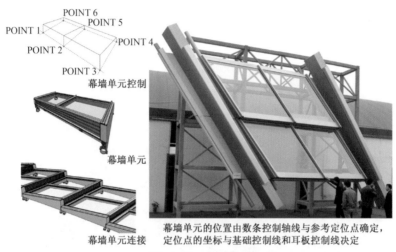

幕墙单元

幕墙单元控制

幕墙单元

幕墙单元连接

幕墙单元的位置由数条控制轴线与参考定位点确定，
定位点的坐标与基础控制线和耳板控制线决定

图 3-107 幕墙节点

图 3-108 幕墙施工现场

除了表皮设计之外，外壳和内部建筑实体之间的空间与结构关系，也需通过
三维 BIM 模型才能反映清楚，如图 3-109 所示。此外，在深入设计中的管线综
合、机电配合等方面，BIM 模型也发挥了不可替代的作用。

钢结构外壳   混凝土结构   钢结构与混凝土结构精确吻合

图 3-109　两套结构体系

图 3-110　施工中的凤凰卫视媒体中心

　　这个项目的成功实现,使我们深刻体会到数字化技术在复杂项目设计中的重要性。但这并不是说数字化技术只适用于非常规的复杂项目设计,正如项目的主创设计师邵伟平在"第六届中国国际建筑展·2011 中国建筑论坛"发言中所说的:"将来,数字技术会在建筑设计领域发生一些重大的革命,并不是因为数字技术一定要去建一些奇特的建筑,而是因为数字技术可以带来一种新的思想观念,能够使建筑更加精准、更加可控和更具有创新性。[①]"随着数字化技术的发展,BIM 与建筑设计将结合得更紧密,达到一个完美的互动。

---

　　① 邵伟平.数字技术与设计未来——北京凤凰国际传媒中心设计实践[J].工程建设与设计,2012
(1).

BIM

4 BIM 在初步设计阶段的应用

4.1 概述

初步设计是在方案设计或可行性研究基础上开展的技术方案细化过程,主要任务是完成各专业系统方案的深化设计,确定关键系统的布局、材料、尺度和性能,落实相关做法、主要断面及节点,初步设计需要在完整的专业配合下进行,相对独立并协同工作。

BIM 技术在初步设计阶段的应用主要目标在于优化建筑布局等功能和形体设计细节,确认结构系统、机电系统方案细节,协调专业设备间的空间关系。

BIM 技术在初步设计上的一般应用流程如图 4-1 所示。

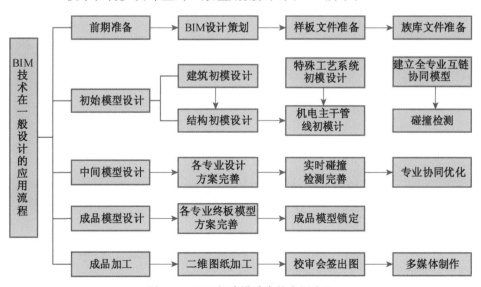

图 4-1　BIM 初步设计中的应用流程

其中,前期准备阶段是使用 BIM 进行初步设计流程里最为关键的内容,可划分为两方面的内容。其一为项目的 BIM 设计策划;主要包括项目模型的拆分方法,阶段深度要求,高效统一并易于设计修改的模型建立方法等内容;BIM 设计策划关系到整个设计流程是否高效与可控。其二为样板文件建立及族库的准备;合适的样板文件是能否使用 BIM 软件直接成图的关键,合适齐全的族库是进行 BIM 设计提高效率的关键。模型的专业协同设计可以大致分为初始模型、中间模型、成品模型三个模型深度阶段。

① 初始模型(初版模型)内容深度是为了提供最基本的专业协调模型,以此为基础平台进行深化设计。

② 中间模型是在协调过程中优化及深化专业内的设计模型,以此作为一次评审的节点。

③ 成品模型(终版模型)是作为各专业本阶段最终提资的节点,以该模型作为最终设计依据。

成品加工阶段,各专业以终版模型为依据条件,进行各专业系统图纸成图、校审会签、多媒体影音文件制作等工作,完成初步设计图文档交审文件的资料准备。

4.2 设计准备

4.2.1 项目设计策划

在设计阶段使用 BIM,因模型大小受硬件、软件的限制,为了保证模型的可持续使用和修改,对其建立的方法有较高的限制要求。本节主要介绍在开展项目前的策划内容,目的在于指导设计者更高效地工作及保持模型的一致性,增加可持续深化使用的便捷性。

1) 项目信息概况

项目面积,楼栋编号及其使用性质,结构类型。

例如:本项目建筑面积为 12 600 m^2,其中编号为 B1,B2,B3,B4,B5,B6,B7,B8 高层住宅,A2 为商业配套。结构类型为框架结构。

2) 模型拆分

模型拆分的主要目的是使每个设计者清晰地了解所负责的专业模型的边界,以顺利地展开协同设计工作,同时保证在模型数据逐步增加的过程中硬件的运行速度。拆分的原则是边界清晰、个体完整。一般由该项目的 BIM 协调人根据工程的特点和经验进行划分。

依据专业拆分 BIM 设计模型的案例规则。

① 地下部分:分楼层创建地下部分的墙、门窗、洞口、楼板、梁柱、楼梯、扶手、坡道等建筑(含部分结构)构件 Revit 模型。

② 外立面及幕墙:为保证项目汇报时完整的建筑外观效果,单独创建地上部分建筑外立面墙、门窗、幕墙、屋顶等系统 Revit 模型。

③ 地上裙房：分楼层分别创建地上裙房室内部分的墙、门窗、洞口、楼板、梁柱、楼梯、扶手、坡道、家具与卫浴装置（示意模型）等建筑（含部分结构）构件 Revit 模型。同时链接外立面及幕墙系统文件，保证单层 Revit 模型的完整性。

④ 塔楼各标准层：分楼层分别创建不同标准层、设备层、避难层等楼层室内部分的墙、门窗、洞口、楼板、梁柱、楼梯、扶手、坡道、家具与卫浴装置（示意模型）等建筑（含部分结构）构件 Revit 模型。同时链接外立面及幕墙系统文件，保证单层 BIM 模型的完整性。

专业内一般使用工作集协同方式，对于住宅等机电设备不复杂的项目类型，机电专业内部的水暖电之间也可采用工作集方式，使用同一中心文件。专业间使用链接（附着型）方式。对每一区域，各专业对应其有一个中心文件，或者采用土建、机电专业各一个中心文件方式拆分。

对于建筑地上部分，优先按照区域划分（例如，B1 栋，B2 栋；A 栋南区，A 栋北区；B1 栋 a 户型，B1 栋 b 户型）将模型文件按照不同区域进行拆分（例如，B1 塔楼中心文件；B1 裙房中心文件），如塔楼标准层加上变化层的面积或裙房的面积超过 3 万 m² 的，需要进一步按层进行拆分。区域模型大小控制在 100 MB 以内为宜。专业内部相邻文件之间互相链接协同，对于单元拼装模型需要新建"容器"模型文件将单元拼装在内，图纸二维绘图内容均在此拼装模型内进行。

对于建筑外立面复杂或者结构复杂的模型，该立面表皮应该单独拆分，以便统一与修改。外立面如需拆分，竖向上尽量只按裙房与塔楼分拆。

对于建筑地下部分，小于 4 万 m² 的可考虑不进行拆分，如大于 4 万 m² 的，优先考虑按照竖向层进行划分，例如，地下一层中心文件，地下二层中心文件；如果单层面积超过……选择较清晰的防火分区进行水平区域划分。例如，地下室一层 A 区中心文件，地下室一层 B 区中心文件。

地下室与地上部分的模型文件应该链接协同，在地下室建模初期，应把各单元建筑专业文件（只需要含轴网）拼装完毕，然后卸载；根据协同设计需求，再把必要的模型重载，以减少后期模型庞大而导致的拼装难度。也可以考虑只链接结构文件协同（结构单元文件需要把地上地下竖向结构模型做在同一文件内）以减少模型大小。对于复杂项目，应做出模型拆分示意如图 4-2 所示。

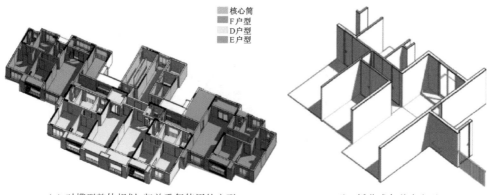

核心筒
F户型
D户型
E户型

(a) 对模型整体规划，归并重复使用的户型　　　　(b) 拆分成各种内户型

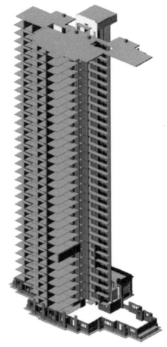

（c）户型竖向组装（可只作标准　（d）以首层，核心筒，屋顶层为主　（e）与外部模型进行组装
层，以控制模型量）　　　　　体，对户型进行型拼装

图 4-2　高层住宅模型拆分示例

3）项目模型建模方法

对于项目，同一建筑构件有多种建模方法，如需管理与维护模型，需要事前统一策划，建模原则应该方便设计人员修改与协同，并应事先统一好尺寸和模数。建模时应优先调用已有族库中的模型。如族库中不存在，但在项目中需大量使用，则应考虑新建并在项目中分享该族。其他情况则按照事先约定的"建模标准"或"建模手册"进行建模工作，如表 4-1 所示。

表 4-1　　　　　　　　　　　　项目模型建模指导表

项目名称		专业
构件名称	构件方案截图	指导意见
"窗套""拱圈""压边线条"	 柱头压线使用楼板制作，族类型：结构板-类型名称：压边-(厚度) 楼层线上的线脚及反边等，使用楼板边沿 窗套使用常规模型族，与窗脱开 所有门廊使用文化石外墙制作，顶压边使用楼板-压边，拱洞及其装饰线脚，装饰柱子，使用族进行开洞。外墙闭合即可	窗套与拱圈使用统一族去添加构件，不需要单独对墙挖洞，实体栏板压边线条使用楼板制作，以适应各种情况

续表

项目名称		专业
构件名称	构件方案截图	指导意见
"屋顶"	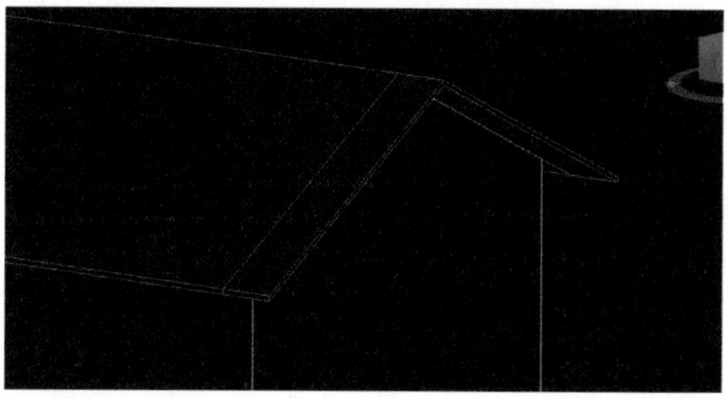	屋顶使用屋顶工具,先建屋顶结构板,檐口使用轮廓族添加,主要屋顶以屋顶标高(整数)作为结构板面起坡点,固定角度,交出屋顶高度。坡度输入值为 tgn(角度)。山墙方向上飘出部分与主体部分脱离,以外墙边为分界线,以便拼接调整
"墙体""材质"		项目墙体名称如左图,其中石材墙体设置为"结构层-200,面层石材80"外墙分为基座的黄色文化石,浅黄色涂料,浅黄色仿石漆涂料,结合立面与模型,效果图使用在相应位置,材质名称及图例填充待确定后统一更改。内墙使用相应的内墙类型,结构墙统一使用"剪力墙"类型。墙体命名:(类型名称)-(厚度)例:内墙-100,表示 100 厚的户内分隔墙
		BIM 协调员

4) 项目进度

依据国家相关建设工程设计深度要求,并结合各设计院内部设计深度管理要求、实际项目进度要求和人力资源分配,在项目初期制定进度表,安排时间节点与模型深度节点及相应的人员配置。应事先制定好专业间协同时间,必要时多专业应在以会议形式共同解决设计问题,如表4-2所示。

5) 图纸编制计划

由于软件自身问题及出图规范、报建节能等要求的实际情况,或因进度、人员掌握软件能力因素的影响,部分图纸需在模型协调设计后导出到大家习惯使用的软件进行图纸的完善和加工。出图软件间的互导节点及深度需要在项目启动前做出计划安排,以免出现重复工作量,如表4-3所示。

表 4-2　　某项目施工图进度计划表(2013 年 4 月 12 日—2013 年 5 月 31 日)

工作内容						完成时间	
确认条件	建筑专业	结构专业	电专业	水专业	暖通		
可转 CAD 图纸						2013/4/12	五
						2013/4/13	六
						2013/4/14	日
						2013/4/15	一
			草图提竖井条件,设备房条件			2013/4/16	二
						2013/4/17	三
	初模					2013/4/18	四
						2013/4/19	五
						2013/4/20	六
						2013/4/21	日
						2013/4/22	一
						2013/4/23	二
						2013/4/24	三
			中间模各专业三维协同			2013/4/25	四
						2013/4/26	五
						2013/4/27	六
			中间模各专业第二次协同			2013/4/28	日
						2013/5/2	四
						2013/5/16	四
			终版模型锁定			2013/5/28	二
			专业内二维图纸绘制			2013/5/29	
			会签模板图 /专业审			2013/5/30	四
			打图、归档			2013/5/31	五
	建筑专业	结构专业	电气电讯	水专业	暖通	总图	
专业负责人							
部门经理							
设计总负责人		生产负责人					

表 4-3　　　　　　　　　图纸编制计划表

图纸编制计划表专业:建筑

项目名称:				专业:建筑
图纸	Revit 平台出图	Revit 模型导出 CAD 加工	CAD 平台	导出 CAD 深度备注
地下室平面图	√			
裙房平面图	√			
标准层平面图	√			不考虑室内布置,不考虑地形模型
立面图	√			
剖面图	√			
墙身节点详图		√		

续表

图纸	Revit 平台出图	Revit 模型导出CAD 加工	CAD平台	导出 CAD深度备注
楼电梯详图		√		楼梯模型只需做结构层级模型,其余加工由 CAD 完成
坡道、地下室节点详图			√	坡道模型需建模检查,展开剖面由 CAD 完成
门窗详图			√	Revit 模型作为依据,展开图可以由 CAD 完成
平面放大详图	√			
		BIM 协调人		

由于大部分的 BIM 软件都是国外的原生产品,与国内设计与制图规范、构件名称、细部做法和相关的产品名称都有一定的差别,此外,个人建模方法的差异也会很大程度影响到算量的精确程度,从而影响到后续的模型应用。因此作为设计协同的前提,设计企业的 BIM 标准应当预先在以上方面进行规范和统一。在此方面,国内 BIM 软件厂家也进行了大量的工作,将建模方法、构件名称等进行了本地化处理,并在 API 接口上进行了优化和二次开发,使建模工作更加规范和便捷,可以考虑直接使用。随着国家建筑信息分类和编码标准的逐步建立和实施,现有的企业模型数据可以通过映射表的方式直接转换为通用的构件编码,从而使已经完成的 BIM 项目具有长期延伸服务的能力。

4.2.2 模型设计前的准备

项目策划完毕就可以着手进行模型设计了,但在开始之前还有几点事项需要特别注意。

1) 三维设计环境下的基本概念

以 Autodesk 公司的 Revit 系列平台为例,采用 BIM 技术的三维设计一般会涉及以下几个基本概念,如图 4-3 和表 4-4所示。

(1) 三维对象

① 模型对象:俗称三维对象,是指文件里存在的实体模型,各专业所谓的视图(图纸)都是针对模型的投影表达(表面投影——立面、截面投影——平面)。这类投影默认情况下只是软件的显示,此外还要根据国家制图规范、企业制图标准的要求

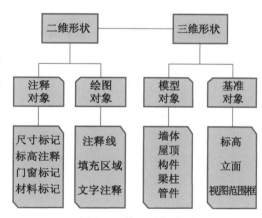

图 4-3　模型对象关系

将模型投影简化表达(例如窗,我们用两根细线表示,而不是玻璃和框料的截面表达)在 Revit 里,模型对象的创建都在"常用"类别里。

② 基准对象:标高、轴网、房间、面积、参照平面等,这类对象是抽象的空间概念,真实里并不存在实体,但他们的影响是三维度的,是对空间描述的对象。

例如,在平面上布置了房间,其实在剖面的相应位置也布置了,是空间上的对象,但不是实体的,是抽象的。

表 4-4 三维二维模型对象类型表

	从属关系	视图关联性	依附关系	对象类型
模型对象	从属于空间	关联	独立的,可与基准对象关联	三维对象
基准对象	从属于空间	关联	独立的,可与模型对象关联	三维对象
注释对象	从属于所在的视图	关联	依附于模型(信息)与基准对象	二维对象
绘图对象	从属于所在的视图	不关联	依附于视图的特定位置处	二维对象

在 Revit 里,基准对象的创建都在"常用""视图"类别里。其中标高、立面和剖面符号、详图索引、视图范围框等基准对象需特别注意:它们是用二维的符号表达视图(图纸)空间位置的特殊类型。例如,平面上立面符号的摆放位置不同,立面(视图)的显示内容也会发生变化,假如不小心把立面符号移动或者删除了,相关的立面(视图)非模型属性内容都会错位,甚至整张图纸都会被删除。

(2) 二维对象

① 注释对象:该对象类型是对模型对象信息的说明补充,例如,建筑模型的一块墙体本身具备长、宽、高的信息,但是从投影是无法直接看出这类信息,必须去测量,所以就用尺寸标准进行注释,包括门窗标记号等。所以必须对模型的投影视图进行说明才能变成容易沟通、指导施工的工程图纸。在 Revit 里,注释对象的创建几乎都在"注释"类别里。该类对象为信息模型里信息的二维表达。

② 绘图对象:指专有图元。与模型信息无关,用文字工具添加的注释(非标记),在视图里直接绘制注释线、填充区域等内容,就是覆盖在图纸上的二维线(有前后覆盖顺序关系),此类型的特点只针对某视图(图纸),不与其他视图发生关联。在 Revit 里,绘图对象的创建几乎都在"注释"类别里。随着 BIM 的发展,这类对象可能会越来越少被使用。

2) 三维设计应注意的事项

BIM 设计与传统二维设计有较大区别,表现在设计深度的提前、思维方式的改变等。这些改变都会对已习惯使用二维工具的设计人员使用带来困难。初期开展三维设计的设计院,在进行具体项目操作前有必要让设计人员正确认识采用 BIM 技术后工作内容和流程的调整。相关的注意事项如下。

首先,BIM 设计一般比传统二维设计深度前置。因为传统二维图形表达,平面内只需以线条表达建筑的投影信息,但在三维工具里进行设计,当绘制墙体时,除了绘制其水平走向,还需要输入最基本的高度限制信息,其他还包括内外表面材料等设计信息。在输入该类信息的同时,等同已提前完成立面、剖面、立面分色等设计需考虑的工作。这部分工作也能通过合理管理模型,在后期随着设计深度的渐进快速添加与修改。但如果没有提前考虑这部分内容,后期修改或添加将会非常麻烦(很多设计师反映三维软件修改效率太低及不适合用来进行反复修改设计,部分原因来源于不合理的管理模型)。

传统二维对象之间的关系都是割裂的,只是人为概念上建立联系,用这种习惯思维使用三维软件时,经常会忽略其中关联性。例如修改模型后,只让其平面表达正确即可,却不理会模型的平面、立面、剖面的关系。通常二维设计带来的错漏碰缺都来源于此。

另外,传统的轴网、标高等对象添加在图纸上只是一个图形,但在三维软件平台下,轴网就是空间里的经纬度,标高就是空间里高度的定位对象,反映在视口里的只是该空间对象的二维表示。不习惯BIM操作的设计者经常会出现随便删除某层轴网,或者每层视口复制一套轴网等错误。初学者使用双视口或双屏操作,在平面绘制模型同时观察其他视图,能有效避免这类错误。

如图4-4所示,平面门设置于楼梯平台底,缺乏经验或者考虑不周时会导致其碰撞。三维设计能直观反映并提示错误,设计师同样需要改变思维,不能只顾平面表达正确与否,要使其成为设计工具不是绘图工具。

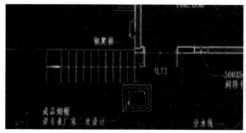 

(a)二维图纸   (b)三维视图

图4-4　三维设计注意事项示例(1)

如图4-5所示,平面窗的表达无误,但在放置窗构件模型时需调整其参数,使其划分正确及合理,同样需要设计师以真实建筑的设计去考虑,而不是单纯地为了图纸表达。

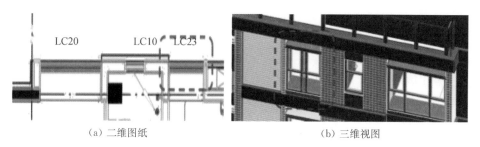

(a)二维图纸   (b)三维视图

图4-5　三维设计注意事项示例(2)

4.2.3　图纸编制

可通过两种方式进行图纸编制和准备:一是完全在BIM环境内对视图和图纸进行整理汇编(优先选择)。二是将视图输出到CAD环境中,使用二维制图工具进行编制和图形加工,如图4-6所示。

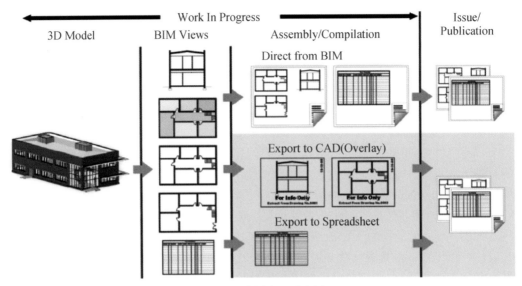

图 4-6　出图流程示意图

导出到 CAD 中"完成的"设计会抹煞 BIM 数据的协调优势,应尽量避免这种做法。

BIM 协调人应根据团队组成人员的 BIM 设计流程熟练程度、二维绘制图量以及是否有较多修改等因素确定是否采用纯 BIM 方式。无论采用哪种方法,在使用二维加工之前,均应对三维模型进行最大程度的深化。

如果项目中有链接的 CAD 或 BIM 数据,设计团队应确保在输出工程图纸时是获得最新的、经过审核的设计模型。

1) 直接从 BIM 生成图纸

要在 BIM 环境内生成工程图,首先要对视图进行尺寸标注、二维注释内容补充;其次应整理图面符合公司出图规范要求;最后进行布图后直接从 BIM 环境下打印图纸。

注意:从 BIM 出图前应小心检查,以确保所有链接数据均有效、可见;确保剖切深度符合要求。

2) 从视图/输出文件编制图纸

从 BIM 环境中导出视图到 CAD 中进行成图,或用作其他 CAD 图形的底图,应把视图放置在素线框中,并清晰标明以下内容:① 此数据仅作参考之用。② 图纸数据的来源。③ 制作或发布此图的日期。

只要是从 BIM 导出,用于在 CAD 中进行二维详图绘制的输出图纸,设计者均应确保 BIM 中变更被悉数反映和更新至 CAD 文件,以输出最终的工程图。如果要从 Revit 输出数据到"真实世界"坐标系,那么必须从工作视图(如楼层平面图)进行输出操作,而不是从已经做好的图纸空间输出。

3) 目录与文件命名

文件命名以"区域＋专业"的命名方法存放在该项目相应目录位置。例:C栋塔楼-建筑,C栋塔楼-结构,C栋塔楼-机电,约定的命名方法以便各专业容易找到需要链接的模型文件。工作集命名不能使用用户名区分,适合以区域或者工作内容性质命名如"1F""2F""外部""内部""户型详图"。

4.3　建筑设计

4.3.1　初设模型深化

设计前期阶段,模型设计重点在于从体量到建筑构件的转化,对于常规构件如内部的墙柱、门窗、楼电梯等没有谈及。初步设计阶段就必须对各类构件逐一细化,以过渡到初步设计阶段,使其逐步具备变成现实的条件。

在深化的同时,需考虑多方面的要求:

① 本专业的图面表达要求。

② 便于后续修改的要求。

③ 多专业协同设计的要求。

④ 可视化表现的要求。

⑤ BIM 模型后续应用的要求等。

这些要求有些不一定在设计阶段完全满足,后期也可以通过插件处理,因此公司标准应全面考虑这些因素,以便在设计阶段的工作量与后期处理的工作量之间取得平衡,设计人员亦需在前期做好策划,并且按规范的做法进行深化设计与建模,减少后期的调整。下面分别介绍几方面的模型深化。

1) 材质调整

方案阶段的模型可能没有对材质考虑太多,常常按模板默认的材质开始建模,或者仅区分大的类别(如金属、玻璃等)及颜色、纹理,尤其是 Revit 自带的模板里,很多构件的默认材质都是"〈按类别〉",没有指定具体材质。在深化的时候就要对材质进行细致的梳理,否则会影响到后期的构件区分、统计、渲染等方面的应用。

比如墙体,如果按默认的"〈按类别〉",将无法区分剪力墙、砌体墙、空心砖墙等各种墙体。又如 Revit 可以用"材质标记"命令直接标注各个部位的材质名称,如图 4-7 所示,非常方便,但前提是材质的设置应该正确。

对于软件自带的材质库里没有的,或者公司模板里没有的材质,需要自己添加,可以找相近的材质复制再修改,Revit 的材质类别会影响到具体的设置项,比如"木材"类可以设置贴图,但"金属"类就没有贴图的选项,因此,新建的材质所属类别应该按实际设置,再根据设计及图面表达需要,设置其"图形"选项及"外观"选项,如图 4-8 所示。

需注意的是,Revit 的贴图是不会保存在项目文件中的,因此如果自己添加了带贴图的材质,拷贝到其他电脑打开,贴图会丢失(除非在同样的硬盘路径复制贴图文件),因此自定义材质最好不要带贴图。

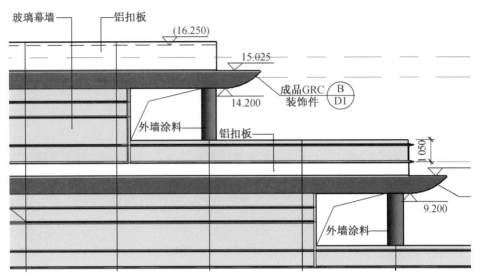

图 4-7　立面的材质标注

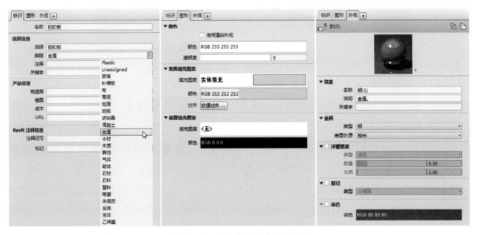

图 4-8　Revit 的材质设置

对于墙体、楼板、屋顶等一般由多个构造层次组成的构件类型,材质的设置更为讲究。有两种设置方式:采用复合材质或者采用多层构件。采用复合材质在建模的时候较简单,但会带来多方面的问题:

① 与结构专业协同设计时会有冲突(结构专业仅考虑受力层)。

② 图面表达可能不符合习惯,如图 4-9 所示,Revit 的墙体只有两种显示模式:显示所有构造层,或者只显示最外侧两根线,无法按习惯表达仅显示核心层(ArchiCAD 可以只显示核心层,因此无此问题)。

③ 后续施工阶段应用时难以拆分核心层与面层。

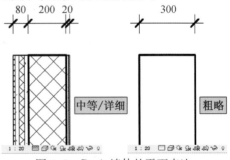

图 4-9　Revit 墙体的平面表达

　　因此,目前较推荐的做法是采用多层构件。如墙体,核心层单独设为一道墙;两侧的填充层及面层分别另外设为一道墙(简称"饰面层")。在实际项目中,往往内墙的饰面层被忽略掉,仅外墙的外侧另外设一道饰面层墙,效果如图 4-10 所示,在 1∶100 等大比例的视图中,用过滤器将饰面层墙体隐藏。对于楼板、屋顶等构件亦建议做类似处理,虽然建模稍微复杂一点,但减少了后期很多麻烦。

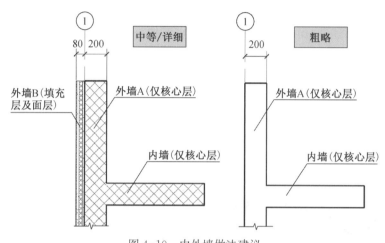

图 4-10　内外墙做法建议

2)幕墙深化

　　在前期方案中,幕墙往往只考虑大面的分格效果,深化的时候可根据设计意图分别对幕墙的网格、竖梃、嵌板等进行细致的调整。案例如图 4-11 所示,一开始使用了最简单的矩形竖梃和简单分格,在深化的时候对综合考虑了造型、人体视线、遮阳效果、技术难度等因素,对分格、竖梃样式进行了多次的调整,最后得到满意的效果。

图 4-11　幕墙样式的调整

Revit 的幕墙调整主要有三方面的内容。

① 网格线的调整：可以从粗到细，先总体按照一定的模数调整数量或间距，再局部手动调整整行或整列网格，再对个别网格线进行添加或删除，做出细分或合并。

② 竖梃样式调整：竖梃是基于轮廓线生成，因此只需修改轮廓，即可反映造型。

③ 嵌板样式调整：嵌板可以统一设定主要样式，再作局部调整替换不同的样式，如可开启的门窗扇、百叶窗等，也可以替换不同材质的嵌板，做出组合幕墙的效果。

3) 门窗深化

对于非幕墙的外立面来说，门窗往往是重要的造型元素。在方案阶段来不及细化的门窗，在深化阶段就需要进行细致的调整，并且要综合考虑多方面的因素，以便顺利进行施工图设计及后续应用。

如图 4-12 所示案例，方案阶段为了快速成型，阳台门使用了简单的样式。在细化的时候对配合整体风格对门的造型做出细致的推敲，使其成为点睛之笔。

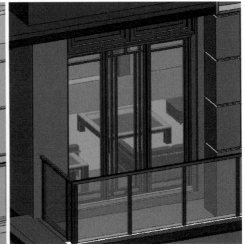

图 4-12　门窗样式的调整

门窗的深化需考虑的因素较多，门窗族的制作也是比较复杂的，一般来说需注意以下几方面。

① 造型与面板的样式：对于造型需要的非常规门窗，往往需要自建族或者以现成族为基础进行修改。

② 框料的大小：应如实反映该尺度下框料的实际大小，并且与设计图纸选型相符合，以免出现成品安装之后与设计意图相差较大的情况。

③ 框料及面板的材质：此因素影响可视化表达。

④ 可开启扇的开启形式与大小：此因素影响到后续的节能计算。

⑤ 平面、立面表达：门窗是典型的二维、三维分离表达的构件，二维是完全的简化表达，但同时又受尺寸等参数控制，为了出图的需要，在制作族的时候需格外注意二维表达。

⑥ 详细程度的控制：Revit 自带图库里的门窗族模型建得比较细，如把手等细部都建出来，对于自建族，应考虑表达需要与运行速度之间的平衡，避免过细的模型影响速度[①]。

⑦ 族的参变控制：有些特殊的门窗族，直接建模比较方便，如果要建成参数化控制的族，需考虑多方面的对齐、阵列、锁定等操作，比较麻烦，这时候需要考虑重复应用需求与工作量之间的平衡，如果复用率不高，就可以不做参变族，有需要的话直接另存一个族编辑即可。

4）外露构件的深化

外露构件泛指除墙体、门窗、屋顶等常规围护结构以外的构件，包括阳台、栏杆、墙身装饰线、入口雨篷、装饰构架等，对立面造型有直接影响，因此也是方案深化阶段需精心推敲的部分。

如图 4-13 所示为一个露台的多个栏板样式。Revit 的栏杆扶手功能非常强大细致，所有组成部件均为参数化设置，可以分别设置横向的各个高度的扶栏、竖向的各种间距的栏杆，扶栏与栏杆的截面可以任意设定，再加上各种平面或高度上的偏移，可以设置出极其丰富的栏杆样式，满足设计的需求。

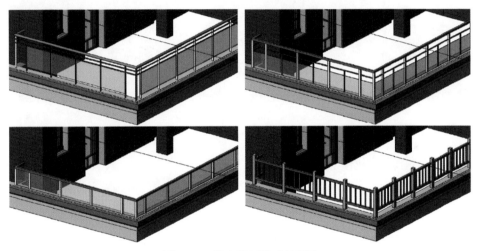

图 4-13　阳台栏板样式的调整

如图 4-14 所示为墙身装饰线脚的调整示例，这类横向的线脚一般通过 Revit 的"墙饰条""墙分格缝"或"楼板边"功能来实现，定义好轮廓线，然后拾取墙体或楼板的边界，自动生成实体线脚或凹槽，修改起来也非常方便，直接编辑轮廓线即可。

有些构件没有直接建模的工具，可以使用常规工具创建，然后组合成一个构件组或使用"内建模型"功能进行在位创建，一些特殊的墙饰线（如斜向的饰线）也可以通过内建模型制作，如图 4-15 所示的两例为内建的常规模型。此外还可以通过外部 3D 软件建模导入，在此不再赘述。

---

① 虽然可以通过详细程度来控制视图，但这只影响模型的显示效果，后台的运算仍需按整体模型来进行，因此如果模型复杂并且数量巨大，设置为"粗略"显示并不会对 Revit 的运行速度有很大的改善。

图 4-14 墙身饰线的调整

图 4-15 常规模型示例

4.3.2 建筑专业模型设计

初步设计阶段建筑专业模型设计一般可以分为初始模型设计、中间模型设计和终版模型设计三个阶段，每个阶段都包括专业模型的深化、审核以及专业之间设计模型的协同工作等内容。

1）初始模型设计

使用 BIM 进行初步设计应有一个认识前提，即设计深度、内容都需要前置，其工作量和时间需求都会相应增加（提前解决以往在施工图阶段才解决的问题），应从安排及分配上进行相应的调整。

在进入初步设计阶段开展 BIM，一般为两种情况。

① 方案阶段已使用同一套 BIM 软件体系，已有初步的 Revit 模型且基本符合企业的模型标准要求。初步设计阶段将根据 BIM 设计策划对其模型进行检查与拆分，然后对模型进行细化以满足协同深度要求。

② 方案阶段未使用 BIM 软件体系，或者模型要求与企业标准相差太大而需重新建模整理。一般将根据企业标准和方案条件作为设计依据搭建模型。

（1）项目准备

① 建立文件：根据 BIM 设计策划的模型拆分表，用特定的用户名在规定的

目录下选取相应的样板文件建立工作集,建立中心文件。

② 建立项目空间定位体系:对于标高,建立文件后,首要事情是按照竖向关系建立标高,必须把最高与最低点(包括地下室)的关键标高建立好,以保证之后建立的轴网,参考平面都会经过该标高。如后期再添加标高,必须找到相应立面才能使轴网与标高相交。标高建立后,习惯上对其进行锁定。若为中心文件,应该对其进行权限设置,只允许专业负责人或 BIM 协调人更改。

对于轴网,根据设计输入条件绘制轴网,注意慎用描绘 CAD 底图的方式,因为存在描绘的轴网由于不精确造成零碎尺寸或轴网不平行等情况。

轴网根据图面表达进行调整,使用软件中的"影响范围"选项将轴网"复制"到其他平面视图。轴网建立后,应对其锁定。若为中心文件,应该对其进行权限设置,只允许专业负责人或 BIM 协调人更改。

轴网的建立可通过第三方插件快速建立,使用插件可按照传统习惯通过对话框信息输入建立自动编号的轴网,更快捷更准确。

(2)墙体创建

① 设计深度要求:根据设计在相应标高视图内创建基本墙体,使其围合成满足功能规范要求的空间,墙体要求按照内墙、外墙类型区分,其中外墙还应按材质区分类型。幕墙只需建立幕墙网格系统或使用玻璃材质墙体类型代替,其中设备间与管井的位置和尺寸由机电专业以草图提资创建(墙体信息根据应用要求可提前设定或者以后添加深化)。

② 模型管理注意事项:墙体应该分为最基本两个类别——外墙和内墙,以方便管理模型。随着应用需求可按材质或构造,细化墙体类别,具体墙体命名可参照企业标准。

使用 Revit 环境建立墙体除非特殊情况需要,一般以核心层(核心层中心线,核心层外部,核心层内部)作为定位基准线,即以墙体的主体核心层定位并注意墙体内外方向的区分,其余面层构造都在此核心层的基础上添加。这样做的目的是随设计的深化对墙体构造添加几何信息时,同时不会影响到墙的原始定位。

(3)竖向构件创建

① 设计深度要求:根据设计条件,或者由结构设计师以草图形式提资,创建柱子、剪力墙等竖向构件。该部分模型可以由建筑专业创建,然后把模型交付给结构专业使用,并在此过程中完成初次提资协同。另一种情况是结构专业按照设计条件,链接使用建筑专业的标高、轴网系统,同步创建模型,在完成初模节点时交付建筑专业进行协同。

② 模型管理注意事项:竖向构件一般为新创建文件,该文件与项目建筑专业模型互相链接,使用"复制监视"功能获取同一套标高轴网。如果结构与建筑模型建在同一文件内,竖向构件使用"剪力墙"作为结构构件时,需要注意与建筑普通砌体墙之间的连接关系,其自动连接功能容易出现错误修改的情况。

在设计阶段,为方便修改,相同尺寸的竖向构件垂直定位一般为自上而下贯通。在后期可以通过插件对其进行批量竖向拆分。

对于竖向截面尺寸变化较多的情况下,建议使用参照平面进行锁定,方便修改。

（4）门窗（百叶、洞口）创建

① 设计深度要求：根据设计意图，选取门窗族，调整相应参数在墙体模型中插入符合功能与规范要求的门窗模型，门窗模型的深度要求至少包含完整正确的洞口尺寸信息。

② 模型管理注意事项：门窗的创建，首先要求具备完善的族库，一般默认的或由专业软件商提供的族库虽然非常智能，但往往不能满足设计企业的使用，设计企业应有一套常用的，满足设计参数和满足图纸表达要求的门窗族。为了减少最终模型的硬件负担，门窗这类大量重复使用的族几何面数量应尽可能小，不是越精细越好。窗族除了基本几何参数外，至少还应包含设定以下几种设计参数，如"防火等级""材质""开启面积""护窗栏杆"等。门族除了基本几何参数外，至少还应包含设定以下几种设计参数，如"防火等级""材质""开启扇宽度"等。

（5）楼板、屋顶创建

① 设计深度要求：楼板构件，在初步设计初模阶段，使用统一厚度的类型建立结构板，根据降板的设计要求绘制范围及定义标高以满足各专业提资。创建楼板上的管井、电梯、楼梯洞口、中庭等洞口。

对于平屋顶，使用楼板搭建，对于坡屋顶，使用屋顶工具创建。此阶段仅建屋顶结构板面。

② 模型管理注意事项：楼板，创建结构楼板是一个提资过程的构件，最终的结构楼板来源于结构专业模型，所以只需满足降板及楼板厚度控制即可。另外对楼板的开洞，为使各层楼板尽可能关联，应使用竖井工具整体开洞而不是使用编辑轮廓的方式修改。慎用编辑模式下楼板边界的锁定功能，因为其边界锁定只关联方向，修改容易出错。对于结构找坡和折板造型，均可使用楼板工具进行标高调整，然后使用体块切割来满足要求。

屋顶：对于坡屋顶，要注意根据固定角度还是固定高度的原则，规定以檐口作为基准点，不同于传统二维作图，坡屋面图简化成只表达结构面，为同时满足平面、立面、剖面准确的模型，当建立坡屋顶结构部分时，需预留瓦、保温层等构造厚度。

（6）楼梯，电梯的创建

① 设计深度要求：依据设计条件创建楼梯实体模型（不含扶手栏杆，不含构造面层及梯梁），在电梯管井内插入电梯模型。

② 模型管理注意事项：楼梯，项目的样板文件应预设几种楼梯类型，按住宅、户内楼梯、医院、办公等相关对宽度、踢面、踏面尺寸有不同规范要求划分，设计人员只要选取相应的楼梯类型就能满足最低规范要求。再根据实际计算所需要疏散宽度具体构建模型。因国内绘图习惯，平面所表达的看线为楼梯结构面，如果追求平面看线对齐，不要添加楼梯面层模型，剖面用二维线进行添加表达。栏杆在此阶段不添加。梯梁、板厚待结构提条件后添加。楼梯建模完毕后，均需要添加剖面进行检查，查看碰头情况，采取双视口进行楼梯的调整能更快速有效完成楼梯的设计。楼梯模型的图纸表达需要善用可见性设置，是否看到剖切面以上部分虚线表达，楼梯是否被楼板遮挡，剖切深度范围对楼梯表达的影响等。

电梯：电梯族的设定，除包含尺寸参数外，还应对是否开门，平行锤的方向设置调整参数,以满足高层电梯分区需求,而类型应该按常用电梯吨位对应的尺寸设置多种以提供设计人员直接使用。

(7)楼板边沿,外圈梁

① 设计深度要求:依据设计条件,结构专业建议,立面因素考虑,使用楼板边沿,墙饰条等工具创建模型,进行外圈梁的控制,该阶段的楼板边沿的轮廓相当于墙身构造的结构轮廓,只需要考虑其梁高控制,不需要关注其构造对其他因素的影响。

② 模型管理注意事项:楼板边沿(外圈梁),考虑到构造上的逻辑关系,我们一般倾向使用楼板边沿工具,按照构造轮廓创建建筑墙身的模型,在此阶段主要为控制其梁高对建筑专业的影响,因这部分大多由立面因素决定的,所以应由建筑专业创建模型进行控制。

墙饰条:使用墙饰条工具同样可以创建墙身轮廓模型,其目的与楼板边沿一样,使用墙饰条工具创建的优势是可有效拆分立面模型与控制效果。但存在构造逻辑不准确,只能在立面上创建调整,与墙体关联容易出错等问题。

(8)房间布置,标高、轴网尺寸注释、排水设计

① 设计深度要求:依据设计条件在空间内布置功能房间,主要位置的标高注释(结构)、轴网或主要空间的尺寸标注,二维线表达的排水设计。

② 模型管理注意事项:

对于房间布置,在 Revit 环境下,房间功能的注释不是采用文字(TXT)功能进行标记的,而是采用类似于一个"空间",内含面积、体积、功能名称、编号等信息的虚拟模型。放置在墙体与楼板围合的空间内,便可以自动进行房间功能的标记。放置时应注意其高度关系,如果不准确将影响绿色建筑分析等应用。对夹层房间的添加需建立相关标高,否则房间将可能出现不能放置准确位置的情况。在模型内删除房间,只能删除其空间所在位置,若要彻底删除该房间,需在房间明细表里进行,否则进行分析时,可能会提示出现无效房间的错误警告。房间对于顶部不规则的空间,需添加剖面,在剖面内进行高度的调整。

标高、轴网尺寸注释、排水设计:该阶段因为只有结构板,专业协同重点关注降板条件,所以只需要对主要降板进行结构标高。对于屋面,阳台,露台等位置,使用二维线进行排水的设计以提资给水专业进行管道设计,因使用模型表达会严重降低设计效率,不应在此阶段进行。

(9)提资视口设置

整理视口图面,按规定命名视口,以便其他专业链接时识别所需要的条件。

(10)初模完成,专业内校对、提资

初步设计的初模(图 4-16)按以上深度完成,经本专业进行模型校对后,提资给其他专业进行三维协同设计,建筑专业进入下一阶段中间模型。其中校对方法应该避免使用图纸或 DWG 形式进行平面校对,应逐渐使用有经验的技术人员操作模型观察,剖切,进行三维空间下的设计校对。

(a) 房间模型   (b) 楼层房间布置模型

图 4-16　初始阶段建筑模型

2) 中间模型设计

在完成初模提资后,建筑专业可进入中间模型阶段,该阶段主要工作内容为两部分,第一部分为根据立面对墙身构造模型进行深化;第二部分为根据三维协同后进行初模的修改调整(图 4-17)。其中第一部分内容为建筑专业自身内容,在其他专业进行搭建初模的时间段内可优先进行,不受其他专业影响。

在其他专业完成模型后,对其他专业模型进行链接协同后,再进行第二部分内容。

(1) 楼板边沿、墙饰条、造型模型(立面元素)

① 设计深度要求:根据设计条件的立面元素,对标准层相关的装饰线脚按墙身构造创建或者深化,对屋顶檐口、女儿墙部分构造逐步深化。

② 模型管理注意事项:在初始模型阶段,我们已经创建部分楼板边沿以控制结构外圈梁的高度,此阶段通过添加与深化"轮廓族",对照立面效果进行设计,该部分内容相当于前置了墙身详图的设计工作,如图 4-17 所示。

檐口造型、GRC 线脚等大部分建筑构件都可以通过"轮廓族"放样,并赋予不同材质进行创建,对轮廓族的管理尤其重要,应该根据造型风格、使用范围对该族进行积累及分类管理,提高重复使用率。

(2) 坡道、台阶、建筑面层板的添加,洁具、家具布置

① 设计深度要求:根据设计条件的创建汽车坡道、无障碍坡道、台阶模型,根据防水、保温、埋管回填等要求添加建筑面层楼板模型。

布置洁具、空调室内外机、家具布置。该阶段洁具、家具等非土建模型均使用二维版本以减少硬件负荷。

② 模型管理注意事项:使用坡道工具结合楼板工具可满足大部分类型坡道,但 Revit 暂时无法对其进行展开剖切,需要另外使用二维工具绘制详图。

台阶可以使用楼梯工具或者楼板叠加方法创建,国内已有第三方插件对这部分进行整合,能提高效率。

建筑面层楼板应该根据常用构造预设,使用第三方插件,建筑面层板可以快速自动生成。

洁具、家具、空调机等非土建模型只放置其二维图形版本,在设计模型基本完成后,根据需要可替换其三维版本。该部分内容可通过链接 CAD 底图来应对临时的图纸深度要求。

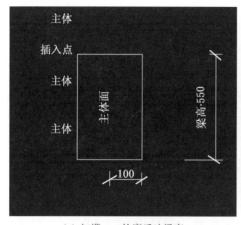

(a) 初模——轮廓反映梁高

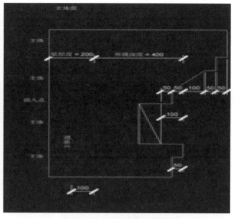

(b) 中间模——按照造型修改轮廓

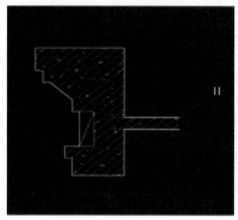

(c) 替换模型中轮廓或者添加新的楼板边沿

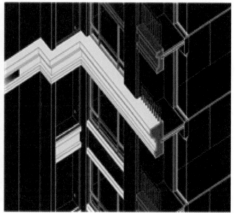

(d) 根据楼板放样生成线脚模型三维剖切效果

图 4-17　中间阶段建筑模型

（3）协同修改与设计优化

① 设计深度要求：链接结构、机电模型进行三维协同设计，根据会议评审结果，对初模进行修改与设计优化。内容包括墙体、门窗的调整，管井、设备机房大小与位置的调整，立管、进排风口的立面处理，结构对楼梯净宽、净高的影响，消防栓位置调整，门窗分隔优化设计等。

② 模型管理注意事项：对于链接其他专业的模型，必须保证模型都在同一坐标、标高系统下。熟练运用可见性设置获取需要的视图（各专业视图需按规定设置）进行多专业的碰撞检查。修改墙体时应该注意墙体的关联性（包括竖向），必要时应打断后进行修改。

（4）提资视口更新

重新整理视口图面，添加新的建筑标高，检查视图深度范围，关闭不必要的图形信息。

（5）中间模完成，专业内校对，提资

初步设计的中间模型按以上深度完成后，经本专业进行模型校对，提资给其他专业进行三维协同设计,建筑专业进入下一阶段终版模型。从链接各专业模型开始后,三维的协同应该是实时进行的,设计信息应及时反馈。

3) 终版模型设计

在完成中间模型提资后,建筑专业可进入终版模型阶段。该阶段主要工作内容为建立和补充结构转换层,屋顶层的楼板边沿,立面模型和根据专业配合后修改调整原设计模型。

(1) 结构转换层、屋面层楼板边沿、墙饰条、造型模型(立面元素)

① 设计深度要求:根据设计条件的立面元素,对变化层、屋面层相关的装饰线脚按墙身构造创建或者深化,对屋面檐口、女儿墙部分构造逐步深化。建立变化层,屋面的装饰柱、装饰百叶、造型常规模型族的放置。

② 模型管理注意事项:在中间模型阶段,已经对标准层模型的立面模型进行了细化。在终版模型里继续对变化层、屋顶层、屋顶等立面元素模型进行创建。在初步设计阶段,为避免过度建模影响以后修改效率,应根据经验或者项目策划,应用替换族的手段,优先创建影响其他专业配合的模型并尽量简化。例如,可以用墙体工具暂替幕墙,幕墙只作网格划分,不添加竖梃。"轮廓"只表达混凝土浇筑部分,雨棚只用楼板或幕墙网格代替等。

轮廓族的管理,同样应该根据造型风格,使用范围对该族进行积累及分类管理,提高重复使用率。

(2) 协同修改与设计优化

① 设计深度要求:根据完成的各专业中间模型进行的协同评审成果,修改与调整原模型,创建地下室风井模型。修改后及时反馈给其他专业,确保协同成果落实。同时对各主要、复杂构造空间进行剖切检查。

② 模型管理注意事项:在平时修改与操作模型时,可以对其他专业模型进行卸载以提高操作响应速度,协同时重载模型。

除立面模型需要整体创建外,内部功能模型只需要对单个标准层、变化层或屋顶层等进行创建,对于成组镜像复制,按层复制的模型都不要进行阵列复制,因为这些步骤本身占用时间很少,但完成后带来的硬件负担却非常大。一般只在模型锁定后(施工图终模)才考虑进行复制阵列。

(3) 图纸布局

剖切视口布局。创建图纸空间,把对应视口按比例,排版布局于图纸空间内。

(4) 终版模型完成

专业内校对,提资,模型锁定后进入专业内二维制图阶段。

各专业模型经过协调后最终确认模型,锁定后各专业根据需要选择直接在Revit平台进行二维图形绘制、尺寸标注、注释等绘图工作或导出至 CAD 进行二维加工工作。

4.3.3 使用性能的优化

在初步设计阶段,围绕方案的深化过程,有必要将建筑性能的模拟和优化作为设计节点放置在建模计划的时间轴上。一般来说,建筑的总体布局的模拟和优化过程已经在设计前期完成,在方案阶段完成对建筑体型的生态模拟和优化。进入初步设计阶段后,随着墙体材料、房间布局的逐渐定型,需要重点考虑建筑构造、材料、窗墙比等对后期建筑使用的影响。BIM 设计的核心价值正是体现在随设计的深化逐步展开细节的模拟和优化过程。

初步设计阶段模拟优化的主要部位包括以下几方面。

① 对建筑群体布局的再次优化:根据外部边界条件资料,对建筑群体布局进行更为细致地调整,以协助完善总图设计。

② 对建筑单体形式进行再次优化:根据专业协同后确定的墙体构造,对建筑单体的形式及其节能效果进行更为细致地优化和调整。

③ 对室内环境进行模拟优化:通过对室内空间光环境和风环境的模拟,使建筑室内达到良好的空间舒适度,及时发现问题,在专业协同之前调整空间布局或者优化局部构造。这一部分是初步设计阶段模拟的重点。

BIM 项目应根据其复杂程度和重要程度,将性能检测放入设计流程中,使建筑师及时得到相应的反馈,以优化建筑设计。

1) 初设阶段性能模拟内容

设计师一方面应充分考虑建筑空间为各种活动提供恰当功能,大到使用性能的最优化,尽可能消除微环境使用性能的不利因素;另一方面则应充分考虑所涉及的外界自然环境影响的性能因素,从气流(室外风、室内风和人工气流组织)、光、热、声、能源多个方面综合考虑其自然能源利用的最大化,常规能源节约的最大化等方面优化设计方案,充分改善建筑的使用性能。

性能模拟是基于数学物理方程建立,针对几何对象的物理过程在时间和空间上求其数值解的过程。因此,通过建立模型,设定参数条件和边界条件得到的分析结果是在模型空间上的一系列解值,解值可根据需要设定其为标量或者矢量,并且得出这些解值随时间变化的函数,从而得到模型的时空虚拟现实影像,模仿气流的运动,光照的改变,微小粒子的扩散,声音的传播,人群集散,能源的消耗等工程项目方案设计所需要了解的物理过程,测试单体建筑、建筑空间内部、建筑群组的性能状况。

借助计算机辅助模拟技术手段,设计师已能够定量地分析工程项目在总平面规划、功能区布置、建筑空间尺度、功能流线、能源消耗等方面的影响要素,在计算机系统的虚拟平台上模拟项目建成后的 CFD(风、气流)、光(采光、可视度)、热(温度、辐射量、日照)、声(声效、噪声)、能源(能耗、资源消耗)的外界条件。根据工程方案初步设计的优化需求,可对仿真分析求得的解值结果进行处理,得到等间距图、云图、矢量图、迹线图、微粒扩散动画、人群疏散动画等直观的展示结果。通过听觉、视觉、触觉和平衡感觉所产生的反应,提前验证工程方案的实际使用性能,分析评估建成后的预期运行效果并采取技术措施,调整建筑的物理环境设计,从而达到最大限度优化初步设计方案,使建筑物达到特定使用效果的目标。

（1）风环境模拟分析与优化

建筑风环境研究就是研究空气气流在建筑内外空间的流动状况及其对建筑物的影响，需要综合考虑建筑学、城市规划、城市气候、环境保护等领域的知识，并对建筑物的外形、尺寸、建筑物之间的相对位置以及周围的地形地貌数据进行整合分析与优化。在初步设计阶段，BIM 工程师主要利用 CFD 模拟技术对建筑风环境进行分析和优化。CFD 是计算流体力学的简称，能够通过数学物理方法求得流体方程场函数在空间和时间上的渐进解。CFD 仿真所运用的计算方程和模拟软件有很多种，如较为流行的 Autodesk Simulation CFD，PHOENICS，Ansys Fluent 等。

利用 CFD 仿真工具，在初步设计阶段能够对总平面布置建立风环境模拟模型，反映项目建成后的室外气流运动的趋势，利用气流的矢量图、迹线图、压力云图等结果，能够直观地得出几何模型内部或者外部空间的气流密度分布、气流主导方向、微粒随气流扩散、模型表面压力分布等结果，改善建筑物群组关系、优化建筑造型细节等，提高建筑群组的风环境质量，有效减少旋涡和气流死角，避免城市摩天大楼密集区域"峡谷效应"以及工业烟气的污染扩散等现象的出现，并参与绿色建筑关于风环境舒适性评价的评估。

CFD 仿真分析所反映的自然风气流密度布局、气流主导方向、最大流速点等信息可为建筑物合理间距、建筑造型、朝向、布局等方面提供合理科学的优化依据，为园区参与绿色建筑评估提供技术论证，确保行人活动区风速 $v < 5$ m/s，严寒、寒冷地区冬季保证除迎风面之外的建筑物前后压差不大于 5 Pa，且有利于夏季、过渡季自然通风，不出现漩涡和死角，如图 4-18 所示。

通过设定模型的开口大小、数量以及自然的通风方式和人工的通风方式，利用 CFD 仿真可以对工程的室内气流组织情况进行分析，根据气流在建筑内部流动和运行的趋势，流量的分布、大小、主导方向、构成等模拟信息，为单体建筑的自然通风系统提供节能策略，并在建筑功能布局、窗口位置与空调设计方案的可行性等方面提供合理优化建议，如图 4-19 所示。尤其在医疗建筑特殊的功能房间设计方面，气流组织设计能够为房间气流组织、温湿度控制、污染物处理提供合理的空调设计方案，保证特殊功能房间使用内部环境的健康和卫生。

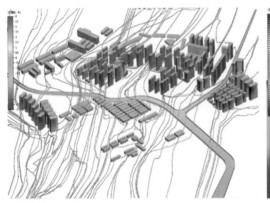

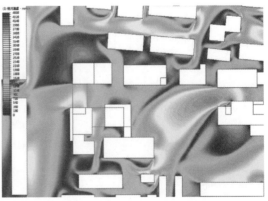

（a）某城区大型社区风环境流线分析　　　　（b）某城市综合体室外 2 m 高处风速分布

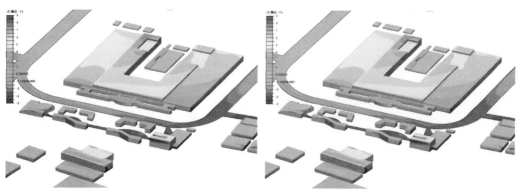

(c) 某新建卷烟厂室外建筑风压力场分布　　　　　(d) 某综合甲级医院门诊楼外立面压力分布

图 4-18　室外风环境分析

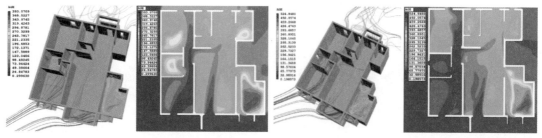

(a) 某住宅 A 户型自然通风流线及风速分布　　　(b) 某住宅 A 户型优化后自然通风流线及风速分布

图 4-19　室内气流组织分析与自然通风设计优化

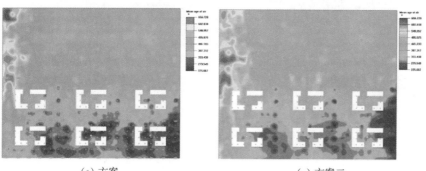

(a) 方案一　　　　　　　　　　　　　(a) 方案二

(a) 方案三

图 4-20　某卷烟厂卷接包车间不同风量及风口设置

（2）光仿真分析优化

城市居民每天 80%～90% 的时间在各种室内环境中度过，人在工作、阅读、休闲和娱乐时需要不同的光照条件，光环境不仅可以直接影响到人的工作与居住生活，某些照明条件下照度不足，或者出现眩光、闪烁等光污染现象，均会严重影响人类的身心健康。

初步设计阶段的光仿真分析一般涉及建筑物光环境性能的自然光采光、人工照明、可视度分析三种，同样是利用数学物理方法求解场函数的空间和时间解。目前较为流行的模拟软件有 Autodesk Ecotect Analysis，Dialux，Radiance 等。自然光采光模拟在初步设计阶段根据方案雏形的建筑朝向、窗口布置与尺寸、房间进深等数据计算模拟室内的自然采光情况，分析室内照度的分布，如图 4-21(a)，(b)，(c)，(d) 所示；人工照明模拟则根据几何模型的雏形分析室内照明灯具需求的大致量和分布情况，对电气照明设计方案提供方案比对依据，如图 4-21(e)，(f) 所示。

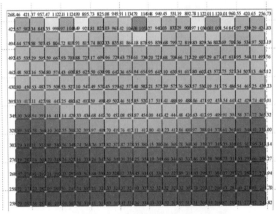

（a）进深 7.2 m 的普通教室自然采光

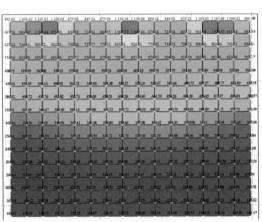

（b）进深 8.4 m 的普通教室自然采光

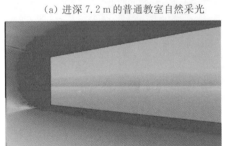

（c）办公室自然采光分析（遮阳前）

（d）办公室自然采光分析（遮阳后）

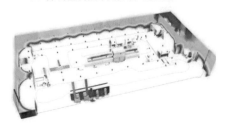

（e）厂房人工照明伪色表现

（f）厂房人工照明等值线图

图 4-21　光环境分析

利用光环境仿真模拟可得出建筑空间内部的等照度云图、自然光采光系数分布云图,其直观的分析结果为建筑物的自然采光提供优化技术措施,最大限度利用自然光采光,减少人工照明,保证室内照度分布的均匀性,确定开窗的形式及窗口尺寸和比例,营造良好的室内光环境氛围。配合灯具性能的参数设定,能够优化人工照明设计方案,最大限度节约能源,减少眩光等不适宜的光照。

可视度分析在初步设计阶段主要用作重要建筑物所处区位的可视面积进行定量计算,为重要建筑物在总平面上的布局合理间距提供技术优化分析;可视度分析也能为建筑内部向室外或其他区域的可视情况进行分析,计算可视面积,确定室内的对室外或其他区域的可视视野,改善使用者的视觉体验,如图 4-22 所示。

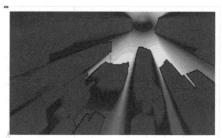 

(a) 某办公楼规划可视度分析　　　　(b) 某办公室室内可视度分析

图 4-22　可视度分析

(3) 热模拟分析优化

相关研究表明,夏季区域温度每提高 1℃ 或者冬季每降低 1℃,电量的消耗可增加 6%～10%,从城市规划和建筑设计的角度出发,城市空间形态、建筑密度、尺寸、组合方式、建筑色彩、城市下垫面、区域植物选择以及规划布局等因素,都会对城市及建筑热环境产生直接影响。建筑热环境研究主要针对建筑材料与构件的热工性能、建筑围护结构的传热和水分迁移过程、建筑室内的热舒适性以及建筑节能等进行分析计算。城市及建筑热环境需要从城区内温度、湿度、气流组织、空气质量及太阳辐射等几大方面考虑,通过热环境仿真工具,分析城市及建筑在受到一定气候影响中的温度、风速、大气压力和太阳辐射等关键参数,通过综合因素模拟仿真优化,改善区域热环境和微环境状况。

初步设计阶段的热仿真分析主要包括建筑表面温度分析,表面日照辐射量分析,日照时间分析,通过数学物理方法对几何模型在日照的情况下,求其温度参数以及辐射量参数在时间和空间上的场函数解值。在初步设计阶段主要用于对总平面布置以及建筑遮阳、保温方案等进行优化,减少"热岛",改善室内热舒适度。主要运用的软件有 Autodesk Ecotect Analysis、清华日照分析软件、Ansys Fluent 等,如图 4-23 所示。

日照分析侧重分析建筑群组之间相互影响和遮挡的适宜关系。居住区的规划设计对室内日照有较明确的要求,日照计算模拟得出的建筑物全年时间内任意时间的全天日照总时数、生成日照时间分布图,可用于确定建筑物布局及合理间距,从而最大限度地节省土地,避免不合理遮挡。

（a）场地太阳辐射分析

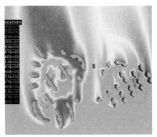
（b）小区热岛强度分析

（c）室外风环境分析

图 4-23　热仿真分析

当规划设计有更高的性能要求，如需要测算整个建筑群的太阳辐射量、温度分布等情况时，采用太阳辐射仿真分析得出的太阳辐射量分布云图、温度分布云图、太阳运行轨迹分析图等结果能够为规划设计优化，直观展示建筑的遮挡和投影关系，单体建筑遮阳，为建筑物合理布局提供优化技术措施。

（4）声仿真分析

建筑声环境不仅为人们提供安静舒适的生活、学习和工作条件，还为人们上课、开会、参加音乐会等活动提供高品质的声学效果，相关的研究涉及隔声、吸声、消声、隔振、噪声控制、厅堂音质等领域。

在初步设计阶段，声仿真分析主要在建筑群组受周边交通道路影响，人群嘈杂影响等噪声的环境条件下，模拟建筑几何表面的噪声分布及建筑群形成的园区内部的噪声分布，通过噪声声线图、声强线图等模拟结果可为建筑物布局的合理性，建筑物间距确定，隔声屏障设置等提供科学的技术分析依据，为优化规划设计提供指导。主要的模拟软件包括 Cadna/A，SoundPLAN 等，如图 4-24(a)，(b) 所示。

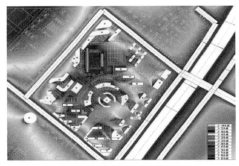
（a）室外声环境仿真分析云图

（b）室外三维声环境仿真分析分布云图

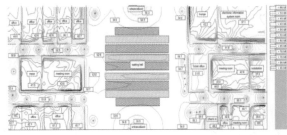
（c）室内声环境仿真分析等声线分布云图

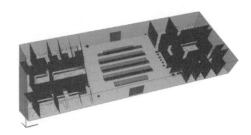
（d）室内声环境仿真分析三维云图

图 4-24　声仿真分析

对有声品质有较高要求的工程建设项目(如音乐厅、体育场馆、报告厅等),需要对建筑室内音效和声品质有较为精确的计算,声仿真分析也可在本阶段运用于室内声品质模拟分析,如图 4-24(c),(d) 所示,室内等声线云图、声强分布图、混响时间测算数据等,为方案设计的确定提供合理的参考依据,优化音乐厅、体育场馆、报告厅建筑的外部几何形体,内部空间布局,为其合理的内部空间高度、合理的看台设计等提供优化的科学技术措施。主要的模拟软件有 Raynoise,Virtual Lab 等。

(5) 能耗仿真分析

建筑能耗是指建筑在建造和使用过程中,热能通过传导、对流和辐射等方式对能源的消耗。其中,建造过程的能耗是指建筑材料、建筑构配件、建筑设备的生产和运输以及建筑施工和安装中的能耗。民用建筑使用过程的能耗是指建筑在采暖、通风、空调、照明、家用电器和热水供应中的能耗;工业建筑能耗包括工业生产涉及用电、用水(给水、消防水、热水、蒸馏水)、排水(污水、废水、雨水)、用油(汽油、煤油、航空煤油)、用气(燃气、氧气、压缩空气、蒸汽)、运输等能耗,还包括满足生产、职业卫生健康及环境等要求的各类能耗。

一般情况下,建筑日常使用能耗与建造能耗之比,为(8∶2)~(9∶1)。因此,如何在设计阶段评价建筑的运行期能耗,并对其进行改善优化成为现代设计师面临的新课题。能耗仿真分析技术就是解决这一新课题的利器。

在初步设计阶段,建筑方案几何形状、总平面布置朝向、遮阳系统等都会影响其能源的消耗,设计师根据这些基础数据建立建筑能源消耗分析模型,通过调整仿真模型的建筑造型、布局朝向、遮阳、窗墙比、围护结构等参数,能够快速比对方案的全年运行能耗数据,起到优化单体建筑设计、节约能源、降低资源的消耗,减少二氧化碳的排放的指导作用。如图 4-25 所示,主要的仿真软件有 EnergyPlus,Design Builder 等。

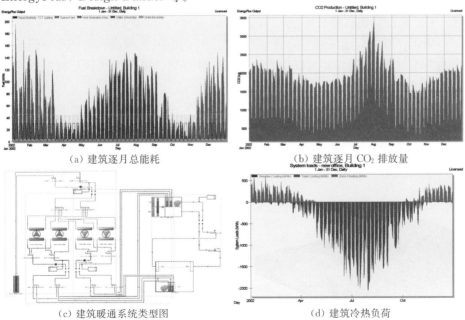

(a) 建筑逐月总能耗　　　　　　(b) 建筑逐月 CO_2 排放量

(c) 建筑暖通系统类型图　　　　　　(d) 建筑冷热负荷

图 4-25　能耗仿真分析

2) 建立使用性能模拟模型

仿真模型不同于建筑设计模型,建筑设计模型侧重于建筑造型、布局布置和具体建造细节,而仿真分析模型则侧重于功能和边界条件数据模型的抽象定义,能否合理地简化对仿真分析计算结果是否可以收敛影响很大。因此,仿真建模必须进行多种假设和简化,忽略次要的、不可观察的因素,考虑不同功能需求的分析目标,采用 BIM 建模工具,建立各类仿真模型,可以满足相应的使用需求。

(1) 计算流体力学仿真模型

通过计算机对流体力学问题进行数值模拟和分析,在时间和空间上定量描述流场的数值解,从而达到对建筑通风、室内外风环境、污染物扩散等问题研究的目的。

① 应根据工程实际确定计算区域的形状、大小及空间的相对位置以及空间内各部分的相对位置建立 BIM 体量模型。模型宜适当简化,以便于划分网格、节省计算资源。利用 BIM 模型进行流体力学仿真分析模型实例如图 4-26 所示。

② 方案阶段,宜采用简单的体量模型;设计阶段,宜对模型进行适当精细化,突出设计意图;在初步设计阶段,模型应适当接近实际。

(a) BIM 体量模型　　　(b) BIM 直接导入专业流体软件模型　　(c) 专业流体软件生成的网格模型

图 4-26　CFD 分析模型步骤与模型示例

(2) 光环境仿真分析模型

应用计算机对建筑物室内自然光采光、人工照明、可视度在时间和空间上进行数学求解,模拟前需要对模拟方案进行总体规划。模拟方案设计模拟的评价指标、软件、模拟范围及时间进度安排等。

① 应根据工程实际确定计算区域的形状、大小及空间的相对位置以及空间内各部分的相对位置建立 BIM 采光分析模型。模型宜适当简化,以便于划分网格、节省计算资源,BIM 模型利用范例如图 4-27 所示。

② 概念设计阶段,模型宜相对比较简单;深化设计阶段宜采用更复杂和精确的模型。

 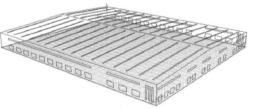

(a) 建立 BIM 模型　　　　　　　　　　(b) 导出 gbXML 或 DXF 格式

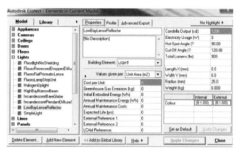
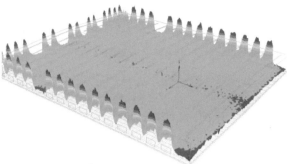

（c）模拟条件及网格设置　　　　　　　　（d）模拟结果分析

图 4-27　采光分析模型步骤与模型示例

③ 由于光环境模拟软件建模的局限性，可在 BIM 建模软件中建立模型，通过 gbXML 或者 DXF 格式等标准的模型交换格式导入到光环境模拟软件中进行模拟条件设置。

（3）声环境仿真分析

应用计算机对建筑室内外声场分布状况进行数学求解，根据实际需求得出不同的物理常函数参量，如室外噪声等级、室内噪声等级、室内混响程度等。

① 应根据工程实际确定计算区域的形状、大小、空间的相对位置以及空间内各部分的相对位置建立模型。模型宜适当简化，以便于划分网格、节省计算资源，如图 4-28 所示。

② 方案阶段，宜采用简单地的体量模型；设计阶段，宜对模型进行适当精细化，突出设计意图；在运营维护阶段，模型应接近实际。

③ 确定初始条件和边界条件，当进行室外声环境模拟时，宜以实测数据作为模拟边界输入条件，还应考虑周边建筑环境的影响。当不能获得建筑周围区域的声环境统计资料时，边界取值应参照相应经验或统计结果。

④ 道路模型选取应符合我国现行国家标准（地方标准），如遇特殊情况需选用相近模型时，需作出必要说明并给出误差范围。

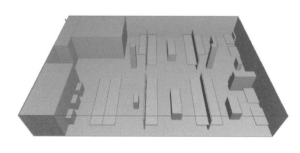
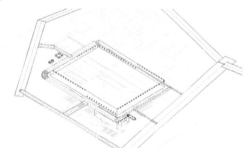

（a）声环境仿真模型　　　　　　　　　（b）声环境仿真计算模型

图 4-28　声学分析模型模型示例

（4）能耗仿真分析

通过计算机对建筑物在全寿命周期内运行过程中的能源、资源消耗量分时段进行统计计算，得出采暖、制冷、照明用电、设备用电、热水、供水、供燃气等的分时消耗量。

① 如果条件允许,加载 DXF floor plan(或者 PDF,bitmap 等);或者直接通过块来建立建筑几何模型,应根据工程实际确定计算区域的形状、大小、空间的相对位置以及空间内各部分的相对位置建立模型,如图 4-29(a)所示。

② 在方案阶段,宜采用简单的体量模型;在初步设计阶段,宜对模型进行适当精细化,突出设计意图;在运营维护阶段,模型应接近实际,应用相关程序分系统计算建筑物的能耗模拟,如图 4-29(b)所示暖通系统分析模型。

③ 根据建筑物所在地区确定模拟计算采集的气象参数,地理位置参数,便于精确计算建筑能耗以及系统负荷。

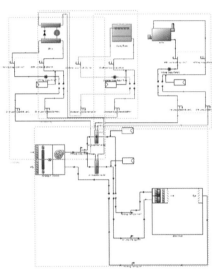

(a) 能耗仿真三维可视化模型　　　　(b) 能耗仿真暖通专业系统分析模型

图 4-29　能耗分析模型示例

4.3.4　消防与疏散的优化

1) 疏散仿真发展

随着城市建设的不断快速发展,人员密集场所的公共安全问题越来越引起人们的重视,如何确保火灾、爆炸、交通事故等紧急事件发生后,公共场所内密集的人群能快速安全地疏散到安全场所一直是安全管理领域的研究重点。越是人群密集的地方,越是容易发生安全事故,特别是在人群密集的地方,若发生了突发事件,人们往往表现出恐慌的情绪,若不进行科学撤离,就可能导致拥挤践踏等事故的发生,其后果不堪设想。一旦发生突发公共事件,就必须采取紧急撤离的应急措施,在最短的时间内迅速组织聚集的人群紧急疏散。

疏散仿真是基于计算机技术对存在人员聚集、流动、分散等物理过程的建筑工程场所正常运转或者出现应急状况的真实再现,因而对工程设计起到优化参考的作用,以其方便、低花费、受限制条件少及仿真度高成为许多学者在人群疏散方面研究的重要手段,为建筑物火灾逃生,地铁、体育馆、展览馆等公共场所的突发性灾难事件疏散,出入口设置,合理逃逸路线,通道宽度等工程设计方面的技术问题提供了多方面的分析参考。

疏散仿真分析属于计算机交通仿真中的微观交通仿真分析,经历几十年的研究发展,根据所采用的理论和研究所利用的方法,形成了多种多样的计算模型,主要有系统动力学(System Dynamics, DS)模型、游戏理论(Game Theory)模型、排队理论(Queuing Theory)模型、元胞自动机(Cellular Automata,CA)模型、Agent-based 模型等。目前发展较好且在疏散仿真软件中应用最为广泛的是系统动力学模型中的社会力模型以及元胞自动机模型两种。

(1) 社会力模型

Helbing 等于 1995 年提出了社会力模型(Social Free Model)的基本概念,社会力模型具有描述行人的不同行为的能力强,可计算的数据量以及计算强度大等鲜明的特点,因此该理论在行人的微观仿真研究领域具有极其深远的影响和意义。

社会力模型是一个基于物理力的行人行为模型,如图 4-30 所示,它将行人看作满足力学运动定律的质点,用矢量来描述行人真实受力以及内在动机。认为行人共受到 3 种作用力的影响:

① 驱动力,主观意识对个体行为的影响可化为个体所受自己施加的"社会力",体现了行人以渴望的速度移动到目的地的动机;

② 人与人之间的作用力,指试图与其他行人保持一定距离所施加的"力";

③ 人与边界之间的作用力,边界和障碍对人的影响类似于人与人之间的作用。通过力学方程对模型内离散的质点进行属性限制,从而模拟了人群在建筑空间内聚集、流动、分散等行为。

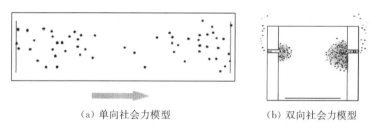

(a) 单向社会力模型　　　　　(b) 双向社会力模型

图 4-30　社会力模型

社会力模型能够成功再现行人交通中的很多现象(自组织现象),且模型中的变量所代表的物理意义是可以计算的,但其计算量很大,对于避免碰撞的描述还不是很成熟。

(2) 元胞自动机模型

元胞自动机模型最初是人工生命的研究工具和方法,后来被应用到其他领域。1986 年,Cremer 首次将 CA 理论应用到交通领域,为交通流这一复杂系统的研究开辟了新的途径。德国学者 Nagel 等和美国学者 Biham 等分别在 Wolfram 规则的基础上将 CA 模型应用于高速公路一维交通流和城市交通网络二维交通流中。

元胞自动机是一个时间和空间都离散的动力系统,如图 4-31 所示。散布在规则格网中的每一元胞(Cell)取有限的离散状态,遵循同样的作用规则,依据确定的局部规则做同步更新,大量元胞通过简单的相互作用而构成动态系统的演化。不同于一般的动力学模型,元胞自动机不是由严格定义的物理方程或函数确定,而是用一系列模型构造的规则构成。其特点是时间、空间、状态都离散,每个变量只取有限多个状态,且其状态改变的规则在时间和空间上都是局部的。元胞自动机模型的优点是适合大规模网络并行计算,运算规则简单,易于实现,运算速度快。

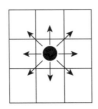 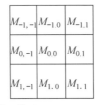 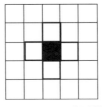 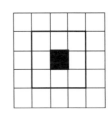

（a）元胞单元模型　　　　　　　　　（b）元胞邻居模型

图 4-31　细胞自动机模型

这种模型将行人行走的地面区域划分为单元格阵列,每个单元格可以被行人、建筑物占据,也可以为空,单元格尺寸按照行人身体的垂直投影面积确定。每个单元格在每时间步最多只允许一个行人占有,行人运动方向可为前、后、左、右 4 个方向,有的模型设定了前、后、左、右、左前、右前、左后、右后 8 个方向。行人个体按照当前所处的单元格,加上相邻 8 格共 9 个单元格的状态和目标点,从中选择 1 个单元格作为下一时间步所处的位置。

基本算法是行人依据概率模型计算下一时间步所有单元格(i,j)的进入概率 P_{ij},若(i,j)为建筑物或其他人占据,则 $P_{ij}=0$,否则,$P_{ij}>0$。不同行人元胞自动机模型的差别主要体现在概率的算法不同。

元胞自动机模型能够模拟复杂的行人流现象,如自组织和混沌现象,但也存在行为规则过于简单、人员速度单一、移动方向受限制、不能十分精确地反映人员运动状况等缺点。

2）初设阶段疏散仿真模型深度

初设阶段仿真模型应当至少对以下信息进行建模与分析计算。

① 人群信息:如人群密度、人群速度、人群个体之间间距、人群疏散主要方向、建筑物信息、建筑物基本的几何形状参数、建筑物层数等。

② 建筑内部的功能空间布局:如建筑物内部的空间分隔墙、隔断、门等。

③ 建筑物主要交通通道的布置:如楼梯、电梯、自动扶梯等。

④ 建筑物主要出入口的布置:如安全通道、大门等。

⑤ 重大应急事件的物理信息:是否需要考虑重大应急事件,如火灾、爆炸等,应急事件位置、影响范围、烟气扩散速度等。

3）疏散测试仿真建模过程

进行疏散仿真分析的步骤主要包括如下内容。

① 建立物理模型。应根据工程实际确定计算区域的形状,大小及空间的相对位置以及空间内各部分的相对位置建立 BIM 模型,如图 4-32(a) 所示,将 BIM 模型转换为 3Ds 等格式,导入模拟软件,建立适用性分析模型,如图 4-32(b) 所示。

② 建立逻辑模型(包括设置模型中相关变量、参数等)。如图 4-32(c) 所示,建立逻辑模型是流线设计的关键所在,将流线模拟中的逻辑用模拟软件实现,通过设置相应的参数和变量,量化模拟分析,使逻辑直观展现,如图 4-32(d) 所示。

③ 数据统计。加入图表、直方图等分析和统计结果,使分析的数据更加直观,使仿真分析结果更有说服力。

④ 调试。调试包括物理模型的调试和逻辑模型的调试。通过调试模型,能够修改建模过程中产生错误和不当之处,设置相关参数,使仿真分析更加准确、可信。

物理模型的调试:建立准确和恰当的物理模型,在不影响模拟分析准确性的前提下,可适当简化模型,以求更加快速地得到分析结果。

逻辑模型的调试:结合物理模型,重新检查先前的逻辑是否正确,有没有不合理的地方,进而调整和优化逻辑模型。

⑤ 运行模型。统计计算得出的变量数值得出模拟计算的结果,如图 4-32(e) 所示。运用交互式仿真环境,将三维模型展现到大家的面前,使仿真结果更加的直观,使不同专业的人都能很好地理解。

显示和输出计算结果,如图 4-32(f) 所示。

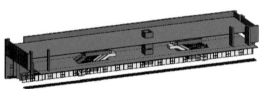

(a) 建立 BIM 模型

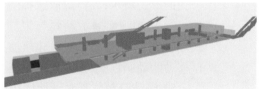

(b) 3Ds 格式导入模拟软件

(c) 设置模型相关参数

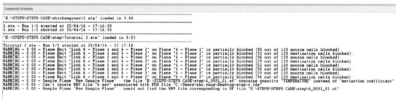

(d) 建立逻辑模型并进行调试

(e) 运行模型

(f) 计算结果分析

图 4-32　某地铁站台疏散仿真分析步骤与模型示例

4) 疏散仿真分析成果

疏散仿真最终提交的分析成果包括(图 4-33)以下几方面。

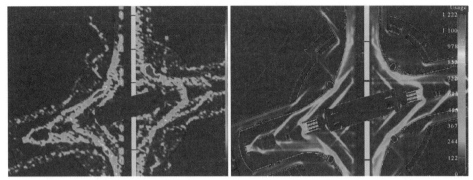

(a) 人员分布密度　　　　　　　　(b) 人员占用空间分布

图 4-33　人群疏散流动分析

① 疏散仿真物理模型:工程项目建筑空间的几何模型,内部疏散人群模型。

② 逻辑模型:人群行为分析的系统图,人群通过各建筑空间滞留、停顿以及相互影响等行为的拓扑关系图。

③ 边界条件设置:人群密度,个体之间的间距,步行速度等参数的设置。

④ 算法说明:仿真设计所采用的数学算法。

⑤ 统计数据结果:相关物理变量的表格、直方图、饼图折线图等。

⑥ 相关物理参数的分析图:人群疏散流动在建筑空间内部的分布密度,以云图的形式展示;人群疏散选择的主要出入口、疏散通道以矢量图形式展示。

⑦ 虚拟现实展示动画与视频:仿真分析结果可以虚拟现实的动画视频形式,展现出人群在公共集散建筑空间内部从各个房间向疏散通道和各主要出入口移动的动画视频,使分析结果具备演示效果。

5) 消防疏散仿真对设计优化的指导作用

消防疏散仿真的分析结果对工程项目设计具有实际的优化和指导意义,可以进行多方案的对比,突出方案设计的孰优孰劣;通过局部节点的分析,说明空间几何尺寸设计的合理性;通过物理参数分析图论证方案设计的工艺流程和功能布局的合理性;通过统计结果反映空间几何设计对消防疏散时间的影响。

(1) 统计数据结果对设计的优化

消防疏散仿真的数据统计通常需要输入以下参数:人群年龄构成,人群性别构成,行人出行时间要求和出行目的,各年龄段、分性别的步行速度,个体行人的物理尺寸,行人安全行走距离,行人避让距离等。

通过仿真软件的数学计算得出下列分析结果:人群各年龄段、分性别逃逸时间,人群在建筑空间内部疏散所需要的总时间,各疏散出入口选择的概率分布,各疏散出入口逃逸时间等。

统计数据结果能够定量反映疏散通道设计的布置合理性,优化通道设计布置,确定疏散通道的最佳数量,疏散通道的最优长度和宽度,对工程项目设计选用的基本参数具有指导意义。

（2）相关物理参数分析图对设计的优化

消防疏散仿真分析的物理参数分析图主要包括人群在建筑空间内部向外部移动时，由于工艺流程的设计和功能区布置的分布对人群疏散聚集程度产生分布密度的影响和疏散线路的选择，可通过物理参数的设置在平面图上以散点图、渐变的彩色云图和矢量图反映出来。

这种分析结果对工艺流程设计和功能分区布置最具有指导意义，人群在建筑空间内部向外疏散时，对疏散路线的选择可定性看出疏散通道布置、主要出入口布置的合理性；人群聚集密度云图可以反映出建筑空间内部各交叉口、转角、遮蔽、上下行等空间限制对人群疏散的影响（不同人流之间的冲突、人群的停滞、减速阻碍等）；较狭窄的空间位置反映出的人群密度的聚集情况以确定疏散的最优宽度，定性定量的应对突发事件发生时在建筑空间内部设计安全构件措施，如防火门、防火分隔、喷淋、排烟的设置对人群安全的影响，从而全方面优化工程设计。

（3）虚拟现实展示动画对设计的优化

虚拟现实展示动画是仿真分析最直观的一种分析结果，能够给出工程设计最直接的展示结果，定性给出工程方案设计的测试结果，多次测试结果能够进行方案对比，突出最优方案。

4.4　结构设计

4.4.1　结构专业模型策划

1）协同方式及模型拆分

各专业协商确定协同方式（工作集模式或链接模式）。由于BIM设计中结构模型较为独立，一般采用链接模式较为灵活。工作集模式与链接模式两种协同方式各有优缺点，这在以上建筑章节中已有描述，这里不再重复。对于结构专业，一般情况下单栋塔楼或者整个地下室可作为一个BIM模型，当地下室过于庞大时，为了提高作图效率需要进行拆分，拆分原则与建筑专业保持一致。

在BIM设计过程中，对于单栋模型而言，结构专业适宜采用链接模式（图4-34），即本专业新建项目，链接建筑、机电模型实时协同设计，各专业模型是相互独立的，各专业模型之间同步的速度相对较快，工作效率较高。

对于大地下室或者多塔而言，因软、硬件的限制，为保持顺畅的操作环境及清晰人员工作分配、提高建模、协同效率，结构专业适宜采用中心文件，多人同步协同设计，各工作组可单独链接其他专业分块模型。文件命名以"区域＋专业"的命名方法存放在该项目相应目录位置（例：11栋左塔楼-结构；3栋地下室-结构）。约定的命名方法以便各专业容易找到需要链接的模型文件。

2）项目样板文件制定

项目样板需根据项目要求预先设置好，做好这些设置可以节省结构建模过程中的重复操作，设置好的样板文件可作为其他结构设计的样板文件。初步设计阶段的结构样板文件制定主要有两方面内容：视图样板、族与共享参数。

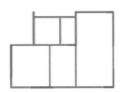

此阶段设备专业
以草图形式沟通

建筑：完成主要楼层平面，并布图，确定主要二维轮廓族，提供各专业工作的基本平台——中心文件。

结构：结构平面布置方案。竖向构件、结构主梁由结构本专业建模完成。

设备：提供设备管井平面要求，屋顶水箱间等，由建筑专业建模完成。

图 4-34　单栋模型结构连接模式

在项目创建时先设置视图样板，再将视图样板应用到项目文件的视图中。初步设计阶段应用的视图样板主要有：二/三维建筑结构审核视图（二维视图中可显示本层结构构件平面布置及下层建筑平面，楼板透明显示，如图 4-35（a）所示，用以复核结构本层结构布置对下层建筑的影响；三维视图中可显示结构布置及建筑三维模型，建筑模型半透明显示，如图 4-35（b）所示，用以复核结构周圈墙柱、梁格对建筑外立面的影响）；提资视图（此视图样板用于其他专业提资与出图，仅需将平面视图范围中的剖切及顶部标高调整至高于建筑专业标高即可）；结构模板视图（此视图用于结构模板出图，设置上下层墙柱填充、虚实线，梁格虚实线，降板填充等，满足按国家制图标准）。

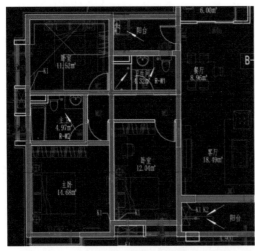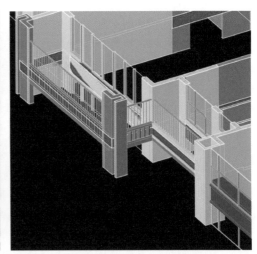

（a）二维视图中楼板透明显示　　　　　（b）三维视图中建筑半透明显示

图 4-35　二/三维建筑结构审核视图

族与共享参数是结构模型及模板出图不可缺少的部分，样板文件中需将项目常用的构件及标注族预先加载，以满足模型及模板出图的需要。需要预先加载的常见族有:剪力墙、矩(圆)形柱、矩形梁、变截面梁、加腋梁板、矩(圆)形柱帽、承台及梁编号(截面)标记族等。共享参数则是用来实现梁编号、截面的标记,需要注意的是,项目共享参数需存放于网络公共路径。

3) 结构专业技术统一措施

为了保证结构模型的准确性、高效性,建模时需要严格执行结构专业技术统一措施。

① 为了保证模板图出图效果,新建项目时务必使用结构专业既有项目样板文件,而不能使用建筑专业转出模型或者使用软件自带结构样板文件。

② 梁、楼板、剪力墙、柱类型名称严格按公司《族及族类型名称命名规定》执行。

③ 导入 Revit 模型中的 CAD 图纸,为了防止图形复杂或文件过大导致图素丢失,需进行简化清理,只保留必需的图素;为了保证 CAD 图素的准确性,需运用特殊 CAD 插件清理图细碎尺寸。

④ 在建筑标高系统的基础上,建立结构标高系统,所有构件均以结构标高为准。

⑤ 为了保证墙、柱转入计算模型的准确性,墙柱需分别用墙、柱族建模,不能统一按墙族建模。

各阶段模型深度需达到各阶段指定深度(各阶段深度要求见 4.4.2 节)。

4.4.2 结构模型建立方法及深度要求

1) 结构 Revit 模型建立

方法大致可以分为三种:基于 Revit 建筑模型直接建立 Revit 结构模型;基于导入结构 CAD 底图建立 Revit 结构模型;基于结构计算模型转换建立 Revit 结构模型。

(1) 基于 Revit 建筑模型直接建立 Revit 结构模型

方案转出之初只有建筑 Revit 模型和结构初步计算时,为满足建筑需求可根据现有建筑模型与结构计算直接建立结构模型。

① 第一步:采用制作好的结构样板文件创建项目并另存为项目名称。

② 第二步:链接建筑 Revit 模型到结构 Revit 模型。

③ 第三步:复制监视建筑模型的轴网及标高系统并建立结构自有标高系统。

④ 第四步:新建必要的楼层平面如二层、转换层、标准层、屋面层等,并将各楼层平面复制一个用于提资的平面。

⑤ 第五步:利用计算草图(PKPM 或 YJK 导出墙柱、梁格截面),在各相应楼层平面按先墙柱后梁格的顺序逐一绘制各结构构件。

(2) 基于导入结构 CAD 底图建立 Revit 结构模型

方案转出后,结构专业根据建筑 Revit 模型或 CAD 图纸,经过结构初步计算后,已形成 CAD 初版墙柱及梁格布置,可根据结构初版模板图,通过导入 CAD 图纸,利用拾取 CAD 线的方法迅速绘制墙柱、梁构件,建立结构模型。

① 第一步:采用制作好的结构样板文件创建项目并另存为项目名称。

② 第二步:链接建筑 Revit 模型到结构 Revit 模型。

③ 第三步：复制监视建筑模型的轴网及标高系统并建立结构自有标高系统。

④ 第四步：新建必要的楼层平面如二层、转换层、标准层、屋面层等，并将各楼层平面复制一个用于提资的平面。

⑤ 第五步：链接（或导入）CAD 图纸到 Revit 结构模型相应楼层平面并对位。

⑥ 第六步：利用 Revit 拾取线生成构件的方法迅速绘制墙柱、梁等构件。为了便于与计算模型的相互转化，墙柱需分开绘制，柱子不能用墙族来绘制。

（3）基于结构计算模型转换建立 Revit 结构模型

方案转出后，结构专业根据 CAD 图纸，经过结构计算软件（YJK 或 PKPM）初步计算（尺寸、层高准确）形成计算文件，利用软件的"转 Revit 模型"模块直接转换成结构 Revit 模型，清理检查个别墙柱尺寸及楼层标高，链接建筑 Revit 模型对位后，复制监视建筑轴网标高系统，建立结构标高系统，具体做法见 4.4.4 节。

2）结构模型各阶段深度要求及注意事项

利用 BIM 软件进行三维协同设计，结构专业在模型阶段一般从初步设计阶段开始配合。结构专业开始介入之前，BIM 模型应该具备以下要素：建筑轴网、建筑功能分区布置、各楼层标高的立面条件、方案阶段布置的结构墙柱，对于地下室部分，还应该明确地下室覆土要求等条件。

按照项目的设计周期等因素综合考虑，一般而言，初设按照三阶段进行专业配合及设计深度把控，分别为初始模型、中间模型及终版模型，对应的设计深度为 30%，70% 及 100%。对于中等规模项目及行业的一般生产速度，每个阶段 7～10 天的设计周期是比较合适的。

（1）初始模型阶段

本阶段结构专业无结构模型：结构专业通过初步计算或者概念设计完成标准层 CAD 结构墙柱布置与规格尺寸，提交建筑建模。采用的贯标流程为：结构专业向建筑专业提 CAD 初版墙柱布置提资单，建筑专业建模。

（2）中间模型阶段

本阶段要求结构专业完成模型深度的 60%：接收建筑专业初版结构墙柱提资，完成标准层结构墙柱修改，完成主梁及部分次梁的布置。采用的贯标流程为：结构专业接收建筑专业中间模型提资单，完成工作后向各专业提结构中间版模型。

（3）终版模型阶段

本阶段要求结构专业完成模型深度的 100%；完成各层剩余结构墙柱及主次梁布置，完成结构楼板（含降板）的布置。采用的贯标流程为结构专业接收建筑专业终版模型提资单，结构完成终版结构模型后提资并锁定模型。

（4）注意事项

① 链接建筑模型时，定位采用"自动-原点到原点"，链接 CAD 图时，定位采用"手动→中心"。

② 导入的 CAD 图纸需简化清理不必要图素并使用 CAD 插件清理碎尺寸。

③ 墙柱、梁板标高采用结构标高系统，采用建筑标高系统时需调整。

④ 墙、柱需分别采用墙族、柱族建模，不能全按墙族建模。

构件布置完后上锁，以免误删误改。

4.4.3 三维协同设计

1）初始模型结构专业的配合

在 BIM 设计的初步设计前期阶段，BIM 模型主要掌握在建筑专业手中，其他专业把设计的初版条件提资到建筑专业，建筑专业作为主要建模工种，把各专业条件反映到 BIM 模型。此阶段，结构专业的工作主要体现在以下方面。

① 地上部分结构规则性分析，了解业主需求，确定结构布置的大方向，例如：采用的结构体系（主要是竖向构件转换与否的问题）；如存在平面不规则性，是否能采取措施避免，业主是否能接受；结构是否需要通过超限审查等。

② 评审确定结构抗震缝、伸缩缝的位置及形式。

③ 根据地质勘察报告，结合业主对工期、成本的特殊要求，评审确定基础形式。

④ 根据覆土厚度、人防等条件，结合业主需要，确定地下室楼盖形式。

⑤ 对方案设计的结构竖向构件进行优化调整。

⑥ 以 CAD 形式，把结构参照柱文件提资建筑专业。如有结构连板、结构分缝等其他特殊要求，均需要在初始模型阶段提资到建筑专业。

2）中间模型结构专业的配合

在 BIM 设计的初步设计中间模型阶段，结构专业开始参与到三维模型的设计。结构专业在此阶段的目标是建立标准层的竖向构件和主次梁，设计深度达到初步设计的 70%。以目标作为导向，结构专业在本阶段的工作主要体现在以下方面。

① 建立结构计算模型，在满足国家设计规范对结构总体指标控制的前提下，确定各标准层竖向构件的布置和尺寸。

② 检查各层竖向构件的布置和尺寸对建筑、机电专业的影响并进行沟通协调，以结构竖向构件与其他专业零碰撞作为目标。

③ 结合建筑的功能需要，布置标准层结构梁。原则上结构梁沿填充墙进行布置，如由于结构受力需要或设计规范的限值，造成局部露梁的问题，需与建筑及机电专业沟通协调控制梁高。

④ 在满足其他专业要求的前提下，控制结构梁的配筋率，以达到最优的经济指标。

⑤ 如结构存在转换层，需与建筑及机电专业配合转换层的结构标高，以满足机电管线转换的需要及建筑的各种功能。

⑥ 计算确定地下室及裙房的控制主梁梁高（裙房及地下室次梁可在下一阶段完成设计），并反馈建筑及机电专业，以检查各楼层的实际净高是否满足需要。

⑦ 成果反映到 BIM 模型并提资到其他专业。

3）终版模型结构专业的配合事宜

在 BIM 初步设计的模型终版阶段，结构专业全面进入模型建立和检查的阶段，标准层、裙房、地下室的结构布置应完善，并为出图做好各种准备。

（1）结构专业在本阶段的工作主要体现的方面

① 根据建筑功能需要及结构经济性分析,确定裙房和地下室次梁的布置方式及截面并反映到 BIM 模型中。

② 如有转换层,本阶段要完善结构计算模型,控制转换梁的剪压比、刚度及经济配筋率,优化转换梁的布置及截面。

③ 布置结构楼板并反映至 BIM 模型。由于楼板厚度及楼层局部降板对其他专业的影响并不大,在初设阶段,结构楼板可采用统一截面及标高进行布置,以提高设计效率并满足施工图阶段的深化要求。

④ 确定基础及地下室底板的结构布置,在条件允许的情况下,桩基础的桩长应一并反映至 BIM 模型,为 BIM 的工程量输出提供便利。

⑤ 终版成果反映至 BIM 模型并提资至其他专业,满足其他专业的出图深度需要。

⑥ 针对部分项目业主的特别要求,桩基础平面布置图的施工图需要和初步设计在同一时间提供,因此,结构专业部分工作应适当提前,相关专业的提资条件也应该提前得到明确。

(2) 整理并补充说明

① 当进行到基础施工图提供时,各专业图纸深度至少需满足初步设计的深度规定。

② 业主提供的勘察报告深度需满足详勘的相关规定。

③ 墙柱的平面布置应在基础图出图前得到各专业施工图会签确认。

④ 计算模型的各项参数和指标已经过校审,荷载输入准确,地下室顶板各区域的覆土厚度已得到相关专业及业主的确认。

⑤ 根据塔楼结构高度的不同,计算模型应比实际层数多建 1～2 层,在成本变化不大的前提下,提高基础设计的容错率。

⑥ 地下室底板的集水井、电房、水泵房的位置及深度要求,人防范围及人防墙的布置应提前协调沟通,并应得到各专业的施工图会签。

4) 初步设计出图阶段

当结构专业的终版模型提资后,随即进入出图阶段。出图阶段主要工作包括尺寸标注、平法标注、典型节点构造、图纸布局等。此阶段可采用 CAD 软件和 BIM 软件相结合的方式完成,不同方式可以总结为如下几点。

① BIM 软件有二维标注、注释等功能,平法标注也能制作成对应的族进行导入,基本能满足初步设计出图需要。

② BIM 软件标注、注释能与物理模型高度统一,二者信息共享,更加满足施工图阶段对图纸深化和优化的需要,此优点 CAD 软件无法代替。

③ 在绘制节点、钢筋构造等二维图元方面,无疑 CAD 软件的操作更加便利,且资源更加丰富。

因此,编者建议,在初步设计的出图阶段,由于图面上定位尺寸、平法配筋等其他二维图元并不丰富,选择 BIM 软件直接出图有其积极意义。操作上可以采用局部引用的形式,对图纸的一些二维图元进行补充,把 CAD 软件作为一种辅助工具。

4.4.4 结构模型与结构分析模型转换

在过去很长一段时间,由于大量的结构计算模型无法与 Revit 模型协同应用,结构专业在整个三维信息链中形成孤岛。如今,很多大型结构分析软件公司开始寻求与 BIM 技术的协同发展,开放数据,主动解决结构专业 BIM 应用难题。编者就盈建科(YJK)计算软件介绍 BIM 模型与计算模型之间的相互转换。

1) Revit 模型与盈建科(YJK)结构计算软件的相互转换

为实现 Revit Structure 3D 物理模型与结构分析模型的双向链接,盈建科(YJK)结构计算软件提供和 Revit 的数据接口,该数据接口是在 Autodesk Revit 平台下开发,支持 Revit 2012 和 Revit 2013,在 Revit 下以插件的形式调用。自定义与结构计算模型截面一致的参数族,自动调整结构计算模型与 Revit 模型内部规则,有效解决不同平台下容错机制。

(1) 从 YJK 结构计算模型转换成 Revit 三维模型。具体步骤为:首先生成中间文件,在 YJK 主界面下点击"转 Revit 模型"按钮,在弹出的对话框中,选择 Revit 软件版本,选择"导入/导出 YJK 数据文件"类型为"YJK → Revit Structure"确定即可成功生成中间文件。当数据接口安装成功,在 Revit 软件工具栏会出现"盈建科数据接口"菜单栏,打开 Revit 2013(或 Revit Structure 2012),新建空白项目,点击"盈建科数据接口"菜单选择"导入 YJK 数据",在弹出窗口中选择需要导出楼层并设置模型参数,确认后转换生成的 Revit 三维模型。

(2) 从 Revit 三维模型生成 YJK 结构计算模型。具体步骤为:打开需要转换的 Revit 结构模型,点击"盈建科数据接口"菜单选择"生成 YJK 文件",在弹出窗口中选择导出路径;选择需要导出的楼层及构件类型,并进行截面匹配(Revit 中的族类型比较丰富,几何样式也多变,而 YJK 结构设计软件支持的截面类型是有限的,为了将丰富的 Revit 截面转换到 YJK 所识别的截面当中,需要利用程序提供的识别构件族类型和截面匹配的功能,将 Revit 中的截面匹配成 YJK 计算软件所存在的截面,这是转换过程中最重要的一步,能保证 Revit 的结构模型准确地转到 YJK 当中),最后设置归并参数,点击确认后生成后缀名为".ydb"的 YJK 外部接口文件。打开 YJK 软件,在 YJK 主界面下点击"转 Revit 模型"按钮,在弹出的对话框中,选择 Revit 软件版本,选择"导入/导出 YJK 数据文件"类型为"Revit Structure→YJK",选择生成的".ydb"文件,确定即可成功生成 YJK 模型。

2) Revit 模型与 YJK 结构计算模型相互转换的注意问题

(1) 当 YJK 模型转入 Revit 模型时,由于计算软件结构梁采用线单元模拟,当梁与剪力墙端部连接时,墙肢长度相差半个梁宽,需要对墙长进行调整;当 Revit 模型转入 YJK 模型时,墙肢将伸出梁段半个梁宽,而这并不影响计算,可以不进行调整。

(2) 当超大的 YJK 结构模型转换成 Revit 模型时,经常会因为内存使用上限或者提示过多而不予转换的情况,此时可以先选择部分楼层转换,保存后再进行另外楼层的转换,直至全部完成,这样一次转换后重新转换,内存使用量会降低,而且可以分多次忽略大量提示,提高模型转换的成功率。

(3)当 Revit 模型转换成 YJK 结构计算模型时,过多的标高会使转入的模型有过多的层,致使构件会被打碎,故在转换前适当调整 Revit 模型的楼层个数和高度,以使转出来的结构模型更具合理性。

(4)当 Revit 模型里面会经常出现梁建到柱边、墙边。梁梁之间由于定位原因而出现平行但不相连的情况,这种情况往往会造成转出来的模型出现梁悬空等问题。此时通过参数调整梁柱中间的连接关系,从而保证结构模型最大程度上的正确性。

3)Revit 模型与其他结构计算软件之间的相互转换

Revit 模型与其他结构计算软件的相互转换主要以盈建科(YJK)结构计算软件作为转换的中间工具,因为盈建科(YJK)结构计算软件提供了和 PKPM,Etabs,Midas 等主要结构计算软件的接口,建立了一个平台,实现一模多算,模型之间的相互转换。

4.4.5　结构模型校审

传统二维设计校审的方法是将建筑图参照到结构图纸中,核对结构与建筑门窗洞口位置是否有冲突,核对结构布置是否满足建筑使用功能的要求。但对于一些比较特殊的位置,如楼电梯、车道、变标高位置以及其他一些对净高有要求的位置,二维设计只能够通过经验或计算去判断这些位置是否满足要求。而 Revit 三维设计可以方便的实现结构专业可视化校审。Revit 不仅支持平面形式的校审,还可以实现结构与建筑、机电专业自动审核校对、三维查看、三维漫游形式的校审。这些功能可以形象立体地把整个建筑模型展现在设计师面前,方便设计人员去发现存在的问题。

1)平面形式的校审

平面校审的内容主要包括:核对本层的墙柱及门窗洞口位置,核对本层墙柱梁对下层建筑空间的影响。若结构与其他专业使用的是同一个中心文件,则可以选择中心文件需要校对的结构楼层,将下层建筑设置为基线进行校审;若结构与其他专业是分别建立中心(单独)文件,则在校审之前,应先将其他专业 Revit 模型链接到结构模型中,应用"二维建筑结构审核视图样板"进行校审。

2)Revit 自动模型检查

Revit 可以实现结构与机电专业管线的自动碰撞检查,以校审结构构件的设置对其他专业是否产生影响。碰撞检查应当在同一中心文件下或将模型相互链接后方可进行,单击菜单栏"协作→碰撞检查→运行碰撞检查"设置检查类别,Revit 会自动检校结构模型与机电管道相碰撞的地方,并形成冲突报告。

3)三维形式查看校审

三维形式查看校审的主要内容有:校审结构墙柱与建筑外墙的关系、结构梁与建筑外围的支撑关系,校审结构梁板与建筑内部空间的关系。主要方法有两种:一种为打开结构与其他专业三维模型,应用"二维建筑结构审核视图样板"对外围进行校审;另外一种则是实时剖切,查看三维剖面对内部空间进行校审。

4)结构内部三维漫游

三维走动可以在模型的内部空间查看结构构件的设置是否满足建筑功能,如建筑的净高、视线要求、机电管线铺设要求等,视图显示结构内部空间的布置,可在视角范围内校审结构构件的布置与建筑构件、机电管线的相对关系。

4.4.6　初步设计模型图纸成果

此阶段主要是墙柱定位图和结构模板图,可采用纯 Revit 出图,也可采用 Revit＋CAD 相结合的方式完成,后者需 Revit 导出带墙柱、梁、板带截面特性的 CAD 文件,在 CAD 中加工定位及图框等。本阶段两种出图方式的操作模式可参考表 4-5 与表 4-6。

表 4-5　　　　　　　　　　　初设阶段 **Revit** 出图

	模板图	墙柱定位图
Revit	•	•
CAD	—	—

注:"•"表示全部出图;"○"表示结合出图;"—"表示无此部分出图。

表 4-6　　　　　　　　　　初设阶段 **Revit＋CAD** 出图

	模板图	墙柱定位图
Revit	○	○
CAD	○	○

注:"•"表示全部出图;"○"表示结合出图;"—"表示无此部分出图。

在初设的出图阶段,选择 BIM 软件直接出图有其积极意义。操作上对于局部可以采用局部引用的形式,对图纸的一些二维图元进行补充,把 CAD 软件作为一种辅助工具。

结构 Revit 模型满足终版模型深度后,根据模型形成满足国家深度要求的初步设计二维图纸。具体操作步骤如下:

第 1 步:关闭或者删除所有与结构初步设计出图无关的链接;

第 2 步:应用"结构模板"视图样板,生成梁格布置图;

第 3 步:利用做好的梁截面标记族标注所有梁截面,根据梁跨数做适当调整;

第 4 步:两种方法形成最终版模板图。

(1)方法一

① 加载标题栏族文件,其文件包括项目相关的图签、会签栏、图框等信息;

② 项目浏览器中新建的图纸,插入合适图框的项目标题栏,在项目浏览器中,直接拖动视图纸;

③ 插入图纸说明(可插入做好的 CAD 块),添加图名、图号成图。

(2)方法二

导出带截面标注的 CAD 文件,在 Auto CAD 软件中二维加工形成模板图。

4.5 设备与电气设计

4.5.1 暖通空调设计

1) 暖通空调负荷计算的 BIM 应用

暖通冷热负荷计算,需要建筑专业与暖通专业进行密切协同配合。

在传统设计应用中,暖通冷热负荷计算工作存在下述几点问题。

① 识别建筑图形不准确。由于建筑软件的多样性,暖通专业的软件读取建筑专业的图形会存在一些兼容性问题,导致人工干预的步骤较多,效率和准确性均存在问题。

② 建筑图形无属性信息。传统设计方法以绘图为目的,图纸中无相关的数据。计算的大量数据需要人工输入,效率低下,无法保证准确性。

③ 计算流程中,人工输入的工作量大导致计算不精确,无法及时跟随建筑专业的设计更新,从而使暖通专业的设计存在浪费与不合理现象。

在 BIM 应用模式中,建筑专业模型可直接提供计算所需的基础数据,暖通专业根据提取到数据与软件提供的计算规范数据库进行数据一一对应,将对应完成的数据输出到计算分析软件中进行计算分析,分析结果返回 BIM 模型中,对计算结果进行标注,建筑专业根据计算结果对设计构件进行相应调整。整个流程无须人工识别与录入,不存在错漏,可随时根据建筑模型更新而重新分析,如表 4-7 和图 4-36 所示。

如图 4-37 所示为暖通专业在 BIM 中的工作流程。

表 4-7 暖通空调负荷计算的 BIM 应用流程

步骤	建筑专业	暖通专业
准备	设计之前做好前期准备工作,将 BIM 模型中所有用到的墙体参数依据负荷计算相应规定要求进行设置。使用批量处理工具,自动生成项目中全部房间,此种操作可避免手动创建出现的错漏情况,见图 4-36	
第 1 步		通过协同直接提取建筑模型中的基础数据信息,对应规范数据库中的数据生成计算分析所需的计算空间数据,如图 4-37(a) 所示
第 2 步		建筑工程师与暖通工程师数据完成协同交互后,通过软件将数据传送到计算软件中,即可直接进行相应计算分析,如图 4-37(b) 所示
第 3 步		通过软件将计算结果导入到模型中进行标注,如图 4-37(c) 所示
第 4 步		检查外墙的传热系数是否符合计算结果,如图 4-37(d) 所示
相关专业优化	通过计算结果做方案的优化处理	

（a）负荷计算软件中材质的参数

（b）Revit 中材质参数设置

（c）批量生成房间

图 4-36　设计准备

（a）空间类型管理　　　　　　　　　　　　　（b）负荷计算

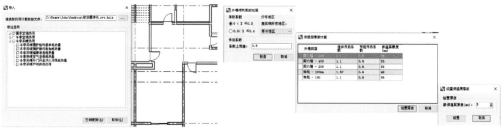

（c）导入负荷计算结果　　　　　（d）检查墙体传热系统、保温层厚度编辑

图 4-37　暖通专业设计在 Revit 中的设计过程

2）暖通空调系统建模

暖通空调系统的设计在 BIM 模式下大致分为暖通风系统管理、批量布置、设备连接、管道编辑等，每一部分具体的流程以鸿业科技开发的 BIM 软件为例。

（1）空调风系统的管理

根据不同项目需求创建出不同的系统类型，如送风、新风、回风、防排烟等，同时要设置系统的缩写、颜色、线型、线宽方便后续设计使用，如图 4-38 所示。

（2）批量布置

首先要选择合适的末端族，使用适合的布置方法。常用的方式有点取点布置、沿线布置、辅助线交点布置、矩形布置、居中布置，使用这些布置方式可以使我们更方便快捷地进行末端的布置，大大地提高工程师的绘图效率。

任意布置方式为随意点击放置末端，方便在非规则区域进行末端布置。

沿线布置可以依据辅助线进行限定个数和间距比进行布置，也可通过限定间距，通过设定风口之间的间距和边距进行末端布置，如图 4-39 所示。

图 4-38　系统类型管理

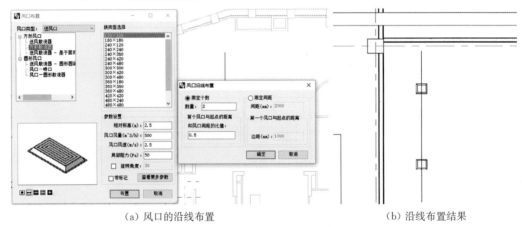

（a）风口的沿线布置　　　　　　　　　　（b）沿线布置结果

图 4-39　风口沿线布置

辅助线交点布置，此方式需提前绘制辅助线，设置辅助线的行列间距，再使用辅助线交点布置方式进行末端布置，如图 4-40 所示。

矩形布置，可以通过设置行、列个数及边距比进行布置，也可通过设置限定间距进行布置，如图 4-41 所示。

居中布置，可设置行列间距布置，也可以按行列数、边间距的设置来进行布置，如图 4-42 所示。

（3）批量连接

通过与绘制完成的主管道和末端进行框选的方式，自动将末端与主管道进行正确连接，达到快速准确的效果，如图 4-43 所示。

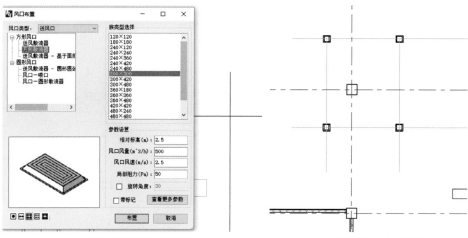

(a) 风口辅助线交点布置　　　　　　　　　　(b) 辅助线交点布置结果

图 4-40　风口辅助线交点布置

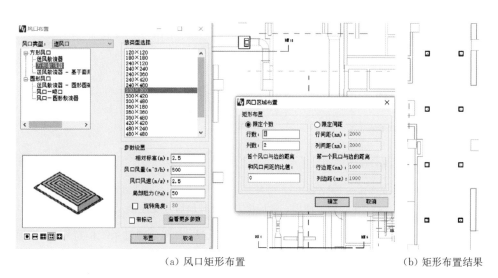

(a) 风口矩形布置　　　　　　　　　　　　(b) 矩形布置结果

图 4-41　风口矩形布置

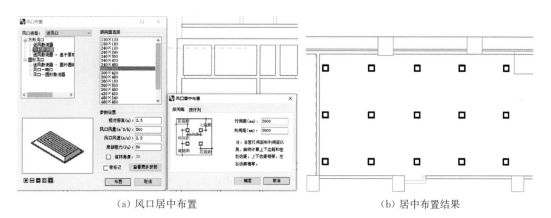

(a) 风口居中布置　　　　　　　　　　　　(b) 居中布置结果

图 4-42　风口居中布置

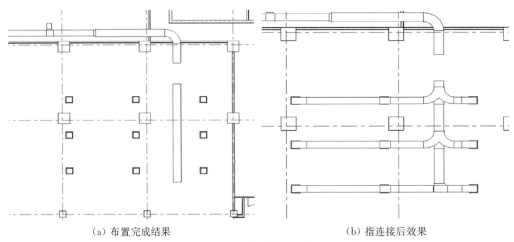

(a) 布置完成结果　　　　　　　　　　(b) 指连接后效果

图 4-43　使用批量连接工具结果

在设计过程中,某些特殊位置的连接需要指定的连接方式如图 4-44 所示,此处位置需要使用特定的 Y 形弧线三通进行连接,可使用相应工具方便处理。

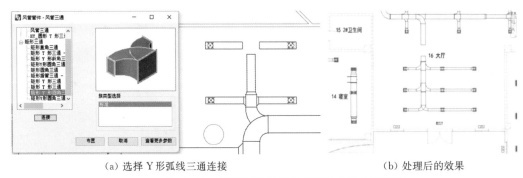

(a) 选择 Y 形弧线三通连接　　　　　　　(b) 处理后的效果

图 4-44　使用三通连接方式处理最后分支连接

处理不同管道的批量连接可使用分类连接工具,软件会通过系统信息划分,管道的连接对应;自动连接工具可实现不同系统管道的自动连接,如图 4-45 所示。

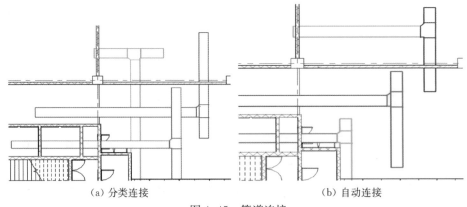

(a) 分类连接　　　　　　　　　　　(b) 自动连接

图 4-45　管道连接

在设计过程中,管道综合时会遇到部分管道需要做升降处理,可使用软件方便、快捷、准确地进行处理,如图 4-46 所示。

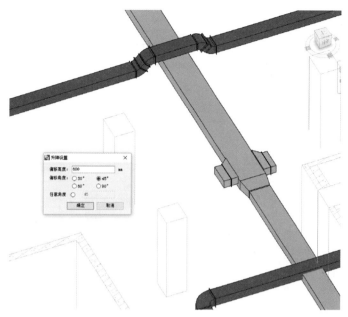

图 4-46　管道避让

3）暖通空调系统计算

在暖通空调设计工作中，系统计算是不可缺少的一个重要组成部分，而在 BIM 时代下是否可以在 BIM 模型中直接进行相应计算，并可得出以用于后续报审及深化设计的计算书，是工程师比较关心的事情。

在 BIM 条件下进行计算分析前提要求确保 BIM 模型具有完整的相应系统，每个系统内包含末端、设备等设计中必要的构件，构件上要包含计算分析所需要的所有参数，风系统水力计算，如图 4-47 所示，通过软件提取构件中的参数，依据国标规范软件自动完成计算过程。

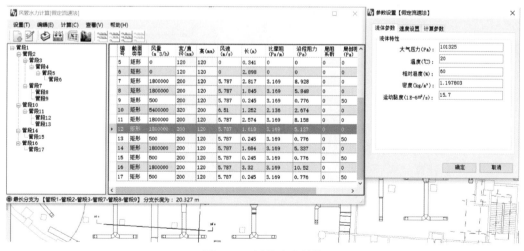

图 4-47　风管水力计算

计算完成后生成符合标准的 Excel 计算书，如图 4-48 所示。

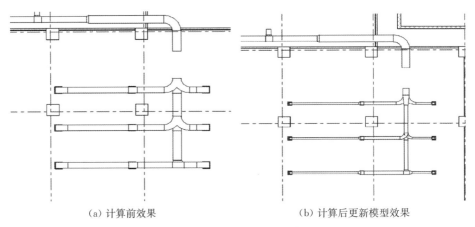

图 4-48 风系统水力计算书

计算结果赋予模型中,管道尺寸、管件等会自动更新,如图 4-49 所示。

（a）计算前效果　　　　　　　　　　　（b）计算后更新模型效果

图 4-49 风系统水力计算

暖通空调水系统水力计算,如图 4-50 所示,通过软件提取构件中的参数,依据国标规范软件自动完成计算过程。

计算完成后生成符合标准的 Excel 计算书,如图 4-51 所示。

计算结果赋予模型中,管道尺寸、管件等会自动更新,如图 4-52 所示。

4) 暖通系统图生成

暖通设计过程中系统图是表示相应系统如何进出的示意图,还用做指导施工使用,在 BIM 模式下,通过导出 BIM 模型的相应数据,如图 4-53 所示。输出到二维平台设计软件中依据 BIM 模型数据生成系统图,如图 4-54 所示。

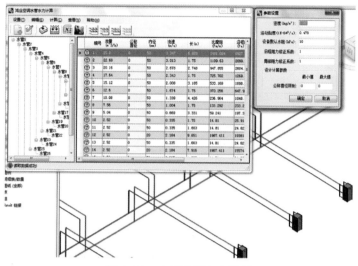

图 4-50　空调水管水力计算

A1　鸿业水系统水力计算书

鸿业水系统水力计算书

一、计算依据

本计算方法理论依据是陆耀庆编著的《供暖通风设计手册》和电子工业部第十设计研究院主编的《空气调节设计手册》。

二、计算公式

a.管段压力损失 = 沿程阻力损失 + 局部阻力损失 即：ΔP = ΔPm + ΔPj。

b.沿程阻力损失 ΔPm = Δpm×L。

c.局部阻力损失 ΔPj =0.5×ζ×ρ×V^2。

d.摩擦阻力系数采用柯列勃洛克-怀特公式计算。

三、计算结果

1、循环供水 2

a.循环供水 2水力计算表

循环供水 2

编号	流量(m^3/h)	公称直径	内径(mm)	流速(m/s)	长(m)	比摩阻(Pa/m)	沿程阻力(Pa)	局阻系数	局部阻力(Pa)	总阻力(Pa)
1	25.20	80	80.5	1.38	6.03	169.54	1022.03	0.00	0.00	1022.03
2	22.68	80	80.5	1.24	1.75	140.99	246.74	0.15	114.92	361.65
3	20.16	70	68	1.54	2.75	255.74	702.66	0.15	178.33	880.99
4	17.64	70	68	1.35	1.75	202.45	354.28	0.15	136.53	490.81
5	15.12	70	68	1.16	3.19	154.58	492.41	0.15	100.31	592.72
6	12.60	70	68	0.96	1.75	112.35	196.62	0.15	69.66	266.28
7	10.08	50	53	1.27	4.43	248.37	1099.30	0.15	120.81	1220.11
8	7.56	50	53	0.95	1.75	150.13	262.72	0.14	61.24	323.96
9	5.04	40	41	1.06	3.33	249.97	832.74	0.15	84.33	917.08
10	2.52	32	35.75	0.70	1.75	142.48	249.33	0.15	37.61	286.95
11	2.52	32	35.75	0.70	1.66	142.48	236.91	0.22	53.49	290.40
12	2.52	32	35.75	0.70	9.85	142.48	1403.59	0.22	10053.49	11457.09
13	2.52	32	35.75	0.70	1.66	142.48	236.91	1.61	391.22	628.13
14	2.52	32	35.75	0.70	7.92	142.48	1127.88	0.22	10053.49	11181.38
15	2.52	32	35.75	0.70	1.66	142.48	236.91	0.51	124.26	361.17
16	2.52	32	35.75	0.70	9.85	142.48	1403.59	0.22	10053.49	11457.09

鸿业水管水力计算书

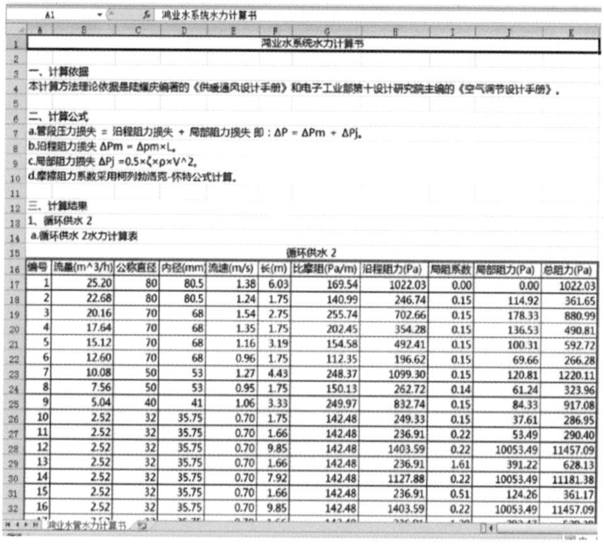

图 4-51　水系统水力计算书

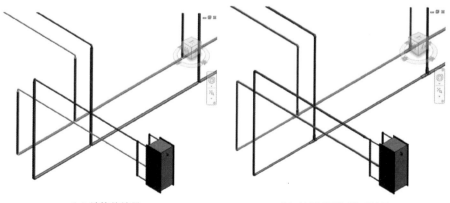

（a）计算前效果　　（b）计算后更新模型效果

图 4-52　水系统水力计算

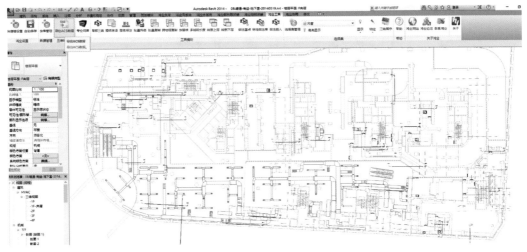

图 4-53　导出数据

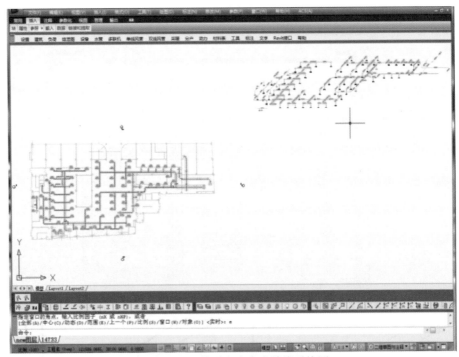

图 4-54　二维平台中生成单线系统图

4.5.2　给排水设计

1）给排水系统建模

给排水系统的设计在 BIM 模式下大致分为给排水系统管理、器具的布置、器具的连接、管道编辑等，具体的操作流程本节将做详细说明。

（1）系统的管理

根据不同项目需求创建出不同的系统类型，如冷水系统、热水系统、排水系统、雨水系统等，同时要设置系统的缩写、颜色、线型、线宽方便后续设计使用，如

图 4-55 所示。

（2）器具的布置

设计过程中常用的布置方式有点取点布置、沿线布置、辅助线交点布置、矩形布置、居中布置，使用这些布置方式可以使我们更方便快捷地进行批量布置，大大提高工程师的绘图效率。

点取点布置方式为随意点击放置器具，方便在非规则区域进行器具布置。

图 4-55　给排水系统管理

沿线布置可以依据辅助线限定个数和间距比进行布置，也可通过限定间距进行器具的布置，如图 4-56 所示。

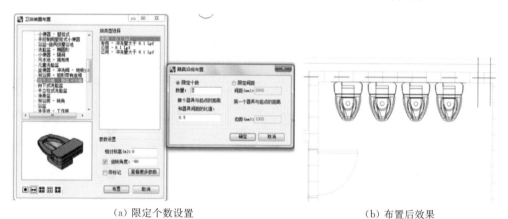

（a）限定个数设置　　　　　　　　　　（b）布置后效果

图 4-56　沿线布置

辅助线交点布置，设置辅助线的行列间距，再进行末端的布置，如图 4-57 所示。

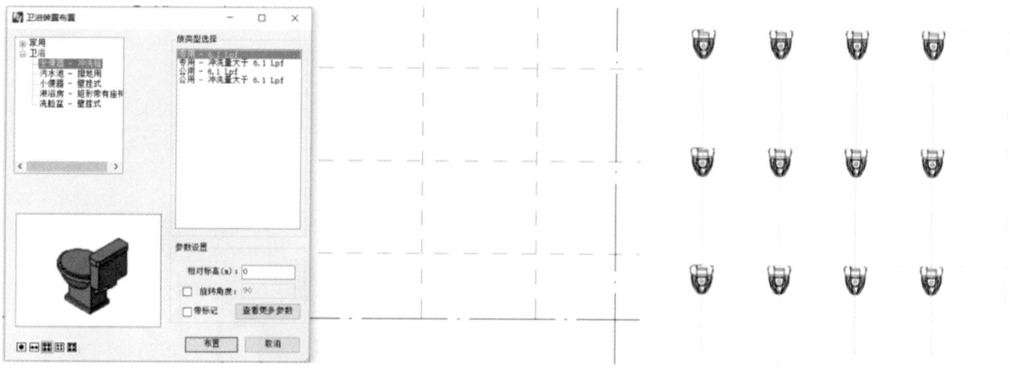

（a）辅助线交点方式　　　　　　　　　　（b）布置后效果

图 4-57　辅助线交点布置

矩形布置，可以通过设置行数、列数及边距比进行布置，也可通过设置限定间距进行布置，如图 4-58 所示。

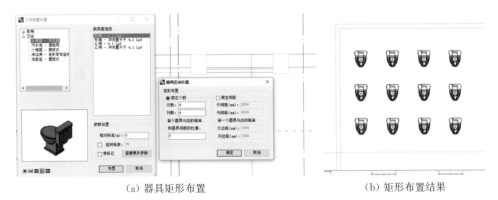

（a）器具矩形布置 　　　　　　　　　（b）矩形布置结果

图 4-58　器具矩形布置

　　居中布置，可设置行列间距布置、可以按行列数、边间距的设置进行布置，如图 4-59 所示。

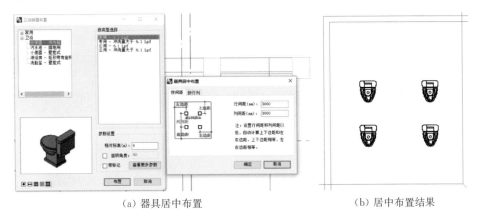

（a）器具居中布置 　　　　　　　　　（b）居中布置结果

图 4-59　器具居中布置

（3）批量连接

　　通过框选器具与管道，软件自动将器具与管道进行批量正确连接，如图 4-60 所示。

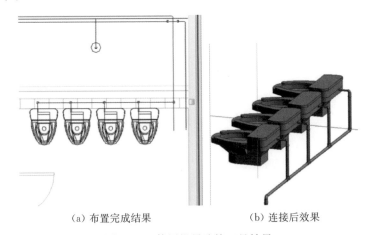

（a）布置完成结果 　　　　　　　　　（b）连接后效果

图 4-60　使用批量连接工具结果

处理不同管道的批量连接可使用分类连接工具,软件能够通过系统信息划分进行管道的连接;自动连接工具可实现不同系统管道的连接,如图 4-61 所示。

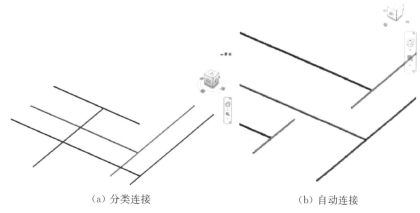

（a）分类连接　　　　　　　　　　（b）自动连接

图 4-61　管道连接

在设计过程中管道综合时会遇到部分管道需要避让,可使用软件方便、快捷、准确地进行处理,如图 4-62 所示。

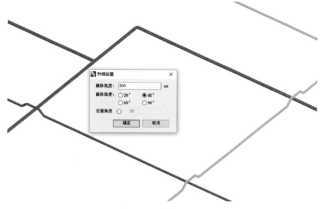

图 4-62　管道避让

2) 消防系统建模与计算

消防系统的设计工作,BIM 模式下大致也分为消防系统管理、喷头的布置、消火栓的布置、批量连接、管道编辑等,下面做具体的详细说明。

系统的管理根据不同项目需求创建出不同的系统类型,如自喷系统、消火栓系统等,同时要设置系统的缩写、颜色、线型、线宽方便后续绘图使用,如图 4-63 所示。

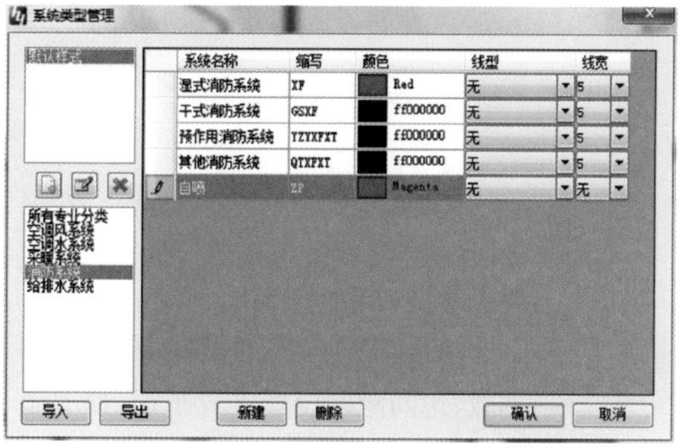

图 4-63　消防系统管理

（1）喷头的布置

设计中常用的布置方式有点取点布置、沿线布置、辅助线交点布置、矩形布置、居中布置，使用这些布置方式可以使我们更方便快捷地进行批量布置，大大提高工程师的绘图效率。

任意布置方式为随意点击放置喷头，方便在非规则区域进行喷头布置。

沿线布置可以依据辅助线限定个数和间距比进行布置，也可通过限定间距，通过设定喷头之间的间距和边距进行喷头的布置，如图 4-64 所示。

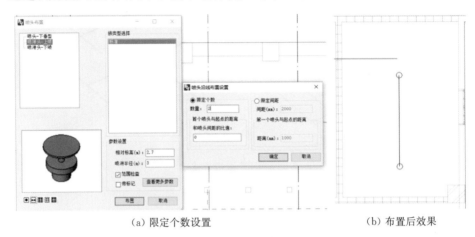

（a）限定个数设置   （b）布置后效果

图 4-64 沿线布置

辅助线交点布置，此方式需提前绘制辅助线，设置辅助线的行列间距，再使用辅助线交点布置方式进行喷头布置，如图 4-65 所示。

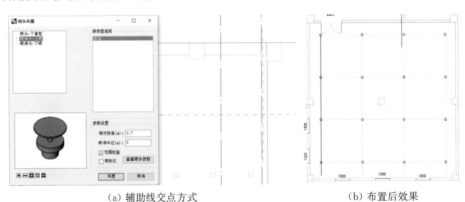

（a）辅助线交点方式   （b）布置后效果

图 4-65 辅助线交点布置

矩形布置，可以通过设置行数、列数及边距比进行布置，也可通过设置危险等级，依据不同的危险等级，行、列间距、边间距都有相应规定，同样也可手动设置参数进行布置，如图 4-66 所示。

居中布置，可设置行列间距，软件自己处理四边间距相等布置，也可以按行列数、边间距的设置进行布置，如图 4-67 所示。

消火栓的布置与连接，通过布置界面选择适合本工程的消火栓，通过自由放置方式布置到项目中，通过批量连接，软件能够根据不同的情况给出不同的连接方案，如图 4-68 所示。

（a）喷头矩形布置　　　　　　　　　　（b）矩形布置结果

图 4-66　喷头矩形布置

（a）喷头居中布置　　　　　　　　　　（b）居中布置结果

图 4-67　喷头居中布置

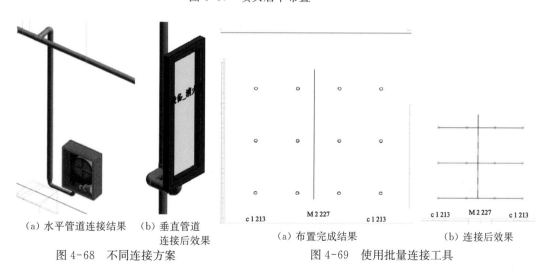

（a）水平管道连接结果　（b）垂直管道
　　　　　　　　　　　连接后效果

图 4-68　不同连接方案

（a）布置完成结果　　　　（b）连接后效果

图 4-69　使用批量连接工具

（2）批量连接

通过与绘制完成的主管道和器具进行框选的方式，自动将喷头与主管道进行正确连接，达到快速准确的效果，如图 4-69 所示。

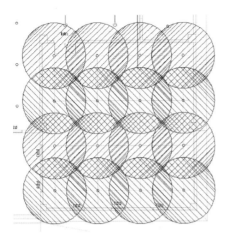

图 4-70 保护范围检查

（3）保护范围检查

在喷淋设计中，在布置喷头时需要设置好喷头的保护半径，喷头布置完成后，还可以使用工具再次校核设计的正确性，如图 4-70 所示。

（4）喷头数量算管径

在喷淋设计中常使用的计算管径的方法是喷头数定管径，选择需要计算的管道，软件会自动按工程师设定的规则进行计算并自动更新到模型中，如图 4-71 所示。

4.5.3 电气设计

1）照度计算

电气专业的设计中照度计算是必不可少的部分，传统的设计方法中，电气工程师需要人工判断建筑物每个房间相关信息，计算的大量数据需要人工输入，效率低下，无法保证准确性。

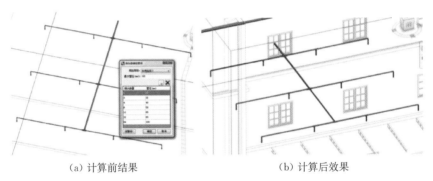

（a）计算前结果　　　　（b）计算后效果

图 4-71 喷头数定管径

在 BIM 模式下，照度计算根据建筑模型提取到数据与软件提供的计算规范数据库进行数据一一对应和照度计算，如图 4-72 所示。

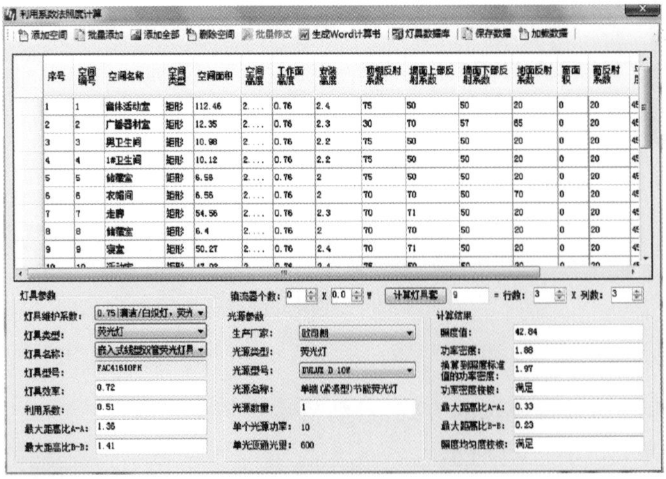

计算完成还可直接导出符合国标的 Word 计算书，如图 4-73 所示。

2）电气系统建模

在 BIM 模式下电气系统的设计大致分为构件的批量布置、设备连线、批量线管、线管升降、二维标注、统计等，具体流程详细说明如下：

（1）电气构件的批量布置可对灯具、开关、插座、电

图 4-72 电气照度计算

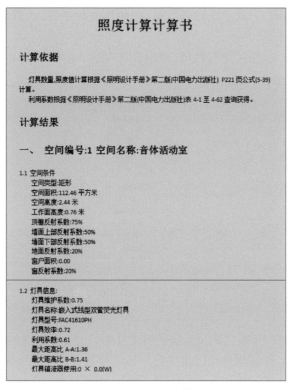

图 4-73　Word 计算书

箱、电柜等常用电气设备进行批量布置,常用的布置方式有点取点布置、弧形布置、接线布置、行列布置,根据不同规则的房间使用不同的布置,提高工程师的工作效率。

点取点布置方式为任意点击放置电气相应设备,方便在非规则区域进行电气设备布置。

弧形布置,主要是针对弧形房间,可通过径向、周身的设备数量,设备边距比的设置,布置的同时可对设备进行连线,如图 4-74 所示。

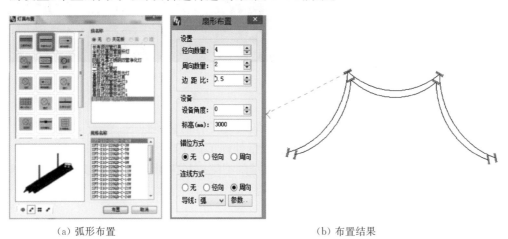

（a）弧形布置　　　　　　　　　　　　　　　　（b）布置结果

图 4-74　电气设备弧形布置

行列布置方式,通过设置行列数量、边距比进行布置,布置的同时可对设备进行连线,如图 4-75 所示。

接线布置方式,通过设置数量、边距比来布置,也可通过间距布置来进行布置,如图 4-76 所示。

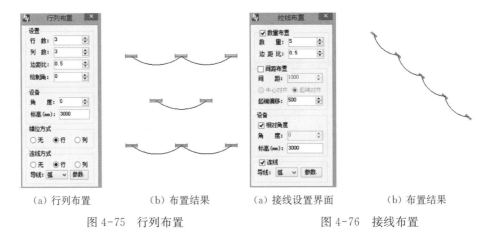

| (a) 行列布置 | (b) 布置结果 | (a) 接线设置界面 | (b) 布置结果 |

图 4-75　行列布置　　　　　　　　　　图 4-76　接线布置

(2) 设备连线,布置完成所有设备后需要对灯具、开关、插座、配电箱等设备进行导线的连接,使用软件可以直接选择相应设备直接生成导线,导线类别也可自由设置,如图 4-77 所示。

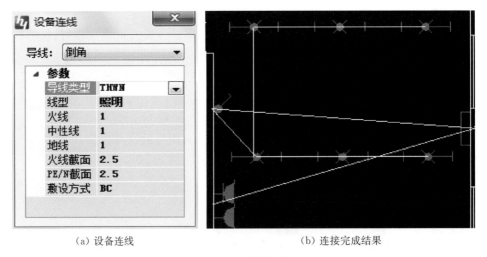

| (a) 设备连线 | (b) 连接完成结果 |

图 4-77　设备连线

(3) 线生线管,由于电气专业导线就是带有信息属性的二维线,在三维中无法显示,工程师可使用软件提供的批量处理工具生成线管,如图 4-78 所示。

(4) 在设计过程中,综合管道狭窄的空间对桥架、线管需要做升降处理的可使用软件方便、快捷、准确地进行处理,如图 4-79 所示。

3) 电气系统图生成

电气专业的系统图生成方式是根据 BIM 模型中创建完成的电气系统,软件提取完整的电气系统信息,在二维设计软件中直接生成电气系统图,不存在错误。

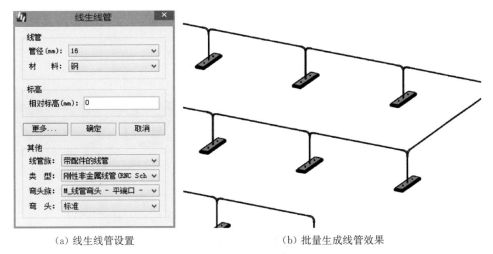

（a）线生线管设置   （b）批量生成线管效果

图 4-78　线生线管

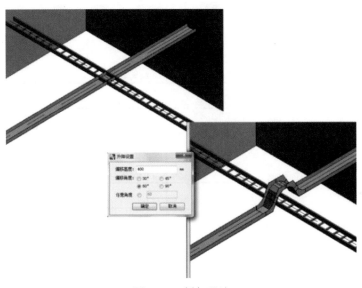

图 4-79　桥架避让

在 BIM 模型中完成电气系统的创建后,做出图的相应设置,如图 4-80 所示。

确保在 BIM 模型中创建所有电气系统全部准确,设置完成后直接输出到二维设计软件中生成电气系统图,如图 4-81 所示。

4.5.4　专业间协同设计

1) 获取其他专业模型

BIM 时代谈论的话题中心是协同设计,例如,协同设计可以让各专业间配合更加紧密,协同设计可以大大提高我们的工作效率等。那么设备与电气专业如何与工艺、建筑、结构专业间进行协同设计,如何从 BIM 模型中提取设计所需的信息,如何利用这些信息进行设计,现阶段又有哪些协同方式可供选择使用,本节针对这些问题将做详细的分析。

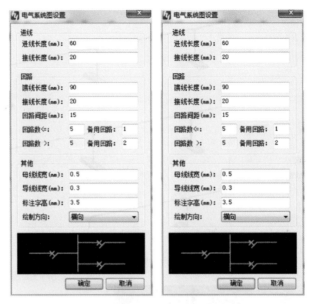

图 4-80 电气系统图设置

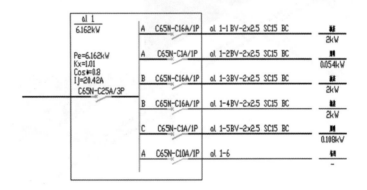

图 4-81 电气系统图

目前企业中在使用 BIM 模式下最常见的两个协同方式。

① 链接模型方式:机电专业链接建筑 BIM 模型,通过模型文件的相互链接实现多专业间设计成果的实时更新与相互参照。

(2) 工作集方式:以中心文件为基础的全专业协同,全专业在同一个文件中进行设计工作,所有专业的模型时时更新,可以更加方便地看到各专业的设计工作进度,及时提取到与本专业有关的信息。

协同的前提是要清楚地知道每个专业间需要从对方的 BIM 模型中提取什么样的信息出来,用于做什么,前面讲到的暖通专业的负荷计算就涉及两专业之间的协同设计。

暖通专业的负荷计算与建筑之间的协同,先确定传统的二维模式下进行计算分析时需要录入到计算软件中的信息,如:房间信息、项目信息、墙体(面积、朝向、构造)、门及窗(面积、朝向、构造)、建筑工程地点、气象参数、维护构造、电器、照明、功率,等等。现在可以通过相应工具直接在建筑 BIM 模型中提取到这些

数据而无须手动输入查找,可以确保数据的准确性并大大提高工作效率,如图
4-82 所示。

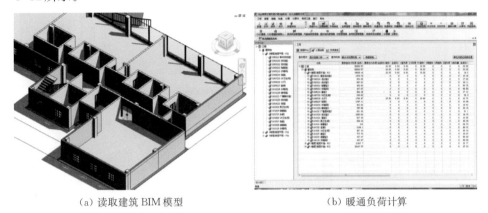

<table>
<tr><td>(a) 读取建筑 BIM 模型</td><td>(b) 暖通负荷计算</td></tr>
</table>

图 4-82　暖通与建筑协同

计算完成后可直接将有关暖通的计算结果标注在建筑模型上,还可通过计
算结果与建筑专业进行协同调整设计方案。

2) 留洞提资

BIM 模式下通过多专业的协同模式,完全改变了传统二维模式下提交图程
序,通过外部链接、工作集两种协同方式完成协同开洞工作,机电专业提交开洞
数据,建筑专业通过判断进行批量开洞处理,大大提高各专业的工作效率。

机电工程师通过软件检测到洞口的存在,并对不同类型的管道预留洞口尺
寸进行相应设置,可通过软件自动搜索提取到所有洞口信息,如图 4-83 所示。

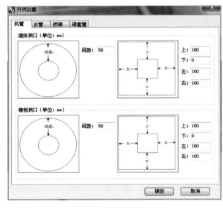

<table>
<tr><td>(a) 开洞设置</td><td>(b) 协同方式</td></tr>
</table>

图 4-83　协同开洞

机电工程师在提交洞口资料前可再次检查确定洞口位置,确认无误直接提
交即可,如图 4-84 所示。

机电工程师的洞口信息可通过数据传递的方式提交给建筑师,建筑师可接
收到机电工程师提交过来的所有洞口信息,通过专业的判断对洞口进行批量开
洞,同样也可对不符合设计要求的洞口拒绝开洞,并将修改意见返给机电工程
师,如图 4-85 所示。

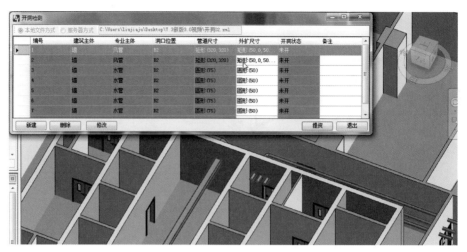

图 4-84　本地板开洞检测

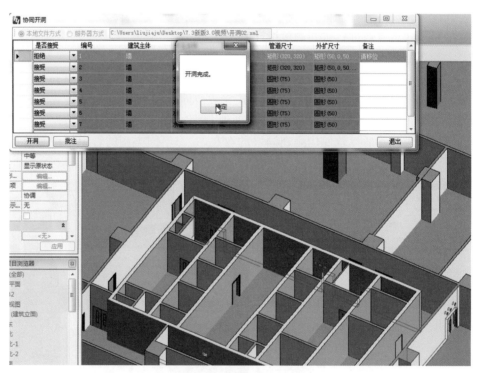

图 4-85　本地板协同开洞

　　建筑专业完成协同开洞后,机电工程师更新模型即可查看开洞结果,同时根据建筑工程师的批注意见对未进行开洞的位置进行设计上的修改及调整,如图 4-86 所示。

　　3）设备供电提资

　　传统二维时代,给排水专业、暖通专业需要向电气专业提交供电设备提资图,由电气专业对照提交图在其专业图纸上一一对照进行配电设计,大量的数据信息需要由人工进行查找并进行判断,效率低下且存在错漏现象。

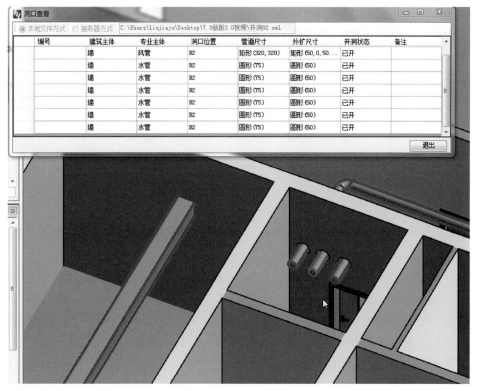

图 4-86　本地板开洞结果查看

在 BIM 模式下,各专业的供电提资图可以全部取消,电气工程师通过软件对所有需要供电的设备进行配电检测,通过读取设备上的配电信息进行后续的配电设计,由于所有的操作都是软件完成的,避免错漏现象,保证信息的完整性和设计的准确性,同时也提高了其工作效率,如图4-87所示。

（a）配电检测——视图

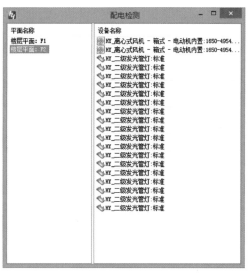

（b）配电检测——项目

图 4-87　配电检测

4.6 特殊工艺设施系统设计

4.6.1 特殊工艺系统 BIM 设计方法

当建筑物用作生产运营场所时,除了具备常见的建筑机电设备系统外,通常还会配置特殊的工艺设备设施系统,用于提供工艺生产能力或改善运营服务效率。例如,对于制造企业来说,机床、生产线等工艺设备设施系统涉及如何形成产品生产能力;对于机场来说,跑道、滑道、行李分拣运输系统、停车场等设施系统涉及如何最佳的支持飞机航运和旅客服务的作业界面;对于医院来说,各种诊断、治疗及辅助设施不仅影响到如何支持为病人提供最好的医疗服务,也决定了医院的服务等级。一些特殊工艺系统需要在方案设计,甚至设计前期就要由相关技术人员提出。

在初步设计阶段,这些特殊工艺设备设施系统作为工程项目生产规模能力的一个组成部分,已成为达成生产服务目标必不可少的支撑系统,不仅应满足项目当前建设能力需求,还必须遵从业主乃至行业与地区经济的战略发展规划,具有适当的发展能力预留。因此,工艺设备设施系统的需求规划在一定程度上直接影响工程项目的建设规模。同时,因其具有各自的内在生产关系逻辑顺序与空间布置要求、能源与通信系统支持要求等,特殊工艺设备设施系统也是某些功能型建筑空间布局的重要影响因素。尽可能准确地确定工艺逻辑(流程及流线)和工艺规模(生产服务能力)、设备选型方案(空间布置占位和能源、环境需求)是本阶段工艺设施系统设计的关键,常用的 BIM 设计手段是三维建模与布局布置、流线分析、性能仿真分析、物流仿真分析等。下文列举一些典型的特殊工艺流程说明在 BIM 设计的应用(图 4-88)。

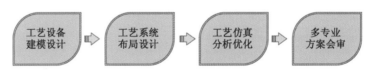

图 4-88 采用 BIM 技术进行特殊工艺系统设计流程

本节以制造业工艺系统作为典型代表介绍相应的 BIM 设计方法和设计步骤,其他类型建筑的应用思路类似,可以参考本节内容执行。

1) 工艺设备建模

在初步设计阶段,可以先用简化的体量概念模型表示工艺流程中的每个工艺设备单元。该概念模型中应包含各工艺设备对其他专业提资资料(配图—接口属性)。建模时应按照该设备占用最大空间尺寸,即:

总宽=设备静止宽度加上最大左右行程;

总深度=设备静止深度加上接近和远离操作着的最大行程;

总高度=设备最大高度加上设备安装吊运高度。

当工艺设备布局方案确定后,再将体量模型细化,或从工艺模型构件库中选择对应深度的设备模型,以设备基础与轴网相对位置定位替换原概念模型。

（1）在设计平台里建立工艺设备模型

工艺设备是工艺设施系统的主要组成内容，利用各设计平台的自定义方式可以很方便地建立参数化工艺设备模型。通常一个模型可以包含同系列工艺设备的同一机型所包含的主要部件、外形尺寸、定位尺寸、零件规格、使用性能数据、机身固有属性等参数，在利用工程设计平台建立模型的过程中，应尽量将构件参数融入模型的边界条件中，形成尺寸可调节的数字化模型；工艺设备的性能参数可融入模型的固有属性之中，形成可读取的信息模型。这样，一个设备模型的完成就意味着一个系列设备模型的建成。通过参数化快速建立设备模型，就可以涵盖相关工业领域各种典型车间的所有常用设备，从而形成一整套工艺设备模型库，如图 4-89 所示。

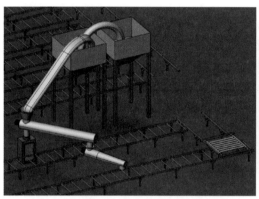
（a）Catia 中创建的混砂机设备概念模型

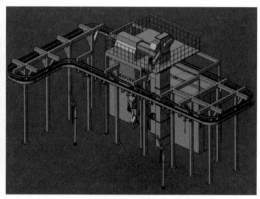
（b）Catia 中创建的抛丸机生产单元

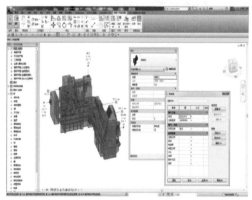
（c）Revit 中创建的工艺设备族模型

（d）工艺设备族库管理

图 4-89　工艺设备建模

（2）不同平台工艺设备模型的导入转换

大多数设备制造厂商都早已经采用三维设计来完成他们的产品设计，这意味着可以直接利用厂家提供的三维安装模型完成工艺设施系统的布置设计。以同属 Autodesk 公司的工业设计工具 Inventor 模型为例，工艺设备模型可直接利用 Inventor 中的发布功能实现数据转换，导入 Revit 中使用，极大提高了设计精度和设计效率。

首先是模型简化,为避免在整体系统模型中出现大量重复几何特征信息,导致模型运算性能受到影响,删减不必要的外部细节特征和内部组成,并采用包覆面提取替换、详细等级表达、衍生零件等方法对复杂零件模型进行最大程度简化,仅包括外部轮廓的关键特征参数即可。

其次,在模型中定义连接特征位置,如管接头、接线端等。

然后,直接利用 Inventor 中发布功能实现数据转换,导出 RFA 或 FBS 格式文件。

最后,在 Revit 族编辑器中打开,确认各项特征的完整性并对连接件属性进行定义后,即可保存到设备族共享目录,或归入族库管理系统,在设备布置设计中随时加载使用。

注意事项:

在不同平台中进行工艺设备建模数据转换,极大提高了建筑工程设计精度和设计效率,为了更好地利用不同来源的工艺设备模型数据,需要注意以下几点:

① 模型命名规范,建议与设备明细表保持一致;

② 电气、管道、风管等接口定义准确,尺寸明确,系统类型定义正确,接口方向正确;

③ 设备模型文件中最好包含设备的平面示意图、剖面图等内容;

④ 单台设备模型导出时,要定义 UCS 坐标在设备底脚部,并且 Z 轴朝向上方,以便导入后模型水平位置合适;

⑤ 在模型整体导出时,需要建一个参照物作为导入 Revit 中心模型的基准。

(3) 常见设备建模工具及数据交换格式

由于机械设备产品设计采用的三维设计软件和工程建设设计通常并不是同一个设计平台,如果需要利用厂商产品模型,当不做参数化驱动要求时,可以直接通过中间数据格式转换导入设计平台使用,如图 4-90 所示。当需要对产品系列外形进行参数化驱动,则需在导入设计平台后进行进一步完善加工。

各工程建设主流设计平台支持的三维模型格式分别如下:

① Revit 支持的三维模型格式:RVT, RFA, ADSK, RTE, RFT, DWG, DXF, DGN, SAT, SKP, IFC。

② Catia 支持的三维模型格式:CATPart, CATProduct, CATdrawing, CGR, IGS, STP, VDA, STL, DWG。

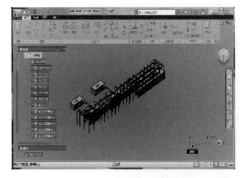
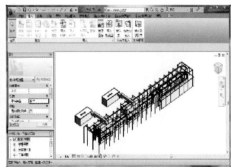

(a) Inventor 中的设备模型　　　　(b) 导入 Revit 族编辑器

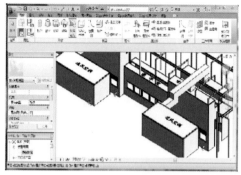

（c）定义机电连接件

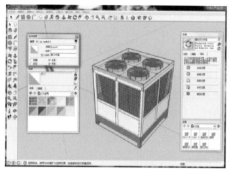

（d）SketchUp 中的设备模型

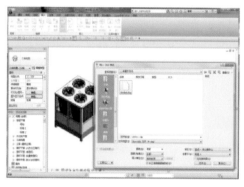

（e）Revit 导入 SketchUp 模型

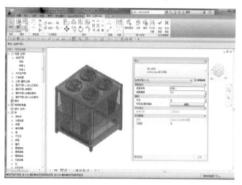

（f）Revit 中使用模型

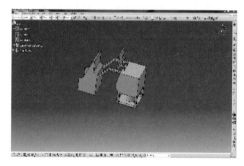

（g）Catia 中的设备模型

（h）Inventor 导入 Catia 模型

（i）发布为 Revit 兼容格式

图 4-90　其他平台工艺设备模型数据转换

③ Bentley 支持的三维模型格式：DXF，DGN，DWG，3Ds，SKP，RDL，IGES，Parasolid，ACIS SAT，CGM，STEP，STL，IFC。

④ ArchiCAD 支持的三维模型格式：DWG，DXF，IFC。

⑤ MagiCAD 支持的三维模型格式：DWG，DXF，IFC。

⑥ Vectorworks 支持的三维模型格式：DWG，DXF，Rhinoceros，DWF，FBX，VWX，IFC。

虽然在不同设计工具互导时存在一定问题，如丢面、丢连接件、丢数据等，但是大部分工程建设行业的设计软件公司都纷纷加入了 OpenBIM 计划，加大了对 IFC 标准协议的支持力度，如图 4-91 所示，这对未来模型数据的互相引用带来了极大的便利。

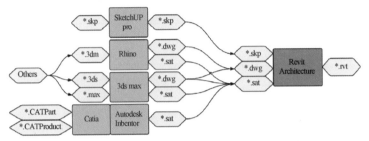

图 4-91　常用设计软件之间数据转换关系图表

（4）通过三维激光扫描技术建模

三维激光扫描技术是近年来发展较快的新技术，利用该技术可以快速获得设备表面的空间坐标，将工艺设备的结构外形信息转化为计算机能够直接处理的数字信号。利用三维激光扫描建立设备模型，可以实现非接触测量，并且处理数据快，测量精度高，其输出结果可以进入多种软件进行处理，广泛用于现有设施系统的技术改造建模。

三维扫描技术建立工艺设备模型的过程可以分为数据的采集和数据的处理。数据的采集过程包括设站、设置公共点、扫描和数据的检查补漏。数据的处理部分包括数据去噪拼接、点云分类、生成网格和最终结果展示。以某机械厂搬迁改造项目为例，原厂区部分设备图纸丢失，无法直接建立三维模型，应用三维扫描技术建立的工艺设备模型如图 4-92 所示。

2）工艺布局设计

初步设计阶段工艺设计主要涉及选型计算和布局设计，根据运行管理方式与不同、车间（房间）功能进行不同形式的工艺设备布局，关系到车间物流、人机关系、管线布置及设备利用率，如图 4-93 所示。

（a）车间现场　　　　　　　　　　　（b）三维激光扫描模型

(c) 转换过的模型

图 4-92 利用三维激光扫描技术对原有工艺设备设施建模

首先,根据工艺和物流仿真确定车间工段划分布局。

其次,各工段按根据产品生产批量特点、加工工艺流程确定工艺布局原则,综合考虑生产组织方式、设备利用率、物流搬运路线、加工柔性等因素,进行工艺设备及工位布置。

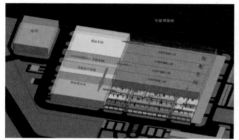

(a) 某机械厂车间联合工房工艺布局总体区划

(b) 某机械厂机加工车间工艺布局

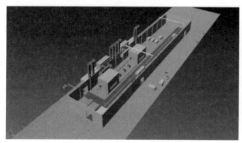

(c) 某涂装车间大件涂装工段布局方案

(d) 涂装线吊车、悬挂式输送机与平车运输方案

(e) 某铸造车间工艺布局

(f) 设备布置和土建冲突验证

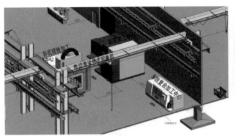 

（g）车间工艺设备布置　　　　　　　　　　　（h）车间运输通道验证

（j）设备移动范围冲突验证　　　　　　　（k）货架区净空及喷淋系统冲突验证

图 4-93　工艺布局设计

然后，根据最大工件、最大产成品、最大设备等因素，综合物流运输方案考虑吊车、平车、输送链等其他运输设备布置，通过模拟验证设备与运输设备行进路线是否出现冲突。

最后，根据设备基础形式，与厂房地上主体和地下基础相对位置，调整工艺设备布置方案或建筑布局方案，注意和土建方案及时协作检查，不能出现动态或静态干涉。

3）工艺物流计算仿真分析

初步设计阶段利用 BIM 技术进行工艺设计，不仅能直观表达各工段布局和设备空间占位情况，还可以将 BIM 设计模型同工艺仿真分析工具相结合，对工艺布局的设计进行验证，以便对工艺方案优化，得到最佳工艺路线及设备布局形式。在合理工艺方案的基础上，对工艺设施系统是否存在和厂房等配套设施的运动干涉与冲突进行进一步排除，为整体设计提供指导性建议。

常见的工艺仿真包括达索系统 DELMIA 系列软件和西门子公司的 Tecnomatix 软件工具。

达索系统 DELMIA Process Planning 在初步设计阶段可用于创建和验证工艺计划，它可以通过提供全面的工艺和资源规划支持环境，在初始设计产品的基础上根据不同的规划前提条件，定义制造所需要的工艺和资源得到工艺流程图，通过进行工艺线平衡、人机仿真、工艺仿真等手段实现工艺流程及布局的优化。

Tecnomatix 软件工具 Plant Simulation 是一种典型的离散事件仿真软件平台。Plant Simulation 可以对各种规模的工厂和生产线建模、仿真和优化生产系统，分析和优化生产布局、资源利用率、产能和效率、物流和供需链，以便于其承接不同大小的订单与混合产品的生产。它使用面向对象的技术和可以自定义的目标库来创建具有良好结构的层次化仿真模型,这种模型包括供应链、生产资源、控制策略、生产过程、商务过程。通过扩展的分析工具、统计数据和图表评估不同的解决方案并在生产计划的早期阶段做出迅速而可靠的决策(图4-94)。

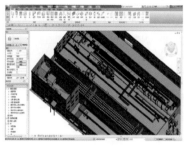
(a) 在Revit平台进行某机械厂工艺布置设计

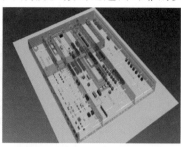
(b) 在Tecnomatix中进行某机械厂工艺仿真分析

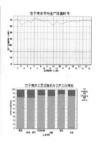
(c) 工艺仿真分析结果数据

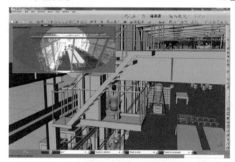
(d) 吊车操作工人视野分析

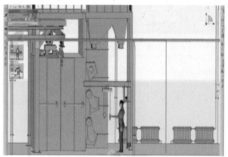
(e) 设备人机操作空间分析

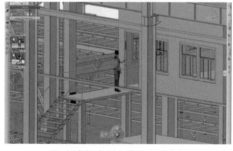
(f) 某车间夹层办公室入口分析

(g) 某涂装线机械手操作空间分析

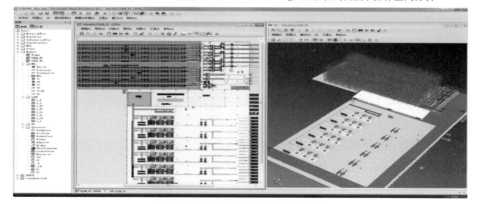
（h）某配送中心仓储物流系统仿真分析

图4-94 工艺设施系统仿真优化

由于分属于不同的三维设计标准体系,工艺仿真分析平台和常用 BIM 设计平台之间的设计数据互用仍存在一定问题,目前只能实现三维工艺布局和土建公用布局向工艺仿真分析平台中单向导入转换,如图 4-95 所示。

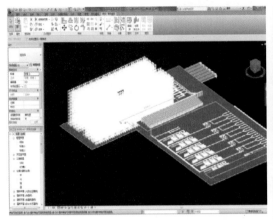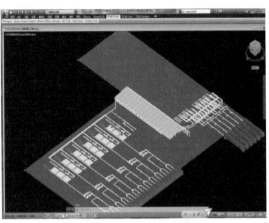

(a) 在 Revit 中建立工艺布局及厂房,导出　　　(b) 在中转软件中补充丢失的材质和颜色,
　　 3D. DWG 格式　　　　　　　　　　　　　　　导出转换仿真软件支持的格式

(c) 在仿真软件 3D 场景中导入转换过的场景文件

图 4-95　BIM 设计模型和工艺仿真模型的数据转换

为了利于不同厂商三维设计平台上的建筑与工艺布局模型导入工艺物流仿真平台,实现平台之间的协作,在设计建模过程中应注意以下几点:

① 工艺物流仿真所需三维模型重点为工艺、建筑和厂区场景专业,建模时应根据专业建立相应的工作集。

② 为提高 3D 可视化仿真模型的运行速度,需将 BIM 设计模型尽量简化处理,如门、窗、幕墙等可采用简易化模型块(或族)。

③ 在构建 BIM 设计模型时应将运动部分与固定部分区分建模(或族),形成装配模型,以便导入仿真平台对其进行三维运动仿真编辑。

④ 建立工艺专业常用生产设备、物流运输设备及仓储设备的三维模型库,

以方便提高工作效率和模型的复用性,可根据行业、功能、型号等进行分类管理。

⑤ 针对有特殊视觉效果要求的项目,BIM 设计模型导出的 DWG 或 RVT 等格式模型应满足色卡要求。

按照上述要求完成此项目的 BIM 设计模型后,可按以下步骤实现从 BIM 设计平台到仿真平台的模型转换:

① 项目的 BIM 设计模型应导出为 3D, DWG 格式或其他三维格式,必要时还需要进行多种工具转换。以 Plant Simulation 仿真平台为例,需要将导出的 DWG 格式模型通过 Siemens NX 等一系列软件工具转换为 JT 格式模型才能供工艺仿真合并使用。同时,在导出模型时需注意几个方面:首先,结合项目情况和仿真需要展示的重点内容,对某些部件如楼板、墙等进行透明化处理;其次,将模型中的运动部分与固定部分分开导出,以便导入仿真平台对其进行三维运动仿真编辑,如个别部分需重点展示或分析,也需单独导出,以便于进行三维属性编辑。

② 根据导入的三维模型,在仿真平台中构建项目的二维工艺逻辑模型,或对事先构建的二维工艺逻辑模型进行修改完善。

③ 将 3D 仿真环境下模型运动部分的默认三维模型替换为导入的运动部分模型,也可根据需要对导入的模型进行 3D 属性编辑。完成模型的导入和编辑后,即可实现仿真平台的二三维联动仿真。

4) 多专业设计方案会审

当工艺布置设计与土建公用设计使用不同的工具平台时,可以分别导出中间格式,在专用的设计验证评审工具(如 Navisworks)中整合为完整设计方案,如图 4-96 所示,再进行专业之间的方案协调与冲突检查。

图 4-96 在 Navisworks 中对某机床厂加工车间进行方案设计

4.6.2 制造业生产车间常见工艺设施系统及 BIM 技术应用示例

作为功能型建筑的典型,工厂生产什么产品决定了企业的特性,生产工艺决定了工厂特性,因此制造业工程建设基本上是围绕生产工艺体系及工艺设施系统的需求展开的。根据生产产品特点和生产纲领批量规模、生产组织管理等特点,一般机械制造工厂的生产车间按专业类型可分为金属切削、铸造、锻造、热处理、焊接、涂装、装配、试验检测等不同类型,车间之间具有相互协作的物料运输关系,车间内部区分为不同的生产单元和生产工段。不同类型车间因其产品或生产工艺的区别,工艺设施系统有其各自的组成与特点,对建筑空间、能源供应、环境保护与安全生产要求也有一定差别。如图 4-97 所示，常见的典型工艺设施系统包括以下几类。

（a）某机床厂加工车间

（b）某机床大件加工车间

（c）某涂装车间

（d）某汽车装配车间

（e）某焊接车间

（f）某铸造车间

（g）某卷烟厂卷接包车间

（h）某卷烟厂开箱线

（i）某高架库

（j）某污水处理厂

（k）某热源厂工艺设施

（m）某车间石墨纯化炉

图 4-97　常见的车间工艺设施系统

① 主要生产设备设施：包括各种金属切削加工机床、专用设备、柔性制造单元、生产线和工业炉窑等直接用于产品制造过程的设备设施。当采用机群式或成组技术、柔性生产单元、可换式或专用生产线等不同的生产布局形式时，生产设备的选型和布局将会有较大差别，对生产厂房的布局和土建公用设施整体方案影响较大。初步设计阶段应尽量明确生产组织形式和设备选型与布局原则，初步确定主要生产设备的规格和数量，避免后期工艺方案调整对土建方案带来颠覆性影响。

② 其他生产及辅助设备设施：如计量检测设备、对刀仪、砂轮机、数据采集与现场目视辅助系统等，对厂房布局、局部通排风、信息设施系统等有影响。

③ 起重及物流运输设备：如吊车、叉车、悬挂输送机、平板车、自动寻址小车

等,对厂房高度、承重能力及通道等有影响。

④ 环保治理设备设施:主要包括车间废水、废气、烟尘、废渣治理设备设施,对项目的环境保护、职业卫生安全等方案有影响。

对于初步设计阶段工厂工艺设施系统设计优化来说,主要体现在工艺设施布局区划、工段间工艺流线、设备选型组合、工艺可达性设计(土建公用设施的配套及相互冲突关系处理)、环境及职业安全卫生性能优化几个方面,并最终实现车间各项生产指标的改善优化,如图 4-98 所示。

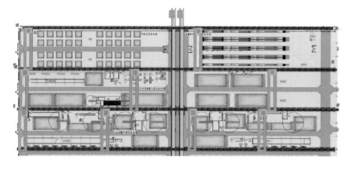

(a) 原设计方案主要问题:
生产平衡率不高
运输效率偏低,平均流通时间较长、物流系统效率偏低

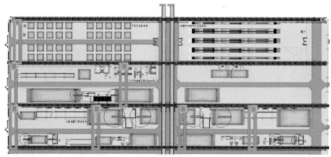

(b) 设备数量及缓存区调整改进方案:
局部调整布局避免物流交叉;
调整设备数量和存取大小

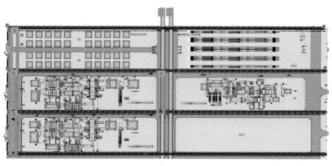

(c) 优化后的多行单元化生产模式方案:
改为单侧物流通道布局;改变起重运输设备和物流线路,采用自动化传送装置和多功能试验平台

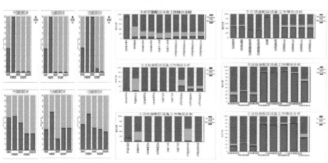

(d) 缓存区及设备利用率对比:
缓存面积大幅下降,工序间衔接合理,利用率更为均衡

方案	工段	平均流通时间	平均在制品数 /(件·h^{-1})	生产率/ (件·min^{-1})	生产线平衡率
方案 1	大立柱装配工段	10:25:01	30	0.04	0.59
方案 2	大立柱装配工段	9:22:42	31	0.05	0.63
方案 3	大立柱装配工段	2:41:49	7	0.12	0.73

(e) 生产指标改善对比

图 4-98　利用工艺物流仿真分析对某机械制造工厂工艺方案的改善过程

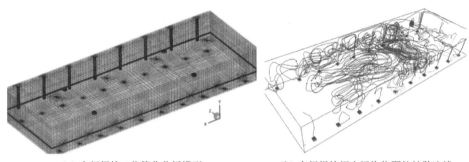

（a）车间焊接工位简化分析模型　　　　　（b）车间焊接烟尘污染物颗粒扩散迹线

Y=1.5 m高度水平断面，人员呼吸区污染物扩散及分布

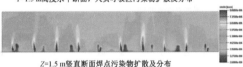

Z=1.5 m竖直断面焊点污染物扩散及分布

（c）自然通风的条件下，单纯依靠外窗进风，车间内人流活动区焊接烟尘浓度远高于规范要求

Y=1.5 m高度水平断面，人员呼吸区污染物扩散及分布

Z=5 m，竖直断面污染物分布

Z=12 m，车间中央竖直断面污染物分布

X=36

（d）采用诱导通风和全面排风条件下，车间内人流呼吸区焊接烟尘浓度稍高于规范要求

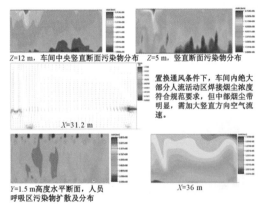

Z=12 m，车间中央竖直断面污染物分布　　Z=5 m，竖直断面污染物分布

置换通风条件下，车间内绝大部分人流活动区焊接烟尘浓度符合规范要求，但中部烟尘带明显，需加大竖直方向空气流速。

X=31.2 m

Y=1.5 m高度水平断面，人员呼吸区污染物扩散及分布　　X=36 m

（e）采用置换通风方案车间内绝大部分人流活动区焊接烟尘浓度符合规范要求，但中部烟尘带仍明显

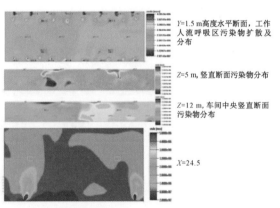

Y=1.5 m高度水平断面，工作人流呼吸区污染物扩散及分布

Z=5 m，竖直断面污染物分布

Z=12 m，车间中央竖直断面污染物分布

X=24.5

（f）综合采用诱导通风、全新风置换通风和全面排风，车间人流呼吸区焊接烟尘浓度可符合规范要求，同时中部烟尘带被射流风机破坏，烟尘被诱导卷吸，送达屋面排风机排出

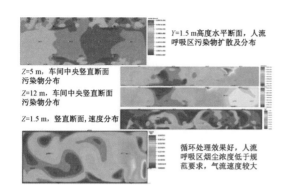

Y=1.5 m高度水平断面,人流
呼吸区污染物扩散及分布

Z=5 m,车间中央竖直断面
污染物分布

Z=12 m,车间中央竖直断面
污染物分布

Z=1.5 m,竖直断面,速度分布

（g）增加局部通风装置进一步优化后,车间人流呼吸区
烟尘浓度低于规范要求,效果较好

循环处理效果好,人流
呼吸区烟尘浓度低于规
范要求,气流速度较大

图 4-99　利用性能仿真分析对某焊接车间烟尘治理方案的改善过程

4.6.3　医院常见医疗工艺设施系统及 BIM 技术应用示例

在医院建筑设计中,医疗工艺流程是设计的重要参考要素,大型综合医院工艺流线的组织至关重要,医院功能分区明确、流线顺畅、交通便捷,应做到医患分流、洁污分流的原则,还需处理好各种功能之间的关系:门诊、病房、手术室等主要医疗功能空间舒适程度;急诊、手术、检验、放射等主要功能单位相对位置;院内主要人流、物流、信息流的组织。

目前我国的医院建设进入新的繁荣期,医疗理念、医疗技术都有进一步的发展,引进了许多国外先进的医疗技术和先进设备,医院现代化水平日益提升,医疗设施系统的配置情况业已成为医院等级建设硬件评价考核的重要内容。

一般综合性医院常见的医疗设施系统组成如图 4-100 所示。

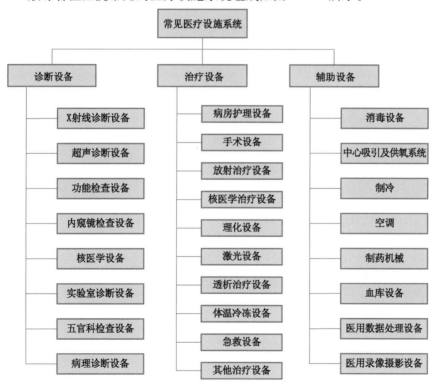

图 4-100　常见的医疗设施系统

　　医疗建筑要求模块化设计,各科室功能、内容固定,手术室、病房、护士站等典型空间单元按照医院级别和诊疗治疗用途都有相对明确的配套要求,所需的诊断、治疗和辅助设备等各项设施系统也多固定搭配成组配置,同类功能模块相应照明、通风、温湿度环境具有相似要求。重症 ICU 设施布置如图4-101 所示,重症 ICU 设施设备配套要求如表 4-8 所示。

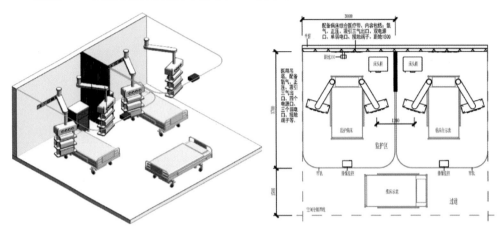

图 4-101　重症 ICU 设施布置图

表 4-8　　　　　　　　　　重症 ICU 设施设备配套要求

建筑要求		规　　格		
净尺寸		开间×进深:3 000 mm×3 700 mm		
		面积 11.0 m², 高度不小于 2.6 m		
装修		墙地面应便于清扫、冲洗,不污染环境		
门窗				
安全私密		房间如果为落地窗,应设置安全栏杆保护医患安全		
装备清单		数量	规格	备注
家具	床头柜	1	450 mm×600 mm	
	病床	1	1 000 mm×2 000 mm	
	帘轨	1		U 形
设备	摄像监控	1		尺度依据产品型号
	吊塔	1		尺度依据产品型号
	治疗带	1		尺度依据产品型号
机电要求		数量	规格	备注
医疗气体	氧气(O)	2		
	负压(∨)	2		
	正压(∧)	2		
弱电	网络接口	4	RJ45	应考虑远程医疗
	电话接口			
	呼叫电视			

续表

建筑要求			规　　格	
强电	照明		照度 300 Lx,色温 3 300～5 300 k,显色指数(Ra)不低于 85	
			夜间守护照明的照度宜大于 5 Lx	
	电插座	7	220 V, 50 Hz	五孔
	接地	2	小于 1 Ω	
给排水	上下水			
	地漏			
暖通	湿度		50%～60%	换气 4 次/h
	温度		26 ℃～27 ℃	
	净化		10 万级	

根据医疗建筑组成特点,在本阶段设计时通常可以采取模块化设计的步骤,将医院特殊工艺系统和建筑布局设计同步开展。

① 在设计之前应先建立医院典型功能单元库,将相应的设施设备用参数化族的方式入库,每个功能单元的三维构件族应包括相应的平面布置示意图、轴测图、主要设备及参数选项(图 4-102)。

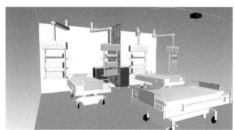

(a) ICU

(b) 病房-VIP 病房

(c) 诊室-口腔诊室

(d) 诊室-普通诊室

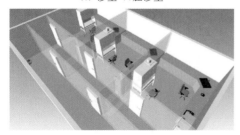

(e) 检验中心-PCR 实验室

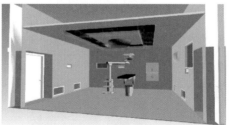

(f) 手术室

图 4-102　医院常见典型功能单元示意

② 根据不同方案要求(如所在层数、位置、数量等),结合地形条件,快速地根据需要调用标准单元进行灵活组合,形成医院功能组团,从而在平面布局中形成多变的建筑形体。

③ 结合具体房间用途,对特殊要求的空间进行针对性模拟仿真与设计计算,如气流组织分析或流线分析、结构计算等。

④ 根据结果优化调整相应设施设备选型参数和布局位置,对项目中使用的标准功能单元进行优化并进行细分归类。

根据图纸模板和设计说明模板完成各专业的设计成果(图 4-103)。

OR5(Ⅰ级)洁净手术室　　　　　　　　OR10(Ⅲ级)手术室

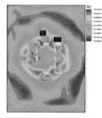
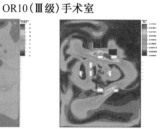

(a) 操作区(1.2 m高度)CFU浓度与风速分布图

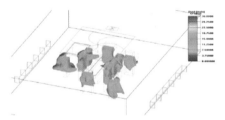
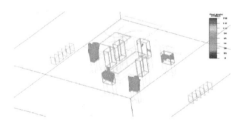

(b) 10 CFU/m³等值面分布图　　　　　　(c) 75 CFU/m³等值面分布图

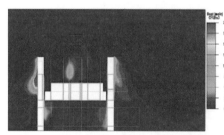
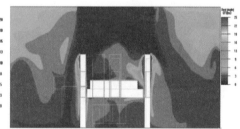

(d) X 中部剖面CFU浓度分布图

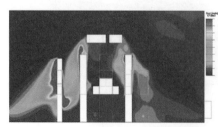
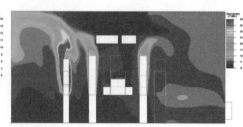

(e) Y 中部剖面CFU浓度分布图

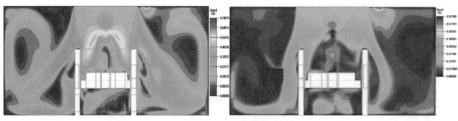

(f) X 中部剖面速度分布图

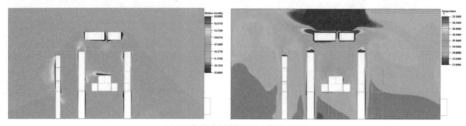

(g) Y 中部剖面相对湿度分布图

图 4-103　某医院手术部不同工况气流组织模拟仿真研究示意

4.6.4　数据中心常见设施系统及 BIM 技术应用示例

随着信息技术(IT)的发展和互联网时代的来临,数据中心这种特殊的功能建筑逐渐在近年来形成新的建设热潮,从电信运营商、互联网公司、大型企业,到政府行业管理部门,都纷纷建立起不同级别的数据中心。一般企业的数据中心规模小至一个房间,但以 IT 服务或数据服务为核心的企业通常需要更大的规模和更高的防护等级,数据中心项目也从单层楼发展到单栋的建筑。

由于在集中的空间安装了大量的交换机、服务器、存储和备份设备,而且这些设备处于业务延续保障和信息安全的考虑通常还采用冗余配置的方案,为了保证设备的正常运转,还需要严格控制环境温湿度。因此,数据中心机房的业务系统每天要消耗大量的能源,产生大量的热量,对供电、机房空调系统等都有较高的要求。其建设工程是多专业、多学科、技术含量高的综合工程,涉及计算机网络、装修、结构、暖通、消防、电气等多个专业,在智能建筑工程中处于核心的位置。

在数据中心建设项目中,常见业务系统和配套设施系统主要包括:计算机设备、服务器设备、网络设备、存储设备等关键设备,以及装饰装修工程、空调系统(含精密空调系统、舒适性空调系统、洁净新风系统、消防排气系统)、电气工程(含 UPS 系统、柴油发电机系统、机房配电、机房照明、静电防护、防雷与接地)、消防系统(含火灾自动报警系统、气体灭火系统、火灾应急广播系统)、弱电系统(机房出入口控制系统、机房视频安防监控系统、防盗报警系统、机房环境动力监控系统、机房 KVM 管理系统、监控室显示系统)、布线系统和机柜系统等,如图 4-104 所示。

在我国现阶段的数据中心建设项目中,最常出现的问题有:

① 在早期方案阶段对数据中心建设规模规划不足,导致供电能力无法达成项目使用需求;

② 忽视机房布置规划,或对机房及其配套系统在建筑物中的布置缺乏详细

规划,导致机房楼地面负载不足,空调室外机安装空间不足,机房设备搬运不便等现象;

③ 机房气流组织设计不好,产生冷热不均现象,难以保证主机设备区域的工作温度;

④ 机房设备选型过大或技术方案与分期建设方案不合理,导致机房运行能效比偏低。

(a) 配电布线系统　　　　　(b) 集群系统及供电系统　　　　　(c) 服务器系统

(d) 数据备份系统交换机系统　　(e) 服务器机柜风冷系统　　　　(f) 隔热垂帘

(g) 数据中心水冷系统　　　　(h) 海水冷却系统(室外)　　　　(i) 自动灭火系统

(j) 数据中心送风地板　　　　(k) 数据中心监控系统　　　　(m) 波浪发电系统

图 4-104　谷歌数据中心的设施系统

针对这些常见问题,在初步设计阶段,设计师应综合利用三维设计与模拟仿真手段,合理规划模型的设计精度级别,重点优化数据中心建设规模及机房位置、布局与空调技术方案,尽量做到节能、绿色、安全,如图 4-105 所示。

（a）机房设施布置方案

（b）监控室布置方案

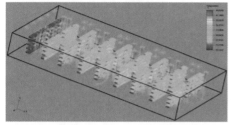
（c）上送下回通风方式热源及空间流线

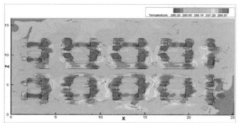
（d）上送下回方式温度分布图

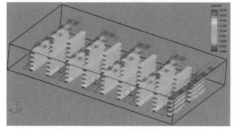
（e）下送上回通风方式热源及空间流线

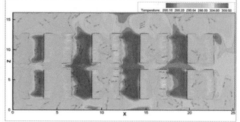
（f）下送上回方式温度分布图

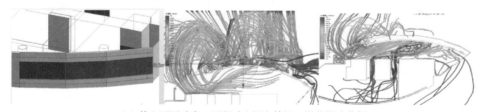
（g）外立面百叶窗口面积对空调室外机工况的影响分析

图4-105　某数据中心服务器机房机柜布置及空调方案仿真优化

4.6.5　机场常见工艺设施系统及 BIM 技术应用示例

初步设计阶段机场建设需要对跑道、滑行道系统规模、旅客航站楼建筑面积、站坪机位数及组合、旅客进出机场的交通方式及流量、进场道路的规模、旅客停车设施面积、货运设施规模、货机坪机位数及组合等设施系统方案进行设计。其中，对设计成果影响最直接的工艺设施系统包括：进出港班动态显示装置、行李交运系统、安检设施系统、自动步梯等旅客快速通行交通运输设施系统、登机设施系统、行李分检装置、行李高速传送设施等如图4-106所示。

在本阶段机场工艺设施系统 BIM 设计应用的要点是：

① 工艺系统的选型确认和设备设施建模、工艺布局建模宜尽早与意向厂商进行确定,确保其几何特征参数、形状、定位尺寸、水电接口数据准确;

② 工艺系统可直接采用兼容性较高的工具平台与土建公用等设施系统进行整合开展设计验证,避免发生严重的碰撞打架现象,影响方案的合理性。

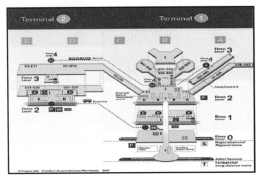

FM 数据(2009)

187 个建筑物

695 个楼层

45950 个房间

290 万 m^2 建筑面积

270 万 m^2 净面积

350 部电梯

大约 200 部自动扶梯/水平加速步道

大约 100 个空中桥梁

2100 个管道

大量数据接口、摄像机、火灾探测器、防火阀

(a)法兰克福机场的设施系统数据

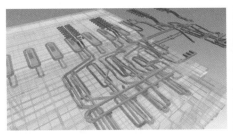

(b)某机场行李分拣系统

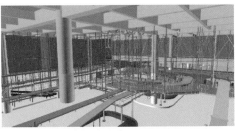

(c)行李分拣系统和主体结构、机电系统整合检查

(d)行李分拣系统和检修平台整合检查

图 4-106 机场设施系统应用示例

4.7 工程概算

4.7.1 BIM 与工程概算

工程概算也叫设计概算,作为工程造价全过程控制的一个关键环节,同时也是实现项目目标成本确定的重要环节,在建设工程造价管理活动中起着投资控制的重要作用。工程概算主要是以初步设计文件或扩大初步设计文件为依据,按照相应的规定、程序、方法和根据,一般由设计院根据设计图纸及说明书、概算定额、概算指标、各项费用定额等资料,或参照类似已完工程预结算文件,编制概

算。在我国,工程概算一经批准,将作为建设项目投资的最高限额,一般情况下不得调整。对后阶段编制施工图预算、招标控制价也起着重要的指导和约束作用。

本书前文中介绍了早期概念设计中"宏 BIM(Macro BIM)"在模型创建与投资估算的 BIM 应用模式。本章主要探讨"微 BIM(Micro BIM)"应用模式下,当设计深度达到扩初设计阶段时,如何利用 BIM 确定工程概算的应用价值与方法。本节主要介绍工程概算的发展与应用现状以及基于 BIM 的工程概算应用的现实意义,4.7.2 节介绍如何高效应用 BIM 编制工程概算并重点阐述应用过程中的关键要求和注意事项,4.7.3 节分析了当前我国常见的 BIM 概算应用方法与未来趋势。

在建设工程项目的造价管理中,工程概算介于投资估算与施工图预算的中间环节,有着承上启下的重要作用。然而建设工程中的许多现实状况影响了工程概算结果的精度。一方面,我国建设工程项目的体量越来越大,复杂程度越来越高,各类项目指标参差不齐,每个项目都有其独特性,工程建设费用跟其项目所在地的平均水平和政策息息相关,为工程概算编制工作带来很大难度。另一方面,我国建设工程的建设周期较短,尤其在前期准备阶段更为突显——不断调整的功能需求,不停变更的设计要求,不时出现的意外情况都给工程概算工作带来了非常大的挑战。有时候一个建设工程项目从立项到开工建设只有三个月的时间,连充分完成设计工作的时间都很紧张,更不用说设计后期的工程概算工作了。除此以外,当前我国很多的设计图纸是以备案为目的,在工程概算阶段的图纸深度与设计信息严重不足,概算工程师不得不依靠"感觉"和有限的信息指标进行工程概算。可是,由于信息的缺失,设计工程师与概算工程师沟通的不充分,甚至是由于专业性造成的理解障碍都给工程概算的准确性与及时性带来了各种问题。

工程概算通过测算与控制前期的投资,有效地实现限额设计与方案优化,并为扩初设计阶段的各材料规格确定、设备方案选型提供经济数据的支持。在传统的工程概算工作中,通常设计师在扩初设计完成后,将整体设计成果移交给概算工程师,使其凭借已有的设计资料、工程特点及要求、以往类似项目的预结算等文件和概算指标等资料进行工程概算编制工作。但是很多时候扩初设计与工程概算近乎同步进行,稍微复杂一点的项目会出现一天内十多次的设计变更和改版,加之工具和技术的局限性,使得概算工作严重滞后于设计。失效的图纸、失控的进度、失准的精度都严重影响了概算工作的实效性。现实中,项目团队只能通过"拍脑袋""凭经验"来确定工程概算,使其最终结果"差之千里",不仅不能正确体现项目的投资情况,也为后续实施和管理工作埋下巨大的隐患。

目前,我国的工程概算已经与实际工程项目严重脱节,大部分流于形式,并不能为项目带来实效。为了避免建设费用超支的情况出现,工程师们只能粗放地对通过经验获得的工程概算结果进行人为放大,一般为 $15\%\sim30\%$。尽管这种主动的避险措施在局部范围内对于项目的投资控制与成本管理起到一定的作用,但是在现阶段建设工程项目从暴利转向薄利,项目运营向精细化管理要效益的情况下就显得效果甚微了。与此同时,行业内大部分专家认为 BIM 是建筑行业内的第二次技术革命,它的出现在行业内掀起了一场行业改革与创新的热潮。在工程概算的工作中,BIM 同样起到了改变传统工作方式的重要作用,BIM 作为建筑物在电脑中的虚拟再现,较为详实表达了建筑的各形态样式与结构特点,更为重要的是包括各种信息的录入、存储、加载、分析与输出。在设计进入到初步设计或扩初设计的阶段,设计师通过 BIM 已经完成了从体量、表皮到内部主要构件和设备的设计,与此同时,工程概算所需的大部分信息和数据也在设计的过程中被保留和记录在 BIM 的模型载体中。

纵观工程概算的发展历程可以看出:

自 20 世纪 90 年代开始,工程造价行业得到了一定程度的发展,传统的早期工程概算主要是利用二维图纸进行"刀耕火种"式的手工计算。受到当时技术条件的约束,工作效率极其低下。90 年代末期,计算机的普及与工程计价软件的兴起,使工程概算工作的效率得到了极大的提高,然而其中工程量计算工作依然困扰着概算工程师们。在当时,工程量计算的工作时间要占到了整个工程概算编制工作的 70% 以上。

2006 年开始,国内基于 CAD 平台的算量软件开始逐渐趋向成熟,以广联达软件、鲁班软件、斯维尔软件为代表的本土软件供应商针对我国工程量计算相关标准与要求提供了一系列将二维的 CAD 图纸信息快速转化为三维模型信息的行业应用软件。工程概算实现了部分的 BIM 应用,所得到的结果也绝大部分满足国内的工程概算要求,但是由于设计阶段并未进行 BIM 应用,以致相关信息的数据来源有一定程度的缺失与偏差。

从 2009 年开始,国内部分工程师根据 Chuck Eastman 在其 *BIM Handbook* 中所描述的"可以利用 BIM 进行工程量的计算"这一应用特点,尝试利用 Revit 软件从设计阶段开始在 BIM 状态下进行工程概算的统计和分析。然而国内相关技术人员的匮乏、国外软件对我国工程概算环境的不适应性以及不可估量的工作强度,使得这一阶段的试验并未取得明显效果,最终 BIM 所提供的工程量数据仅仅作为项目进行工程概算的参考。

直到 2013 年年底,随着 BIM 在我国的高速发展,大量的专业人士和技术专家对 BIM 在工程概算及工程量计算中的应用进行研究与探索,基于 Revit 等国外 BIM 软件的二次开发程序不断出现,在设计阶段利用 BIM 确定工程概算逐渐成为可能。

4.7.2 如何高效应用 BIM 编制工程概算

在我国,含国有资金投资的工程项目通常采用"概算定额"的计价依据进行工程概算编制。而民营资本或外资投资的项目习惯于采用清单和扩大综合单价的方式进行扩初设计阶段项目建筑安装工程费的确定。无论哪种方式,其本质都由项目列项分类、计量单位、工程量、单价(综合单价)等基本元素组成。BIM 在工程概算中的工作核心是利用结构化数据库特点为工程项目提供符合要求的、精准的工程量数据,同时根据项目特点和合约要求对应经市场验证的相关价格信息,并经过一系列的计算、汇总、统计、分析得到所需要的工程概算结果。

BIM 作为引领整个建筑行业发展的革命性技术被赋予了很高的期望,然而目前行业中各领域、各专业标准和规范不统一,软件应用和兼容性的不完善都制约着 BIM 从理论到实践的发展。从国内目前对于 BIM 的认识和应用实践情况来看,利用 BIM 实现工程项目各领域的应用还有很多臆断和空想。因此,我们要正确认识 BIM 的本质,BIM 绝不仅仅是一款软件或一系列可视化的模型,BIM 只是一种数据组织方式的描述。实现 BIM 价值的核心不是仅仅把模型建出来,或者把模型建的多么漂亮,而是考虑怎样把基于模型的工作融入项目各参与方的生产、管理工作流程本身,利用 BIM 技术的特点为专业服务,为需求服务,并充分了解到 BIM 在中国仍处于高速的发展过程中,本土化的应用落地还有一段较长的路,需要行业的从业人员为之付出与努力。

在编制工程概算的工作中,如何高效地利用 BIM 为我们服务?在基于 BIM 的工程概算工作中,如何利用 BIM 中的"I(Information)"精益编制工程概算?在设计 BIM 的模型中如何调用获取我们所需要的工程概算相关数据?下面通过一个实例来分析,如图 4-107 所示。

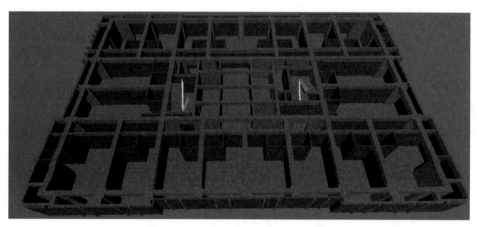

图 4-107　某项目标准层土建 BIM 模型

以一个框剪结构的项目标准层为例,针对该项目的标准层混凝土概算工程量计算进行研究。首先,安排概算工程师用传统方式、BIM 工程师利用 Revit 软件,对这一标准层的混凝土部分进行计算,最终得到如下的结果,如图 4-108 和图 4-109 所示。

在这个阶段,两个团队所耗费的时间差距很大。传统团队从理解图纸到计算再到形成报表差不多用了一天多的时间,而 BIM 团队在原有的设计 BIM 的基础上进行简单的模型调整、软件操作、汇总统计等就获得了全部数据,整个时间在一个小时以内。

把两份报表合并,根据项目的列项分别进行对比与分析,结果如图 4-110 所示。

第五章　混凝土工程		
名称	单位	工程量
5-44(1)　C20 现浇混凝土栏板[C20]	m³	0.38
5-181　现浇矩形柱(泵送商品混凝土)[C60]	m³	83.83
5-181　现浇矩形柱(泵送商品混凝土)(楼梯)[C25]	m³	0.52
5-185　现浇连梁(泵送商品混凝土)[C60]	m³	14.07
5-193　现浇地面以上直(圆)形墙 200 mm 外(泵送商品混凝土)[C60]	m³	196.73
5-199　现浇有梁板(泵送商品混凝土)[C25]	m³	245.52
5-199　现浇有梁板(泵送商品混凝土)[C60]	m³	34.59
5-203　现浇楼梯直形(泵送商品混凝土)[C25]	10 m²	2.934
5-203　现浇楼梯直形(泵送商品混凝土)[C25]	m³	7.11
第二十章　模板工程		
20-26　矩形柱复合木模板	10 m²	33.377
20-35　连梁　复合木模板	10 m²	6.856
20-50　直形墙复合木模板	10 m²	80.099
20-59　现浇板厚度 20 cm 内复合木模板	10 m²	100.685
20-59　现浇板厚度 20 cm 以内复合木模板(肋梁部分)	10 m²	79.244
20-70　楼梯复合木模板(按接触面积计算)	10 m²	5.708
20-70　楼梯复合木模板(按投影面积计算)[C25]	10 m²	2.934
20-83　栏板复合木模板	10 m²	0.789

图 4-108　传统方式得到的数据报表

族	结构材质	面积/m²	容积/m³
剪力墙	混凝土—现场浇注混凝土—C60	247.78	124.94
混凝土—矩形梁	混凝土—现场浇注混凝土—C25		110.5
混凝土—矩形梁	混凝土—现场浇注混凝土—C60		22.28
楼板	混凝土—现场浇注混凝土—C25	1 226.93	155.45
结构柱	混凝土—现场浇注混凝土—C60		163.49
矩形构造柱	混凝土—现场浇注混凝土—C20		11.79
楼梯	混凝土—现场浇注混凝土—C25		2.56

图 4-109　BIM 方式得到的数据报表

数据分析		传统数据	BIM 数据	差值(BIM—传统)
5-193　现浇地面以上直(圆)形墙 200 mm 外(泵送商品混凝土)[C60]	m³	196.73	124.94	−71.79
5-181　现浇矩形柱(泵送商品混凝土)[C60]	m³	83.83	163.49	79.66
5-199　现浇有梁板(泵送商品混凝土)[C25]梁	m³	245.52	110.5	−135.02
5-199　现浇有梁板(泵送商品混凝土)[C25]板	m³		155.45	155.45
5-199　现浇有梁板(泵送商品混凝土)[C60]	m³	34.59	22.28	−12.31
合　计	m³	560.67	576.66	15.99

图 4-110　传统方式与 BIM 方式数据对比分析表

从图 4-110 中可以看出,对于单项的数据对比,传统方式与 BIM 方式获取的数据差异巨大,而汇总后的数据差仅为 15.99,误差占比只有 2.77%。经过准确性验证,从单项来看,整个 BIM 方式获取的数据严重错误,不可以用作工程概算的工作中,但混凝土的汇总数据误差率为 2.77%。完全在规定的 3%~5% 的误差容许范围内,又是完全可以接收的。通过进一步的研究发现 BIM 中获取的数据几乎都是正确的,但是 BIM 工程师在进行数据汇总的时候完全根据构件的特点来统计并未考虑工程概算的详细要求。例如:凸出墙面的附墙柱根据工程概算要求应当统计到"混凝土墙"中,而 BIM 工程师将其汇总至"柱"的工程量中;板下带肋的部分应当统计至"有梁板"中,而 BIM 工程师将其汇总至"梁"的工程量中。

从上述实验可以发现,跨专业的知识偏差影响了获取数据的准确性,设计师创建的 BIM 更注重建筑物的成果表现,而工程概算需要考虑工艺、工序等元素。因此严格来说传统意义上的设计在 BIM 中获取的工程数据并不能直接应用于工程概算。编制工程概算必须根据其特定的规则和编制方法,结合 BIM 设计软件的特点,由造价师完善 BIM 设计模型中各构件属性参数并设置模型中各类构件间的切割规则。这个过程是 BIM 设计转换 BIM 概算的过程。在这个过程中,既要满足 BIM 设计本身的功能需求,并且不会大幅度增加设计人员的工作量,同时又可以合理有效地将一部分的 BIM 工程概算工作前置到 BIM 设计的创建中,以确保 BIM 的构件分类标准统一、信息完整。有时候,在进行 BIM 设计到 BIM 概算的过程中需要规定相应的数据转化格式要求,并利用不同的专业化软件实现不同阶段和内容的工作。另外,也可以在 BIM 概算基础上,实现 BIM 软件上的二次开发,工作中结合概算组价类插件,导出可直接用于编制工程概算的工程数据报表用于编制工程概算。除此以外,我们根据不同项目情况与具体要求,还需要兼顾考虑 BIM 设计与 BIM 工程概算的实际专业需求,在 BIM 模型创建伊始正确合理地进行构件分类,充分考虑 BIM 设计对后期 BIM 概算的应用延伸。通过这种方式及时地采集准确的工程数据,结合传统概算编制工程概算,更为有效地控制工程建设费用。工程数据的准确性直接影响工程概算的准确度,进而直接影响方案技术经济分析,影响投资者对建设项目的决策。

基于 BIM 的工程概算,其本质是将计算机专业中的图形图像学、结构化数据库、面向对象等与建设工程中的工程造价专业知识进行有效耦合,并在 BIM 设计模型的基础上根据项目工程概算具体要求对 BIM 设计模型进行专业化改造,同时对构件进行调整和优化处理,再从指标或价格信息库中结合项目特点和具体工作要求将 BIM 的构件工程量与价格或指标进行对应关联,形成满足概算要求的"结构化关联数据库",最终汇总统计形成完整的工程概算成果。

高效应用 BIM 编制工程概算同样需要统一的标准和完善的制度,在团队的组织结构中对专业人员合理调配,确保项目团队中设计、概算、BIM 等工程师可以充分沟通,在以 BIM 为载体的协同平台中确保项目整体效益的最大化。根据企业特点做好工程概算工作的总结工作,尤其是数据指标的分析工作,通过

BIM 结构化数据的存储、分析、统计等特点形成具有企业特点的概算指标库,指导与支持后续项目。

4.7.3 我国常见 BIM 概算应用

就我国 BIM 的发展而言,在设计阶段 BIM 应用正日趋成熟,但是可以直接完全应用于符合我国工程概算要求的 BIM 软件还处于发展阶段。BIM 的应用离不开软件技术的发展,在我国工程概算应用中主要以 Autodesk 公司的 Revit 软件为代表的国外 BIM 软件系列与以广联达、鲁班公司为代表的本土自主软件为主。当然,国内对于本土软件公司在 21 世纪初期所研发提供的在 CAD 平台上实现的"三维算量软件"是不是 BIM 家庭成员也一直存在争议。在工程概算应用软件的发展过程中,国外 BIM 软件一直在寻求如何适应中国本土化的要求,国内 BIM 软件则一直努力升级变革,打通与国外 BIM 软件的无缝对接,实现适用本土化应用而又赋予所有 BIM 特性的软件与系统。本节从需求出发,以解决工程概算问题的视角出发,介绍几种目前在工程概算工作中常见的 BIM 应用方法。

1) 从 BIM 设计模型到国内 BIM 造价软件应用

广联达与鲁班软件在国内工程造价领域耕耘多年,并在工程造价领域形成了各自完整而封闭的软件体系。其中广联达软件公司在"计量"与"计价"软件方面逐步研发并占据优势市场地位。2013 年初,鲁班软件在行业内推出了利用"API(Application Programming Interface,应用程序编程接口)"接口研发的"LubanTrans_Revit"插件,如图 4-111 所示,将 BIM 设计模型及其所需要的数据从 Revit 软件中一次性转移至鲁班 BIM 系列软件中,并在本土化的造价软件工作环境中完成后续基于 BIM 的工程概算各项工作。这一功能的实现不仅解决了如何从 BIM 设计到适合我国本土化应用的 BIM 概算的问题,也完成了国外 BIM 软件到国内专业化适应性 BIM 软件的接力。

2014 年,广联达软件公司分别推出"BIM5D"与"GFC"插件,如图 4-112 所示,以解决 BIM 模型与数据从 Revit 软件到广联达 BIM 系列软件的数据转换,从而实现基于 BIM 的工程概算在我国的落地应用。本节以鲁班的"LubanTrans_Revit"插件为例,介绍这一应用。

图 4-111 "LubanTrans_Revit"插件

图 4-112 "GFC"插件

BIM 工程师根据 BIM 设计的要求使用 Revit 软件完成 BIM 设计模型,并通过一系列的设计优化与问题处理后将"*.rvt"格式的 BIM 工程文件移交概算工程师,概算工程师根据要求在 Revit 软件上安装鲁班的"LubanTrans_ Revit"插件,并选择"导出"选项控件,如图 4-113 所示。

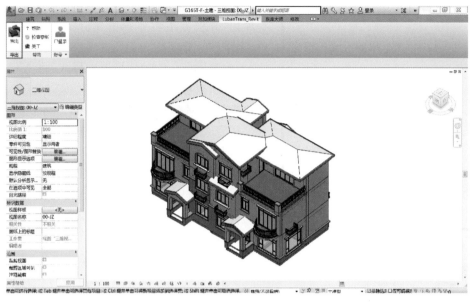

图 4-113　利用鲁班"LubanTrans_Revit"插件导出 BIM 数据

　　根据工程相关信息和"LubanTrans_Revit"插件的配置操作,依据提示完成相应的设置。这个转化的过程是单向性的不可逆,因此需要进行反复的检查和操作,避免因人为操作失误造成的数据错误,如图 4-114 所示。尤其需要注意在"导出设置"中正确设置从 Revit 文件格式到鲁班文件格式中的构件对应关系,如图 4-115 所示,最终将 Revit 软件的"*.rvt"文件格式转化为鲁班 BIM 软件可以接收的"*.rlBIM"文件格式。

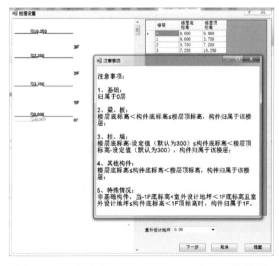

图 4-114　鲁班"LubanTrans_Revit"BIM 数据导出界面及提醒

图 4-115　构件对应关系设置

图 4-116　设置定额与计算规则

图 4-117　BIM 导入鲁班软件

随后,在"鲁班土建 BIM 软件"中新建工程项目,并根据工程概算的实际需要设置清单、定额和计算规则。如图 4-116 所示,然后按"工程整体导入"或"选择楼层导入"将" *. rlBIM"文件格式所包含的相关数据信息导入至鲁班的 BIM 软件中,如图 4-117 所示。

在完成 BIM 模型和相关数据的导入后需要对 BIM 模型进行比对与检查,尤其需要仔细比对数据转化过程中可能丢失的构件或转化错误的构件,并将其纠正。这里需要特别注意的是:对于 Revit 文件所包含的而鲁班软件中无法对应的构件将变成"几何构件",并且无法进行属性的定义与工程量的计算。

最后,对构件进行"属性定义",特别针对工程概算的分类与工程量计算要求"套定额"将定额与构件进行一一对应,并进一步调整计算规则以确保其完全符合工程概算的要求,如图 4-118 所示。电脑根据定额的分类和计算规则的要求进行计算,并最终获得满足工程概算要求的工程量计算报表。

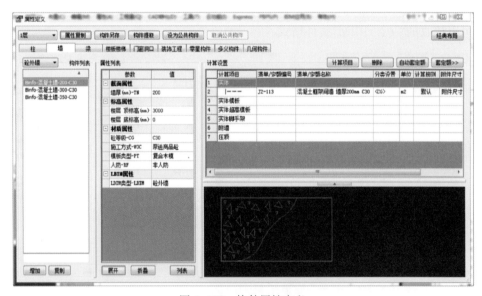

图 4-118　构件属性定义

得到基于 BIM 的概算工程量后,再利用"概算计价软件"或"MS-Excel"进行工程概算的组价分析与数据汇总,最终得到完整的"工程概算书与费用表",如图 4-119 所示。

费用表

	名称	表达式	金额
	迪士尼装修	所有分部	
1	直接费	直接费	15,862,149
2	其中人工费	人工费	3,501,305
3	其中材料费	材料费	9,219,590
4	其中机械费	机械费	3,141,254
5	零星工程费	[1]×3%	475,864
6	其中人工费	[2]×6%	210,078
7	直接费合计	[1]+[5]	16,338,013
8	管理费	[7]×5%	816,901
9	利润	([7]+[8])×3%	514,647
10	安全防护、文明施工措施费	([7]+[8]+[9])×3%	530,087
11	施工措施费	([7]+[8]+[9])×2%	353,391
12	小计	[7]+[8]+[9]+[10]+[11]	18,553,039
13	工程排污费	[12]×0.1%	18,553
14	社会保障费	([2]+[6])×29.41%	1,091,518
15	住房公积金	[12]×0.32%	59,370
16	河道管理费	([12]+[13]+[14]+[15])×0.03%	5,917
17	规费	[13]+[14]+[15]+[16]	1,175,357
18	税前补差	税前补差	1,372,255
19	税金	([12]+[17]+[18])×3.48%	734,303
20	税后补差	税后补差	
21	甲供材料	-甲供材料	
22	建筑和装饰工程费	[12]+[17]+[18]+[19]+[20]+[21]	21,834,955

图 4-119　某项目费用表示例图

从 BIM 设计模型到国内 BIM 造价软件应用是目前在基于 BIM 的工程概算工作中应用较多的一种方法,但是在实际的使用过程中,由于结构类型、项目复杂程度、工程概算计量规则选择等各种因素也对使用效果造成比较大的影响,综合分析主要有以下一些问题:

① BIM 模型只有一次性转移作用,数据转换过程不可逆;

② BIM 平台与传统 CAD 平台的兼容性不足,导致一定的错误发生;

③ 设计调整与概算工作无法联动,如后期设计变动大会产生巨大的工作量;

④ 文件格式转化过程中存在数据缺失,"查缺补漏"工作强度大。

从实践工作来看,如果这一阶段的设计工作不再调整或调整幅度较小,该方法的应用会取得不错的效果。否则,反复调整和变动的设计工作会给工程概算的 BIM 模型处理带来不可估量的工作量,甚至导致工程概算的精度与效率远远低于传统的工作方式。

2）直接获取 BIM 设计模型的概算数据应用

目前,我国绝大多数的设计院与 BIM 团队在应用 BIM 提供项目咨询的过程中,习惯于通过 BIM 软件直接获取 BIM 设计模型的构件工程量数据,为工程概算提供支持或参考。但是由于对工程概算专业的理解不足,国外 BIM 软件的数据处理方式不满足工程概算要求等原因导致效果并不理想。虽然这一方法不符合工程概算的整体要求,但是通过实践发现利用这种方法获取的数据十分准确,有的相差甚远,有的工作量巨大,有的则无可奈何。根据频数大致分为以下几种情况。

（1）BIM 设计模型难以创建的构件类型

国外的 BIM 软件在软件产品的构架时主要考虑设计的功能需求,虽然大部分满足国内设计与工程的要求,但是在特定的构件类型中却相差甚远。例如,"钢筋"在我国的设计、施工、造价中是按照"平法规范"进行强制规定的,而国外的 BIM 软件未根据中国实际国情增加这一功能以满足要求,Revit 软件虽然可以通过"参数化"建立相应的满足"平法规范"的"钢筋族",但也未取得有效的效果,有的甚至直接导致硬件崩溃。

(2) BIM 设计模型难以满足的造价规范

BIM 设计模型在数据统计的时候往往按照构件的图形属性进行汇总而无法兼顾工程概算的专业要求,另外根据模型中建立的构件净工程量进行汇总统计,但在工程概算工作中有一些通常的行业规定,部分类别的工程量在计算时需要增加或减少相应的数值。例如,柱帽在工程量统计时应列入"无梁板",电缆引至配电箱需增加 1 500 mm 的预留长度,导线引至电动机需增加 1 000 mm 的预留长度等。

(3) BIM 设计模型难以考虑的计算规则

尽管在国外 BIM 的软件中有构件的先后关系,但是很难在实际的工程概算中满足所有的要求。加上我国工程概算工作中可能涉及的"计量规范"种类繁多,为这一类型的构件应用带来了更多障碍。例如,卫生间砌体构件的工程量在统计时需要扣除掉最下面 300 mm 高的"防水混凝土导墙"与"带有马牙槎的构造柱"。

(4) BIM 设计模型可正确获得的构件类型

在基于 BIM 的工程概算工作中,计量单位为"个、樘"等统计个数的工程量数据可以得到既满足设计要求又满足工程概算要求的精准数据。例如,喷淋头、门、窗、水阀等。

在前面的章节中已经介绍过 BIM 设计模型中名称的定义、属性的确定。本节以 Revit 软件为例,介绍直接从 BIM 设计中获取"门"的工程量数据的方法。

首先,在 Revit 软件中选择"分析"→"明细表/数量"创建一个新的明细表,并在"类别"中选中"门",如图 4-120 所示。

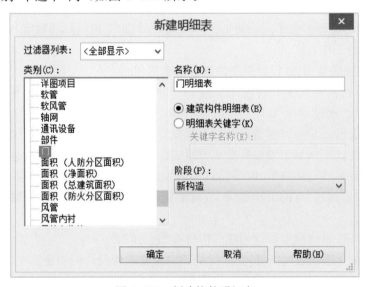

图 4-120　创建构件明细表

随后，在 Revit 软件中根据数据统计的需要进行字段的设定，如图 4-121 所示，选中"门"构件中的"构件类型""厚度""宽度""高度""合计"等字段。

图 4-121 设置构件字段

最后，根据各种设置得到经过分类汇总的"门"构件的工程量明细表，如图4-122所示。将 Revit 软件中的明细表导出"MS-Excel"表格，根据工程概算的要求进行数据的汇总整理，再经过组价和分析得到最终的"工程概算书与费用表"。

3) BIM 工程概算软件的二次开发应用

利用 BIM 进行工程概算，需要紧密耦合设计与概算两个环节，通过一套 BIM 解决相关的各类数据问题：在数据的来源上，确保基于 BIM 的工程概算具有唯一性、完整性和正确性；在数据的获取上，力求基于 BIM 的工程概算具有及时性、准确性和可追溯性。

目前，在国内市场中还没有出现构架完善的适合我国工程概算的 BIM 软件，但已有施工单位和工程咨询公司等根据自身的业务特点和实际项目情况组织一定的人力、物力研发符合为本企业服务的应用插件。尽管在软件的整体架构和规划上有一定的缺陷与不足，但是在实践过程中

〈门明细表〉

A	B	C	D
族与类型	宽度	高度	合计
单-与墙齐:	900	2100	10
单-与墙齐:	1000	2100	5
单扇检修防	700	2100	12
单扇检修防	700	2100	32
单扇检修防	700	2100	4
单扇防火门	900	2100	3
单扇防火门	1200	2100	2
单扇防火门	900	2100	87
单扇防火门	1000	2000	2
卷帘门: FJL	7650	2400	1
卷帘门: FJL	6000	2500	2
双-与墙齐:	1200	2100	2
双-与墙齐:	1500	2100	1
双扇防火门	1200	2100	24
双扇防火门	1500	2100	3
双扇防火门	1800	2100	20
水平卷帘门	7000	3300	1
门嵌板_单开		2385	2
门嵌板_双开	1440	2385	5
防护密闭门	1500	2000	2
防护密闭门	1500	2000	3
防护密闭门	1000	2000	23
防护密闭门	1200	2000	4
防护密闭门	500	1000	5
防护密闭门	600	1600	2
防护密闭门	600	1600	2
总计: 259			259

图 4-122 构件明细表

也取得了一定的应用实效。例如,北京柏慕的"柏慕 1.0"插件提供了符合工程造价要求的各类"样板文件",为工程师提供便捷;上海建科的"ODBC"插件可以按照《建筑工程工程量清单计价规范》(GB 50500—2013)的要求进行混凝土工程量的统计。下面以宾孚工程顾问公司的"Binfo Report"插件为例,为读者提供工程造价二次开发插件的应用思路。

首先,依据工程概算的要求,确定 BIM 概算的标准和相应规定。一般通过"分部工程""分项工程""构件名称""尺寸""材质、规格""特殊说明""造价规定""轴号位置"等参数对构件的名称和属性进行定义与设置,其中"分部分项工程"既可以选用清单、定额,也可以根据项目特点自定义编码,例如,用"J1-12"代表"混凝土直行墙"等(这里需特别注意编码体系中的对应关系,避免出错);"特殊说明"体现设计中明示的对工程概算有一定影响的内容,例如,地下室外墙中的抗渗剂,砌体中的砌筑砂浆等;"造价规定"体现工程概算中与设计习惯明显不同的要求,例如,凸出墙面的"附墙柱"应在此注明"墙"等。

依据上述的参数要求,只需要在名称与构件属性中设置并加以区分即可,但要特别注意在"构件名称"的命名中确保不同的字段用"-"或"空格"分开。例如,"混凝土-KZ1-800×800-C40"表示尺寸为"800×800"、混凝土等级为"C40"的柱构件"KZ1",其余的参数一般在"构件属性"中设置。

按照规定完成上述工作后,开始进一步对各个族类型设置相应的编码,如图 4-123 所示。在 Revit 软件中选择"管理"→"项目参数"→"添加",在跳出的对话框中"名称"空白栏输入"构件编码"进行添加。

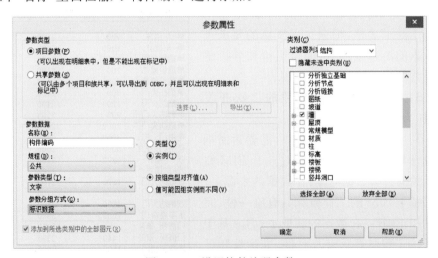

图 4-123　设置构件编码参数

"构件编码"参数添加完毕后根据本项目工程概算的规定,将构件与编码进行匹配对应,这样,构件将根据符合工程概算要求的编码体系进行数据的汇总而不受 Revit 软件中原先"ID 代码"的影响,使结果更符合实际工程概算的需要,如图 4-124 所示,对于"剪力墙_250"的构件自定义编码"1-12"进行汇总统计。利用"Binfo Report"插件批量编码功能将全部编码匹配完成后,设置成"样板文件"以便后续工程使用。

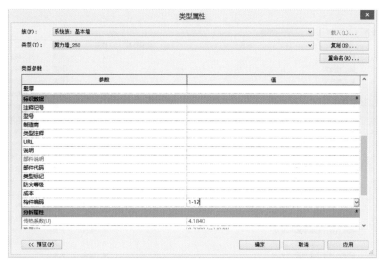

图 4-124 匹配构件编码

所有准备工作完成后,点击"Binfo Report"插件,按照不同的专业进行数据的汇总统计,如图 4-125 所示。在"Binfo Report"插件中按照工程概算的习惯,按土建与机电两个专业分别进行工程量数据的汇总,如图 4-126 和

图 4-125 "Binfo Report"插件

图 4-127 所示。这改变了原先 Revit 软件中明细表按族类型单次统计的麻烦,并实现了"分层分构件"的汇总统计,极大提高了工作效率,如图 4-128 所示。

编码	项目名称	材质	材质等级	楼层	单位	工程量
1-9	框柱3-500*500	混凝土 - 预制混凝土 - 35 MPa		RF	体积	0.68
1-9	框柱3-500*500	混凝土 - 预制混凝土 - 35 MPa		RF	体积	0.68
1-9	框柱3-500*500	混凝土 - 预制混凝土 - 35 MPa		RF	体积	0.68
1-9	框柱3-500*500	混凝土 - 预制混凝土 - 35 MPa		RF	体积	0.68
1-9	框柱3-500*500	混凝土 - 预制混凝土 - 35 MPa		RF	体积	0.68
1-9	框柱3-500*500	混凝土 - 预制混凝土 - 35 MPa		RF	体积	0.68
1-9	框柱3-500*500	混凝土 - 预制混凝土 - 35 MPa		RF	体积	0.68
1-9	框柱3-500*500	混凝土 - 预制混凝土 - 35 MPa		RF	体积	0.68
1-9	框柱3-500*500	混凝土 - 预制混凝土 - 35 MPa		RF	体积	0.68
1-9	框柱3-500*500	混凝土 - 预制混凝土 - 35 MPa		RF	体积	0.68
1-9	框柱3-500*500	混凝土 - 预制混凝土 - 35 MPa		RF	体积	0.68
1-9	框柱3-500*500	混凝土 - 预制混凝土 - 35 MPa		RF	体积	0.68
1-9	框柱3-500*500	混凝土 - 预制混凝土 - 35 MPa		RF	体积	0.68
1-9	框柱1-500*500	混凝土 - 预制混凝土 - 35 MPa		RF	体积	0.68
1-9	框柱1-500*500	混凝土 - 预制混凝土 - 35 MPa		RF	体积	0.65
1-9	框柱1-500*500	混凝土 - 预制混凝土 - 35 MPa		RF	体积	0.65
1-9	框柱8-500*500	混凝土 - 预制混凝土 - 35 MPa		1F	体积	1.69
1-9	框柱8-500*500	混凝土 - 预制混凝土 - 35 MPa		1F	体积	1.69
1-9	框柱8-500*500	混凝土 - 预制混凝土 - 35 MPa		1F	体积	1.81
1-9	框柱8-500*500	混凝土 - 预制混凝土 - 35 MPa		1F	体积	2.48

图 4-126 土建构件明细表

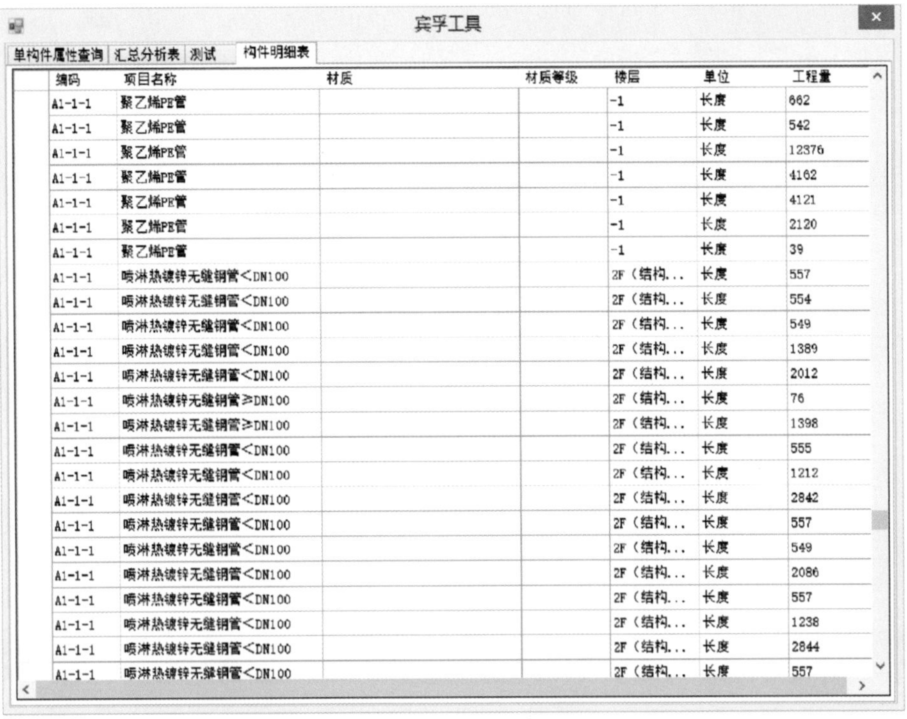

宾孚工具

单构件属性查询 | 汇总分析表 | 测试 | 构件明细表

编码	项目名称	材质	材质等级	楼层	单位	工程量
A1-1-1	聚乙烯PE管			-1	长度	662
A1-1-1	聚乙烯PE管			-1	长度	542
A1-1-1	聚乙烯PE管			-1	长度	12376
A1-1-1	聚乙烯PE管			-1	长度	4162
A1-1-1	聚乙烯PE管			-1	长度	4121
A1-1-1	聚乙烯PE管			-1	长度	2120
A1-1-1	聚乙烯PE管			-1	长度	39
A1-1-1	喷淋热镀锌无缝钢管<DN100			2F（结构...	长度	557
A1-1-1	喷淋热镀锌无缝钢管<DN100			2F（结构...	长度	554
A1-1-1	喷淋热镀锌无缝钢管<DN100			2F（结构...	长度	549
A1-1-1	喷淋热镀锌无缝钢管<DN100			2F（结构...	长度	1389
A1-1-1	喷淋热镀锌无缝钢管<DN100			2F（结构...	长度	2012
A1-1-1	喷淋热镀锌无缝钢管≥DN100			2F（结构...	长度	76
A1-1-1	喷淋热镀锌无缝钢管≥DN100			2F（结构...	长度	1398
A1-1-1	喷淋热镀锌无缝钢管<DN100			2F（结构...	长度	555
A1-1-1	喷淋热镀锌无缝钢管<DN100			2F（结构...	长度	1212
A1-1-1	喷淋热镀锌无缝钢管<DN100			2F（结构...	长度	2842
A1-1-1	喷淋热镀锌无缝钢管<DN100			2F（结构...	长度	557
A1-1-1	喷淋热镀锌无缝钢管<DN100			2F（结构...	长度	549
A1-1-1	喷淋热镀锌无缝钢管<DN100			2F（结构...	长度	2086
A1-1-1	喷淋热镀锌无缝钢管<DN100			2F（结构...	长度	557
A1-1-1	喷淋热镀锌无缝钢管<DN100			2F（结构...	长度	1238
A1-1-1	喷淋热镀锌无缝钢管<DN100			2F（结构...	长度	2844
A1-1-1	喷淋热镀锌无缝钢管<DN100			2F（结构...	长度	557

图 4-127　机电构件明细表

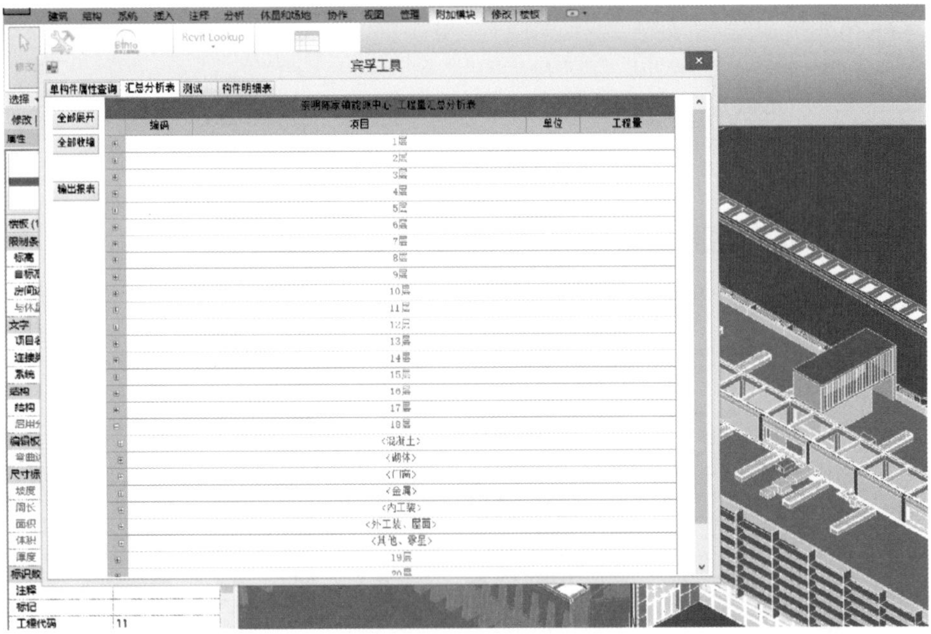

图 4-128　构件分层统计

最后将构件的明细表导出“MS-Excel”表格，并根据工程概算的要求进行数据的汇总整理，再经过组价和分析得到最终的“工程概算书与费用表”。也可以利用上述“添加参数编码”的方式，将工程概算中的扩大单价录入构件的参数属性中并进行相应的参数设置,实现设计变更与"量""价"的联动。

综上,随着各类 BIM 软件和 BIM 技术的成熟,BIM 在工程概算工作中的深入应用,将会完整、有效地利用设计信息与数据,最终使工程师从繁杂、枯燥的工程量计算中解放出来,确保工程概算成果的及时性与精确性,为投资风险控制与成本集约化管理奠定基础。

4.8　工程案例

本工程案例主要是有关初步设计阶段模型交付深度表的内容。以表格的形式表示,如表 4-9—表 4-12 所示。

表 4-9　　　建筑专业初步设计阶段模型深度等级(LOD)

等级 构件	几何信息等级	几何信息具体要求	非几何信息等级	非几何信息具体要求
场地	200	几何信息(形状、位置和颜色等)	200	台地、护坡构造、材料方案,水文地质对地基的处理措施及技术要求
墙	200	技术信息(材质信息,含粗略面层划分)	200	类型,名称,材质信息,含粗略面层划分,防火、防爆属性
散水	200	几何信息(形状、位置和颜色等)	200	材料材质信息
幕墙	200	几何信息(带简单竖梃)	200	名称,材质信息,类型选型
建筑柱	200	技术信息(带装饰面,材质)	200	类型,名称,材料和材质信息
门窗	200	几何信息(模型尸体尺寸、形状、位置和颜色等)	200	材质颜色,门窗热工性能
屋顶	200	几何信息(檐口、封檐带、排水沟)	200	屋顶采用材料材质信息,防水做法,构造信息
楼板	200	几何信息(楼板分层,降板,洞口,楼板边缘)	200	类型,名称,分层做法
天花板	200	几何信息(厚度,局部降板,准确分隔,并有材质信息)	200	类型,名称,分区划分,材质信息
楼梯(含坡道、台阶)	200	几何信息(详细建模,有栏杆)	200	构造选型,材料材质信息
垂直电梯	200	几何信息(详细二维符号表示)	200	类型、名称
电扶梯	200	几何信息(详细二维符号表示)	200	类型、名称
家具	200	几何信息(形状、位置和颜色等)	200	类型、名称

表 4-10　　　　结构专业初步设计阶段模型深度等级（LOD）

构件	等级	几何信息等级	几何信息具体要求	非几何信息等级	非几何信息具体要求
主体结构	板	200	几何信息（板厚、板长、宽、表面材质颜色）	200	类型,名称,材料和材质信息
	梁	200	几何信息（梁长宽高,表面材质颜色）	200	类型,名称,材料和材质信息
	柱	200	几何信息（柱长宽高,表面材质颜色）	200	类型,名称,材料和材质信息
	梁柱节点	200	不表示	—	—
	墙	200	几何信息（墙厚、长、宽、表面材质颜色）	200	类型,名称,材料和材质信息
地基基础工程	预埋及吊环	200	不表示	—	—
	柱	200	几何信息（钢柱长宽高,表面材质颜色）	200	类型,名称,材料和材质信息
	桁架	200	几何信息（桁架长宽高,无杆件表示,用体量代替,表面材质颜色）	200	类型,名称,材料和材质信息
	梁	200	几何信息（梁长宽高,表面材质颜色）	200	类型,名称,材料和材质信息
	柱脚	200	不表示	—	—

表 4-11　　　　电气专业初步设计阶段模型深度等级（LOD）

构件	等级	几何信息等级	几何信息具体要求	非几何信息等级	非几何信息具体要求
供配电系统	母线	200	几何信息（基本路由）	200	类型、名称
	配电箱	200	几何信息（基本族）	200	类型、名称
	电度表	200	不表示	—	—
	变、配电站内设备	200	几何信息（基本路由）	200	类型、名称、电源容量、电压等级等技术参数
照明系统	照明	200	几何信息（基本路由）	200	类型、名称
	开关插座	200	几何信息（基本路由）	200	类型、名称
线路敷设及防雷接地	避雷设施（含接闪器、引下线及均压环）	200	几何信息（基本族）	200	类型、名称
	桥架、线槽	200	几何信息（基本路由）	200	类型、名称
	平面布线	200	几何信息（基本路由）	200	类型、名称
火灾报警及联动控制系统	探测器	200	几何信息（基本族）	200	类型、名称
	按钮	200	几何信息（基本族）	200	类型、名称
	报警电话、广播	200	几何信息（基本族）	200	类型、名称
	火灾报警设备	200	几何信息（基本族）	200	类型、名称

续表

构件	等级	几何信息等级	几何信息具体要求	非几何信息等级	非几何信息具体要求
弱电桥架线槽	桥架	200	几何信息(基本路由)	200	类型、名称
	线槽	200	几何信息(基本路由)	200	类型、名称
通信网络系统	插座	200	几何信息(基本族)	200	类型、名称
弱电机房	机房内设备	200	几何信息(基本族)	200	类型、名称、功率、容量等技术参数
其他系统设备	广播设备	200	几何信息(基本族)	200	类型、名称、功率、容量等技术参数
	监控设备	200	几何信息(基本族)	200	类型、名称、功率、容量等技术参数
	安防设备	200	几何信息(基本族)	200	类型、名称、功率、容量等技术参数

表 4-12　　　　给排水专业初步设计阶段模型深度等级(LOD)

构件	几何信息等级	几何信息具体要求	非几何信息等级	非几何信息具体要求
管道	200	几何信息(按着系统只绘主管线,标高可自行定义,按着系统添加不同颜色)	200	系统类型、名称
阀门	100	不表示	—	
附件	200	几何信息(绘制主管线上的附件)	200	系统类型、名称
仪表	100	不表示	—	
卫生器具	200	基本长宽高尺寸、不含细部组件轮廓	200	类型、名称
设备	200	基本长宽高尺寸、不含细部组件轮廓	200	类型、名称

BIM

5 BIM 在施工图设计阶段的应用

5.1 概述

民用建筑工程一般分为设计前期、方案设计、扩大初步设计、施工图设计和施工图深化设计,施工配合6个阶段。设计工序为:编制各阶段设计文件、配合施工和参加验收、工程总结。

施工图设计是建筑设计的重要阶段,借助 BIM 技术,施工图设计在信息时代发生了深刻的变化:在满足实施需求(即初步设计或技术设计)基础上,综合建筑、结构、设备各专业,相互协同,核实校对,同时较传统二维施工图设计更加深入,并把部分材料供应、施工技术、设备等工程施工的具体要求反映在 BIM 信息模型及相关数据库上。以 BIM 建筑信息模型作为设计信息的载体,将设计信息归总为数字化、数据库,以数据库的方式部分代替传统的图纸模式传递设计信息,从而使建设工程中的信息可以快捷、准确地查询、更新、删除和保存。

1) BIM 在施工图设计阶段应用的内容

在现阶段,各设计企业 BIM 设计团队的应用模式多种多样,并没有一个统一的标准,其应用深度与广度上也有所差别。但总体而言,BIM 在施工图设计阶段可包含或支持下列应用内容。

(1) 设计可视化

BIM 信息模型包含了项目的几何、物理和功能等完整信息,可视化可以直接从 BIM 模型中获取需要的几何、材料、光源、视角等信息,而且可视化模型可以随着 BIM 设计模型的改变而动态更新,保证可视化与设计的一致性。

（2）管线综合与冲突检查

BIM 技术在管线综合设计时，利用其碰撞检测的功能，将碰撞点尽早地反馈给设计人员，与业主、顾问进行及时协调沟通，及时排除项目施工环节中可能遇到的碰撞冲突，可以最大限度减少未来真实世界的遗憾。

（3）设计优化

借助 BIM 技术与第三方仿真模拟技术（绿色仿真、疏散模拟等），将 BIM 设计模型在数字虚拟世界中模拟实现，并根据模拟与性能分析反馈，提高建筑设计的合理性与经济性。

（4）BIM 施工图文件（模型）交付

作为 BIM 设计的成果，可以选择用传统的二维图纸交付，也可以根据合同要求选择二维图纸和 BIM 模型同时交付，模型交付的基础目前尚不完善，还涉及适用范围和风险问题，但是未来发展的方向。

（5）部分二次深化设计

借助 BIM 技术，在工程实施过程中对招标图纸或原施工图（或 BIM 模型）的补充与完善，使之成为可以现场实施的施工图，提高了施工现场的生产效率，降低由于施工协调造成的成本增长和工期延误。

（6）辅助工程量构件清单等

辅助工程量算量是 BIM 信息模型造价领域的应用，通过 BIM 软件自身具备明细表统计功能，把模型构件按各种属性信息进行筛选、汇总、排列表达，建立与工程造价信息对应关系，辅助工程量构件清单的统计与造价计算。

2）BIM 在施工图设计阶段的应用方向与前景

依据 BIM 设计合同的约定，施工图设计阶段的模型有可能延续到施工和运营维护阶段。因此需要制定统一的标准，并预留必要的参数。

施工企业可以在设计方提供的 BIM 模型基础上进一步进行施工深化设计，或设计企业受业主或施工企业的委托进行深化设计，在此模型的基础上对施工计划和施工方案进行分析模拟，充分利用空间和资源，消除冲突，得到最优施工计划和方案；通过 BIM 技术与三维扫描、视频、照相、移动通讯、互联网等技术集成，对现场施工进度和质量进行跟踪；通过 BIM 技术和管理信息系统集成，有效支持造价、采购、库存、财务等的动态和精细化管理；最终生成项目竣工模型和相关文档。

同时，在业主主导的 BIM 项目或在 IPD 模式下，设计方可以通过外部协同机制获取更多的施工方、产品提供商和运营商方面的信息，这也是未来 BIM 设计的发展方向。

基于现阶段 BIM 发展现状，当下 BIM 施工图设计落脚于设计质量及设计深度提升和设计集成效率提高。BIM 施工图设计与传统二维施工图设计相比较，设计质量和深度的提高比制图效率的提高更为显著。本章基于分析施工图设计阶段"BIM 协同设计"与"传统设计"的差异，重点介绍施工图阶段 BIM 协同设计流程、协同方式以及相应的设计管理工作，并详细介绍如何在施工图阶段持续深化模型深度，补充设计信息并传至建筑全生命期下一阶段；如何完成施工图相关的幕墙、钢结构及室内、环境的一体化设计；如何编制 BIM 设计文件；如何完成模型最终的审核和校验以及规范 BIM 交付成果等内容。

5.2　专业模型的深化

5.2.1　BIM 协同设计与模型深化原则

在建筑工程领域，协同设计分为二维协同设计及 BIM 协同设计。二维协同设计在基于二维 CAD 工程图纸的传统设计方法（以下简称"传统设计"）中已经有所应用，它是以传统 CAD 计算机辅助绘图软件的外部参照功能为基础的文件级协同，是一种文件定期更新的阶段性协同模式（以定期、节点性相互提取设计资料的协作模式，以下简称"提资配合"）。BIM 协同设计是指 BIM 设计师在 BIM 软件环境下用同一套标准来完成同一个设计项目，在设计过程中，各专业并行设计，并融合设计手段本身（设计交流、组织和管理手段），基于三维信息模型的即时准确的信息协作模式。专业内各设计师甚至专业间各设计师的设计数据成果可以实时更新，以此实现高效的 BIM 协同设计。

目前，设计企业正处在从"传统设计"到"BIM 协同设计"的过渡阶段，一些设计单位在一定程度上已经完成了设计成果从仅有"二维图纸"到"二维图纸和 BIM 模型"的转变，但协作方式仍然是二维协同设计基础上的提资配合。由于 BIM 协同设计对设计团队提出了更高的要求（传统二维设计协作流程，管控重点主要是提资内容；而 BIM 设计协作流程中，管控重点除提资内容，还对建筑、结构、机电各专业的模型深度都有要求，否则无法做到协同设计），处在这个过渡阶段的设计企业面临巨大的生产压力，如果没有一个足够完善的"BIM 协同设计"方法，工作效率会非常低。只有完成"传统设计"到"BIM 协同设计"的转变，使建筑设计各专业内和专业间配合更加紧密，信息传递更加准确有效，减少重复性劳动，才能实现设计效率的提高。

从"传统设计"到"BIM 协同设计"的转变过程。同时，目前几乎所有工程项目的施工图设计周期都非常紧张，针对过渡阶段，为使整个设计团队更有效协作，本节重点论述施工图阶段"BIM 协同设计"流程与协作方式，供开展 BIM 项目工作者参考学习，旨在规范优化生产项目中各专业内、各专业间生产流程及与其他顾问合作方之间的协作过程，提高生产效率，达到降低项目成本目的，共同推进"BIM 协同设计"的成长完善。

"BIM 协同设计"工作的实施开展必然会改变原有的项目设计流程与协作管理，当然也包括"BIM 施工图设计"阶段。

"BIM 协同设计流程能保证一个 BIM 项目较顺利运转，并在运转过程中更新完善。"

首先，我们需要界定现有 BIM 施工图设计的主要任务需求与范围，根据任务需求、范围和生产实践的不断循环指导、实践、总结、再指导、再实践，才能得出贴合并不断完善的 BIM 协同设计流程。

现有 BIM 施工图设计的主要任务是满足可施工需求,即在初步设计或技术设计的基础上,综合建筑、结构、设备各专业,相互交底,核实校对,部分表达材料供应、施工技术、设备等条件,以 BIM 模型作为设计意图或者设计信息载体。而在 BIM 设计生产实践过程中发现,相比较传统设计流程的制定,BIM 施工图协同设计流程的制定更为复杂,不仅仅依据文字类的规章制度流程,还包含大量的模板、数据库、协同软件、工具软件等方面,这些使 BIM 协同设计流程更需要"整体配套式"的保障措施才能实施。现因篇幅所限,仅以付诸文字的《BIM 施工图设计协作流程》作为本节的重点。

（1）模型深度协调

传统二维设计协作流程,管控重点主要是提资内容,而 BIM 设计协作流程中,管控重点除提资内容,还对建筑、结构、机电各专业的模型深度都有要求,否则无法做到协同设计。

（2）专业配合前置

以施工图 BIM 设计流程为例:在传统二维设计协作流程中,管线综合工作主要在施工图后期阶段进行,甚至遗留很多问题交由施工方现场解决;BIM 设计流程要求各个阶段都有程度不同的管综工作,由大到小,由粗到细进行综合设计。把问题慢慢通过一次一次的、不同程度的综合设计,逐步向合理、可实施方向发展。虽然,在施工图设计阶段不能解决全部问题,但是较传统二维设计程度有大幅提高,为后续的深化设计做了铺垫及准备,极大地提高了施工图的质量。

（3）前置工作增加

相比目前设计中使用的 CAD 软件,项目中使用 BIM 软件要求的前期工作要多得多,这是由 BIM 设计的特点带来的。由于模型是一开始就存在的,模型中的错误和碰撞都可见,由此带来模型设计修改的工作量;此外,由于 BIM 设计采用基于模型的协同设计模式,尤其在设计前期协同带来的工作量大。在后期,可以集成在同一模型中看到所有专业的设计成果,因此设计问题不断地暴露,可以客观地检查出设计中的错、漏、碰、缺。但是因为设计时间有限,设计资源有限,不得不把这些问题带到施工深化的环节解决。这对于整个行业提出了产业链调整和设计质量考评的新课题。

（4）从结果控制到过程控制

在 BIM 设计流程中,在各大节点均有模型深度和质量要求,只有做好设计过程中各节点管控,才能达到 BIM 应用目标和要求。一旦个别设计专业与统一的步调有偏差,模型设计就会出现或大或小的问题,无法达到预期的效果。因此过程管控至关重要。

考虑 BIM 施工图设计协作流程的交互性和易于让设计人员准确理解并践行,制定并行表格式 BIM 施工图设计协作流程供参考:其内容涵盖施工图设计阶段 BIM 设计过程中设计协作相关方,明确各相关方在项目不同协作设计阶段中的职责,并按照项目进度计划规定 BIM 设计协作流程（备注:建筑工程类型多样、复杂程度各异,不同设计团队的 BIM 应用情况不一,实际使用可根据具体情况进行必要的调整）。

5.2.2 建筑专业模型的设计与深化

施工图设计阶段建筑专业信息模型的设计与深化工作在设计方法与流程上与初步设计阶段并无太多区别,本节在开展施工图 BIM 协同化设计工作前重申"BIM 模型的深化方法",即初步设计 BIM 模型承接方案设计方法,施工图设计 BIM 模型承接初步设计阶段 BIM 模型,以高效保证 BIM 模型在设计周期内的流转、传递与深化,为 BIM 模型在全生命期内流转做好阶段性准备工作。

1) 建筑专业 BIM 模型深化内容

承接初步设计阶段 BIM 模型,有哪些工作内容需要在施工图阶段进行深化完善呢?考虑到施工图阶段 BIM 模型与方案阶段、扩初阶段的承接关系并顺延至施工深化和施工模型,制定建筑专业 BIM 模型表现深度表格(表 5-1、表 5-2)供参考。

2) 建筑详图的制作方法

在最终以设计图纸履行合约需求的前提下,BIM 施工图设计模型中存在大量详图制作工作(卫生间详图、楼梯详图、墙身详图及节点详图等)。

(1) BIM 模型建筑详图的制作方法

对于 BIM 模型建筑详图的制作方法方面,可能与传统二维详图制作与积累复用过程没有多大区别:在不破坏 BIM 模型间的关联性前提下,尽量多使用详图组和增强技术,尽可能降低模型的复杂度。

表 5-1 　　　　　　　　　　建筑专业 BIM 模型几何信息深度表格

项目	列项	内　　　容
几何信息深度	1	场地:场地边界(用地红线、高程、正北)、地形表面、建筑地坪、场地道路等
	2	建筑主体外观形状:例如体量形状大小、位置等
	3	建筑层数、高度、基本功能分隔构件、基本面积
	4	建筑标高
	5	建筑空间
	6	主体建筑构件的几何尺寸、定位信息:楼地面、柱、外墙、外幕墙、屋顶、内墙、门窗、楼梯、坡道、电梯、管井、吊顶等
	7	主要建筑设施的几何尺寸、定位信息:卫浴、部分家具、部分厨房设施等
	8	主要建筑细节几何尺寸、定位信息:栏杆、扶手、装饰构件、功能性构件(如防水防潮、保温、隔声吸声)等
	9	主要技术经济指标的基础数据(面积、高度、距离、定位等)
	10	主体建筑构件深化几何尺寸、定位信息:构造柱、过梁、基础、排水沟、集水坑等
	11	主要建筑设施深化几何尺寸、定位信息:卫浴、厨房设施等
	12	主要建筑装饰深化:材料位置、分割形式、铺装与划分
	13	主要构造深化与细节
	14	隐蔽工程与主要预留孔洞的几何尺寸、定位信息
	15	细化建筑经济技术指标的基础数据

表 5-2　　　　　　　　　建筑专业 BIM 模型非几何信息深度表格

项目	列项	内　容
非几何信息深度	1	场地：地理区位、基本项目信息
	2	主要技术经济指标（建筑总面积、占地面积、建筑层数、建筑等级、容积率、建筑覆盖率等统计数据）
	3	建筑类别与等级（防火类别、防火等级、人防类别等级、防水防潮等级等基础数据）
	4	建筑房间与空间功能、使用人数、各种参数要求
	5	防火设计：防火等级、防火分区、各相关构件材料和防火要求等
	6	节能设计：材料选择、物理性能、构造设计等
	7	无障碍设计：设施材质、物理性能、参数指标要求等
	8	人防设计：设施材质、型号、参数指标要求等
	9	门窗与幕墙：物理性能、材质、等级、构造、工艺要求等
	10	电梯等设备：设计参数、材质、构造、工艺要求等
	11	安全、防护、防盗实施：设计参数、材质、构造、工艺要求等
	12	室内外用料说明。对采用新技术、新材料的做法说明及对特殊建筑和必要的建筑构造说明
	13	需要专业公司进行深化设计部分，对分包单位明确设计要求、确定技术接口的深度

以 Revit 为例，不仅有三维族，还包括各类二维族，比如轮廓族、注释族、详图构件族等，这些二维族可以单独使用，也可以作为嵌套族载入三维族中使用，提高软件详图制作的灵活性与可操作性。

例如，绘制墙身大样详图，首先需要选取模型墙体的剖切位置，然后在二维剖切面进行详图的绘制工作。在绘制过程中需要用到多种详图绘制方式，包括符号线、填充区域、遮罩区域、基于线的详图构件族和重复详图构件等，如图5-1—图 5-3 所示的墙身大样详图。

（2）BIM 模型建筑详图的表达

传统二维图纸具备各种细部构造、构件材料和尺寸大小的表达（由于在建筑施工中详图对构件细部构造措施有重大的指导作用），而当下 BIM 软件对于施工图详图设计功能略显不足。现阶段通过 BIM 模型直接生成交付建筑详图图纸主要存在两方面的问题，制图标准问题和图画处理效率问题。

① 制图标准问题。BIM 模型制图和建模标准与二维制图标准存在差异，一些典型问题表现如下：

a. 线型、字体等在部分功能中与二维制图标准不一致。

b. 轴网、标高中段无法根据图面任意裁剪。

c. 一些标记、文字、注释等不满足二维出图要求，例如：详图索引标头、箭头样式、文字引线、表格样式等。

d. BIM 模型生成的视图无法全部满足结构出图的要求。

e. 软件自带的三维构件族，其自动生成的平面、立面、剖面视图同二维制图标准的简化图例不匹配。

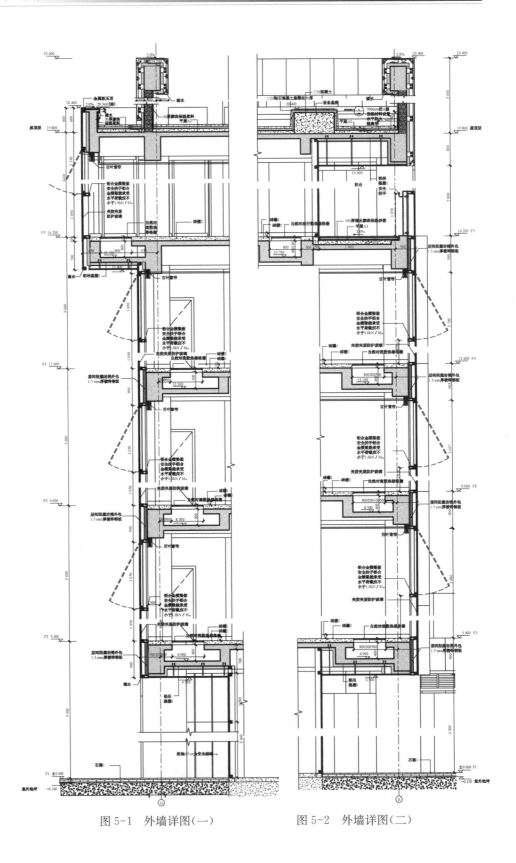

图 5-1 外墙详图(一)　　　图 5-2 外墙详图(二)

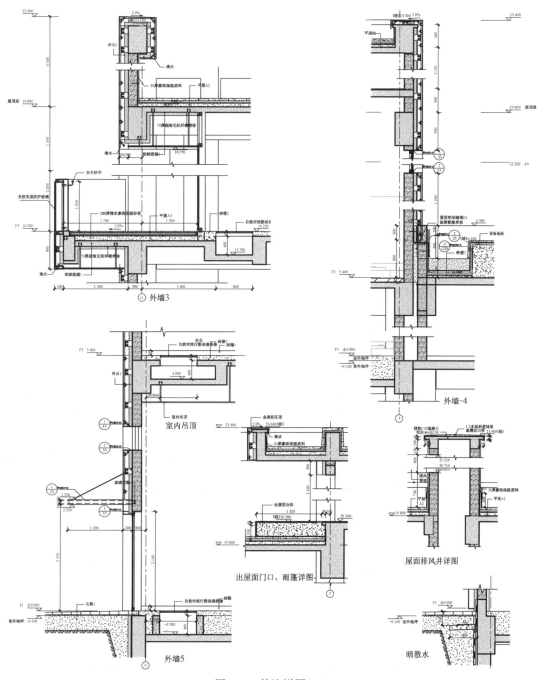

图 5-3　外墙详图(三)

② 图面处理效率问题。在传统二维设计模式下,现有二维设计软件或二次开发软件提供了丰富的设计功能,这些功能提高了二维视图绘制及后续标注的效率。通过 BIM 模型直接生成二维视图,虽然在图纸的生成效率及信息一致性方面都有明显提高,但对于后续的图面处理环节,仍然缺乏高效的处理功能,占据了设计人员大量的时间,现阶段一些典型问题表现如下:

a) 表格功能不够完善,有些需要用线逐一绘制,文字需要用单行文本逐一去写。

b) 构件统计表样式达不到二维制图标准要求。

c) 一些建筑构件布置效率低下。

由于缺少 BIM 模式下详图制作的交付指导方法，部分企业对于 BIM 模式下详图制作的理解还存在一些误区。有的企业放弃 BIM 模型直接生成可交付二维视图的功能，有的企业则花费大量精力在 BIM 环境下进行详图制作的后期合规处理——过度追求图纸美观以及原有的表达习惯，这意味着需要花费大量精力对生成的图纸进行二维修饰(或者是将 BIM 模型生成的视图导出至传统的二维工具中进行深化设计)，这些都会造成出图环节中的大量浪费，同时也会造成图纸与 BIM 模型间的关联性被破坏，故而得不偿失。

实际上，在施工图阶段，国内部分设计院经过与业主确认，已经尝试了继续沿用现行制图标准，但为了保证出图效率，可在不违背技术原则的情况下，对 BIM 模型生成图纸适当放宽制图标准，并附三维模型与数据库作为协助说明的设计方式。

3) 构件表统计

BIM 建筑信息模型可以自动提取各种建筑构件、房间和面积构件、材质、修订、视图、图纸等图元的属性参数，并以表格的形式显示图元信息，从而自动创建门窗等构件统计表、材质明细表、图纸清单等各种表格，并可在设计过程中任何时候创建明细表，明细表将自动实时更新以反映对项目的修改(图 5-4—图 5-11)。

A_窗明细总表									
类型名称	构造类型	类型标记	区域	标高	低高度	洞口尺寸 宽度/mm	深度/mm	合计	注释

图 5-4　窗明细表

<A_电梯选型表>												
A	B	C	D	E	F	G	H	I	J	K	L	M
设备编号	功能	类型	额定载重/人数 额定载重(kg)	人数(人)	额定速度(m/s)	电梯井道 宽度(mm)	深度(mm)	电梯轿厢 宽度(mm)	深度(mm)	高度(mm)	电梯门洞 宽度(mm)	高度(mm)

图 5-5　电梯选型表

<A_防火分区面积明细表>											
A	B	C	D	E	F	G	H	I	J	K	L
标高	名称	面积	本防火分区总面积(m²)	规范允许最大面积(m²)	自动灭火喷淋	功能	主要疏散口 个数(个)	宽度(mm)	通往相邻分区疏散口 个数(个)	宽度(mm)	备注

图 5-6　防火分区面积明细表

<A_房间用料表>																		
标高	名称	楼地面 编号	材料	厚度(mm)	燃烧性能	踢脚 编号	材料	厚度(mm)	燃烧性能	墙面 编号	材料	厚度(mm)	燃烧性能	顶棚 编号	材料	厚度(mm)	燃烧性能	备注_实例

图 5-7　房间用料表

图 5-8　门明细表

图 5-9　房间明细表

图 5-10　图纸目录

<A_自动扶梯选型表>												
A	B	C	D	E	F	G	安装后尺寸			土建预留		
							H	I	J	K	L	M
设备编号	区域	功能	类型	额定载重(kg)	额定速度(m/s)	倾角	水平跨度(mm)	宽度(mm)	高度(mm)	水平跨度(mm)	宽度(mm)	宽度(mm)

图 5-11　自动扶梯选型表

BIM 信息自动统计功能为精确统计工程量提供了可能。在构件明细表中可以通过植入参数及运用计算公式等方法得到精确的模型实体工程量信息。目前,BIM 模型无法深入到"工程量与造价信息的联动统一",全国各地无比繁多的清单定额计算规则和计价规则可能是阻碍 BIM 模型"量价一体"的最主要原因。因为,BIM 模型能否与算量软件结合,实现算量流程,是所有建筑工程利益相关方比较关注的领域,本节在此做简要阐述。

（1）辅助算量

通过 BIM 软件本身的明细表功能,把模型构件按各种属性信息进行筛选、汇总,排列出来。但是模型中的构件是完全纯净的,完全取决于建模的方法和精细度,所以明细表中列出的工程量为"净量",即模型构件的净结合尺寸,与国标工程量清单还有一定的差距。

（2）BIM 信息模型＋算量软件

为了更好地提供设计模型后价值,除了建立模型规则、统一标准、规范工作流程,还一直尝试和包括算量软件在内的国内外各主流上下游软件进行对接,试图实现设计模型向算量模型等深层次应用的顺利传递,增加模型的附加值。此类工作还需要进一步开发完善,这方面在前一章中已有详述。

4）设计图纸编制及文件制作

设计图纸生成是一个重要的 BIM 制作能力,在有些企业中,最终阶段的模型检查和出图工作是由专门的团队完成的。

通过以上工作就可以完成施工图阶段模型的深化,最终提交完整的建筑设计模型与图纸。

5.2.3　结构专业模型的设计与深化

承接初步设计阶段的结构模型,施工图阶段在此结构模型的基础上进一步深化,最终形成可交付的结构设计模型并提交施工图纸及相关计算文件。本节将重点论述在初步设计到施工图设计提交最终成果的过程中模型的深化内容,图纸及模型的深化手段以及为深化模型的后续使用所做的准备。

1) 结构专业模型深化的内容

初步设计阶段的结构模型已经包含了主要结构构件的几何信息(尺寸、位置等),施工图设计阶段需对 BIM 设计模型进行优化完善、调整;并补充非几何信息(如配筋信息);对初步设计阶段结构模型没有表现的结构构件(如女儿墙节点等)应当补充完整。详细内容如表 5-3 所示。

表 5-3　施工图设计阶段模型要求内容信息及深度(混凝土结构)

构件	项目	施工图设计模型
梁(包括矩形梁、T形梁、工形梁、变截面梁、加腋梁、刀把梁等)	几何信息	截面形状、截面尺寸(变截面梁分起点截面尺寸与终点截面尺寸)、长度、位置(加腋梁的起腋位置、腋长及腋高)、刀把梁的刀把位置与形态、刀把高度等
	非几何信息	材料信息:需要专门指定的混凝土强度等级、钢筋强度等级等;配筋信息:上下纵筋、腰筋、箍筋、加腋处纵筋、箍筋等;其他信息:需要专门指定的信息,如抗震等级、构造要求等
柱(包括矩形截面柱、圆截面柱、带柱帽柱、异形柱)	几何信息	截面形状及截面尺寸、高度、位置带柱帽柱应有柱帽尺寸及位置等
	非几何信息	材料信息:需要专门指定的混凝土强度等级、钢筋强度等级等;配筋信息:纵筋、箍筋形式、箍筋等
墙(包括一般剪力墙、地下挡土墙)	几何信息	厚度、高度、位置等;边缘构件位置、截面形式、几何尺寸、高度等
	非几何信息	材料信息:需要专门指定的混凝土强度等级、钢筋强度等级等;边缘构件配筋信息:纵筋、箍筋等;墙体配筋信息:竖向配筋,水平向配筋,拉筋等
板(包括平板、斜板)	几何信息	楼层、形状、降板开洞,斜板应有各定位点信息
	非几何信息	材料信息:需要专门指定的混凝土强度等级、钢筋强度等级等;配筋信息:底筋、支座筋等
基础(包括独立基础、条基、筏板基础、基础坑、基础降板、地梁、承台、桩)	几何信息	基础形状及尺寸、基底标高、筏板范围、地梁位置及截面尺寸、基础坑位置平面尺寸及深度、放坡位置及尺寸、承台形状及尺寸、桩长、桩径、桩布置方式、承台与桩的顶面标高等
	非几何信息	基础配筋信息等
洞口(包括板洞、墙洞、梁洞)	几何信息	开洞位置、尺寸、形状等
	非几何信息	洞类型等
楼梯坡道	几何信息	楼梯坡道的位置及范围、楼梯位置、平台板范围、梯段范围、梯板厚度、踏步尺寸、踏步高度、坡道位置、坡道板厚、坡道梁高等
	非几何信息	配筋信息等

2）结构专业模型深化的方法

（1）信息添加与修改

除几何信息外，信息的添加与修改尽量通过共享参数的形式来完成，通过向构件上附加共享参数的方式可以方便地将所需的信息附加在结构构件，便于后期的表现及统计。图5-12—图5-15中的内容为利用参数添加信息的示例。

图5-12　梁参数

图5-13　柱参数

图5-14　墙参数　　　图5-15　楼梯参数

（2）详图绘制与二维修饰

除了对模型信息进行完善外，为了达到施工图图纸深度要求，还需要进行一部分二维修饰的工作，尤其是对于详图。结构施工图部分类型图纸的二维修饰内容如下几方面（包含但不仅限于）。

①基础模板平面图。

a）坑构件在平面视图中需将多余的线设为不可见线；

b）坑构件与基础底板相交处，原有基础边缘线消失，需在平面视图中用详图线重新绘制；

c）条形基础创建依附于墙构件，当一道墙下的基础宽度改变时，需将上部墙构件打断后分为两段分别创建不同宽度的条件基础，否则需将原有基础边缘

线设为不可见线,再用详图线加以修饰;

d) 基础底板标高变化范围应用填充图案或使用过滤器方式特殊注明。

② 基础配筋平面图。

a) 坑构件在平面视图中需将多余的线设为不可见线;

b) 坑构件与基础底板相交处,原有基础边缘线消失,需在平面视图中用详图线重新绘制。

③ 墙柱平面图。

a) 结构柱与剪力墙相交处,需利用"切换连接顺序"功能将结构柱整个截面从墙中显示出来;

b) 配合混凝土柱配筋表,需用二维方式绘制箍筋类型示意图等图例。

④ 剪力墙详图。

a) 当采用混凝土材质的边缘构件族时,会与剪力墙融合为相同填充图案,需用详图线绘制边缘构件边界;

b) 连梁线用"线处理"功能设为需要的线型。

⑤ 模板平面图。

a) 楼板边界线需设为不可见线;

b) 楼板标高变化范围应用填充图案或使用过滤器方式特殊注明;

c) 梁线与楼板边缘线虚实关系。

⑥ 楼板配筋平面图。

图纸中需要修饰的内容同模板平面图。

⑦ 梁配筋平面图。

a) 通过梁注释功能或插件表达出的配筋信息需手动调整位置;

b) 其余同模板平面图修饰内容。

⑧ 楼梯详图。

a) 梯段水平与竖向位置与实际是否一致,如不一致需平移至正确位置;

b) 梯段板厚与计算是否一致,如不一致需将梯段板斜线设为不可见线,再利用详图线绘制;

c) 梯段板、梯梁、休息平台板三者间如不能用"连接几何图形"功能融合,需将多余的线设为不可见线,再利用详图线绘制。

(3) 表格的使用

在结构信息模型中,表格的作用非常大,它不仅是施工图的要素(施工图中的墙表、柱表、连梁表等),也方便进行批量修改模型,还可以对结构构件和图纸进行统计、合并,提取数据为后续算量服务。实例如图 5-16—图 5-19 所示。

基于信息模型的结构设计,灵活运用各种表格可以方便完成对模型的修改、信息添加及批量统计,大大提高工作效率。

3) 模型后续使用的准备工作

通过上述手段,可以基本实现施工图阶段的模型深化及施工图出图,但是最终的结构模型还需对下一步的应用(如算量、施工模拟)预留条件。

5#楼结构柱明细表							
柱编号	标高	bxh	角筋	b边一侧中部筋	h边一侧中部筋	箍筋肢数	箍筋
5-KZ1	基础顶~-0.10	700×700	4&22	3&22	3&22	4x4	&10@100/200
5-KZ2	基础顶~-0.10	800×800	4&25	3&25	3&25	4x4	&10@100/200
5-KZ3	基础顶~-0.10	600×600	4&22	3&22	3&22	4x4	&10@100/200
5-KZ4	基础顶~-1.00	600×600	4&22	3&22	3&22	4x4	&10@100/200
5-KZ5	基础顶~-0.10	700×700	4&22	3&22	3&22	4x4	&10@100
5-KZ6	基础顶~-0.10	800×800	4&25	3&25	3&25	4x4	&10@100

图 5-16　柱表

剪力墙连梁表(Q3)				
梁编号	类型	通长上铁	通长下铁	箍筋
LL3-1	200×400	3&16	3&16	&10@100(2)
LL3-2	400×400	5&16	5&16	&12@100(4)
LL3-3	300×400	5&16 3/2	5&16 2/3	&12@100(3)

图 5-17　连梁表

	A	B	C	D	E	F	G	H	I	J	K
	参照标高	梁编号	结构用途	梁截面宽度	梁截面高度	净体积	剪切长度	梁投影面积	梁净截面面积	梁净侧面积	梁板相交混凝土体
B1		其他	300	1200	0.21	1.4	0.42	0.150	1.40	0.29	
B1		其他	300	1200	0.21	1.4	0.42	0.150	1.40	0.29	
B1		其他	400	1200	0.19	1.4	0.48	0.160	0.96	0.38	

图 5-18　梁统计用表

〈墙柱明细表　分层统计〉													
	A	B	C	D	E	F	G	H	I	J	K	L	M	N
	参照标高	类型	高度	纵筋参照数	纵筋直径	纵筋配筋率	纵筋参考长度	纵筋参照面积	配箍特征值λv	箍筋体积配箍率ρ	箍筋直径	箍筋间距	箍筋长度	箍筋参考重
B1	C300x200x150	5.40	22	16	0.015122	118.80	0.004	0.194806	0.010844	8	150	100	376.184
B1	C300x200x200	5.40	16	16	0.010998	86.40	0.003	0.156668	0.008721	8	200	100	305.282
B1	C300x200x200	5.40	22	16	0.009512	118.80	0.004	0.152153	0.00847	8	250	100	451.384

图 5-19　墙柱统计用表

(1) 结构构件需分层(墙柱)分跨(梁)打断

在模型的创建过程中,结构中的连续梁可以用一整根梁拉通表示,也可以按照梁跨用几段不同的梁段表示。仅对于建模来说连续梁的这两种表示方法并无不同,第一种方法更加快捷,但是对于后续的制图及算量、施工模拟来说,连续梁的创建方法必须按跨用不同的梁段来表示(或分跨打断),墙和柱也是如此,为了后续应用的方便,在设计建模阶段就应该分层或分跨创建(图 5-20)。

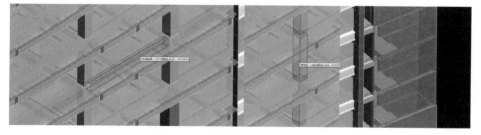

图 5-20　梁分跨、柱分层、墙分层

(2) 结构构件剪切关系的梳理与修正

软件的默认剪切关系常常与后续期望的剪切关系不一致。以 Revit 为例,在 Revit 中默认的剪切关系为楼板剪切柱、墙和梁,而后续算量用到的剪切关系为柱、墙和梁剪切楼板,在算量时需要将构件的剪切关系调整到清单所规定的关系。

此外,由于设计过程是不断修改与完善的过程,与之相关的构件的连接关系在不断调整中可能不一致，如可能有一部分柱剪切了墙，另一部分柱被墙剪切，这种剪切关系紊乱会带来后期算量上构件扣减关系的混乱，导致算量结果不精确。

再者，由于制图的模型与算量的模型在剪切关系上存在一定的矛盾，如制图模型要求楼板剪切梁，这样在平面上，所有梁的边界线都会是虚线，符合制图的表达要求；而用于算量的模型需要梁剪切楼板，但是如果这样操作，则所有梁的边界线在平面上都是实线。

综上所述，有必要在制图完成后对结构构件的剪切关系进行统一梳理与修正(图 5-21)。

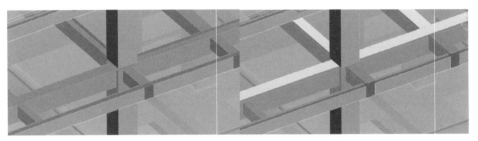

图 5-21　楼板剪切墙柱、墙柱剪切楼板

(3) 各种统计表格的编制与完善

除了制图需要的柱表、墙表、连梁表等以外，为了更方便统计材料用量，需对所用的构件的截面尺寸等几何信息和钢筋等非几何信息在模型中进行一定的归纳和整理，在 Revit 中以明细表的方式呈现。

Revit 模型中的明细表可以统计几何信息和非几何信息，并且与模型实时互动，只要规定好表格格式，随着设计过程构件会自动添加。明细表可以在项目开始时添加，也可以在制图完成后添加。

通过以上工作，完成施工图阶段结构模型的深化，最终提交完整的结构设计模型与图纸(图 5-22—图 5-23)。

<S-结构框架明细表 分层统计>

A	B	C	D	E	F	G	H	I	J	K	L	M	N	O	P
参照标高	梁编号	结构用途	梁截面宽度	梁截面高度	净体积	剪切长度	梁投影面积	梁净截面面积	梁净侧面积	梁板相交面积	跨中上筋	左端上筋	其中通长上筋	其中通长下筋	右端上
1#-F02(S)	L-A-325	大梁	200	400	0.08	1.0	0.21	0.080	0.83	0.00					
1#-F02(S)	L-A-271(11)	其他	250	600	0.50	4.2	1.04	0.120	3.98	0.12			4&20	4&20	
1#-F02(S)	L-A-270(1A)	大梁	300	600	1.15	8.5	2.55	0.135	7.65	0.38		4&20	(2&12)	4&25	5&25 3/2
1#-F02(S)	L-A-247(4B)	其他	300	600	1.15	6.5	2.55	0.135	7.65	0.38		7&25	(3&14)		6&25 4/2
1#-F02(S)	L-A-246(2)	大梁	200	600	0.29	3.2	0.64	0.090	2.88	0.10		3&22	3&16	3&22	3&22
1#-F02(S)	L-A-245(5)	其他	200	400	0.14	2.5	0.50	0.056	1.40	0.06			3&16	3&18	
1#-F02(S)	L-A-245(5)	其他	200	400	0.14	2.5	0.50	0.056	1.40	0.06					
1#-F02(S)	L-A-244(2)	大梁	300	600	0.86	6.0	1.80	0.144	5.76	0.22			4&22		
1#-F02(S)	L-A-244(2)	其他	300	600	0.86	6.0	1.80	0.144	5.76	0.22					
1#-F02(S)	L-A-243(1A)	其他	200	400	0.03	0.6	0.12	0.056	0.34	0.01			3&25	3&18	
1#-F02(S)	L-A-243(1A)	其他	200	400	0.11	2.1	0.41	0.056	1.15	0.05			2&16	2&18	
1#-F02(S)	L-A-241(3)	托梁	200	600	0.64	6.7	1.33	0.096	6.38	0.16			4&20	3&20	
1#-F02(S)	L-A-241(3)	托梁	200	600	0.64	6.7	1.33	0.096	6.38	0.16			3&20	4&20	
1#-F02(S)	L-A-240(2)	托梁	200	600	0.22	2.3	0.45	0.096	2.16	0.05			3&18	4&18	
1#-F02(S)	L-A-240(2)	檩条	200	600	0.37	3.9	0.78	0.096	3.74	0.09					
1#-F02(S)	L-A-222(1)	托梁	300	600	0.54	4.0	1.20	0.135	3.60	0.18			4&18	4&18	
1#-F02(S)	L-A-220(3)	大梁	200	600	0.45	4.2	0.84	0.107	4.48	0.06			2&22	3&22	3&22
1#-F02(S)	L-A-220(3)	大梁	200	600	0.26	2.8	0.55	0.096	2.64	0.07		4&22 2/2	2&22	3&22	3&22
1#-F02(S)	L-A-220(3)	大梁	200	600	0.26	2.8	0.55	0.096	2.64	0.07		5&22 3/2	2&22	3&22	3&22
1#-F02(S)	L-A-220(3)	大梁	200	600	0.26	2.8	0.55	0.096	2.64	0.07		5&22 3/2	2&22	3&22	3&22
1#-F02(S)	L-A-220(3)	其他	200	600	0.29	3.1	0.61	0.096	2.93	0.07		3&22	2&22	3&22	5&22 3/2
1#-F02(S)	L-A-220(3)	其他	200	600	0.28	2.9	0.59	0.096	2.82	0.07		3&22	(2&16)	5&22 2/3	5&22 3/2
1#-F02(S)	L-A-220(3)	其他	200	600	0.28	2.9	0.59	0.096	2.82	0.07		3&22	2&22	3&22	5&22 3/2
1#-F02(S)	L-A-220(3)	其他	200	600	0.17	1.7	0.34	0.096	1.66	0.04		3&22	2&22	3&22	5&22 3/2
1#-F02(S)	L-A-220(2)	其他	250	600	0.96	8.5	2.13	0.113	7.65	0.32		4&20	4&22	4&22	4&20
1#-F02(S)	L-A-220(2)	其他	250	600	0.96	8.5	2.13	0.113	7.65	0.32			4&22	4&22	
1#-F02(S)	L-A-219(3)	大梁	400	600	1.69	8.8	3.52	0.192	8.45	0.42		4&18	(4&12)	8&25 2/6	5&25
1#-F02(S)	L-A-219(3)	大梁	400	600	1.69	8.8	3.52	0.192	8.45	0.42		4&22	2&22+(2&12)		6&22
1#-F02(S)	L-A-219(1A)	其他	400	600	0.17	0.9	0.36	0.192	0.86	0.04			2&22+(2&12)		5&25
1#-F02(S)	L-A-219(1A)	其他	400	600	0.17	0.9	0.36	0.192	0.86	0.04	5&22		2&22+(2&12)		
1#-F02(S)	L-A-218(4B)	大梁	300	600	1.22	8.5	2.55	0.144	8.16	0.31		5&25 3/2	2&25		7&25 4/3
1#-F02(S)	L-A-218(4B)	大梁	300	600	1.25	8.7	2.61	0.144	8.35	0.32		5&25 3/2	2&25		8&25 4/4
1#-F02(S)	L-A-218(4B)	其他	300	600	0.22	1.6	0.47	0.144	1.49	0.06	5&25 3/2	3&28	2&25		5&25 3/2
1#-F02(S)	L-A-218(4B)	其他	300	600	0.17	1.2	0.35	0.142	1.10	0.04			2&25		3&25
1#-F02(S)	L-A-218(4B)	其他	300	600	1.22	8.5	2.55	0.144	8.16	0.31		7&25 5/2	2&25		6&25 4/2
1#-F02(S)	L-A-218(4B)	其他	300	600	1.25	8.7	2.61	0.144	8.35	0.31		8&25 4/4	2&25		7&25 4/3
1#-F02(S)	L-A-218(4B)	大梁	300	600	1.22	8.5	2.55	0.144	8.16	0.31		7&25 5/2	2&25		5&25 3/2
1#-F02(S)	L-A-218(4B)	大梁	300	600	1.23	8.6	2.57	0.144	8.21	0.31		8&25 4/4	2&25		5&25 3/2
1#-F02(S)	L-A-216(4B)	其他	300	600	0.19	1.3	0.39	0.143	1.25	0.05		3&25	2&25		
1#-F02(S)	L-A-218(4B)	其他	300	600	1.22	8.5	2.55	0.144	8.16	0.31		8&25 4/4	(3&14)		7&25 4/3
1#-F02(S)	L-A-218(4B)	大梁	300	600	1.15	8.5	2.55	0.135	7.65	0.38		5&25 3/2	2&25		6&25 4/2
1#-F02(S)	L-A-218(4B)	大梁	300	600	1.22	8.5	2.55	0.144	8.16	0.31			2&25		

图 5-22　梁统计明细表

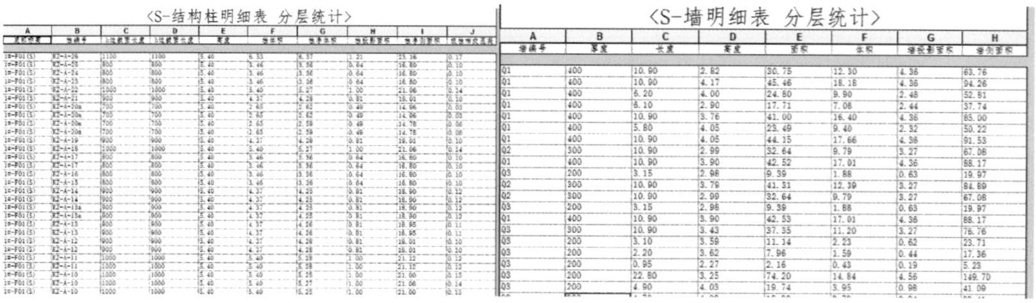

<S-结构柱明细表 分层统计>

A	B	C	D	E	F	G	H	I	J
[illegible]	[illegible]	[illegible]	[illegible]	[illegible]	[illegible]	[illegible]	[illegible]	[illegible]	[illegible]
1#-F01(S)	KZ-A-26	1100	1100	5.40	6.53	6.37	1.21	23.16	0.17
1#-F01(S)	KZ-A-25	800	800	5.40	3.46	3.36	0.64	16.80	0.10
1#-F01(S)	KZ-A-24	800	800	5.40	3.46	3.36	0.64	16.80	0.10
1#-F01(S)	KZ-A-23	800	800	5.40	3.46	3.36	0.64	16.80	0.10
1#-F01(S)	KZ-A-22	1000	1000	5.40	5.40	5.27	1.00	21.06	0.14
1#-F01(S)	KZ-A-21	900	900	5.40	4.37	4.28	0.81	18.01	0.10
1#-F01(S)	KZ-A-20a	700	700	5.40	2.65	2.62	0.49	14.96	0.03
1#-F01(S)	KZ-A-20a	700	700	5.40	2.65	2.62	0.49	14.96	0.03
1#-F01(S)	KZ-A-20a	700	700	5.40	2.65	2.59	0.49	14.78	0.06
1#-F01(S)	KZ-A-20a	700	700	5.40	2.65	2.59	0.49	14.78	0.06
1#-F01(S)	KZ-A-19	900	900	5.40	4.37	4.28	0.81	18.01	0.10
1#-F01(S)	KZ-A-18	1000	1000	5.40	5.40	5.27	1.00	21.06	0.14
1#-F01(S)	KZ-A-17	800	800	5.40	3.46	3.36	0.64	16.80	0.10
1#-F01(S)	KZ-A-17	800	800	5.40	3.46	3.36	0.64	16.80	0.10
1#-F01(S)	KZ-A-16	800	800	5.40	3.46	3.36	0.64	16.80	0.10
1#-F01(S)	KZ-A-15	800	800	5.40	3.46	3.36	0.64	16.80	0.10
1#-F01(S)	KZ-A-14	900	900	5.40	4.37	4.25	0.81	18.90	0.12
1#-F01(S)	KZ-A-14	900	900	5.40	4.37	4.25	0.81	18.90	0.12
1#-F01(S)	KZ-A-13a	900	900	5.40	4.37	4.25	0.81	18.90	0.12
1#-F01(S)	KZ-A-13a	900	900	5.40	4.37	4.25	0.81	18.90	0.12
1#-F01(S)	KZ-A-13	900	900	5.40	4.37	4.26	0.81	18.95	0.11
1#-F01(S)	KZ-A-13	900	900	5.40	4.37	4.26	0.81	18.95	0.11
1#-F01(S)	KZ-A-12	900	900	5.40	4.37	4.28	0.81	18.01	0.10
1#-F01(S)	KZ-A-12	900	900	5.40	4.37	4.28	0.81	18.01	0.10
1#-F01(S)	KZ-A-11	1000	1000	5.40	5.40	5.28	1.00	21.12	0.12
1#-F01(S)	KZ-A-11	1000	1000	5.40	5.40	5.28	1.00	21.12	0.12
1#-F01(S)	KZ-A-10	1000	1000	5.40	5.40	5.25	1.00	21.00	0.15
1#-F01(S)	KZ-A-10	1000	1000	5.40	5.40	5.27	1.00	21.06	0.14
1#-F01(S)	KZ-A-10	1000	1000	5.40	5.40	5.25	1.00	21.00	0.15

<S-墙明细表 分层统计>

A	B	C	D	E	F	G	H
墙编号	厚度	长度	高度	面积	体积	墙投影面积	墙侧面积
Q1	400	10.90	2.82	30.75	12.30	4.36	63.76
Q1	400	10.90	4.17	45.46	18.18	4.36	94.26
Q1	400	6.20	4.00	24.80	9.90	2.48	52.81
Q1	400	6.10	2.90	17.71	7.08	2.44	37.74
Q1	400	10.90	3.76	41.00	16.40	4.36	85.00
Q1	400	5.80	4.05	23.49	9.40	2.32	50.22
Q1	400	10.90	4.05	44.15	17.66	4.36	91.53
Q2	300	10.90	2.99	32.64	9.79	3.27	67.08
Q1	400	10.90	3.90	42.52	17.01	4.36	88.17
Q3	200	3.15	2.98	9.39	1.88	0.63	19.97
Q2	300	10.90	3.79	41.31	12.39	3.27	84.89
Q2	300	10.90	2.99	32.64	9.79	3.27	67.08
Q3	200	3.15	2.98	9.39	1.88	0.63	19.97
Q1	400	10.90	3.90	42.53	17.01	4.36	88.17
Q3	300	10.90	3.43	37.35	11.20	3.27	76.76
Q3	200	3.10	3.59	11.14	2.23	0.62	23.71
Q3	200	2.20	3.62	7.96	1.59	0.44	17.36
Q3	200	0.95	2.27	2.16	0.43	0.19	5.23
Q3	200	22.80	3.25	74.20	14.84	4.56	149.70
Q3	200	4.90	4.03	19.74	3.95	0.98	41.09

图 5-23　柱统计明细表、墙统计明细表

5.2.4　机电专业模型的设计与深化

承接初步设计阶段的机电模型，施工图设计阶段在此基础上进一步深化，最终形成可交付的机电施工图设计模型，并提交施工图图纸及相关计算文件(图纸及相关文件深度与现行设计标准基本一致)。

本节主要论述施工图设计模型的深度、深化内容和实现方法、施工图图纸的制作方法、有特殊要求的深化内容。

1) 机电专业模型深化内容

考虑到与现行图纸标准的深度衔接，结合不同阶段需要表达的内容，施工图设计模型深度详见表 5-4、表 5-5。

表 5-4　　机电专业施工图设计模型几何信息深度表

序号	几何信息内容
1	设备机房几何尺寸、定位信息
2	路由(风井、水井、电井等)几何尺寸、定位信息
3	设备(锅炉、冷却塔、冷冻机、换热设备、风机、水泵、水箱水池、变压器、燃气调压设备、智能化系统设备等)几何尺寸、定位信息
4	管道(水管、风管、桥架、电气套管等)几何尺寸、定位信息
5	设备布置和管线连接几何尺寸、定位信息
6	管井内管线连接几何尺寸、定位信息
7	末端设备(空调末端、风口、喷头、灯具、烟感器等)定位信息和管线连接
8	管道、管线装置(主要阀门、计量表、消声器、开关、传感器等)定位信息
9	细部深化构件的几何尺寸、定位信息
10	单项深化系统(太阳能热水、虹吸雨水、热泵系统室外部分、特殊弱电系统等)构件的几何尺寸、定位信息

表 5-5　　机电专业施工图设计模型非几何信息深度表

序号	非几何信息内容
1	系统选用方式及相关参数
2	机房的隔声、防水、防火要求
3	设备性能参数数据、规格信息
4	系统信息和数据

续表

序号	非几何信息内容
5	管道管材、保温材质信息
6	暖通负荷的主要数据
7	电气负荷的主要数据
8	水力计算、照明分析的主要数据和系统逻辑信息
9	主要设备统计信息
10	设备及管道安装工法
11	管道连接方式及材质
12	系统详细配置信息

2）机电专业模型深化的方法

在初步设计模型应当已经包含了主要管道、设备、机房和管井的几何信息（尺寸、位置等），施工图设计阶段需对这些信息进行优化调整并补充信息；对初步设计阶段机电模型没有表达的末端和单项深化系统等补充完整。最终提交的高质量的施工图设计模型包括如下三个层次。

① 第一个层次：构件完整、几何尺寸精准；这样的模型可以比较好实现全面管综的要求。

② 第二个层次：构件非几何信息完善。

③ 第三个层次：构件具有合理的逻辑和规则。

只有实现了上述三个层次的模型才是最有价值的。

（1）第一个层次实现方法

① 首先，在初步设计模型的基础上，经过校核计算，对设备类型和管道规格信息进行核对修改，并且布置末端设备（空调末端、风口、地板采暖盘管、喷头、灯具、烟感器、开关、插座等）和连接管线，布置单项深化系统设备（太阳能热水、虹吸雨水、热泵系统室外部分、特殊弱电系统等）和连接管线。

② 其次，设备类型和管道规格信息确定后，精确各构件的几何尺寸、深化管道连接细节。

③ 准确的设备和管道定位信息应该是一个从粗到细、从大到小的考虑过程，从理论上讲，初设模型已经实现了大的机房和路由、大的设备、主要管道的管综，对于上述内容，在施工图阶段只是做核对工作；施工图阶段是全面管综阶段，进行全面管综后，就可以准确设备和管道的定位信息。

④ 施工图设计模型的全面管综一般借助软件自动碰撞检查，根据碰撞结果进行各专业协商修改工作，这样可以提高效率和准确度。

（2）第二个层次实现方法

补充构件的非几何信息。构件的非几何信息非常多，这些信息一般分项目级、构件级、图元级。项目级对一个建筑设计项目来说，一般只用统一填写一次；构件级在设计师使用的设计软件中一般设置2～3级，便于分类信息、构件级信息共性的参数可以批量填写或预置于构件中；图元级信息是单个图元的信息，这类信息是最个性化的，在设计时随时修改变化。

（3）第三个层次实现方法

完善构件的逻辑和规则。逻辑体现的是业务的不同，规则是化无序为有序的法宝。建筑模型中如专业分类，像专业系统分类、构件命名规则、参数命名规则、各种分区逻辑和规则等。模型由很多构件组成，构件信息只拥有完善合理的逻辑和规则，模型才是最有传递价值的，否则模型信息再完善再多也是一堆海量的无序的数据，如果没有办法组织、提取、利用和转换。

3）机电专业施工图图纸的制作方法

（1）图纸目录：一般可提取模型中信息一键定制生成。

（2）设计说明、原理图：现阶段使用 CAD 技术制图比较合理。

（3）主要设备材料表：一般可提取模型中信息一键定制生成施工图图纸要求的给排水主要设备材料表、暖通主要设备材料表、电气主要设备材料表和灯具表等。

如果模型深化达到了上述三个层次，还可以一键生成提资表，如用电设备表、开洞信息表等，也可以根据业主需要提供模型实物量统计表。

（4）系统图：可以提取三维模型中的信息直接生成二维图，当然现阶段也可以使用 CAD 技术制图。

（5）平面图、剖面图、详图：均采用真实三维模型的直接正投影法来表达，管道重叠及密集处增加局部剖面和局部三维视图。平面图一般设置为建筑层标高 1.2 m（门窗洞口处）水平剖切的俯视图，由设备不被剖切，管道平行剖切面不被剖切的规则生成。BIM 设计软件中这种规则一般会预置；剖面图一般是在模型中选定剖切面、剖视方向、剖切范围后生成；详图一般在模型中选定详图范围后生成。

显示精细度设置为水管单线、风管双线的行业标准，BIM 设计软件中显示精细度一般会分为三档，行业标准一般为中档。

（6）二维修饰：1：100 和 1：150 平面图中设备机房及管道密集处采用遮白处理，以免图纸上出现一团黑的情况。机电专业中二维图例修饰比较普遍，可以采用 BIM 软件的规则自动处理，还有断面线等。

（7）注释和标注：注视和标注的内容来源于模型中信息，并且与模型中信息关联。这部分工作由于要求达到二维设计的标注标准会比较繁重，一般会占用一定时间。

（8）布图框、会签栏：会签栏内容来源于模型中信息，一般为项目信息。

4）根据业主要求的深化内容

通过上述手段，可以实现施工图阶段的模型深化及施工图出图，还可以根据业主要求继续深化或者为下一阶段的业务提供条件。本节所指的根据业主要求的深化内容是指超出"建筑工程设计文件编制深度规定"的部分内容，图 5-24—图 5-26 为某案例的平面施工图（局部），以此对本节内容进行阐述。

（1）模型实物量统计表：可以对应模型自动进行实物统计，这是 CAD 设计没有的，因为模型中有实物量还有对应的属性信息，可以很容易统计出实物量给需求方。要达到这个目的，对上述三个层次的模型深化工作要求都很高。还可以把模型进行算量模型转换和深化，统计出工程量。

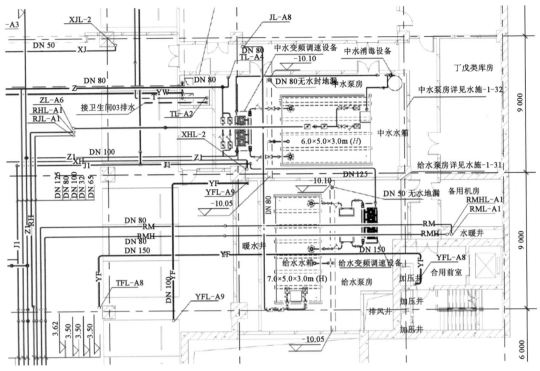

图 5-24　某办公楼地下室给排水平面施工图(局部)

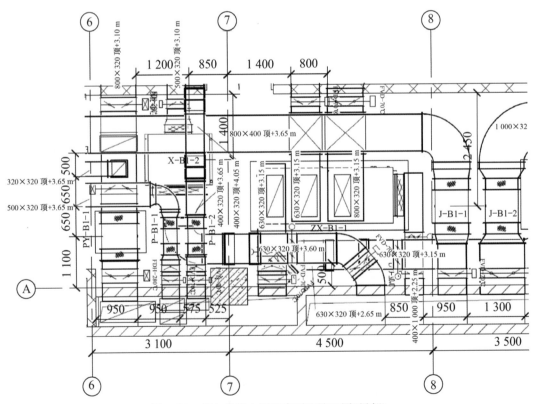

图 5-25　某办公楼空调机房平面施工图(局部)

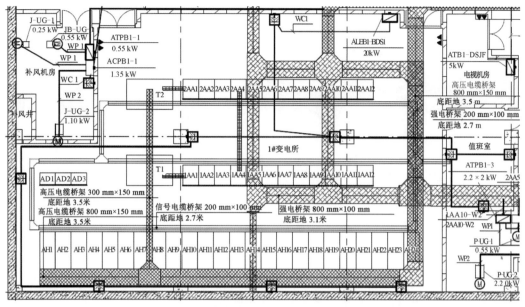

图5-26 某办公楼地下室电气平面施工图（局部）

（2）安装工程施工工序模拟：要达到这个目的，模型中构件的逻辑要合理设置，根据构件专业系统分类，这样模拟施工分系统安装就很容易了。例如，某个项目施工工序如下：风管安装→桥架安装→生活给水→消防给水安装→排水安装→诱导风机安装（图5-27—图5-29）。

（3）标准化设计深化：以标准化、精细化、产业化设计为目的，适合于住宅设计。

（4）定制设计深化：定制加工后整体安装，适合于复杂、局促的局部空间管道整体加工和安装。

要达到上述（3）、（4）的目的，对第一个层次的深化要求最高，必须构件完整、几何尺寸精准。

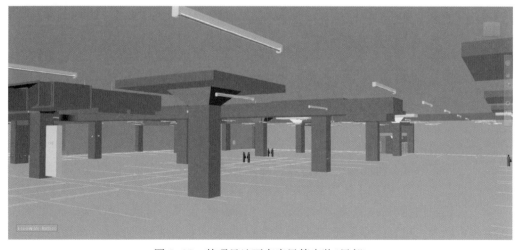

图5-27 某项目地下车库风管安装（局部）

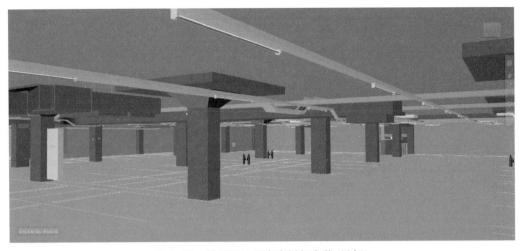

图 5-28　某项目地下车库桥架安装（局部）

图 5-29　某项目地下车库生活给水、消防给水安装（局部）

5.2.5　管线综合与冲突检查

1）综合管线布置协调

（1）目的

管线综合布置，就是在图纸文件或模型文件中，将同一建筑空间内各专业管线、设备进行整合汇总，并根据不同专业管线的功能要求、施工安装要求、运营维护要求，结合建筑结构设计和室内装修设计的限制条件，对管线与设备布置进行统筹协调的过程。

随着城市化进程的推进，现代建筑复杂程度日益提高。一方面高层建筑、大型公共建筑、制造工厂等需要强大的水、电、空调、动力等设施系统保障建筑空间的使用功能；另一方面，网络、门禁、视频监控、楼控等智能化系统也逐渐成为不可缺少的建筑保障系统，在有限的空间里，各专业管线越来越多。采用传统二维设计，仅依靠各专业平面图、系统图和节点大样图，难以精确表述复杂空间内的相互关系,造成图纸设计深度和精细化程度远达不到依图施工的要求。加之各专业间设计、变更修改过程缺少直观、有效的联动方式,增加了"错漏碰缺"产生的可能性,一定程度影响施工进度、项目投资成本的控制。因此,如何解决机电管线优化布置、减少专业管线间的冲突、保证内部空间利用率、保证施工安装及维护易用性等一系列问题,成为困扰设计师、投资方、总包方的共同难题。

BIM 技术提供了强大的管线综合布置便利,运用三维手段建立建筑及管线设备模型,利用计算机在模拟真实空间内对各系统进行预装配模拟,能够直观调整、细化、优化、合理管线走向及设备排布,从而达到模拟可视化、优化设计和缩短工期、提高工程项目质量的目的(图 5-30)。

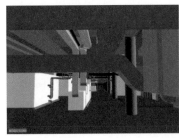

(a) 某航站楼空调机房综合管线布置

(b) 某商业综合体设备层走廊综合管线布置

(c) 某商业综合体地下车库物流通道上空综合管线布置

(d) 某制剂厂动力站房管线综合布置

（e）某烟厂制丝车间管线综合布置

图 5-30　综合管线布置

（2）内容

三维空间内直观反映建筑结构及公用专业设计实际尺寸和空间位置关系，综合协调管线间以及与建筑、结构、设备间的矛盾，避免管线间及管线与临近构件间相互产生干扰，解决管线在设计阶段的平面走向、立体交叉时的矛盾以及建设顺序上产生的矛盾。

① 碰撞检测分析：根据专业间和专业内部碰撞检测要求，对项目范围内公用专业之间的系统主干管道进行碰撞检测分析，公用专业系统主干管道与建筑、结构专业进行碰撞检测分析，或公用专业内部系统主干管道之间进行自检碰撞检测分析，生成碰撞检查模型文件，涵盖硬碰撞检查（直接接触或交叉）与软碰撞检查（净空间距保障）。

② 专业间空间冲突协调：保证机电专业设计指标和设计意图，合理分配各专业管线空间走向和标高位置，协调各专业在有限空间内的整齐、有序、合理、方便施工和检修的合理布局。

（3）管线协调机制

综合管线设计一般按照满足生产、安装方便、维修容易、安全生产的总指导原则，在保持设计意图不变的基础上，依据相关专业的设计施工规范进行深化设计。在管线排布时应遵循避让原则、垂直面排列管线原则、管道间距和机电设备末端空间要求等。

综合管线图纸主要用于协调专业间主干管道在建筑平面、立面位置上的相互关系，避免专业施工阶段管线交叉、衔接不当。对于图纸中未涉及的喷淋支管、照明穿线管等管道若发生冲突应结合综合管线设计原则现场调整。

2）综合管线设计专业

（1）适用的项目

集合水、暖、电、动等多个专业，管线密集复杂，装修界面技术要求高的超高层建筑或复杂综合体项目，如工业民用建筑的动力站房、工业厂房、医院、建筑综合体等。

（2）专业间系统工作

与机电专业设计并行实施，协助机电专业进行复杂区域管线走向标高层定位，以便确定净空高度并优化管线。综合管线专业起到协调专业间避免碰撞的作用。

（3）专业深化设计

在机电专业完成施工图设计之后机电安装施工之前，综合管线设计专业汇集各专业设计图纸，创建详细的三维设计模型，进行碰撞检测与合规性检查，将问题及时反馈给机电专业人员,最终综合管线专业将给出综合管线图纸。

3) 综合支吊架模型选型布置设计(用于机电深化设计)

(1) 支吊架设计原则

支吊架设计应与管道布置平行交叉进行。在设计支吊架位置和类型时,应尽量减小作用力对结构基础、建筑或设备的不良影响。管道与设备应不妨碍管道与设备的连接和检修;管道支吊架的间距要满足管道最大允许跨求。支吊架的支托点应优先选择维修或清洗时不拆卸的直管上。当存在集中荷载情况时,支吊架应布置在靠近集中荷载的地方。

对于复杂管线,应根据应力计算结果设置或调整支吊架位置。支吊架应尽量利用已有的土建结构的构件作为支承(结构梁、柱),振动管道除外。有压力脉动特性的管道,要根据管道固有频率决定支架间距,避免管道产生共振。振动幅度较大的管道应单独设置支吊架,并且要落地生根,避免振动的传递。

对于需要柔性分析的管道,支吊架位置应根据分析结果决定并考虑支承的可能性;管道柔性过大时,应添加支吊架用以避免应力过大或管子晃动和振幅过大。当在垂直管道弯头附近或垂直管道重心上做承重架时,若垂直管道较长,需在下部增设导向架。

支吊架的支托点应优先考虑管道,当需要在其他管道组成件(阀门、管道附件、膨胀节等)上支承时,应进行具体分析影响范围。在水平布置的管道弯头、弯管不能做支托点,避免局部应力增加及影响吸收热膨胀的效果;垂直面上布置的弯头可做支承架,但高温管道除外(图5-31)。

(a) 伸缩缝处支吊架

(b) 走廊处支吊架

(c) 竖井处支吊架

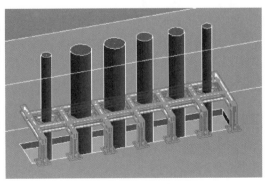
(d) 落地处支吊架

图5-31　支吊架布置

(2) 管道支吊架分类及适用条件(表5-6)

表5-6 管道支吊架分类及适用条件

类 型		适 用 条 件
承重支吊架	恒力弹簧支吊架	用以承受管道自重荷载,但其承载力不随支吊点处管道的垂直位移的变化而变化;用于垂直位移较大或要求支吊点的荷载变化率不能太大的场合
	变力弹簧支吊架	用以承受管道自重荷载,但其承载力随支吊点处垂直位移的变化而变化;用于有少量垂直位移的场合
	刚性吊架	在支承点的上方以悬吊的方式承受管道的重力及其他垂直向下的荷载,吊杆处于受拉状态;用于无垂直位移的场合
	滑动支架	将管道支承在滑动底板上的支架,除垂直方向支撑力及水平方向摩擦力以外,没有其他任何阻力
	滚动支架	将管道支承在滚动部件上,摩擦力较小
限制性支架	导向架	使管道只能沿轴向移动的支架,并阻止因弯矩或扭矩引起的旋转;用于允许有管道轴向位移,但不允许有横向位移的场合
	限位架	限位架的作用是限制线位移。在所限制的轴线上,至少有一个方向被限制;用于限制任一方向线位移的场合
	固定架	限制管道的全部位移;用于固定点处不允许有线位移和角位移的场合
防震支架	减震装置支架	用以控制管道低频高幅晃动或高频低幅振动,但对管系的热胀或冷缩有一定约束的装置。用于限制或缓和管道振动
	阻尼装置支架	用以承受管道地震荷载或冲击荷载,控制管系高速振动,同时允许管系自由热胀冷缩

(3) 支吊架选用原则

管道支吊架的选型应能正确地支、吊各类管道,并满足管道的强度、刚度、输送介质温度、压力、位移条件等各方面的综合要求。

管道支吊架应优先选用标准的及通用的支吊架,并多选择普通支吊架,尽量节省弹簧支吊架。

选用标准图集支吊架时,应注意标准中规定的适用范围,以及计算条件是否满足工程实际要求。管道支吊架材料选用应符合工作环境要求。

在管道不允许位移的位置选择固定支吊架,支吊架应在牢固的结构或专设结构物上生根。

当冷、热性质主干管道直线段较长时,宜在管段中间附近设置固定支吊架,使管路向两端伸缩。水平横向吊架不能用于支承多根热位移量或热位移方向不同的水平管道。

波形伸缩器两侧需要补偿的直管段末端,一般应设置固定支吊架(无大型设备承受推力的情况下)。轴向波纹管和套管式补偿器应设置双向限位导向支吊架,支吊架距离应根据补偿器的要求设置。

在水平管道上只允许管道单向水平位移的地方以及铸铁阀门的两侧和矩形补偿器两侧应设置导向支吊架。

在管道存在垂直位移的情况时,应在产生位移位置设计弹簧支吊架;当管道同时具有水平位移情况时,应采用滚珠弹簧支架。

在管路重型附件的附近应装设支吊架以承受附件主要荷重;在三通管处应视支管的荷载情况考虑装设支吊架。

在管线众多、空间狭小部位应优先设计选用综合支吊架。

（4）支吊架受力分析计算

① 可视化精确调整管线位置、标高(图 5-32)。

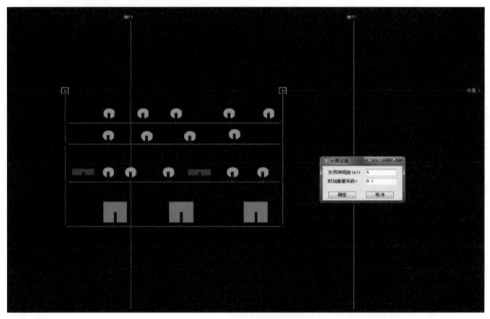

图 5-32　可视化管线调整

② 自动提取管线重量,进行管道应力分析,运用结构有限元法求出各单元中的应力和应变,自动计算出综合支吊架截面尺寸(图 5-33)。

③ 支吊架尺寸经计算后,可手工局部调整,并能验算是否满足结构框架设计要求。

④ 自动提取计算后信息,生成全参数化支吊架(图 5-34)。

⑤ 精确统计支吊架用钢量。

4）综合管线合规性检查基本原则和注意事项

（1）基本原则

综合管线设计涉及各专业管线在水平及标高上的排布,当管道发生冲突时,按照规范要求合理避让,并充分考虑管道安装空间、检修空间的预留和安装中的安全因素。主要避让原则如下。

① 压力管避让重力自流管。

② 管径小的管线避让管径大的管线。

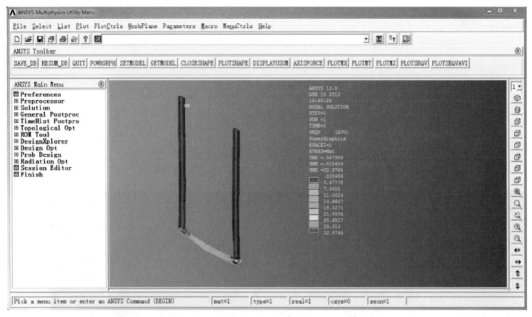

图 5-33　支吊架有限元分析过程软件

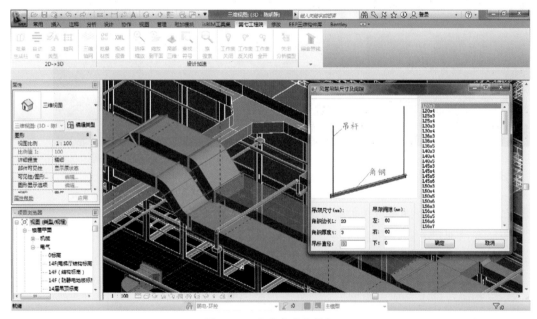

图 5-34　自动生成支吊架

③ 易弯曲的管线避让不易弯曲的管线。

④ 临时性的管线避让永久性的管线。

⑤ 工程量小的管线避让工程量大的管线。

⑥ 新建的管线避让现有的管线。

⑦ 检修次数少的和方便的管线避让检修次数多的和不方便的管线。

（2）BIM 设计注意事项

应建立统一的 BIM 设计基础标准：针对项目类型建立统一的 BIM 设计项目标准模板，项目模型命名规范、各专业命名规范、专业子系统命名规范、构件命名规范，各专业子系统管道配色方案等（图 5-35）。

应建立管线综合设计校审制度：模型中的子项名称、专业系统名称、专业管道名称（含规格参数）、设备构件名称（含规格参数）应与设计图纸数据保持一致。各专业模型构件名称、形状、参数和空间位置信息应与专业施工图纸中的设计数据一致。

模型信息一致及可追溯性：模型设计基于各专业归档确认的施工图纸进行设计，其包含的设计信息应与施工图纸保持一致，同时在发生设计变更或现场签证时，模型应能与变更的施工图纸保持一致。模型设计的版本及交付成果应进行统一管理和控制，能够追溯。

模型信息的及时准确性：设计阶段、施工阶段发生的设计变更、现场签证等涉及信息模型调整的，经确认后需及时、准确地对模型进行同步更新。

图 5-35 模板标准

阶段模型应当能够继承前一阶段的相关信息，能将设计信息、施工过程信息不断丰富并核准，为模型在建筑后期的扩展应用提供基础。

独立承接的管线综合设计应在充分理解设计意图基础上合理优化。施工图模型设计基于各专业归档确认的施工图纸，在保持设计意图不变的基础上，依据相关专业的设计及施工验收规范进行综合管线深化设计，对管线布置设计方案的调整在实施前应经过原设计方确认。

5）设计文件视图表达技术内容

（1）平面图视图表达要求

真实反映各专业主干管线走向、位置及标高等信息，完整标示出复杂区域各类管线分布及分层情况，方便施工组织。

主要表现内容：建筑分区示意图、房间名称及标高、视图比例、沿路由方向主干管线名称、规格、标高、定位尺寸，剖面、详图大样、轴测符号、位置、管线图例等（图 5-36）。

（2）剖面图视图表达要求

主要表现内容：剖面处的轴网及标高、视图比例、剖切深度及范围、剖切处各专业管线名称、规格、标高、定位尺寸、管线图例等（图 5-37）。

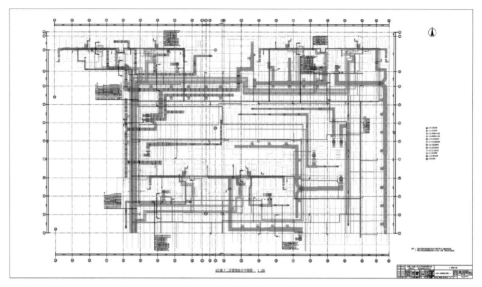

图 5-36　平面布置视图

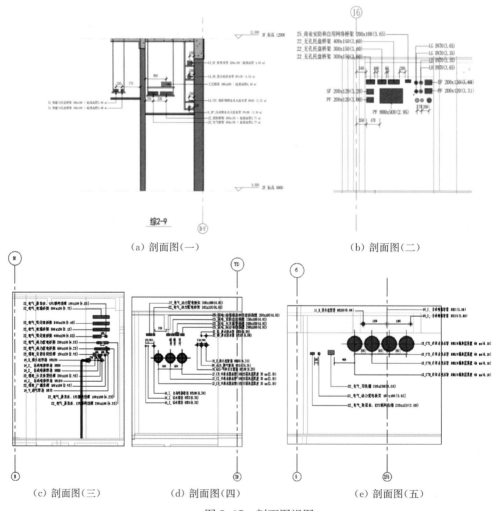

（a）剖面图（一）　　　　　　　　　（b）剖面图（二）

（c）剖面图（三）　　　　　（d）剖面图（四）　　　　　（e）剖面图（五）

图 5-37　剖面图视图

（3）轴测图视图表达要求

通过轴测视图方式展现多角度的建筑主体结构及机电专业三维设计内容，在轴测图中将附带信息详细表示，作为重点区域、设备间复杂管线排布及施工的技术指导。

轴测图按表达内容范围分为各子项管线综合整合系统轴测图、单系统轴测图、局部轴测图等。

轴测图表现内容应涵盖透视视图方向、视图比例、进出管线名称、规格、标高、管线图例等（图 5-38）。

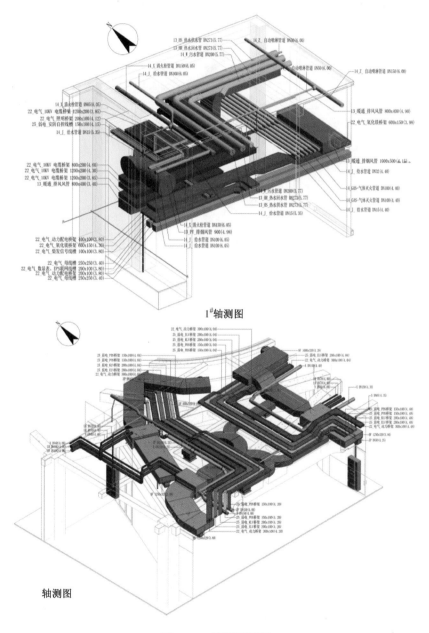

图 5-38　轴测图视图

（4）综合管线专业构件配色标注

建筑、结构、总图专业构件根据构件的外观材质颜色建立标示，公用专业统一建立专业色系颜色标准，专业设备、管道附件根据专业系统颜色标示（图5-39）。

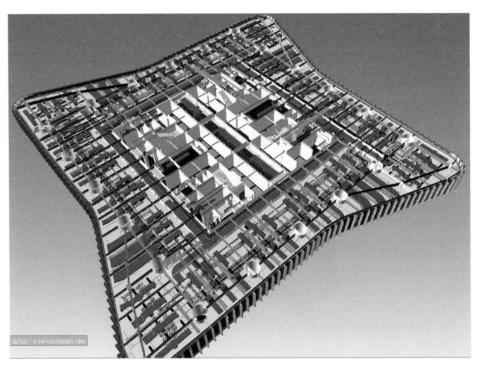

图 5-39　标准层配色视图

6）工程案例分析——绿地中央广场

郑州绿地中央广场项目位于郑州高铁站新广场西侧，建设用地面积 63.2 亩（约合 42 133 m²），规划建设的两栋 300 m 超高双塔式建筑。建筑以写字楼为主，是集商业、文化娱乐等多种业态为一体的高端商务商业综合体。建筑设计层高较低，管线综合设计要求保证吊顶后具有足够的净空高度并满足装饰设计要求，造成机电专业综合管线排布和支吊架的安装难度较大。为更好地解决管线排布困难，预留足够的安装空间和检修空间，项目设计采用 BIM 技术进行多方案比对，为业主筛选最佳方案提供了直接的帮助。

自喷管道和空调水管安置在结构梁预留洞中，向下连接风机盘管的空调水支管在经过新风管道时需要局部翻弯。在大体量的超高层中，这种情况严重影响风机盘管的运行工况，空调凝结水管也无法找坡，更没有足够的空间排布，雨水管道也是没有空间安装（图 5-40）。

经过 BIM 设计的优化改进，设计最终改变了风机盘管的接管形式，并抬高到楼板下安装，为自喷管道、空调水管及空调凝结水在结构梁下安装预留出足够的空间，雨水管道修改路径，不从本层房间内通过，解决了没有空间安装的烦恼，整个方案调整后，既便于施工，管道排列又显得清晰规整（图 5-41）。

图 5-40 办公区域原始布置方案

图 5-41 办公区域管线综合布置最终方案

公共区域喷淋管道和空调管道放在一侧,安装在桥架的上方,虽然安装空间充足,桥架走线方便,也便于后期检修,但具有安全隐患。走廊管道最低标高可以做到 2.8 m(图 5-42)。

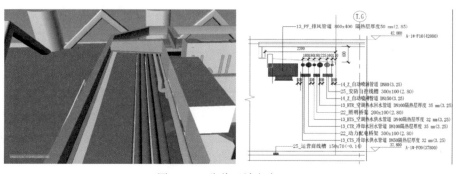

图 5-42 公共区域方案(一)

另一种方案是将 DN100 的喷淋管道和空调水管放在风管的上方,DN80 的喷淋管道放在照明桥架的下面,合理地利用了空间,但是桥架走得太高,不便于桥架穿线和后期检修。走廊管道最低标高可以做到 2.78 m,比方案一略低(图 5-43)。以上图纸为两种方案提供了较为清晰的对比,便于做出更好的决策。

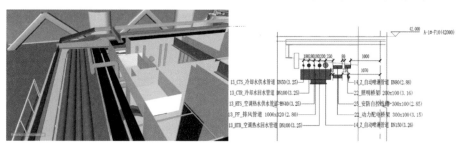

图 5-43 公共区域方案(二)

5.3 辅助模型信息的深化

5.3.1 模型检查的方式与软件

BIM 应用离不开对 BIM 模型信息（包括几何与非几何信息）的正确性、完整性和一致性的检查。

如果 BIM 模型还无法取代 CAD 图纸成为工程信息沟通的主要依据，这只能算是参考信息，那么 BIM 模型的正确性与完整性就必须以 CAD 图纸中的信息为标准检查。目前，这种比对检查大多需要人工才能完成。通常在利用 CAD 建立 BIM 模型时，创建轴网等操作可以实现 BIM 与 CAD 之间的自动生成，信息一致性的问题并不大。

如果 BIM 模型已成为工程信息沟通主要且唯一的依据，这时 BIM 模型的正确性、完整性与一致性就会由模型提供者（即上一工程阶段的模型建构与管理者）负责，在遇到问题或发现信息不够完整时，需要模型提供者澄清与补充。对于发包施工前的设计模型或竣工后为运营维护管理而准备的模型等，根据合同规定和相应标准检查 BIM 模型就显得尤其重要。检查的方法既包括纯人工检查，也包括应用相应的软件配合人工进行半自动检查。对于工程竣工后的模型验收，还需要将 BIM 模型与实际竣工后的建筑实体做比较，以确认 BIM 模型的几何位置与形状大小是否正确。

除了上述的 BIM 应用需要检查模型自身信息外，模型中的各种设计成果是否存在空间关系的冲突，或者是否符合规范也需要进行检查，例如消防、配置钢筋等。考虑到规范要求的多样性，如果通过人工方式进行模型检查，不仅工作量庞大，而且容易疏漏或者误判。所以，此类模型检查可以采取软件半自动甚至全自动操作的方法，通过将空间信息、对象属性、对象之间几何对应、规范编写进软件中，利用软件自动依照规则检查 BIM 模型。模型检查可根据实际情况对检查规则进行增减、编辑和修改。这样，BIM 模型检查既可以用来检查模型本身的逻辑与空间关系，如空间重叠、构件之间冲突等问题，也可以用来检查设计是否符合规范的要求，是否符合设计任务书等。但由于涉及规范庞杂，且很多规则无法计算机语言化，目前全自动化模型检查软件还不够成熟。

以上所提到的规则类型可以按照如图 5-44 所示的系统进行分类。

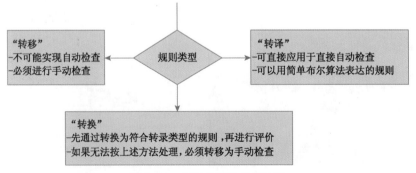

图 5-44　规则类型的分类系统

1）模型检查的规则类型

模型检查的规则类型按照可自动检验的程度可分为转译、转换和转移。"转译"类的规则可以通过预先定义的能表达简单逻辑关系"如果—那么"的程序来表示。其余部分则是被归入"转换"类的规则。这些规则是否能根据计算规则进行表达是由关联水平所决定的。当处理那些非常依赖于自身的环境，限制条件及模型信息约束规则太过复杂时，"转移"为专业技术人员人工处理是最佳的处理方法。

2）模型检查的操作类型

模型检查操作根据目的不同可以分为四种类型（表5-7）。

表 5-7 模型检查的操作类型

模型检查目的	结果	模型检查目的	结果
（A）验证	符合/不符合	（B）引导	选项和建议
碰撞检查（几何形状）		（C）自适应	模型改良
规范内容（属性）		（D）属性	信息交换声明

（1）验证型模型检查

这是对模型检查最常见的一种理解。通过执行预先定义的规则，以"符合"或者"不符合"表示检查结果，验证型模型检查可以判断模型是否符合相关标准和规范的要求。检查可以分为碰撞检查（几何形状）、规范内容（属性）以及二者的结合。

（2）引导型模型检查

这一检查的目的是为了引导设计师在设计过程中能够更好地与现实相结合，尤其适用于缺少设计经验的项目上。引导型模型检查首先会识别已经定义好的具有较大可能性的问题，然后提供一个可能采取的处理方法的列表。这一过程通过内嵌入软件内的决策树形象地呈现出来，模型检查人员可以从中得到如何进行下一步骤的建议。

（3）自适应型模型检查

自适应模型检查的目的是通过遵循内嵌的预先定义规则，让模型构建自动与环境相适应。针对不熟悉领域的模型检查，在动态的设计过程中，该种类型的模型检查会对整个模型校对产生很大帮助。

（4）属性型模型检查

属性型模型检查的目的是为了在指定用途上检查 BIM 模型的专业信息表现。这一功能需要在模型中定义一个类似于筛选相关信息的"过滤器"。因此，这种检查具有很大的灵活性。

目前具有市场影响的 BIM 模型检查软件主要有表 5-8 所示的几种。

表 5-8 模型检查相关软件

软件名称	软件功能特点（官方介绍）	国内应用水平及发展趋势
Autodesk Navisworks	借助 Autodesk Navisworks 软件的功能，可进行项目协调、施工模拟和项目分析，以完成集成项目的审阅工作。Navisworks 产品提供许多先进的工具，用以模拟和优化项目进度、发现和协调碰撞与干涉、实现团队协作，并在施工前发现潜在的问题	比较常见的模型检查工具，适用于通常的民用建筑设计

续表

软件名称	软件功能特点(官方介绍)	国内应用水平及发展趋势
Bentley Navigator	供基础设施团队评估和分析项目信息,具有多元检视功能,可提供更直观的用户体验及改进信息的互动质量。可充分利用存储在 Bentleyi-models 中的信息的交互特性,以实现高性能的视觉效果,可以更好地了解项目,以帮助避免代价高昂的现场错误。团队可以采用虚拟方式模拟项目场景,以解决冲突情况和优化项目日程。他们可以通过在 i-models 中保存注释促进模型创建,还可以生成二维和三维 PDF 文件供更广泛的人群使用	工业与基础设施设计常见的模型检查工具,适用于工业建筑以及一般的市政基础设施
Solibri Model Checker	为数不多的只支持 IFC 的模型检测器,核心价值在于找出模型潜在的问题、冲突和违反设计规范的地方。所有这些检测都是基于检测规则完成的,用户可以自己修改软件提供的各个领域的检测规则满足本地化需求。相比其他软件,本软件是基于规则的检测,而 Navisworks 是基于几何形状的检测	较常见的模型检查工具,适用于通常的民用建筑设计

5.3.2　模型检查的实现

1) 模型检查流程

有三种方法用以拟定模型检查的实施计划。

(1) 预定义方法

在使用这种方法的时候,需要提前设定规则,即通过模型创建、数据交换、成果交付与模型检查等一系列行为规范对模型的检查流程进行预定义,从而为参建方建立一套较为完善的模型检查流程与制度。

(2) 基于过程的方法

在使用这种方法的时候,没有指定的内容或者信息,但是在建筑工程设计的实施步骤中已被指定。在实施步骤中包含了规范、质量要求等内容,这些内容可以包含在合同当中。

(3) 基于工程的综合方法

该方法集成了预定义和过程要求,属于系统性的综合方法。BIM 模型检查的实施计划将与质量保证系统、质量评价系统结合,成为工程的组成部分。

2) 模型检查的过程

模型检查可以大致划分为四个阶段:①规则解释和规则结构化;②创建完善的 BIM 模型,确保需要检查的必要信息已经准备完毕;③执行模型检查;④完成模型检查报告。

为了完成模型检查,必须通过以下三种工作方法实现信息可用性。

第一,需要设计师清楚地提供在 BIM 中需要检查的信息。虽然对于某些方面的信息(门和窗口位置和大小)是非常容易实现的,其他来自于更多基本信息和依靠人工是目前非常容易造成判断误差的,例如,尽量在国家设计相关规范、标准的前提下通过对机电专业管线的综合布置,从而完成建筑内部某一区域内的净高优化等。

第二,由计算机导出的新数据或生成缺乏数据的模型视图。例如,计算机处理可以提取模型、构件的空间几何属性。

第三,一些重要的设计规则适用于需要复杂的模拟或分析的属性,如对结构完整性或能源使用。这些需要软件分析模型导出复杂的信息,然后利用适合的规则分析导出数据。

可以看到,模型检查实现方法涉及许多设计师的设计成果和模型检查软件的分析能力之间的平衡。这些问题会不断出现在模型检查系统的设计和实现过程中。下面具体描述上述四个阶段。

(1) 规则解释和规则结构化

在BIM出现前,设计师们已经定义了建筑设计的规则,并使用人类的语言格式表示,包括文本、表格和计算公式等形式。在工程实践中,这些规则拥有法律效应。如何将这些规则的解释转变成机器可以处理的格式,在BIM情景下实施并可以被确认为符合书面规则,是BIM模型检查需要解决的重要问题。在模型检查的实施中,该过程依赖于计算机编程人员对人类语言的逻辑语句进行编译,才能将明文规则导入计算机代码。

① 基于通用的术语解释。使用共同的中间语言作为映射规则,将自然语言转化为可加工计算机语言形式是首选的谓语逻辑。人们定义的谓语逻辑是一种包括正式的和已经使用了数十年的形式化规则方式。在逻辑上,谓语是一个已被较好定义的术语(或功能),可以被评估为正确或错误(或未定义的)。谓语逻辑也能批处理,无论是一个语句适用于所有的实例条件出现的条件,或者至少一个实例条件存在。建筑构件和规则适用的解释以及有多少规则的实例需要被应用是主要的问题。在这个范围内,基于有前后关系的语境条件,规则通常被深度嵌套到软件当中,例如基于建筑类型和地震等级。

② 命名和属性的本体。翻译通常有两个方面的规则:其一为规则适用的条件或上下文;其二为规则适用的属性。

例如,第一步识别潜在的紧急出口路径,第二步将检查所识别的路径的宽度和长度。这些步骤依赖于明确的空间分类,并定义方法测量长度和宽度。美国CSI(Construction Specification Institute)推出了OmniClass建筑分类系统,结合了ISO和欧洲建筑分类,支持数字建模和交换。它提供空间、流程、参与者、建筑对象和其他通用类的信息。OmniClass不同于国际字典框架(IFD)提供的显式定义的建筑组件,它们的属性有不同的用途,并在不同的语言中使用。

③ 实现方法。上下文条件和测试可以通过不同的方式实现。

其一,计算机语言代码的规则。这是最简单的实现结构,规则是计算机代码,使用参数化和分支。计算机语言代码的规则需要高层次的专业知识来定义,编写和维护。虽然用计算机代码编写的规则可能被应用在专用应用软件中,但是不太可能被支持广泛使用。

其二,参数表。参数、分支和其他逻辑结构可以被编写出来定义一类的规则。定义参数提供了一个简单但有限的方法来定义新的规则。量化已经包含(全部或部分存在)在某些参数表中,方便用户在不需要计算机编程的情况下为不同的上下文规则简单定义。参数表的易用性和通用性可以被用来定义和实现任何相关规则的一个中间步骤。

（2）创建完善 BIM 模型

传统的 CAD 制图将对象以二维图形的形式表现出来，使人们能够理解建筑信息。在早期过程中的主要要求是所绘图形必须正确，并且包含模型检查所需要的模型参数信息。随着基于对象的 BIM 的发展，人们对于模型的要求也发生了变化。现在被检查的对象有自己的类型和性质。例如，看起来像一组适当间隔的楼梯踏板可定义为楼板而不会被解释为一个楼梯，除非它被定义成一个楼梯对象，这个对象要有楼梯的各项属性，如踢步、踏步等。因此充分符合检查规则的 BIM 模型会比 CAD 的要求更为严格。设计师在进行模型检查前必须创建完善的 BIM 模型，确保必要信息已经准备完毕，这样模型才能够提供定义明确的、约定结构所需的信息。这个信息必须由软件开发人员在 IFC 中正确编码，以便允许适当的翻译和测试。如果用户要求明确地输入复杂的衍生属性，如空间的体积，出现与 BIM 不一致的错误数据的问题，首选的解决方案是尽可能地自动获得所需的模型检查数据。

① 模型视图。即使中等规模建筑的 BIM 模型也会涉及大型的数据集。模型建立之初一般不包括所需建筑规范的详细程度或其他类型的模型检查。单独的模型视图是用于获得一个特定类型的模型检查所需的数据，以及为实现更有效的处理而提取子集。

模型视图的定义会伴随着模型检查功能而创建。一些模型检查涉及隐式性能，比如房间的窗地面积比、通道的最窄宽度。模型检查可以通过建立不同类型的模型视图解决这些问题。

② 派生新的模型。通过派生新的模型可以更好地评估某些隐含性质或关系。例如，通过建立建筑的空间布局循环路径图检查残疾人和消防出口的可达性。派生模型可以携带空间和其他属性需要循环评估的指定属性。

③ 绩效模型和综合分析。某些被检查的设计属性是基于绩效的，这就需要对其进行分析或模拟，例如近年来越来越普遍的 BIM 环境分析。绩效规则通常需要一个含有自身几何图形、材料或者其他参数属性和假定负载的特别派生模型视图，作为输入以执行分析/仿真。

④ 布局规则参数的可见性。虽然可以检查每个实例类型的布局，如螺栓或楼板梁间距等在图纸的布局。但我们需要对在图纸上的布局规则参数进行评估，而不是图形布局本身。这些外延可能消除冗余检查。当检查一个已被用于生成布局定义的简单的规则时，布局参数非常重要，因为布局参数比每一个实例更容易检查。这样的布局规则可以作为属性嵌入到 BIM 软件中。

（3）执行模型检查

执行模型检查阶段是将已经完善创建的 BIM 模型以及它所适用的规则结合在一起，主要解决了审核过程的管理（表 5-9）。

① 模型视图句法的预检查。在进行模型检查之前，需要通过对模型的语法检查确认 BIM 带有的属性、名称、需求对象。它既是完成检查任务，更是为了限定模型视图和检查 BIM 模型。如果新的模型视图已经导出，应在此之前实行预检查。预检查所需的数据可以从模型中提取，如果规则已经被翻译成与功能相

表 5-9 执行模型检查流程

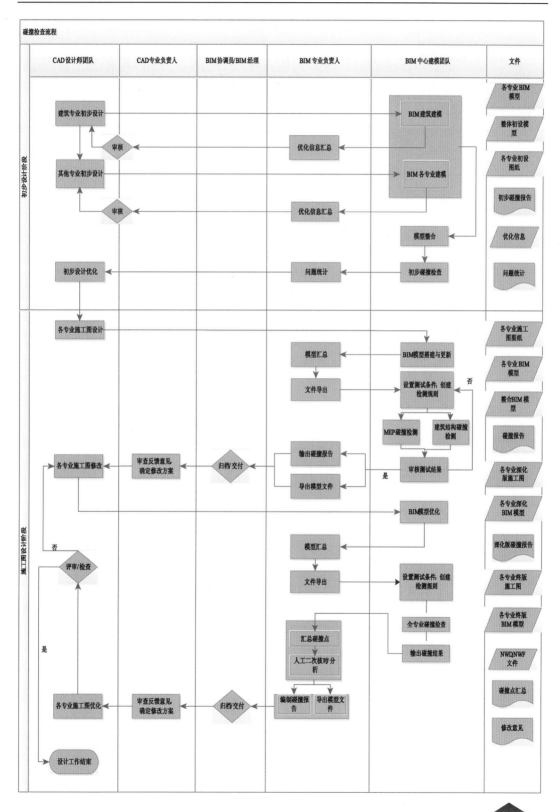

一致的可计算的形式,或者在 BIM 中该功能与性能和信息匹配良好,那么实际的模型检查将会顺利执行。

② 视图提交的管理。一般模型检查需要一个管理系统负责协调和监督多个规则模块和结果的运行,必须解决至少两个问题:

模型检查的完整性:如果视图分别提交评估不同类型的规则,那么必须选择适当的规则子集。当根据不同的规则集进行检查时,必须确认整个模型检查过程的完整性。

模型版本的一致性:确认模型版本的一致性,确保所有的模型视图数据源来自一个单一的集成设计,而不是已经变化的、不一致的模型。

(4) 完成模型检查报告

模型检查的最后一步需要再次检查以保证进行了完全检查。

规则是根据所约束的个体或群体的建筑层次确定。例如,一条规则可能适用于建筑内部数百甚至成千上万的个体,所有的门和窗都需要在实验和报告中区分开来;如果某条规则适用于医院所有的房间,并且该医院的房间各不相同,那么所有的房间都必须单独检查和研究。

虽然建筑构件都有不同的标签区分楼板的等级和空间,但是在很多情况下仍要检查未被标出的部分的具体条件,比如一些结构条件不能满足某些规则的角落。一个简单易行的方法是参照同一个项目中地理位置相近的地方来描绘这个问题。这尤其适用于碰撞检查中。

局部的实例变量和确定被违反的规则的文本是模型检查报告的基础。从某种意义上来说,模型检查会拓展报告本身的功能,例如,报告可以被标记后返还给申请方并得到及时修正。问题管理系统能够支持追踪和错误修正。同时,规则系统的局部应用能够用编程工具进行错误报告,减少错误的反复循环。只有模型检查系统的可靠性实现了,这些功能才能应用。

5.4 专项设计

5.4.1 室内设计

1) BIM 在室内设计中的应用概论

传统的室内设计在概念方案阶段一般只会使用到二维平面软件,三维部分更多的还是依靠设计师的手绘表现。一般进行到方案设计阶段才会使用 SketchUp 或者 3Ds MAX 之类的三维渲染软件,但三维渲染软件中的模型更大的意义在于制作动画或渲染效果图等。设计表现上,它所承载的信息非常有限,对施工图的指导意义也仅仅存在于可视化上,有很大的局限性。此外,如果效果图表现为了追求设计效果,使用一些不真实的表达,甚至还会带来误导。加之软件之间的数据兼容性问题,容易造成建模工作的重复。由于传统的室内设计软件在施工图阶段无法在平面、立面、剖面图之间以及三维模型之间做到互相关联,一旦某一图纸修改了,其他图纸必须进行相应的手动修改,稍有疏忽便很容易造成图纸之间存在矛盾,或者平面、立面节点之间出现无法对应的情况(图5-45)。

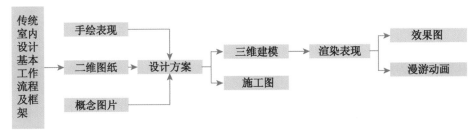

图 5-45　传统工作流程及框架图

BIM 的出现带来了一次从二维设计向三维乃至多维设计的转变机会,也是计算机辅助的一次长足的进步。BIM 软件不再是简单的几何绘图工具,模型的创建也不再是只为了得到三维浏览动画或效果图表现,它成为大量集成化数据的载体,并且保持着贯穿建筑全生命周期的实时性与一致性。设计师也可以从繁重、费时的绘图任务中彻底解脱出来,数据间的关联大大提高了工作的效率,设计模型与大量分析软件的应用更加有效地提高了设计的质量(图5-46)。

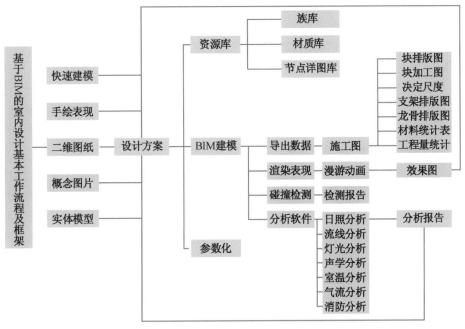

图 5-46　BIM 工作流程及框架图

（1）一体化设计平台

BIM 在专业装修设计的三维建模阶段记录了各个装修构件的详细数据信息用于不同阶段的数据提取,因而适合各类设计、技术人员制作效果图、施工图,实现了实体效果与图纸绘制的结合。设计师不必在 3Ds MAX 中出完效果图,再用以 2D 进行施工图的制作,而在本系统平台就可一体完成。

（2）精细化施工指导

完全按照国家图集、标准规范进行算法编制及程序处理,支持部分结构的验算。特有的碰撞检查功能可以检测装修构件与设备管道、原始结构、三维家具等实体间的碰撞情况。这是目前 BIM 技术在建筑设计中应用最广泛的内容之一。在工程前期进行实体设计及方案验证，施工人员可以及时地预见碰撞情况的发生，并对施工图纸进行及时修订，从而在施工中有效地避免各专业冲突而导致的返工现象，为精细化施工奠定了基础。

（3）智能化经济分析

在装修 BIM 模型生成后自动提取所需的数据信息，统计各类材料的工程用量，并自动绘制材料统计表格。通过 BIM 获得准确的工程量统计，可以用于前期设计过程中的成本估算，可以在预算范围内对不同设计方案探索或者不同设计方案装修成本比较，或者用于施工开始前的工程量预算及施工完成后的工程量决算。大大减少了繁琐的人工操作和潜在的错误，有效地降低了成本，同时提高了装修各个阶段的工作效率。

2）室内设计基本流程

（1）资料输入：接收建筑、钢结构、幕墙、机电等专业 BIM 模型等数据

室内设计属于整个建筑装修工程的末端，因此在室内设计前期需要大量的既有资料收集工作。其中包括建筑、钢结构、幕墙、机电等，几乎每个涉及的专业都会或多或少影响到室内设计。在传统的室内设计中，我们拿到最多的是大量的专业竣工图纸，图纸体系冗长，索引复杂，仅理清图纸一项就需要耗费大量的时间成本与人力成本。BIM 设计应用给这项工作带来了巨大的便利——无论是建筑、钢结构、幕墙还是机电专业，所有模型都被集中在同一 BIM 平台上，使所有的空间尺寸、节点详图变得一目了然。室内设计可以直接在此基础上创建，保证了设计的准确性。

（2）初步方案：可视化的概念模型

随着设计工作的进展，BIM 支持设计师（及客户）实现设计的可视化，形式可以多种多样——从简单的透视图和轴测图到复杂的爆炸分析图、三维渲染图、360°全景视图以及动画漫游。此外，大多数 BIM 建模工具都支持隐藏线视图和着色功能，无论是立面图、平面图、透视图、线框视图、隐藏线视图还是着色视图等各种视图都可以直接展现底层的室内设计信息，包括空间配置、饰面、材质等。在设计师改变这些信息时（在任何视图中），所有视图都将自动更新，包括明细表、材料数量等。项目的所有表现形式中的信息都是可靠的、协调的并且始终保持一致，这就是 BIM 的显著特征。BIM 支持设计师在自己的设计环境中（利用自己熟悉的用户界面）制作可视化效果图，无需使用专用工具即可实现设计的可视化，使设计师对于设计中各种选项的把控能力也大大提升了。

（3）模型分析方案优化

初步的设计方案完成后，业主和建筑师将共同决定采纳哪种方案。在制定决策时考虑的因素包括空间利用率、面积要求、审美、材料成本、采光分析、流线分析、灯光分析、声学分析、室温分析、气流分析、消防疏散分析等，还要参考图纸、明细表、基于材料用量的初步成本汇总表（Cost Summariy）等项目相关的资料。借助 BIM 模型，这些信息变得非常容易提取，从而进一步为优化设计方案

提供了条件。

（4）图纸数据的输出

BIM 在专业装修设计的三维建模阶段,记录了各个装修构件的详细数据信息,可用于不同阶段的数据提取。例如空间数据和材料数据的提取,在 BIM 系统平台内就可一体化完成。

在精细化施工指导方面,BIM 特有的碰撞检查功能可以检测装修构件与设备管道、原始结构、三维家具等实体间的碰撞情况。这是目前 BIM 技术在建筑设计中应用最广泛的内容——在施工之前进行实体设计及方案验证,可以帮助施工人员及时预见碰撞情况,并对施工图纸进行及时修订。

3）室内设计的应用优势

（1）信息化建模

软件带有强大的构件库,各种构件、家具、厨房设备、卫生洁具都存储在库中,可以随时调用。当模型建立后,便可自动生成室内设计表达所需的各种图纸。

（2）可视化分析

关注细节是室内设计的一大特征,灯光、材质、饰面、家具等细节影响着设计的最终效果。不管在概念设计阶段还是深化设计阶段,BIM 设计软件都支持设计师生动而方便地表现这些细节。设计师可以利用三维模型在任意的视角上推敲设计,确定材料材质、饰面颜色、灯光布置、固定设施等,检查管线和构件的碰撞情况,确定各种管线穿越构件的准确位置,从而做到对设计进行细致的分析。

（3）丰富的附加功能

BIM 的数据库为进一步的应用增加了很多附加功能,除了自动统计工程量,生成各种门窗表、材料表之外,还可以统计隔墙的面积、体积或者装饰构件的数量、价格、厂家等信息,生成数量准确的采购清单。在室内声、光、热环境设计方面,尤其是大型公共建筑的室内空间的设计,BIM 包含的构件材料物理数据（热阻值、隔声系数等）可以直接用于 Ecotect,IES 等环境性能分析软件中。

4）室内设计案例分析一:上海中心办公大堂①

该案例是上海中心办公大堂的室内设计,下面将对其复杂异形空间进行分析。

（1）设计方案

上海中心的一层办公大堂的天花部分是一个从五层倾泻至二层的 800 块整体金属结构,设计理念是营造出一个形体如天幕一样的空间,把自然的天空引进大堂,增加了整体空间的纵深感。方案的重点在于充分地引入自然的有机形态,这也象征着一种对中国山水文化的现代诠释(图 5-47)。

（2）方案优化

从平面形态分析可以看出,所有的板块都是类似三角形,并且每一圈的关系都是同心圆;从空间形态上分析,它的整体则是一个盆形结构(图 5-48、图 5-49)。接下来的建模工作首先在上海中心的 BIM 数据共享平台 Autodesk

---

① 设计方案由 Gensler 设计事务所完成,金螳螂公司作为深化设计承担单位。

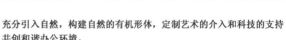

充分引入自然，构建自然的有机形体，定制艺术的介入和科技的支持
共创和谐办公环境。

1F&2F

图 5-47　上海中心办公大堂室内设计概念

图 5-48　上海中心办公大堂入口平面及室内效果图

Vault 上下载其他各专业的 BIM 模型,因为室内设计模型是需要在结构模型基础上建立的,这样才能确保尺寸的准确性。此外还需要其他相关专业的 BIM 模型(如钢结构、幕墙、机电),再与室内设计模型(图 5-50)在 Navisworks 的平台上进行碰撞检测,提前将碰撞问题在 BIM 模型中暴露并解决(图 5-51)。

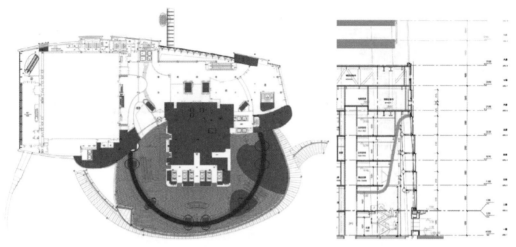

图 5-49　上海中心办公大堂平面图及剖面图

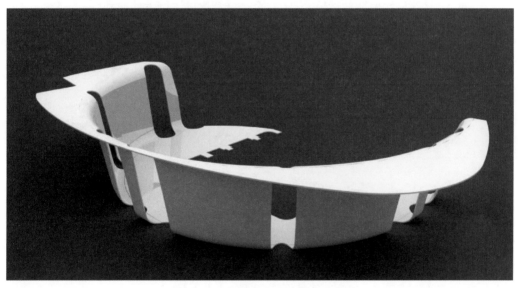

图 5-50　上海中心办公大堂室内模型

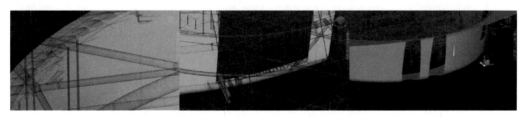

图 5-51　模型在 Navisworks 平台上的碰撞检测节点

概念体量模型可以用于风荷载测试、碰撞检测及工程量的预估。接着是建立更加详细的分块模型,因为所有的三角形板块都处在间距 500 mm 的不同的同心圆中,所以存在很强的数学逻辑关系,在这里便可以使用Rhinoceros＋Grasshopper 参数化建模的方式完成(图 5-52)。

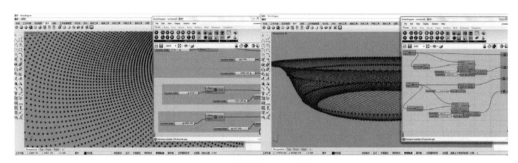

图 5-52 Rhinoceros＋Grasshopper 参数化建模

参数化的建模方式大大节约了建模的时间,同时一旦有机形体间的数学关系建立,每一个局部参数的变动都会带来全局的影响,而这一切变动都将由电脑自动完成,从而大大提高了设计的修改效率。Grasshopper 也可以十分方便地为每个板块进行编号,导出 DWG 图纸,供生产和加工企业使用。同时这些编号也可以录入二维码,给后期的运输、安装乃至运维都提供了巨大的便利(图 5-53)。

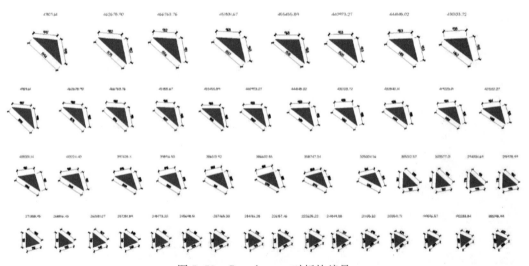

图 5-53 Grasshopper 对板块编号

此外,Grasshoppper 的模型通过"烘培"进入 Rhinoceros 犀牛软件,再导入Revit 中,与其他空间模型整合,最后再导出 DWG 格式施工图纸,这样每个板块都可以做到施工图上的精确表达(图 5-54)。如果没有使用 BIM 设计之前,施工图表达的三角形金属板只能笼统地使用填充代替。

由于办公大堂立面的三角形金属板块的位置决定了各种机电点位的精准定位(如风口等),所以笼统填充的三角形图案根本无法精确表达位置,而 BIM 顺利地解决了这样的问题,在很大程度上提升了与机电专业的沟通效率。

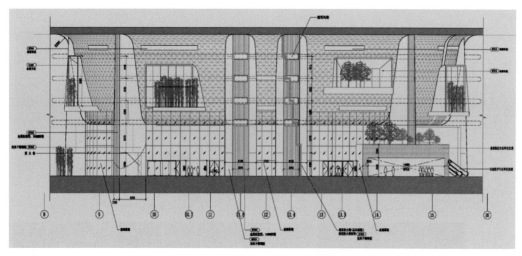

图 5-54　Revit 导出图纸(三角形金属板块整体立面)

(3) 施工模拟

金属天花板块施工的关键在于精度的控制,无论是加工精度,测量精度,安装精度都要进行有效把控。另外施工误差的解决方式,板块分缝的大小,施工可实施性与室内设计效果的平衡,这些都可以利用可视化的 BIM 模型进行一一论证,使设计质量有了很大的提升(图 5-55)。通过 BIM 便轻松实现了在设计阶段提前考虑施工的解决方案,通过进一步的优化设计确保可实施性。无论对于业主方、设计方、施工方还是未来的运营方都带来了巨大的便利。每个环节不再是重新建立自己的数据系统,而是同样的一套建筑信息模型有效地贯穿利用在建筑全生命周期的每个环节,这不仅节省了资源,也大大提高了效率。

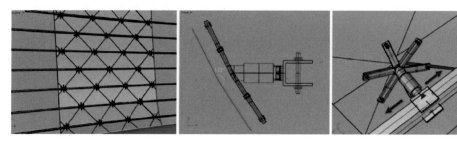

图 5-55　施工方案模拟(爪件方式)

(4) 现场施工

样板施工得到各方认可后便进入现场施工阶段(图 5-56、图 5-57),现场施工结合全站仪、三维扫描仪等精密设备进行精准把控,基本步骤如下:

第一,楼板轮廓复核、定位放线;

第二,竖梃的定位安装;

第三,竖向龙骨的定位安装;

第四,横向龙骨的定位安装;

第五,金属三角板定位安装。

图 5-56　样板效果

图 5-57　现场施工阶段

5) 室内设计案例分析二:南京青奥中心 [①]

青奥会议中心室内空间造型复杂,自由曲面空间体量大,传统的二维图纸很难表达空间造型的几何关系。只有使用 BIM 技术才能清楚地表现空间造型及其信息(图 5-58)。工程过程使用的软件有:Rhinoceros,Autodesk Revit BDS,DP(Digital Project),Catia,Tekla 等。

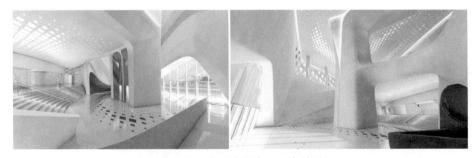

图 5-58　南京青奥中心室内效果

───────────

① 设计方案由扎哈·哈迪德事务所完成,金螳螂公司作为深化设计及施工承担单位。

（1）施工图设计人员及其主要负责内容

① BIM 协调人：负责执行、指导、协调 BIM 设计有关工作，包括项目目标、流程、进度、资源、技术的管理；协调、管理 BIM 项目团队，保障完成产品在技术上合适性、完整性、及时性、一致性。

② BIM 技术主管：管理 BIM 模型，使用质量报告工具，保证数据质量。

③ 模拟组：负责进度、施工方案模拟。

④ 模型组：搭建三维模型并负责实时算量。

⑤ 测量组：现场测量，使用三位扫描仪现场扫描，扫描点云建模，与原模型比对。

（2）施工图方案的 BIM 应用

施工图方案的 BIM 应用，通过 BIM 可以直观地、可视化地对项目的每一个细节在施工前进行模拟，通过软件检测，找出问题所在，方便各参与方在图纸上把问题解决（图 5-59）。

图 5-59　BIM 模型对施工细节的模拟

（3）施工方案中的 BIM 应用

总体而言，BIM 设计提高了专项施工方案的质量，使其更具有可建造性。通过 BIM 软件平台制作模型，采用 BIM 模型制作三维动画，形象地描述专项工程的施工方案，更直观，更具有可操作性。例如：脚手架方案、GRG 制作安装方案模拟等（图 5-60）。

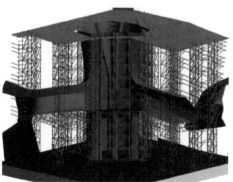

图 5-60　BIM 模型对施工细节的模拟

本项目 GRG 材料面板的制作安装使用数字化施工技术。所谓数字化施工，是指由三维扫描仪、全站仪、结合 BIM 技术进行制作定位、安装施工的流程。具体施工流程包括：三维扫描→点云建模→模型比对→调整模型→模型分模 →部件模具制作→三维扫描部件模具→GRG 部件加工→GRG 部件扫描→GRG

部件安装→GRG 分区域扫描。

（4）项目施工期现场深化设计 BIM 应用

深化设计阶段一个很难避免的问题就是各专业互相碰撞交叉。首先，实施各专业间图纸碰撞检测。将各专业图纸汇总到一起之后，应用 BIM 的碰撞检测功能可快速检测到并提示空间某一点碰撞，同时可高亮度显示，以便于快速定位和调整。其次，由于青奥会议中心各专业设计都采用了 BIM 技术，但施工过程中能否保证完全按照 BIM 模型施工却是个未知数。设计师需要结合 BIM 模型在现场测量。由于现场空间体量大，造型复杂，运用传统的测量工具难以准确地测量，而且效率低。只有使用先进的三维扫描仪对现场进行扫描，通过扫描仪的点云数据创建 BIM 模型；点云建模与装饰模型及其他专业相关模型对比，如发现冲突及时协商调整（图 5-61）。

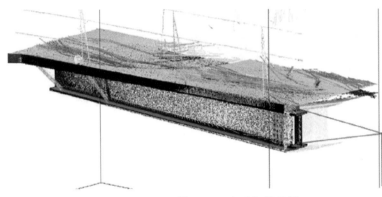

图 5-61　点云扫描建模

6）室内设计案例分析三：上海中心公共大街[①]

（1）设计方案

上海中心 B2 公共大街直接连接整个陆家嘴地下的公共交通网络，属于上海中心大厦的重要交通枢纽，总长约 340 m，总宽 11～17 m，层高 5.25 m，建筑面积为 5 712 m²。设计者希望能在这个地下空间营造出艺术的、动态的林荫大道，克服以往沉闷、单调的地下走道，给人以独特、未知、可探索的未来空间感。室内空间设计多为异型的有机形态，主要材料为 GRG（图 5-62—图 5-64）。

概念模型阶段在 Rhinoceros 软件中进行。基础模型来自 Autodesk Vault 平台上的结构 BIM 模型，结构模型包括了所有的建筑结构、隔墙、楼板开洞等，与现场的匹配度最高。机电模型将用于确定该空间的最低标高以及将来的碰撞检测（图 5-65、图 5-66）。

（2）方案优化

基本概念模型建立后便开始一系列的模型分析工作，不断优化设计。通过 BIM 模型管理设计选项，尝试不同的空间效果。同时根据业主、运营公司及其他专业提出的要求对模型进行完善与修改（图 5-67）。

---

①　设计方案由金螳螂设计院完成。

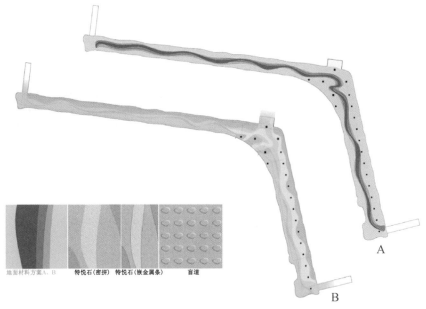

图 5-62　上海中心 B2 公共大街方案 A，B

图 5-63　空间形态组织

图 5-64　空间形态效果图

图 5-65　概念模型

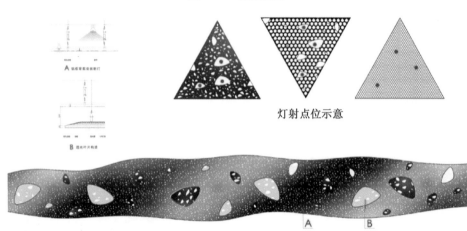

灯射点位示意

图 5-66　模型分析和管理

图 5-67　A, B 两种方案的可视化模型

　　由于地下区域机电管线十分复杂,而施工过程中机电管线与装饰部分的碰撞又在所难免,所以在设计前期进行多专业的碰撞检测便显得尤为重要(图 5-68)。

　　设计基本定型后,交由 GRG 厂商在设计模型的基础上结合生产工艺进一步优化可建造性设计(图 5-69)。利用 BIM 平台的优势,将整体形态分割为一块块单元并且编号,方便生产、加工、安装及复核并解决预拼装等施工难题。

　　7) 室内设计案例分析四:上海中心标准办公层(二—六区 8—81 层)

　　上海中心的 9 段垂直分区中,二—六区为标准办公层。这个区域承载了上海中心大厦的主要功能——办公。上海中心扭曲 120°向上缩放的建筑形态导致了每一层的平面都不一样,如此庞大的建筑体量与独特的造型无论是给室内设计还是室内施工都带来了巨大的挑战。

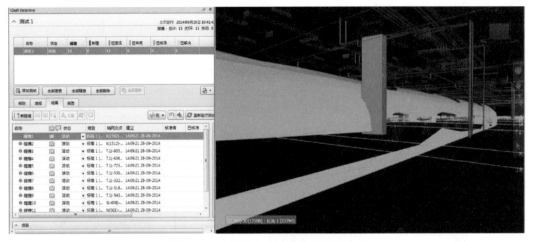

图 5-68　地下机电管线模型的碰撞检测

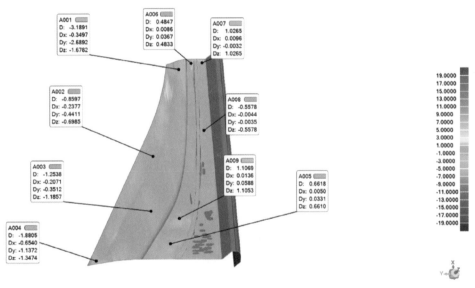

图 5-69　模型分块与精度把控

首先分析一下上海中心标准办公层的室内特点。

① 相比建筑幕墙,室内是人们主要的活动区域,很大一部分构件尺寸受制于人体工程学,因此无法大面积实现类似建筑或者幕墙的参数化联动,利用参数化高效率得出自由形体;另一方面相对统一的尺寸可以利用模块化、单元化的实施策略。

② 虽然标准办公层的功能简单,但是其涉及专业、材料、工艺依然众多,需要大量复杂的细节处理,所以本区域的 BIM 设计更多的工作是将琐碎的零件整合成模数化的单元,利用单元组合大大提高施工效率。

在实施中有大量琐碎的隐蔽构件(螺丝钉、角钢、干挂件)整合成第一层,再将第一层链接到第二层,也就是单元构件层。然后,只需将这些单元构件在空间放置,其第一层(隐蔽构件层)也会随之安放,这样虽然隐蔽结构没有最终在项目文件中显示,但是只要模型链接类型调整为附着,隐蔽结构便可全部显示。恰好大部分的隐蔽结构原本在室内空间就是不可见的。实施这种 Revit 小技巧后,大大节省了硬件资源,提高了工作效率,同时还实现了一定程度的模块化、标准化。

例如,首先将各种零部件整合成 α 图(即卫生间坐便器隔断的隐蔽结构),完成其搭建之后将 α 导入 β(即卫生间坐便器隔断单元),最后在绘制整体楼层模型时再将模块化的 β 最终导入 γ 整体楼层模型中,类似于 CAD 块的运用(图 5-70)。

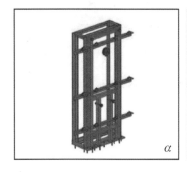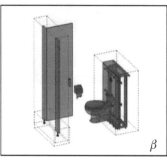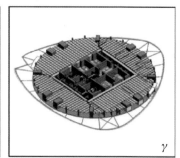

图 5-70　模块化整合

要完成各种复杂的单元,就需要对上海中心标准办公层的所有室内装修节点详图做到充分的理解,因此在实施 BIM 的前期,需要投入大量的时间研究和分析每一个节点详图。图 5-71 为卫生间小便器的三维爆炸分析图,可直接使用 Revit 的爆炸图功能生成。

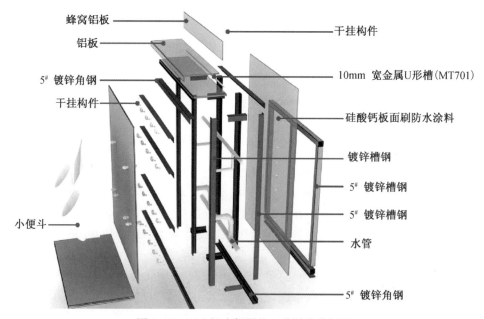

图 5-71　卫生间小便器的三维爆炸分析图

在分析节点的同时,也可以进一步的优化节点详图(图 5-72),为后续工作的展开提供了极大的便利,所谓磨刀不误砍柴工。

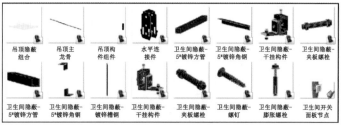

图 5-72 节点详图

　　模型的精细程度决定了将来明细表的精细程度,如果想要得到更加精准的概预算数据,就意味着更加精细的模型要求。所以在模型建立伊始,首先建立了大量的零件族,将来 BIM 模型得出的明细表可以真实地反映施工的用料与用量。

　　图 5-73 是用 BIM 模型装配出的各种单元构件,包括天花单元、地面单元、隔墙单元、小便器单元、坐便器单元、洗手池单元。每种单元都是根据各个构件的实际功能经过反复的论证分析得出,再进一步通过参数化设置,结果大大提高了建模效率。经过测试比较,较之未使用单元与参数族之前,使用之后的效率提高了 300% 以上。

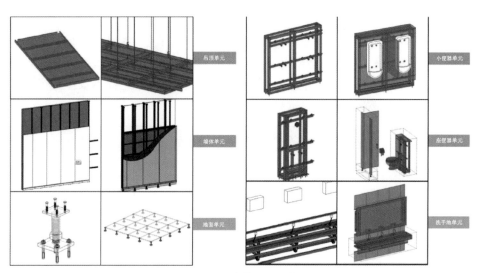

图 5-73 建模单元示例

　　施工阶段,BIM 模型中的单元构件发挥了更大的效能。例如天花板块部分,上海中心的每一层平面的天花板在与幕墙交接的位置会产生大量的不规则形状,给生产加工、垂直运输、现场安装都带来很多难题。但是实施了单元构件后,根据设备功能的不同,将所有的标准板块分成了三种标准单元,其余不规则的板块则独立建模。

　　每一个独立建模的非标准板块都会导出独立的编号,并将相关信息纳入二维码(图 5-74)。利用二维码系统,对材料生产过程进行实时监控及追溯管理,通过远程控制系统查看项目所需材料在工厂的生产进度情况、包装情况、库存情况及发货情况等。值得一提的是，在超高层复杂的垂直运输系统中运用二维码，可以大幅度提高运输的效率，工人只需要用手机或者二维码扫描设备轻轻一扫，便可知道该材料应该运到哪个位置，大大节省了运输调度的时间成本。

图 5-74　非标准模板及其二维码编号

虽然 BIM 模型设计的应用不能消除施工现场的误差，但使用 BIM 后，工作流程变得更加清晰。例如，在天花板施工中，首先在模型中划分出标准板块与非标准板块两个部分，同样也可将施工过程分为两个阶段。第一阶段，经过初步复核后，直接根据图 5-75 模型得出所有楼层的标准单元板块数量，提前下单和安装。第二阶段，将剩下的非标部分重新复测和二次下单。这样不仅保证了施工的进度，同时也兼顾了施工的质量。

上海中心二区-六区（8F—81F）办公区BIM数据统计											
		分项名称									
		天花部分									
区域	楼层	[天花-灯具]板块			[天花-铝板]板块			[天花-风口]板块			1500*840mm 标准板数量（块）
		板块预览	板块尺寸（mm）	板块数量（块）	板块预览	板块尺寸（mm）	板块数量（块）	板块预览	板块尺寸（mm）	板块数量（块）	板块数量（块）
二区	8F		1 800×1 800			1 800×1 800			1 800×1 800		
	9F			326			188			164	1356
	10F			314			188			164	1332
	11F			328			192			164	1368
	12F			327			190			164	1362
	13F			326			189			164	1358
	14F			326			189			164	1358
	15F			324			189			164	1354
	16F			322			187			163	1344
	17F			326			189			164	1358
	18F			326			189			164	1358
	19F			296			179			160	1270
转换层	20F										
	21F										

图 5-75　天花单元板块的统计表格示例

BIM 设计已经成为实现模块化、标准化的重要推动力量，相应地对室内设计也提出了更高的要求。相信在国家大力推行绿色建筑的大背景下，模块化、标准化的运用会越来越普及，在未来的施工建设领域发挥更大的作用。

8）住宅的 BIM 集成化室内设计

在当前建筑业发展要求绿色节能和住宅产业化发展趋势下，全装修房是住宅建设发展的趋势。在全装修住宅产品研发的过程中，如何最大限度地满足用户个性化的装修效果，促进建筑设计与装修设计的结合，是全装修住宅设计应解决的重要问题，基于 BIM 的全装修设计、施工流程如图 5-76 所示。

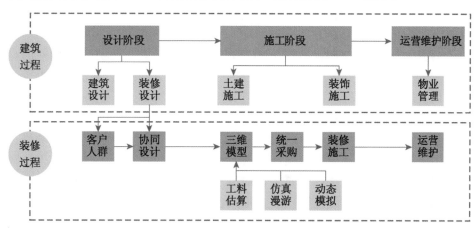

图 5-76　基于 BIM 的全装修设计、施工流程图

目前，国内的全装修模式主要有三种：统一装修式、菜单式和客户参与式。这三种模式在针对不同的项目、不同的目标人群时，各有不同的优势。从产业化的角度讲，这三种模式的效果依次是递减的；而从个性化的角度，它们的效果是依次递增的。

传统的装修设计方式是先建筑后装修，这种分散化的设计方式很难做到建筑、安装、装修的协调统一，在后期的施工过程中容易造成不同设计环节的碰撞，装修过程中不但达不到理想的效果，而且容易造成结构的不稳定和材料的浪费。BIM 设计可以实现建筑和装修设计的结合，实现不同专业之间的设计协同，避免装修与土建之间在施工过程中的碰撞。

在设计过程中，通过 Revit 的渲染和漫游功能，可以实现从不同的角度对装修设计的效果进行评估。结合目标人群的要求进行不同装修风格的初步定位，通过对模型的仿真漫游可以更加直观地向客户展示设计的效果。

为了更好地实现室内装修风格的渲染和仿真效果，可以在 Revit 建模的基础上通过 RVT 格式导出模型，再导入到基于 BIM 的 Showcase 软件进行不同风格的装修定位和渲染。Showcase 拥有强大的材质库，可以实现对真实效果的仿真。以此为基础，结合不同的开发项目、目标人群以及装修风格进行定位、调整和修改，实现最终的模块化和产品化。同时，这种方式也可以引入用户参与的理念，完成个性化产品的设计。

在装修设计环节，可以利用基于 BIM 的 LumenRT 4 Studio 3D 漫游功能，以及结合 AR 技术的 4D 装修体验功能，从不同角度对装修效果和装修风格进行动态化的展示。LumenRT 作为 Revit 的插件，除了可以在设计阶段进行各种专业之间效果的漫游检测，重要的是在 Showcase 装修完成后进行效果的动态展示。

5.4.2 钢结构设计

1）钢结构设计的应用软件

（1）传统钢结构设计软件

在传统的钢结构设计中，常用的软件主要包括用于绘制模型线条及施工图的 AutoCAD，用于常规结构计算分析的 PKPM，偏向于网架、网壳设计的 3D3S 和 MST 以及有限元分析软件 SAP2000，Midas，Ansys 等，这些软件虽然具备强大的数据处理功能，但普遍存在建模程序繁杂、可视性差等缺点，因此在面对结构体量越来越大、外观造型越来越复杂的钢结构设计趋势时，并不能在更短的时间内给出最优的设计方案，且在后期的优化对比中并不具备优势。

（2）基于 BIM 的钢结构设计软件体系

BIM 的定义："以建筑工程项目的各项相关信息数据作为模型的基础建立完整的、高度集成的建筑工程项目信息化模型，从而在建筑工程设计、施工及管理等整个生命周期内，提高建筑工程的信息化、集成化程度。"由此定义可以看出，BIM 的核心在于完整度、信息化、集成化。

基于 BIM 的钢结构设计软件体系通过与传统大型钢结构设计软件的结合应用，形成的大型钢结构信息化设计与传统二维设计相比有了很大飞跃，集中体现在以下三方面。

第一，设计思路的开拓。采取自顶向下的设计思路，即先构架产品的整体框架模型，再依次进行单元件和零件的详细设计。由于框架模型中多层次分布的骨架包含了整个产品的主要定位和参考信息，因此这种设计思路提升了产品主管对产品的整体把握能力。

第二，技术含量的提升。在参数化设计技术下，由于所有点、线、面及实体等特征均通过可变尺寸参数和约束控制，施工图的基本图面信息由三维模型自动生成，而且以骨架为首的尺寸和约束的改变将能快速驱动相关三维模型及二维工程图的关联性变更，因此与二维 CAD 技术下相对松散的图面信息组合方式相比，设计的严密性、精度及变更响应能力明显增强。

第三，可视化效果和过程控制力度的增强。将设计人员专业的三维空间想象变为直观的三维数字模型，使设计更贴近产品实物；而三维建模本身是对产品制造和装配过程的数字化模拟，可使产品建造环节中的潜在工艺和技术问题在设计环节得到提前发现和解决。

可将基于 BIM 的钢结构设计软件体系分为核心建模软件、结构计算分析软件及钢结构详图设计软件三大部分，具体如表 5-10 所示。

表 5-10　　　　　　　　　BIM 的钢结构设计软件体系

类别	序号	名称	优势
核心建模软件	1	Revit 系列软件	与 AutoCAD 无缝链接
	2	Bentley 系列软件	占用系统该内存小
	3	Catia	模型精确度高
	4	Rhino	曲面造型功能强大

续表

类别	序号	名称	优势
核心建模软件	5	UG	曲面建模功能强大
	6	SolidWork	软件操作简单
	7	3Ds MAX	三维渲染功能强大
	8	SketchUp	软件操作简单
	9	ProE	参数化功能强大
结构计算分析软件	1	PKPM	软件操作简单
	2	3D3S	与 CAD 无缝对接
	3	MST	网架设计功能强大
	4	Midas	树形菜单操作方便
	5	Ansys	后处理功能强大
	6	SAP2000	通用性强
	7	ABQUS	与 Catia 无缝对接
	8	ADINA	非线性分析功能强
	9	ETABS	前处理功能强大
钢结构详图设计软件	1	Tekla	钢结构深化设计
	2	ProSTEEL	钢结构深化设计

目前这三类软件的技术都已经比较成熟,同一软件公司的跨类别软件间数据传递技术比较成熟,但不同软件公司的跨类别软件间数据传递并不让人满意,这也是目前急需解决的问题。

2）国内外钢结构设计应用的现状

（1）国外现状

BIM 技术在 2002 年由 Autodesk 公司率先提出,并逐渐得到世界建筑行业的普遍接受。如今,BIM 的发展潮流已经势不可挡,美国已经制定了国家 BIM 标准——NBIMS。欧洲一些国家已经开始普及 BIM 技术,特别是芬兰、挪威、德国等国,基于 BIM 技术的应用软件的普及率已经达到 60%～70%。目前国外最常见的钢结构设计软件为美国 Bentley 系列软件及 Revit 系列软件。

（2）国内现状

在国内,2012 年 3 月 28 日,"中国 BIM 发展联盟"成立,已经将 BIM 技术应用于建筑设计阶段、施工过程及后期运营维护管理阶段,主要进行协同设计、效果图及动画展示和加强设计图的可施工性以及三维碰撞检查、工程算量、虚拟施工及 4D 施工模拟等。目前,我国正在进行着世界上最大规模的基础设施建设,钢结构工程的结构形式也愈加复杂、超大型钢结构工程项目层出不穷,使项目各参与方都面临着巨大的投资风险、技术风险和管理风险。上海中心项目工程总承包招标中明确要求应用 BIM 技术。国家体育场、徐州奥体中心、国际重大工程项目 500 m 球面射电望远镜(FAST)等工程项目已成功应用 BIM 技术。

但是,我国各研究机构对 BIM 技术的研究相对比较分散,没有形成一套完整的技术体系;各企业也只是将 BIM 应用到某一个或某几个项目的部分建设过程中,还不能在设计、施工管理及运营维护等整个生命周期连续应用 BIM 技术。目前,我国建设工程各阶段具有很好的应用软件基础,一批专业应用软件已具有较高的市场覆盖率,基于这些软件的系统架构、专业功能、标准和规范集成功能、操作习惯及市场格局等,提升其 BIM 能力和专业功能,并解决各软件间信息交互性问题,即可成为我国自主知识产权的专业 BIM 软件。

因此,在国家"十一五"科技支撑计划中开展了对 BIM 技术的进一步研究,相关高校和研究院共同承接的"基于 BIM 技术的下一代建筑工程应用软件研究"项目目标是将 BIM 技术和 IFC 标准应用于建筑设计、成本预算、建筑节能、施工优化、安全分析、耐久性评估及信息资源利用等方面。

3）基于 BIM 的钢结构设计优势

（1）项目可视化

BIM 提供了可视化的思路,让人们将以往的线条式构件形成一种三维的立体实物图形展示在人们的面前,且该可视化是一种能够同构件之间形成互动性和反馈性的可视,整个过程都是可视化的。不仅可以用来效果图的展示及报表的生成,更重要的是,项目设计、建造、运营维护过程中的沟通、讨论、决策都在可视化的状态下进行。在投标过程中,项目可视化能够对建筑公司的业务能力提供颇具说服力的展示,从而赢得竞争优势。可视化还有助于清晰阐释施工策略,增加业主对建筑公司的信任度。此外,可视化可辅助确定项目的范围,提高时间和空间的协调利用性,有助于减少规划过程中的工作流程问题。

（2）模拟性及执行性

在设计阶段,BIM 可以对设计上需要进行模拟的某些内容进行模拟实验,例如节能模拟、紧急疏散模拟、日光模拟、热能传导模拟等;在招投标和施工阶段可以进行 4D 模拟,从而确定合理的施工方案指导施工。可视化让进度安排与三维模型直接对接,使规划的施工流程与项目相关方顺畅沟通。通过在视觉上比较竣工进度与预测进度,项目经理可避免进度疏漏,更好地把握项目是否如期进行。同时还可以进行 5D 模拟（基于 3D 模型的造价控制）,实现成本控制;后期运营维护阶段可以模拟日常紧急情况处理方式的模拟,如地震人员逃生模拟及消防人员疏散模拟等。

（3）协调性及优化性

借助 BIM 工具可更好地管理复杂的建筑项目,通过将大小及格式不一的文件数据整合到一个视图内,可提高时间和空间的协调利用率,在施工前确定设计中存在的问题与冲突。可在建筑物建造前期对各专业的碰撞问题进行协调,生成协调数据。BIM 模型提供了建筑物实际存在的信息,包括几何信息、物理信息、规则信息,还提供了建筑物变化以后的实际存在。

4）基于 BIM 的钢结构设计基本流程

（1）钢结构族库建立

族是建立 BIM 模型的基础单元,是组成项目的构件,族文件可以承载构件的所有信息,以便于后续的分析计算及施工管理等,其创建的质量高低、是否规范会对项目产生较大的影响。为满足模型、深化、图纸、监测、管理等的需求,项目需要大量的族文件,而此族文件要包含大量的信息,如构件尺寸、应力、材质、施工时间及顺序、价格、企业信息等各种参数。族文件的管理与族文件标准的建立对于大型项目BIM模型的建立是必需的,因此在建立族的时候就要有建立的标准,即要考虑一些必要的因素建立族库。

创建族文件时要考虑如下因素:模型的搭建时间,施工深化图出图的需要,以后类似项目创建族时参数变化的方便,软件运行的要求,企业创建自己的族样板库以满足族库的扩展开发与使用需求。

对于钢结构来说,施工中构件的准确下料、各构件的施工顺序、索的张拉顺序严重影响结构最后的成形及受力,决定着结构最后是否符合建筑设计与结构设计的要求。钢结构的施工难度大,施工要求高,因此基于BIM软件技术进行项目模型的建立时族包含的信息就更多、更大。

（2）钢结构模型定位及整合

BIM系列软件具有强大的建模、渲染和动画技术,通过BIM可以将专业、抽象的二维建筑描述通俗化、三维直观化,使业主等非专业人员对项目功能性的判断更为明确、高效,决策更为准确。从而使规划方案能够进行预演,方便业主和设计方进行场地分析、建筑性能预测和成本估算,对不合理或不健全的方案进行及时的更新和补充。

基于已有BIM模型,可以在设计意图或者使用功能发生改变时,在很短时间内进行修改,从而能够及时更新效果图和动画演示。并且,效果图制作功能是BIM技术的一个附加功能,其成本较专门的效果图的制作会大大降低,从而使企业在较少的投入下获得更多的回报。

（3）钢结构深化设计

通常设计院出的图纸达不到直接施工的深度,或者是节点选用不符合施工单位的习惯、工艺,通常需要施工单位进行二次深化设计。传统的二次深化设计需要单独用专业软件且需要根据已有图纸进行再次绘图,造成深化设计成本的增加和时间的延长。采用BIM技术,可以克服上述缺点。因此,在结构深化设计中采用相关BIM技术,进行复杂节点及工装设计,在建立三维深化设计模型后,平、立、剖模型能够自动生成,可三维动态展示,方便加工制造,从而降低深化设计成本。

（4）钢结构施工全过程仿真分析

该步骤中与BIM的结合在于模型的传递,将搭建好的BIM模型直接通过开发二次数据接口传入有限元软件,对施工时各个阶段进行仿真模拟,分析不同时间不同节点的应力应变。研究能够进行全过程跟踪分析的施工力学分析方法,基于Ansys平台,利用其提供的生死单元功能,同时依靠其强大的有限元计算分析功能,进行施工全过程仿真分析。模拟结构施工过程中结构体系、材料特性和边界条件的时变现象,模拟结构构件装拆过程,模拟温度变化对结构力学性能的影响作用和变化规律,模拟施工误差、安装误差等的限值对结构受力的改变趋势。

（5）钢结构施工过程模拟

通过将BIM与施工进度相链接,将空间信息与时间信息整合在一个可视的4D模型中,可以直观、精确地反映整个建筑的施工过程。4D施工模拟技术可以在项目建造过程中合理制定施工计划、精确掌握施工进度,优化使用施工资源以及科学地进行场地布置,对整个工程的施工进度、资源和质量进行统一管理和控制,可以缩短工期、降低成本、提高质量。

对钢结构进行施工模拟的步骤如下。

第一步,使用 Autodesk Revit 建模,并通过外部模块(使用此外部模块要求先安装 Revit,后安装 Navisworks)导出 NWC 格式文件或直接导出 DWF 格式。

第二步,将导出的文件导入 Navisworks 中,并通过 Presenter 进行材质赋予,以使其外观达到项目要求。

第三步,使用 Microsoft Office Project 2007 制定详细施工流程计划,在先前 NWC/DWF 文件的 Timeliner 中添加此文件为数据源并生成任务层次。

第四步,根据施工方案,将各个模型构件附着到 Timeliner 任务列表中的相应任务。

第五步,完善任务列表中各项任务的必要信息,例如人工费、材料费等的添加。

第六步,通过 Animator 对相应构件进行动画编辑,例如生长动画、平移动画、抬升动画等。

第七步,根据整体动画观看视角需要,录制视点动画。

第八步,选择渲染方式,并导出施工模拟动画。

施工流程如图 5-77 所示。

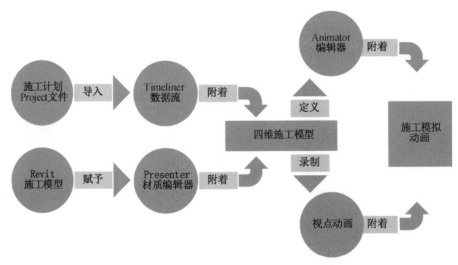

图 5-77　施工流程图

5) 钢结构设计案例分析一:盘锦市体育中心

(1) 工程概况

盘锦市体育中心位于盘锦市辽滨新城体育中心,由体育场、综合馆、游泳馆、网球馆"一场三馆"和商业展示综合体组成(图 5-78)。盘锦市体育中心不但是比赛场馆,也是市民体育健身、文化娱乐的场所,占地面积 46 566 m²,建筑面积 60 570 m²,建筑层数 5 层,建筑高度 63.5 m,内场地面积 21 221.74 m²。看台座位数 3.6 万座。2011 年 5 月全面动工,2013 年 5 月竣工,建成后成为辽东湾新区的标志性建筑(图 5-79)。

图 5-78　盘锦体育中心整体效果图

图 5-79　竣工后照片

　　盘锦体育场屋盖体系属于超大跨度空间马鞍形索网结构工程,屋盖建筑平面呈椭圆环形,长轴方向最大尺寸约 267 m,短轴方向最大尺寸约 234 m,最大高度约 57 m。屋盖悬挑长度为 29~41 m,在长轴方向悬挑量小,短轴方向悬挑量大。整个结构由外围钢框架、屋盖主索系和膜屋面三部分组成(图 5-80、图 5-81),其中外围钢框架包括内外两圈 X 形交叉钢管柱和自上至下共 6 圈环梁(或环桁架),如图 5-82 所示;屋盖主索系包括内圈环向索一道和径向索包括 144 道吊索、72 道脊索和 72 道谷索,如图 5-83 和图 5-84 所示;膜面布置在环索和外围钢框架之间的环形区域,并跨越 72 道脊索和 72 道谷索形成波浪起伏的曲面造型。

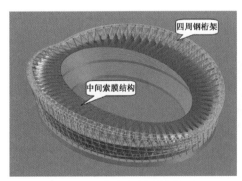
图 5-80　体育场带膜结构图

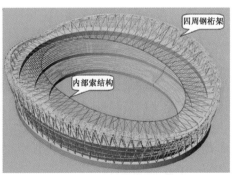
图 5-81　体育场索网结构图

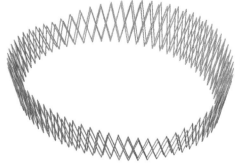
(a) 钢管柱

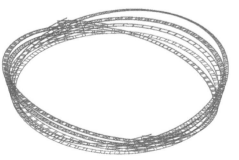
(b) 6 圈环梁

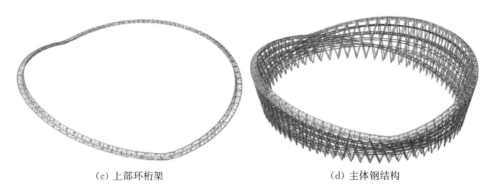

（c）上部环桁架　　　　　　　　　　　　　（d）主体钢结构

图 5-82　体育场外围钢框架图

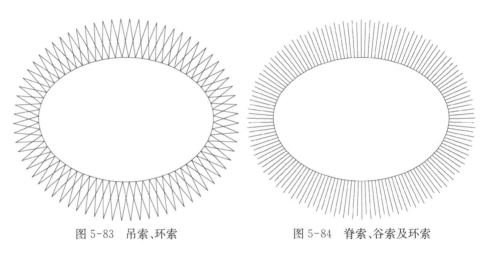

图 5-83　吊索、环索　　　　　　　　　　图 5-84　脊索、谷索及环索

（2）族库建立

盘锦体育场的钢结构相关族建立时主要考虑了施工深化图出图的需要，模型的参数驱动需求以及体现公司特色的目标，因此在建立钢结构族库的时候，运用企业自定义的族样板，在 Revit Structure 的原有族样板的基础上结合公司深化的经验与习惯，创建了适应公司预应力结构施工及日后维护的族样板作为族库建立的标准样板，在此标准样板中包含了尺寸、应力、价格、材质、施工顺序等在施工中必需的参数。

鉴于目前 BIM 族的标准还没有完全统一，对于如钢结构等复杂建筑结构，相应的族库需要专门的建立，为此在 BIM 实施过程中进行了族库标准的制定，包含尺寸、材质、密度和造价等参数化数据，开发了预应力钢结构专用族库（图 5-85）。

所建立的族具有高度的参数化性质，可以根据不同的工程项目改变族在项目中的参数，通用性和拓展性强。耳板族、索夹族、索头族、索体族及盘锦体育场特有的复杂节点族，如图 5-86 所示。

（3）模型定位及整合

从结构的剖面图和平面图可看出，盘锦体育场结构形式复杂，而构件的准确安装定位是施工中最关键的一步，因此，如何准确地进行模型的定位也是 BIM

图 5-85 钢结构专用族库

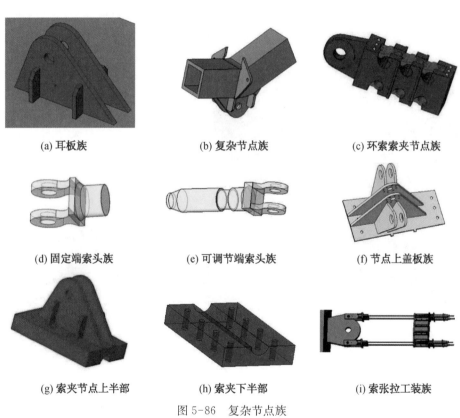

(a) 耳板族   (b) 复杂节点族   (c) 环索索夹节点族

(d) 固定端索头族   (e) 可调节端索头族   (f) 节点上盖板族

(g) 索夹节点上半部   (h) 索夹下半部   (i) 索张拉工装族

图 5-86 复杂节点族

建模的关键技术。在盘锦体育场的模型定位上有两种帮助定位的思路：一种是根据计算分析软件 Midas 或 Ansys 中的节点和构件坐标在 Revit Structure 中进行节点的准确定位,这样比较费时;另一种是根据 AutoCAD 中的模型进行定位,将 CAD 中的模型轴线作为体量导入到 Revit Structure 中,导入前在 Revit Structure 中定好所要导入的轴线体量的标高,所导入的轴线体量即是构件的定位线(图 5-87)。

利用 Revit Structure 建立曲梁是难点,但是根据已经导入的 AutoCAD 的轴线定位线却可以很好地解决曲梁或曲线拉索的绘制。盘锦体育场 BIM 模型的建立就是基于导入的 AutoCAD 轴线和已经创建的族建立的,模型建立的思路如下。

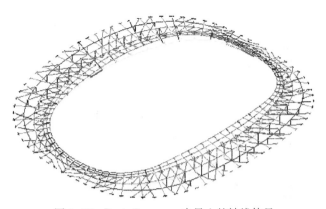

图 5-87　Revit Structure 中导入的轴线体量

① 先将钢网格用拾取的方式拾取钢网格轴线绘制出来,然后绘制索体,索体也采用拾取的方式绘制,在绘制钢网格和索体时可以利用参数化的方法来改变钢梁或索体的截面。

② 对拉索和钢网格的连接节点进行绘制,此时的连接节点都是基于创建的预应力构件族,由公司绘制的习惯和经验来制定的族样板。

③ 待绘制完所有构件后就加入最后的连接构件,即销轴和螺栓,这样整体模型就搭建完成了。搭建整体模型的重点在于定位和族的选取建立,选取合适的族才能高效地建立模型。盘锦体育场的 BIM 模型整体如图 5-88 所示,模型局部如图 5-89 所示。

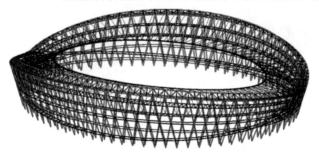

图 5-88　盘锦体育场 BIM 结构模型

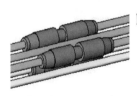  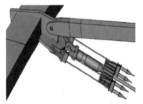

(a) 环索对接后　　　(b) 径索索夹　　　(c) 环索安装后　　　(d) 张拉工装

图 5-89　BIM 模型局部图

(4) 深化设计

结构深化设计中采用了 BIM 族库与结构分析计算软件相结合的办法,进行了复杂节点及工装深化设计(图 5-90)。在建立三维深化设计模型后,平、立、剖模型能够自动生成,可三维动态展示,方便加工制造,从而降低了深化设计成本。

深化设计力学分析模型及受力状态如图 5-91—图 5-93 所示。

(5) 施工全过程仿真分析

采用大型有限元软件 Ansys 进行盘锦体育场施工仿真分析,有限元模型的建立采用 BIM 结构整体模型(含环桁架、柱及体育场看台等)导入的方式。同时在计算时,考虑了风荷载等的影响,动力系数取 1.2。BIM 结构整体模型如图 5-94 所示,导入后的有限元模型如图 5-95 所示。

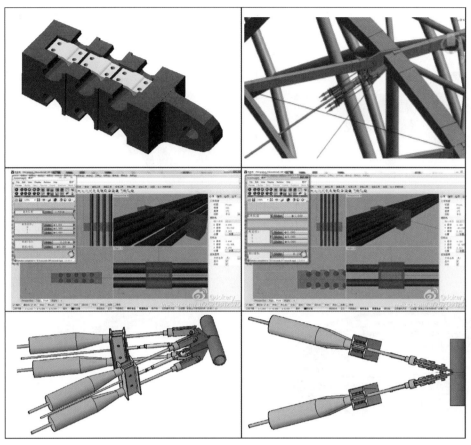

图 5-90 盘锦体育场环索索夹

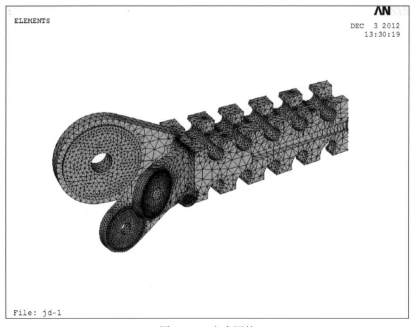

图 5-91 应力网格

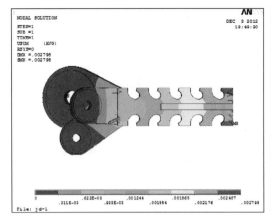

图 5-92　位移云图(单位:m)

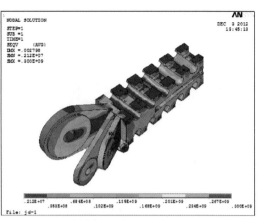

图 5-93　Von-mises 应力云图(单位:Pa)

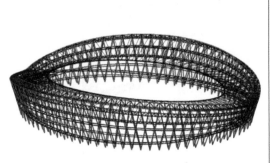

图 5-94　BIM 结构整体模型

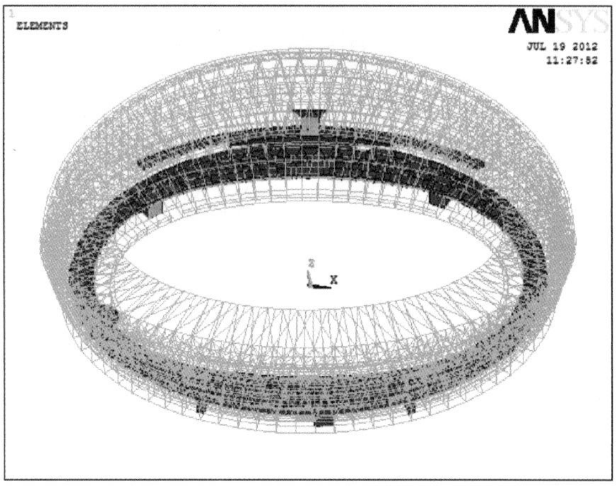

图 5-95　导入的有限元网格

(6) 盘锦体育场有限元计算模型

预应力拉索施工采用地面组装,多点等比例同步提升的方法将吊索安装就位,然后安装脊索和谷索。步骤如下。

第1步:在环索马道上安装环索和 144 个索夹。

第2步:将第1批要提升的 72 根吊索固定端安装至索夹。

第3步:由于吊索张拉端销轴孔距离外环量钢结构耳板销轴孔距离不同,采用等比例同步提升的方法提升 72 根吊索。

第4步:将第1批 72 根吊索提升至销轴孔间距 3.0 m。

第5步:将第1组 24 根吊索通过张拉工装安装就位。

第6步:将第2组 24 根吊索通过张拉工装安装就位。

第7步:将第3组 24 根吊索通过张拉工装安装就位。

第8步:利用吊车高空安装另外 72 根吊索的固定端,连接至环索索夹。

第9步:将第4组 24 根吊索通过张拉工装安装就位。

第10步:将第5组 24 根吊索通过张拉工装安装就位。

第11步:将第6组 24 根吊索通过张拉工装安装就位。

第12步：利用吊车高空安装另外72根谷索。

第13步：利用吊车高空安装另外72根脊索。

预应力拉索施工任务完成后，如果需要调整索力可以利用张拉工装进行调整。

不同施工步骤下索网结构的位移云图如图5-96—图5-105所示。

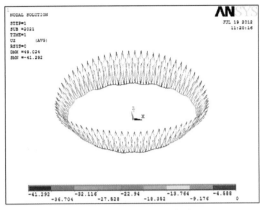
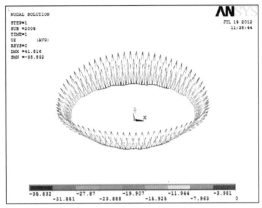

图5-96　离地0.5 m位移图　　　　　　　　图5-97　离地10 m位移图

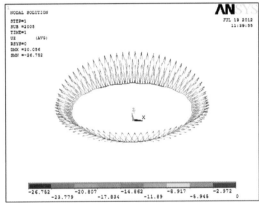
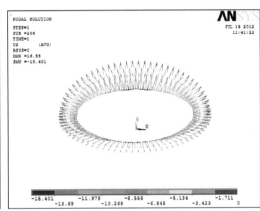

图5-98　离地20 m位移图　　　　　　　　图5-99　离地30 m位移图

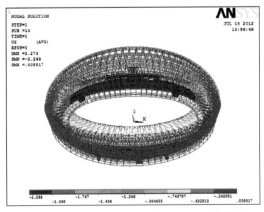
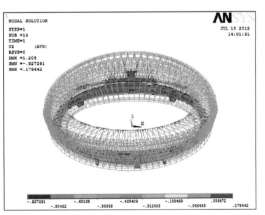

图5-100　销轴离耳板销轴孔2.0 m位移图　　图5-101　第1批吊索安装就位位移图

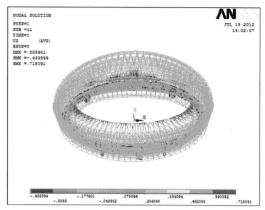

图 5-102　第 2 批吊索离耳板 0.05 m 位移图

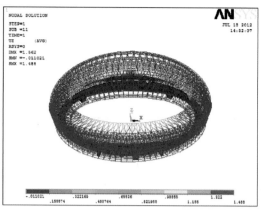

图 5-103　第 2 批吊索离耳板 0.02 m 位移图

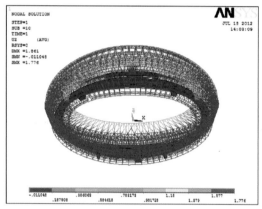

图 5-104　第 2 批吊索安装就位位移图

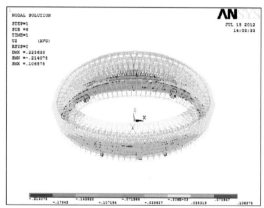

图 5-105　谷索安装就位位移图

（7）施工过程模拟

施工过程模拟可以采用多种软件实现，本处以 Navisworks 软件为例，介绍盘锦体育场施工模拟过程。

① 施工计划的制定：根据盘锦体育中心体育场的施工方案，结合当前施工进度以及现场施工条件，制定详细施工流程计划，并使用 Project 2007 软件制作施工计划书。如图 5-106 所示 Project 编写的盘锦体育中心体育场施工计划大纲。

② Presenter 的赋予：打开通过 Revit 外部模块导出的 NWC 格式文件，可以使用"Presenter"将纹理材质、光源、真实照片级丰富内容（RPC）和背景效果应用于模型。"Presenter"不仅可以用于真实照片级渲染，而且还可以用于 OpenGL 交互式渲染。在使用"Presenter"设置场景后，便可以在 Navisworks 中实时查看材质和光源（图 5-107）。

③ Timeliner 制定：首先生成任务列表。Timeliner 中生成任务列表的方式有两种，一种是逐个添加任务，另一种是添加数据源直接生成任务列表。本文由于项目中使用的 Project 进行进度控制，所以可以直接通过已有 Project 施工计划书生成任务列表。

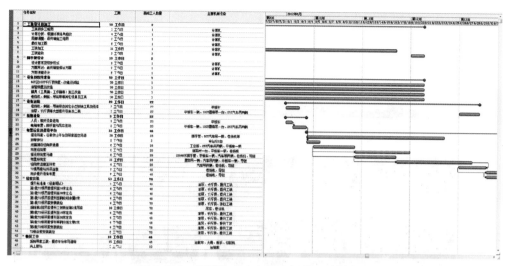

图 5-106　盘锦体育中心体育场施工计划大纲

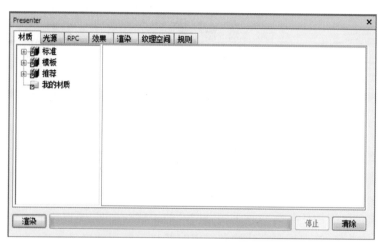

图 5-107　Navisworks 实时查看参数

第 1 步,单击 Timeliner 操作界面上方的"数据源";添加已有的 Project 施工计划书如图 5-108 所示,此处需特别注意,Navisworks 2013 不能添加 2007 以下版本的 Project 文件;右键单击导入的数据源,选择重建任务层次,即可在 Timeliner 中生成任务列表。

第 2 步为构件附着。在任务列表建立之后,为了将任务列表中的各项任务与模型中的各个构件进行关联,需要进行构件附着。方法是先选中需要附着的构件,再在任务列表中相应任务的附着列单击右键选择附着当前选项(图 5-109),这样就使得任务与相应构件关联起来,从而赋予三维模型"时间"这一新的参数。任务列表中任务分的越详细,任务数量就越多,

图 5-108　数据源导入

进而附着所需的工作量就越大。对于复杂工程来说,这是一个极其繁琐的过程。但是,如果 Revit 模型中构件分类明确的话,并且构件名称与 Project 文件中的一致,即可对同类构件进行整体附着或自动附着,这样可以减少不少工作量,因此,良好的建模习惯可以为后续工作节省宝贵的时间。

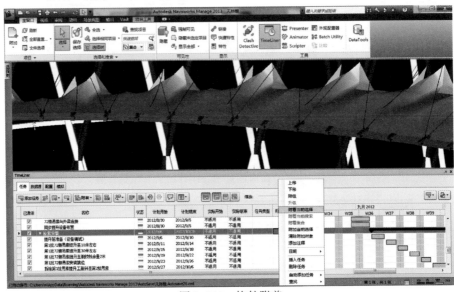

图 5-109　构件附着

第 3 步为添加任务类型。"任务类型"选项是通过设置构件在设定的时间段内的开始外观和结束外观定义该构件的施工类型。软件内有 3 个自带的任务类型,"构造"开始为绿色(90%透明),结束为模型外观;"拆除"开始为红色(90%透明),结束为隐藏;"临时"开始为黄色(90%透明),结束为隐藏。设计者可以根据实际需求自己添加任务类型。比如做构件的平移动画时,可以添加一个名为"平移"的任务类型,该类型要求开始和结束时都显示模型外观。

第 4 步为其他信息的添加。在 Timeliner 中,除时间和任务类型外,还可以添加诸如材料费、人工费等其他基本信息。在 Timeliner 列选项中选择自定义列,即可添加各种所需的关于该任务的基本信息。这些信息在最终模拟动画中会随着时间一并显示出来。

④ Animator 动画编辑及视点动画编辑:Timeliner 中的任务,如果只定义任务类型而不添加动画,那其只能实现出现或消失的效果,在整个施工模拟过程中,这种单一形式的结构生长模式,往往不能达到想要的视觉效果,因此,为相应构件的拼装添加动画过程是十分必要的。例如,本项目在施工过程中,环索的提升是一个至关重要的部分,它分多步提升过程。

另外,在整个施工模拟动画过程中,如果视点一成不变,就很难突出重点,尤其在细小构件安装时,只有将视点聚焦在该构件上才能看清其拼装过程,或者视口相反一侧的构件当前视图无法显示等。因此,准确的视点动画也是十分重要的。

第 1 步为 Animator 动画编辑。Animator 编辑动画的原理与最普通的 Flash 编辑原理类似,都是通过关键帧的捕捉。此处以体育场的索提升为例,讲解 Animator 的操作步骤。首先开启 Animator 操作界面,添加一个场景,在 Timeliner 任务列表中找到该索相对应的任务,点击"显示选择",即可选中该索,然后在该场景下点"添加动画集"中的"从当前选择"就可以对该索进行动画编辑了。打开 Animator 操作界面左上角的坐标轴即可对其进行位置调整,先把索放在初始位置,在 5 s 处捕捉一个关键帧,再把索移至马道上,在 0 s 处捕捉另一个关键帧,这样就形成了一个时长为 5 s 将索从马道提升至正常位置的动画了。最后在 Timeliner 任务表该任务的动画列选项添加该场景即可。另外,Timeliner 中各任务的动画时长只与其任务时长有关,而与 Animator 中编辑的动画长度无关,即对同一个任务,不管添加的 Animator 动画时长是 5 s 还是 10 s,其时长都是一样的。图 5-110 和图 5-111 为体育场中 Animator 动画编辑界面。

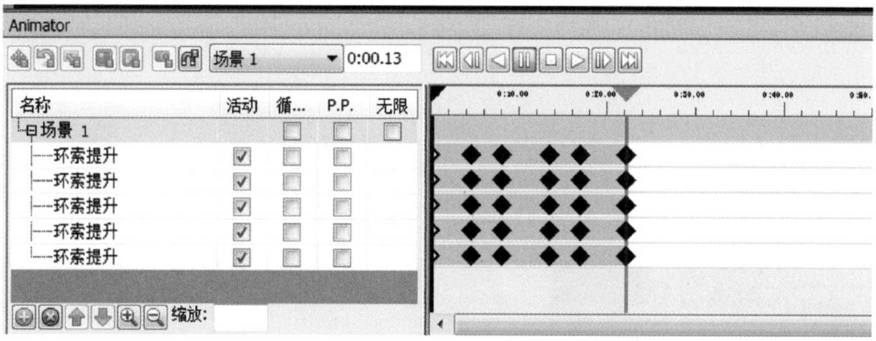

图 5-110　环索的动画集

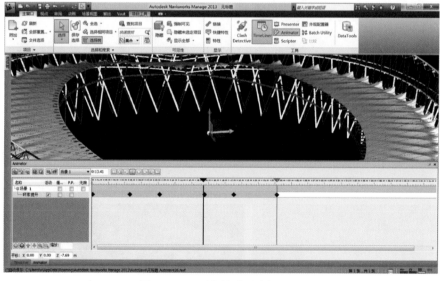

图 5-111　环索的动画编辑界面

　　第 2 步为视点动画编辑。Navisworks 中的视点功能比较齐全,包括平移、缩放、环视、漫游、飞行等多种视点变化效果。编辑时只需点击"动画"选项中的"录制"即可开始试点动画的录制,开始录制后,根据视点需求使用上述功能进行试点变化,录制结束后点击停止会生成一个视点动画。最后在 Timeliner"模拟"

图 5-112　动画导出界面

选项"设置"中选择"保存的视点动画"即可将视点动画合并到已完成的施工模拟动画里。编辑视点动画时,可以同时在"模拟"中播放已完成的施工模拟动画,根据施工进度变换视点,使视点切换更为精确,从而达到更好的视觉效果。

⑤ 四维施工动画:动画编辑完成后,即可进行视频导出。点击主操作界面"输出"选项中的"动画",出现如图 5-112 所示的界面。源选择 Timeliner 模拟,渲染选择视口,格式选择 Windows AVI,考虑文件输出大小,选项中选择 Microsoft Video 1,尺寸、帧数、抗锯齿如图 5-112 所示。点击确定后开始动画渲染,渲染时间由文件大小及电脑配置决定。

最终四维动态施工模拟动画截图如图 5-113 所示,某时刻的模拟的施工过程如图 5-114 和图 5-115 所示,环索与径索的提升过程如图 5-116 所示。

图 5-113　四维动态施工模拟动画截图(4D 施工模拟)

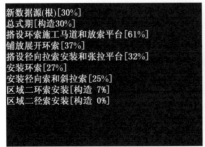

图 5-114　施工进度显示

图 5-115　Timeliner 施工进度模拟

(a) 安装张拉前　　　(b) 下排环索与索夹提升过程中　　　(c) 销轴安装过程中

图 5-116　环索与径索的提升过程

6) 钢结构设计案例分析二:龙岩金融商务中心

（1）工程概述

龙岩金融商务中心 B3 号楼名品中心,地上 4 层、地下 2 层,地上部分全部为钢结构,建筑高度为 20.4 m。

结构外围采用圆形或方形钢管柱和 H 型钢梁布置钢框架。中心为空间网格结构,外皮由圆钢管构成一段闭合的空间曲面,并以此作为竖向承重以及水平抗侧力结构;而在此空间曲面内部,由双向交叉的 H 型钢梁上铺压型钢板构成楼面;两种结构类型之间通过钢桥连接。结构钢材强度为 Q345-B,地下室及基础混凝土强度等级为 C40。

本工程建筑结构安全等级为二级,地基基础设计等级为乙级,建筑抗震设防分类为标准设防类,抗震设防烈度为 6 度(0.05g),设计地震分组为第一组,基本风压为 0.35 kN/m²。

（2）BIM 技术在建模中的应用

为保证建模精度,提高建模效率,通过 Revit 软件进行建模,并直接将模型导入计算软件。外围的钢框架结构采用 SATWE 进行计算,通过插件能够将梁柱模型导入 SATWE;内部的空间网格结构利用 SAP2000 进行计算,Revit 不仅能够实现物理模型的导入,而且可以将结构的荷载、荷载组合、支座条件等导入SAP2000。钢框架结构和中心网格结构的 Revit 模型以及相应的计算模型如图5-117 和图 5-118 所示。

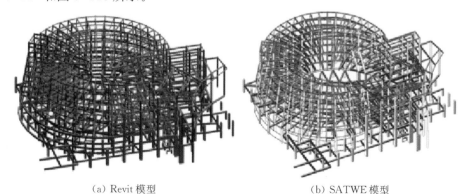

(a) Revit 模型　　　　　(b) SATWE 模型

图 5-117　钢框架结构模型

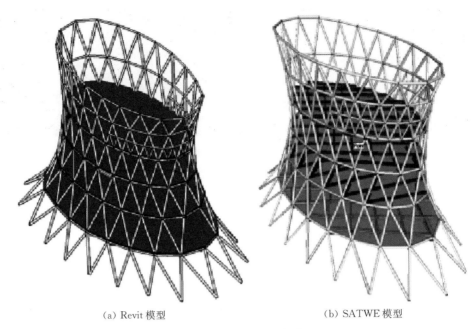

(a) Revit 模型   (b) SATWE 模型

图 5-118   中心网格结构模型

（3）结构设计计算

外围框架结构：外围框架结构利用 SATWE 进行计算，其特点主要体现为扭转不规则和楼板局部不连续。东南角为入口大堂，最大跨度约为 22 m，采用桁架承重。外框架斜交抗侧力构件相交角度大于 15°，因此分别计算了各抗侧力构件的水平地震作用。计算结果显示，第 1 振型为扭转，周期 1.166 5 s，第 2、第 3 振型分别为 Y 向、X 向平动，周期分别为 1.060 8 s，1.053 6 s。

内部网格结构：中心空间网格结构原定采用方钢管，经过试算并考虑节点连接的复杂程度，最终决定使用圆钢管。圆形杆件可以有效避免方形杆件各向异性而产生的应力集中；此外，由于网格结构的不规则性增加了节点处理的难度，使用圆形杆件也可降低节点的制作难度。

采用 SAP2000.V14.1 进行结构计算，计算模型如图 5-118（b）所示。由于中心结构抗侧力构件斜交角度大于 15°，且 SAP2000 不能够自动考虑结构最不利地震方向，故分别选择 0°，15°，30°，45°，60°，75° 和 90° 为地震作用方向进行验算，并考虑双向地震作用。中心网格结构底部选用成品铰支座固定在混凝土柱柱顶。

考虑到该结构的特殊性，圆钢管的控制应力比不宜过高。计算所得中心网格结构 1 层斜杆应力比如图 5-119 所示。

（4）节点设计验算

节点设计：内部网格结构竖向构件为圆钢管而水平构件为 H 型钢梁，这导致梁柱节点连接较为复杂；同时考虑到空间网格结构的整体稳定，决定对梁柱节点采用刚接。最初所设想的节点连接方式为：在节点处设置两块相互垂直的椭圆形插板。为了提高节点承载力，插板的截面面积应该大于两个圆钢管的面积

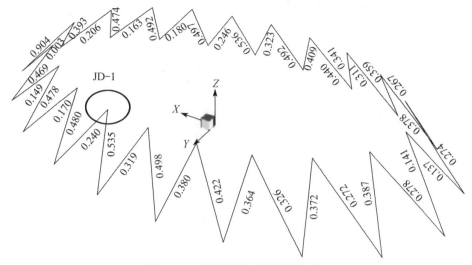

图 5-119 网格结构 1 层斜杆应力比

之和与节点一侧相贯钢管面积的差值,由此从理论上保证节点承载力大于等于杆件承载力。采用 Inventor 建模软件模拟实际情况时发现,如果采用上面所述的插板形式,某些圆钢管被切削面积过大,节点左侧圆钢管与插板的交线与右侧距离很远,节点将会因此削弱。这主要是由于楼层处上侧两个圆钢管汇交的角度与下侧两个圆钢管的汇交角度不同造成的。当采用竖直插板对节点进行分割时,插板平面和圆管相贯线所在平面相差角度可能较大。为了解决圆管切削过大的问题,决定按以下方式对节点进行修改:在节点上层两圆钢管相贯线所在平面设置一块插板,节点下层两圆钢管相贯线所在平面设置另一块插板,两块插板通过水平厚板连接。因为节点还将与水平 H 型钢梁刚接,所以在节点区上下设置异形水平外环板,两块环板分别与楼层钢梁的上下翼缘相连,这样就可以有效传递钢梁的弯矩。修改后的节点模型如图 5-120 所示。

计算工况及边界条件:中心网格结构每两根杆件相交的角度各不相同,所以每个节点构造也各不相同。本文以 JD-1 为例说明网格结构节点的计算校核过程。JD-1 位于中心网格结构 1 层顶,该节点连接着钢桥的 H 型钢梁,故受力较大,其位置如图 5-121 所示。分析中采用实体单元 SOLID 95 进行有限元模拟。有限元分析的基本思路如下:对整体结构进行受力分析,提取在节点交汇处杆件相应截面的内力进行工况组合,选取最不利工况进行有限元计算。从 SAP2000 的计算结果可以看出,由于结构的地震作用较小,所以 JD-1 杆件的设计工况均为恒载控制工况(1.35 恒载+0.98 活载),该节点的控制工况亦为此工况。节点的边界条件:JD-1 下端圆钢管与成品铰支座连接,因此节点下侧杆件长度取杆件全长,并在下端输入其轴力和剪力;对于节点上侧杆件,SAP2000 计算结果表明其反弯点位于杆件中点附近,故建模长度取 1/2 杆件长度,在杆端输入轴力和剪力而忽略弯矩;因为有 2 根水平 H 型钢梁汇交于该节点,其抗弯刚度远远大于圆钢管,因此钢梁梁端刚接。节点建模时利用 Revit 导出该节点处汇交杆件轴线,并在有限元软件中进行拉伸,得到节点实体模型。

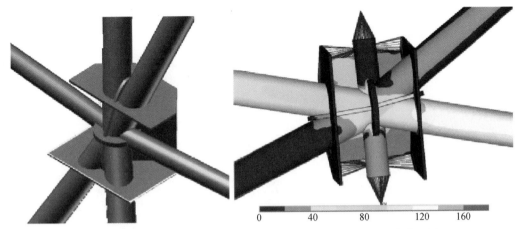

图 5-120　修改后的 Inventor 模型　　　　图 5-121　JD-1 Mises 应力云图 MPa

计算结果及分析：Ansys 计算所得的 JD-1 的 Mises 应力云图如图 5-121 所示。由图可知，节点最大应力位于下层钢管与水平环板相交处，节点在该处 Mises 应力为 182.79 MPa，远小于钢材的屈服强度。

（5）BIM 出图

① Revit 软件出图：该结构的外围钢框架和中心空间网格结构分别独立建模，然后在 Revit 软件中进行组装。在 Revit 软件中，只要结构模型建立完毕，结构任意平面及剖面图即可通过剖切模型得到，且对于模型的任何修改都可以实现对施工图的实时更新。

② Inventor 节点出图：利用 Revit 绘制节点施工图比较繁琐，故应用 Inventor 软件绘制钢结构节点施工图。利用 Inventor 软件，可以方便地得到节点的施工图（图 5-122）。

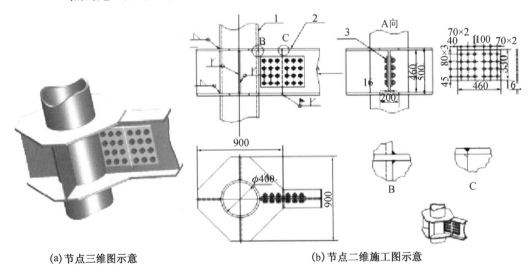

(a) 节点三维图示意　　　　　　　　(b) 节点二维施工图示意

1—钢管𝚽400×20；2—H200×50×20×16；3—螺栓 M24×90

图 5-122　Inventor 节点施工示意图

（6）关于项目的思考

BIM 的广泛应用必将引领建筑设计由二维向三维变革。在龙岩金融商务中心 B3 号楼的设计中，实现了 BIM 模型对结构计算模型的直接导入，大大简化了结构和节点的计算，并在此基础上绘制了结构和节点的二维施工图。在设计过程中，BIM 现阶段仍存在一些不足，包括：对我国的设计标准、规范贯彻不深入；绘图习惯与传统 CAD 有很大不同；模型导入计算软件步骤繁琐，且需要人为对导入模型进行二次处理；对于计算机配置要求较高，操作执行较慢等。

虽然 BIM 应用于结构设计还有很多缺陷，但是随着越来越多的工程应用和软件的不断优化，它将给未来的结构设计带来更大的效益。

5.4.3 幕墙设计

1）BIM 在幕墙设计中的应用

随着设计方法和设计理念的革新，建筑幕墙设计从简单和规整向专业化、多元化、复杂化发展，对设计、加工和安装精度的要求越来越高，传统的二维图元已经无法满足这些复杂建筑幕墙的设计需求，需要借助 BIM 技术解决幕墙设计中的难点。

幕墙 BIM 属于外立面 BIM 的主要部分，是 BIM 设计中重要的一个环节。在实际应用中，幕墙 BIM 与建筑外立面 BIM 之间的划分越来越模糊。在建筑方案阶段，幕墙 BIM 帮助建筑师研究复杂形体，包括外立面生成肌理，外立面分格与优化。在幕墙设计阶段，幕墙 BIM 帮助设计人员对幕墙构造进行研究，对造价算量进行指导。在施工过程中，幕墙 BIM 可出构件加工图指导材料加工厂商加工，提供定位数据与定位图纸指导现场工人进行幕墙安装。在施工之前，幕墙设计大体上可分为招标图设计和施工深化设计两个阶段。招标图设计和深化施工设计又分为系统设计和结构设计。系统设计通常会用到 SketchUp，3D MAX，AutoCAD，Rhinocero，Pro/E，SolidWorks，Catia，Revit，UG 等。结构设计通常会用到 SAP2000，Ansys，3D3S，豪沃克、汇宝、百科等。

2）基于 BIM 的幕墙设计基本流程

幕墙技术是一门集建筑、装饰、结构、材料、机械加工、施工组织多学科于一体的综合技术，因此幕墙 BIM 软件也来自建筑与机械等多个行业。目前市场主流幕墙 BIM 设计软件为 Revit，Catia/DP(Digital Project)，Pro/E，Rhinocero，Grasshopper 等。

结合 BIM 最常用的设计软件是 Catia/DP，幕墙 BIM 设计基本流程如图 5-123 所示。

（1）前期准备工作：明确幕墙 BIM 需求，制定幕墙 BIM 规范

审阅由建筑设计师或甲方提供的项目资料，如外墙建筑设计效果图、图纸和方案模型等，明确幕墙 BIM 需求，制定针对该项目的幕墙 BIM 项目规范。

① 幕墙 BIM 设计过程包含：建筑基本信息、难点解决方案、幕墙 BIM 介入

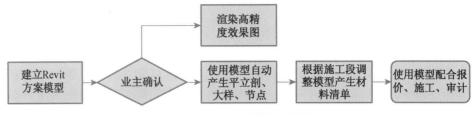

图 5-123　BIM 设计流程图

阶段和幕墙 BIM 完成阶段。只有清楚了解前期需求，才能针对该项目制定相应的幕墙 BIM 流程与规范。

建筑基本信息：了解建筑体量、外立面风格、材料等。

难点解决方案：了解项目中业主对幕墙 BIM 的需求点。如外立面成本控制、外立面品质控制、辅助设计、辅助加工与施工等。

幕墙 BIM 介入阶段：包括幕墙 BIM 在方案阶段、幕墙招标图阶段和施工图深化阶段等，不同的阶段介入工作内容与解决问题不一样。

幕墙 BIM 完成阶段：明确幕墙 BIM 完成阶段，确定工作完成节点。

② 针对项目的幕墙 BIM 规范包含：工作流程、工作计划、模型深度、人员配置、软件配置、模型规划和交付标准。

工作流程：对于某项目的 BIM 工作，其流程应包含提资要求、工作节点计划和汇报签收计划等，一个好的流程是做好一个项目的关键(图 5-124)。

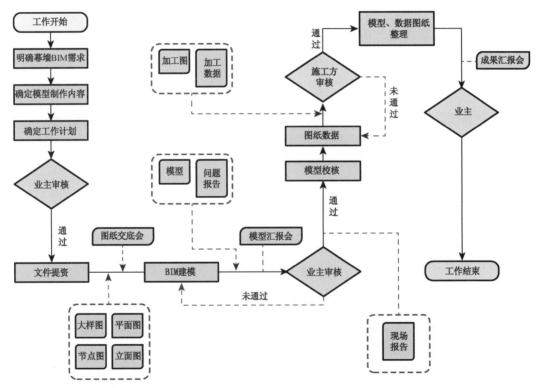

图 5-124　某幕墙施工阶段 BIM 设计流程图

工作计划：制定幕墙 BIM 工作计划表。明确工作内容、工作描述、工作成果、参与单位、相关负责人、工作周期及时间节点等方面。

模型深度：根据需求制定相应的深度的模型。在幕墙 BIM 项目中，并不是所有构件都建出就是最好的。模型过深会导致工作量增大，人力成本增加，完成时间长，文件打开速度慢。模型过浅会导致相应的问题无法解决。因此，制定适合项目要求的深度，才能保证幕墙 BIM 在幕墙设计中发挥最大作用。

人员配置：根据该项目配置相应人员并明确相应人员责任。

软件配置：根据幕墙 BIM 需求选择相应软件。在选择软件的过程中，不仅要考虑满足设计要求与时间要求，还要考虑建筑信息传递，幕墙 BIM 与其他专业 BIM 整合，模型轻量化等问题。一个项目的幕墙 BIM 可以用一款软件，也可以用多款软件结合使用，发挥各软件的优势。

模型规划：模型规划包括模型命名，不同构件颜色，模型深度，交付格式与模型树规划。模型树规划主要是针对 Catia/DP 来讲，在 Catia/DP 中文件主要分为 Part（零件）与 Product（产品）。根据幕墙 BIM 的深度与需求结合工程师的设计习惯，制定符合该项目的结构树。例如，某项目一个铝板是一个 Part，一层的石材为一个 Product。若只想看某一块铝板，可以很快打开一个 Part 文件，并不用打开整层，并且模型中的结构树与文件存放结构是一致的。一个大型 Catia 项目会产生数十 GB 的文件，如何快速打开与检索构件就是前期模型树规划要考虑的问题（图 5-125）。

图 5-125　幕墙 BIM 结构树与文件存放

（2）搭建幕墙 BIM 模型

幕墙 BIM 在不同的设计阶段工作内容不同，大体分为建筑方案设计阶段、外立面方案深化阶段、幕墙招标图设计阶段、幕墙施工图深化阶段和幕墙施工阶段等。

①建筑方案阶段。该阶段幕墙 BIM 与建筑 BIM 有重合，设计师建模过程的同时也是在搭建建筑信息模型(BIM) 的过程，只是模型包含信息量的多少不同。在此阶段，幕墙 BIM 可参与的工作有搭建参数化建筑外立面方案模型，幕墙初步算量，建筑信息统计，方案推敲，效果图制作等。如图 5-126 所示，在该项目中利用 Catia 中草图功能根据建筑外立面生成原理搭建模型，并三维显示建筑层高、进深、使用率等建筑信息，设计师根据模型反馈信息调整模型参数优化外立面形体。

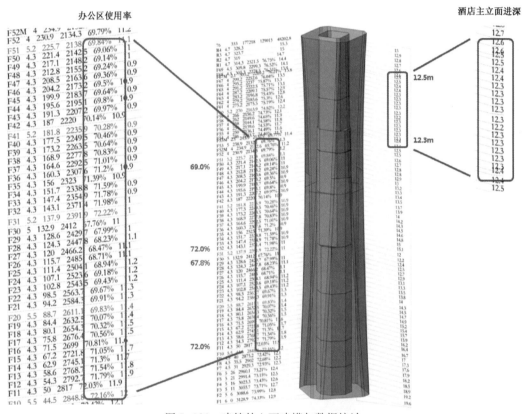

图 5-126　建筑外立面建模与数据统计

② 建筑方案深化阶段。建筑方案深化阶段幕墙主要应用有：建筑外立面分格、外立面分格优化、局部方案选型、外立面材料统计、外立面出图等。在建筑外立面分格与优化过程中，Grasshopper 相较于 Catia 更加便捷高效，在整个幕墙 BIM 流程中，Grasshopper 与 Catia 结合使用能够发挥各自的长处。

外立面分格：对建筑外立面进行合理划分。

外立面优化：基于成本与建筑效果对外立面分格进行优化，在具体工作中主要为对曲面板优化，对没有规则的板块划分进行归类。

局部方案选型：对建筑重点部位搭建三维模型，通过三维模型直观的表达建筑效果与成本，综合对比进行局部方案选型。

外立面材料统计:通过三维模型对建筑外立面进行算量。

外立面出图:在该阶段可通过 BIM 模型出建筑立面图,外幕墙平面图,楼板边界图等。如图 5-127 所示,该项目通过程序快速出图,在 10 min 内完成 84 张图纸导出。

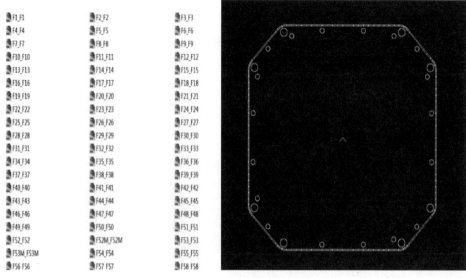

图 5-127　BIM 模型出图

③ 幕墙招标图阶段。幕墙招标图阶段中幕墙 BIM 的主要工作内容有:幕墙系统构造,幕墙方案选型,幕墙结构计算,搭建整体幕墙 BIM 模型,幕墙系统算量和多专业 BIM 模型整合等。

幕墙系统构造:搭建难点处的幕墙 BIM 模型,研究节点构造,辅助出幕墙节点图大样图。基于从业人员对三维软件掌握水平和项目时间节点要求等因素,在实际项目中直接用模型出幕墙所有节点图大样图难度比较大,因此目前行业较普遍使用二维出图三维辅助的方式。

幕墙结构计算:提供结构计算软件所需三维条件,如线模,导入相关结构计算软件进行结构计算。

搭建整体幕墙 BIM 模型:根据之前规划好的模型深度要求,将幕墙节点反映到整体幕墙模型中,可检查幕墙图纸错漏等问题。

幕墙系统算量:依据搭建好的整体幕墙 BIM 模型进行幕墙系统算量,辅助业主招投标。在算量过程中,某些量是需要建出模型才能统计,某些量并未建模但可通过已建模型算出,如用胶量、螺栓用量等。

多专业 BIM 模型整合:幕墙 BIM 模型搭建完毕,需和建筑、结构、机电、室内装饰等专业模型整合在一起。目前多用 Navisworks 进行整体模型整合(新版 Navisworks 支持 Catia 多种文件格式),也可使用 DP(Digital Project)进行模型整合。不同软件所建模型在一个平台中整合会出现信息丢失的情况,但是在实际应用中,整合模型主要是检查各专业之间的错漏碰缺问题以及模型的整体展示,幕墙 BIM 中具体针对数据的应用还是在幕墙 BIM 软件中操作。

（3）施工深化设计阶段幕墙 BIM 设计

施工深化设计阶段幕墙 BIM 设计主要包含更新模型、模型出数据、模型出图和竣工模型整理等。

更新模型：在幕墙招投标后，幕墙施工单位会在招标图基础上进行深化，此时根据最新图纸与现场返尺（只要是土建结构边线放线测量），校核结构模型，有偏差的需更新结构模型与幕墙模型。

模型出数据：根据更新后的模型导出模型相关数据，包括构件编号、加工数据、定位数据等。在 Catia 中，每一个构建可单独命名，可定制属性，也可用犀牛软件 Grasshopper 导出数据（图 5-128、图 5-129）。

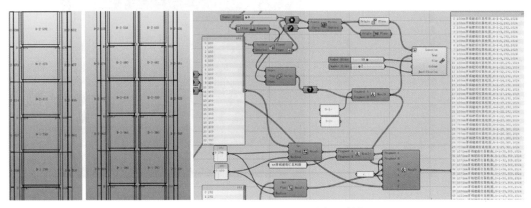

图 5-128　通过 Grasshopper 出加工数据

图 5-129　通过幕墙 BIM 出构件下料单

模型出图:主要导出构件加工图、构件定位图。在 Catia/DP 的 Drawing 模块中可以很方便出图。如图 5-130 所示通过 BIM 软件导出构件加工图,提供给材料厂家进行加工。图 5-131 中根据幕墙 BIM 模型出龙骨的定位图,该项目中龙骨上有打孔,图纸交给施工单位现场施工龙骨并根据图纸上的孔位开孔。

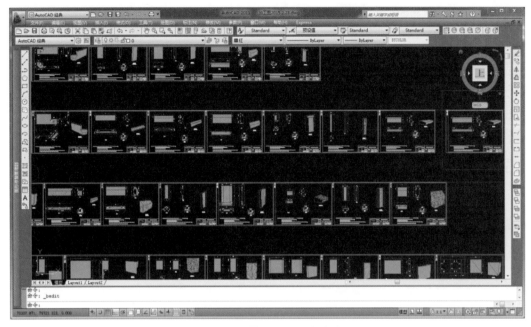

图 5-130　通过幕墙 BIM 出构件加工图

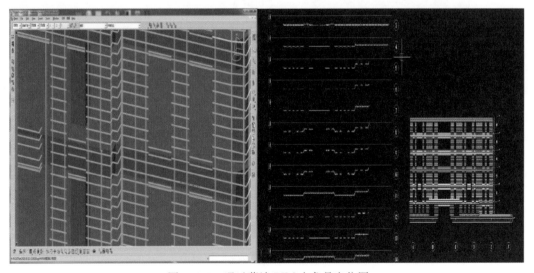

图 5-131　通过幕墙 BIM 出龙骨定位图

竣工模型整理:整体项目完毕,对幕墙 BIM 设计中的模型文件、图纸文件、数据文件进行整理,存档,交付相关单位文件。

3) 基于 Revit 的幕墙设计成果输出

以某办公楼为例,将基于 BIM 的幕墙设计成果输出如下。

（1）方案阶段

首先，建立 Revit 方案模型（图 5-132），渲染低精度效果图供业主确认初步立面效果（图 5-133），然后渲染高精度效果图供业主确认最终立面效果（图 5-134）。

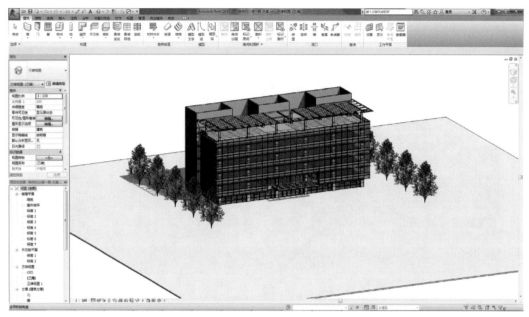

图 5-132　建立 Revit 方案模型

图 5-133　基于 BIM 的幕墙设计低精度效果图

（2）深化出图阶段

调整和深化幕墙设计，利用建好的 Revit 模型出立面图（图 5-135）、平面图（图 5-136）、大样图（图 5-137）和系统节点图（图 5-138、图 5-139）。

图 5-134　基于 BIM 的幕墙设计高精度效果图

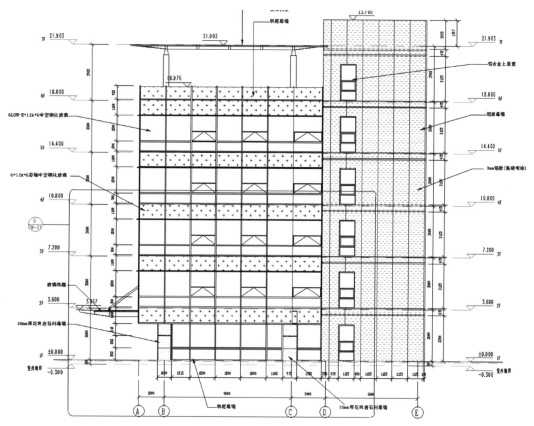

图 5-135　基于 BIM 的幕墙设计立面图

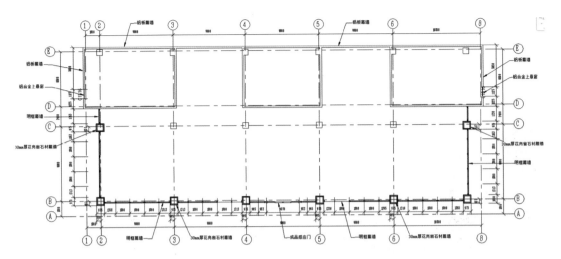

图 5-136　基于 BIM 的幕墙设计平面图

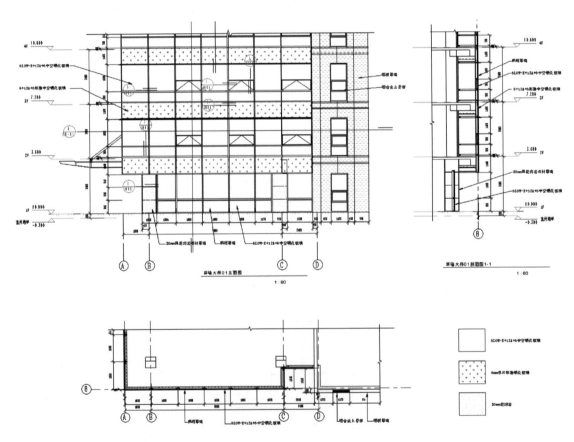

图 5-137　基于 BIM 的幕墙设计大样图

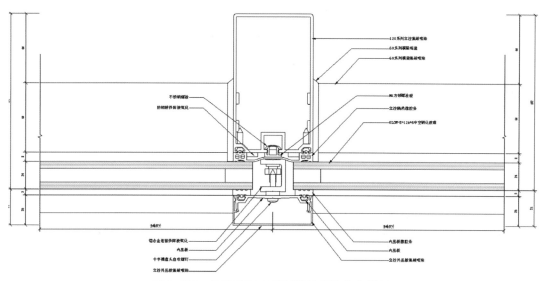

图 5-138　基于 BIM 的幕墙设计系统节点图(1)

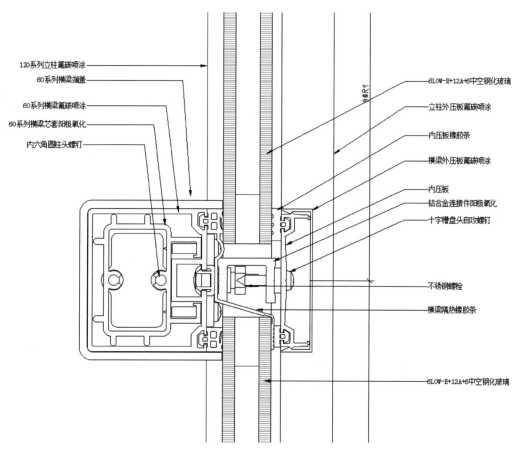

图 5-139　基于 BIM 的幕墙设计系统节点图(2)

<铝型材明细表>

A 材料分类	B 材料名称	C 厂家	D 模具号	E 材质状态	F 表面处理	G 长度	H 颜色	I 线密度kg/m	J 厚度	K 单价(元/kg)	L 合计
铝型材	铝合金连接件	新河铝业	JTLM	6063-T5	阳极氧化	50		0.688	4	20	5292
铝型材	铝合金连接件	新河铝业	JTLM	6063-T5	阳极氧化	100		0.688	4	20	1390
铝型材	横梁外压板	新河铝业	JTLM002	6063-T5	氟碳喷涂	1053	色号RAL9006	0.33	1.2	28	3
铝型材	横梁外压板	新河铝业	JTLM002	6063-T5	氟碳喷涂	1055	色号RAL9006	0.33	1.2	28	3
铝型材	横梁外压板	新河铝业	JTLM002	6063-T5	氟碳喷涂	1173	色号RAL9006	0.33	1.2	28	3
铝型材	横梁外压板	新河铝业	JTLM002	6063-T5	氟碳喷涂	1188	色号RAL9006	0.33	1.2	28	3
铝型材	横梁外压板	新河铝业	JTLM002	6063-T5	氟碳喷涂	1193	色号RAL9006	0.33	1.2	28	3
铝型材	横梁外压板	新河铝业	JTLM002	6063-T5	氟碳喷涂	1195	色号RAL9006	0.33	1.2	28	3
铝型材	横梁外压板	新河铝业	JTLM002	6063-T5	氟碳喷涂	1200	色号RAL9006	0.33	1.2	28	3
铝型材	横梁外压板	新河铝业	JTLM002	6063-T5	氟碳喷涂	1205	色号RAL9006	0.33	1.2	28	3
铝型材	横梁外压板	新河铝业	JTLM002	6063-T5	氟碳喷涂	1207	色号RAL9006	0.33	1.2	28	7
铝型材	横梁外压板	新河铝业	JTLM002	6063-T5	氟碳喷涂	1218	色号RAL9006	0.33	1.2	28	3
铝型材	横梁外压板	新河铝业	JTLM002	6063-T5	氟碳喷涂	1223	色号RAL9006	0.33	1.2	28	3

图 5-140　基于 BIM 的幕墙设计铝型材明细表

<玻璃明细表>

A 材料分类	B 材料名称	C 宽度	D 高度	E 工艺要求	F 颜色	G 单价(元/m2)	H 合计
玻璃	6LOW-E+12A+6中空钢化玻璃	1087	764	6LOW-E+12A+6	KS150II	210	1
玻璃	6LOW-E+12A+6中空钢化玻璃	1087	1744	6LOW-E+12A+6	KS150II	210	1
玻璃	6LOW-E+12A+6中空钢化玻璃	1089	764	6LOW-E+12A+6	KS150II	210	1
玻璃	6LOW-E+12A+6中空钢化玻璃	1089	1744	6LOW-E+12A+6	KS150II	210	1
玻璃	6LOW-E+12A+6中空钢化玻璃	1207	2464	6LOW-E+12A+6	KS150II	210	1
玻璃	6LOW-E+12A+6中空钢化玻璃	1222	764	6LOW-E+12A+6	KS150II	210	1
玻璃	6LOW-E+12A+6中空钢化玻璃	1222	1744	6LOW-E+12A+6	KS150II	210	1
玻璃	6LOW-E+12A+6中空钢化玻璃	1227	764	6LOW-E+12A+6	KS150II	210	1
玻璃	6LOW-E+12A+6中空钢化玻璃	1227	1744	6LOW-E+12A+6	KS150II	210	

图 5-141　基于 BIM 的幕墙设计玻璃明细表

<辅材明细表>

A 材料分类	B 材料名称	C 材质状态	D 型号	E 特殊要求	F 规格	G 备注	H 备注(计算)	I 合计
辅材	60系列横梁端	耐候尼龙	JTLM60端盖					1354
辅材	M6方强螺栓座	耐候尼龙	JTZD06					8072
辅材	不锈钢螺栓	不锈钢		A2-70,C级	M6x25mm			8072
辅材	不锈钢螺栓	不锈钢	GB5780	A2-70,C级	M8*30mm	配一螺母，一		300
辅材	不锈钢螺栓	不锈钢	GB5780	A2-70,C级	M12*130mm	配一螺母，一		554
辅材	主传动杆		N9-5		坚朗			60
辅材	伸缩风撑		SC310-16		坚朗			120
辅材	内六角圆柱头	不锈钢	GB818	A2-70,A级	M6x20mm			2708
辅材	化学螺栓				M12*160mm			80
辅材	十字槽沉头机	不锈钢	GB818	A2-70, A级	M5x20mm			384
辅材	十字槽沉头自	不锈钢	GB845		ST4.8x20mm			360

图 5-142　基于 BIM 的幕墙设计辅材明细表

(3) 根据建立好的 Revit 分类明细表提取铝型材明细表(图 5-140)、玻璃材明细表(图 5-141)、辅材明细表(图 5-142)。

4) 幕墙设计案例分析一：上海中心大厦外幕墙及其支撑钢结构体系

上海中心大厦(Shanghai Tower)位于浦东陆家嘴金融贸易区,与金茂大厦和上海环球金融中心毗邻并一起组成品字形超高层建筑群[①]。

上海中心大厦外幕墙具有复杂扭转体形,是多层柔性悬挂受力体系。幕墙材料种类较多,幕墙交接位多,对设计要求高。拥有多种异型板块、变化的几何形状、确定幕墙功能设计和幕墙吸收结构变形的措施等,都具有一定的挑战性。

---

① 上海中心大厦由 Gensler 和同济大学建筑设计研究院建筑设计；建筑设计结构顾问 Thornton Tomasetti；总包单位上海建工集团,建设单位上海中心大厦建设发展有限公司。其中,由远大公司承担上海中心大厦项目外幕墙系统。

为此借用 BIM 建模及分析、实物测量等技术,结合大型模型试验,完备的力学计算和针对性设计施工工艺等,提出幕墙体系之系统性解决方案,总结了超高层幕墙设计要点。

(1)上海中心大厦外幕墙成形过程

上海中心大厦项目外幕墙形态复杂,其成形依据建筑设计定义的一套成体系的原则及公式完成。外幕墙总计约 13.5 万 m²,约 2 万块单元板块。上海中心大厦外幕墙通过多面体阶梯式板块创造出曲线锥形的外观:玻璃面始终垂直,向上逐层缩小的平面轮廓创造出凸台平面;由于平面同时沿中轴心逐层旋转,又创造出凹台平面,并导致了凸台尺寸的变化。同时,依据建筑定义的单元划分原则,将每层幕墙划分为 141 块单元,不考虑凹凸台变化的情况下,玻璃分割尺寸基本一致。

(2)外幕墙与支撑钢结构体系

上海中心大厦塔楼每个相对独立的分区的内外幕墙之间为上下通高的空间,形成一个大的中庭空腔,各区空腔高度为 55~65 m 不等。由于中庭区域的外幕墙距离主体结构较远,最大部位约 20 m,因此,无法像传统幕墙一样直接连接于主体结构上。因此,建筑设计在中庭区域设计了一套连接与主体结构上的钢结构体系用于支持外幕墙,称之为"外幕墙支撑钢结构"。上海中心大厦的外幕墙支撑钢结构体系主要由水平周边曲梁、水平径向支撑、钢吊杆及滑移支座体系组成。支撑钢结构的形态与外幕墙完全匹配,钢结构水平周边曲梁中心线与外幕墙外轮廓线之间始终保持 400 mm 的相对距离。外幕墙通过一套转接体系连接于支撑钢结构的水平周边曲梁上(图 5-143)。

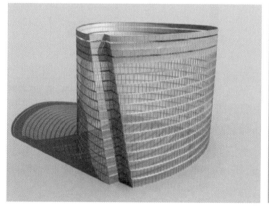

图 5-143 幕墙及支撑钢结构模型(来源:远大上海中心大厦外幕墙项目文件)

(3)外幕墙实施技术路线

上海中心大厦外幕墙面积约 13.5 万 m²,近 2 万块单元板块。面对如此巨大的工程量,工厂化生产和多专业集成设计和施工成为必然选择。

① 工厂化生产:上海中心大厦外幕墙工程量大,形体形态复杂,幕墙整体实施难度很大。如何解决这些系统性问题,需要从体系入手,将更多的困难留在工厂内解决,减少现场工作量和实施难度,从而更有效地保证幕墙最终品质。通过方案阶段多重对比分析,最终确定整体单元式幕墙的技术线路(图 5-144)。

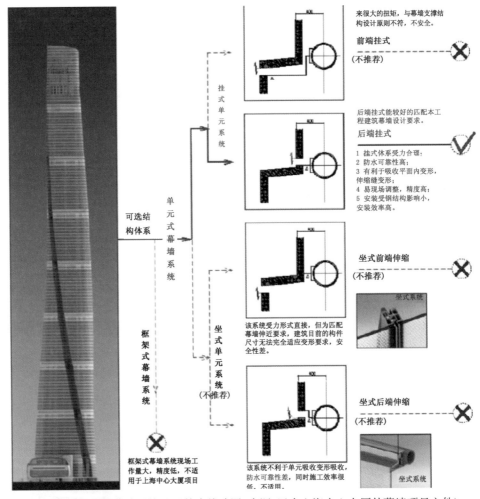

图 5-144　塔楼幕墙系统选型技术线路图(来源:远大上海中心大厦外幕墙项目文件)

　　② 多专业集成设计和施工:"空"是上海中心大厦外幕墙支撑系统的一大特点,中庭区域的 60 m 左右的空腔给外幕墙的施工带来了巨大的挑战。安装时而需要自行搭设临时施工操作平台。对于依附于外幕墙上的机电和灯光这两个专业而言,施工过程存在同样的难题。而通过合理的组织编排,将这些专业部件集成于单元内,可以大大减少交叉施工,缩短工期,保证质量(图 5-145)。

　　③ 变位吸收能力和可调节性设计:上海中心大厦外幕墙的柔性幕墙支撑钢结构体系施工难度大,变形变位状况复杂。远大采用了 2 级转接件作为外幕墙与支撑钢结构之间的连接系统。第一级转接件为钢板凳,也称为一次转接件,直接于工厂内焊接在环梁上。第二级转接件为铝合金构件,与一次转接件连接,幕墙单元挂于其上。钢板凳与弧形挂座之间有多方向调节的设计,弧形挂座与钢牛腿之间又设计有多方向调节,从而实现"三向六自由度"调整,安装精度高,保证产品质量(图 5-146)。

　　④ 现场施工工艺:通过双层吊篮和施工吊机满足现场单元幕墙施工要求。双层吊篮水平间隔一定距离布置,沿着区域内上下通长的索道运动至安装楼层,

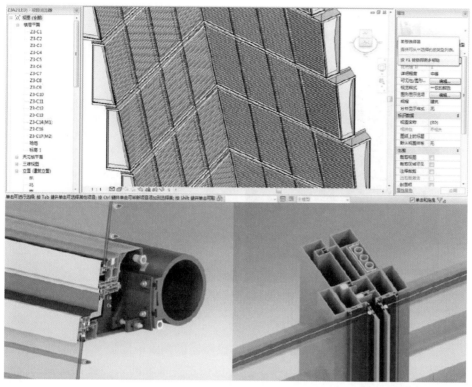

图 5-145 塔楼 V 口 LED 布置及单元三维节点图(来源:远大上海中心大厦外幕墙项目文件)

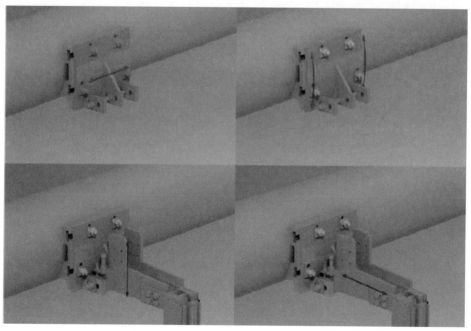

图 5-146 单元转接件及三向可调整节点图(来源:远大上海中心大厦外幕墙项目文件)

横向锁定称为稳定的安装平台体系。单元板块通过布置在每区设备层的施工吊机吊至相应楼层,再由位于双层吊篮平台上的幕墙安装人员操作,从而完成幕墙安装(图 5-147)。

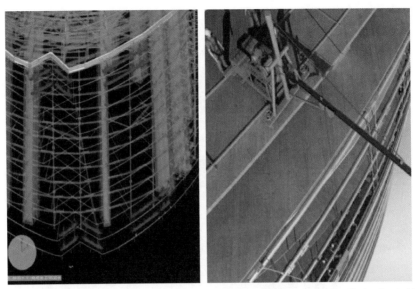

图 5-147　施工双层吊篮及施工吊机模拟（来源：远大上海中心大厦外幕墙项目文件）

（4）大型模型试验分析

上海中心大厦外幕墙实施难度很大，模型需以涵盖最危险、最典型和最接近实际情况等因素为原则。因此，需要基于包括主要系统的大型视觉模型以及测试模型进行系统研究。

① 模型概况：视觉模型选自塔楼二区 V 口位置及两侧区域的标准楼层，幕墙系统包含 A1，A2 两个系统。模型展开宽约 27.6 m，高 13.5 m，高度方向包含三个标准楼层，共计 36 个单元板块（图 5-148）。

图 5-148　视觉模型实体照片（来源：远大原创）

因工程的特殊性和复杂程度，以往的工程都缺乏可借鉴的经验，外幕墙测试模型涵盖主要的三个幕墙系统，模型安装于幕墙支撑系统上，以真实模拟工程中的各种可能工况。测试幕墙共 5 层由 95 个单元板块组成，平面最大展开长度近

36 m,高度 18.6 m,幕墙测试面积近 700 m²,幕墙支撑钢结构共 4 层,每层环梁平面长度达 44.8 m,整体测试模型面积达 920 m²(图 5-149)。

此测试模型一经定案便创造了两项世界之最,即同时进行性能测试的单元板块数量和单元幕墙面积均超出有史以来任何一次幕墙性能测试。

② 测试条件及测试方案:为满足本工程外幕墙的测试,检测单位设置了一块近 2 000 m² 的场地,根据此测试模型的特点,耗时两个月,重新设计、建造了一个 8 000 m³ 的测试箱体,测试设备也全部配套重新定购:加压系统能提供的最大正压及负压为 12 kPA(250PSF),压力量测装置的能力达到 12 kPA,喷淋装置能以 2.0 L/(m²·min)、3.4 L/(m²·min)或 4 L/(m²·min)的速率进行淋水,80 多个位移传感器测量装置能测量挠度,飞机引擎装置能提供的风速在 50 m/s,高精度复合气流量测装置(图5-150)。

图 5-149　测试模型实体照片(来源:远大原创)

图 5-150　测试设备局部照片(来源:远大原创)

本工程外幕墙支撑钢结构为柔性悬挂体系,系统造型复杂,构造特殊,由于采用分区的柔性吊挂系统,悬挂高度高、重量重、刚度柔,虽然幕墙支撑结构与主体相对独立,但主体结构的变形不可避免的对幕墙产生重要影响。因此,除了常规的四性测试外,还需对幕墙的平面外变形性能、幕墙整体竖向位移能力、幕墙局部相对竖向位移能力进行检测。

③ 性能测试要点:根据性能测试方案,上海中心大厦外幕墙性能测试的内容和要点如下:

a) 静态气密性试验:本工程的气密性能测试采用国标(GB/T 15227)和美标(ASTM E283)相结合的测试方式;

b) 静态水密试验:此试验主要参照美国标准(ASTM E331)进行测试;

c) 波动水密性试验:波动水密性试验的检测标准为国标(GB/T 15227);

d) 动态水密性试验:在测试模型外表面维持以 3.4 L/(m²·min)的速率进行水喷淋,同时采用螺旋桨模拟相当于 1000 Pa 试验压差的动态风速,持续 15 min。此外,还包括风压变形性能、平面内及平面外变形性能检测以及垂直位移试验和极限验证试验等。

(5) BIM 在外幕墙系统中的应用

结合 BIM 应用的需要,基于不同的软件平台创建 BIM 模型,包括 Rhinocero 和 Revit 等。目前为止,在外幕墙的主要 BIM 应用包括如下几方面。

① 外幕墙与各专业之间的碰撞检查:上海中心大厦外幕墙支撑钢结构与外幕墙之间空间很小,通过 BIM 模型能有效检查外幕墙与支撑钢结构之间的相对关系,基于碰撞检查功能,将可能存在的干涉情况在深化设计阶段预先解决掉(图 5-151)。

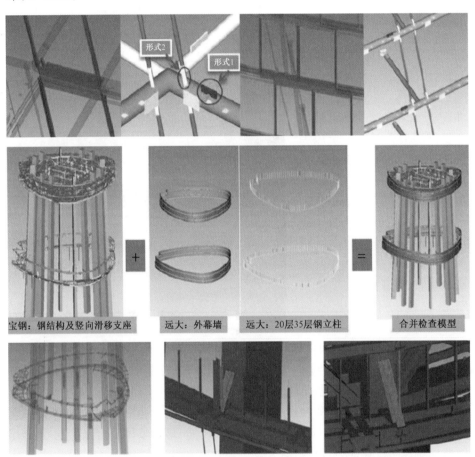

图 5-151　外幕墙与其他专业碰撞检查截图(来源:远大上海中心大厦外幕墙 BIM 报告)

② 基于 BIM 模型的加工出图:基于 Rhino＋Grasshopper 创建的 BIM 模型,将幕墙单元构件模型与建筑原始模型参数链接,从而快速准确的生成每一个不同单元板块的详细单元模型文件。将这些模型文件拆解标注,即转换为加工图纸。整个流程直观,不易出错,准确度高(图 5-152)。

③ 基于 BIM 的信息化加工:采用了基于 BIM 的信息化加工,从 CAD 加工图转换至设备开始加工,中间步骤 3～5 min。上海中心大厦外幕墙 7 层、8 层、9 层约 400 件钢牛腿,基本无一件相同,约花半个月时间加工完成。保证精度的同时,效率提升约 40%。

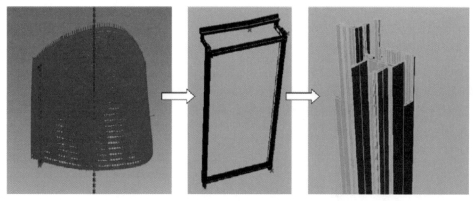

图 5-152　基于软件创建单元加工模型(来源:远大上海中心大厦外幕墙 BIM 报告)

④ 施工进度模拟:BIM 是拥有全部信息的数字模型,可以将施工模拟变成一个真正可见的现实,并给每个构件加上时间、信息,按照施工方案进行模拟,不断优化施工方案。通过采用 Revit 与 MS Project 和 Autodesk Navisworks 等软件结合进行的施工模拟等,能够达到优化进度、缩短工期的效果(图 5-153)。

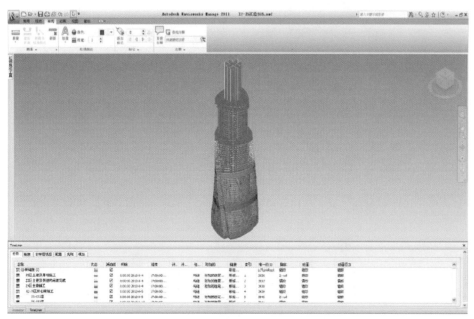

基于BIM模型的施工模拟

图 5-153　施工进度模拟动画截图(来源:远大上海中心大厦外幕墙 BIM 报告)

⑤ 施工设施模拟：基于创建的现场施工工况模型以及施工机具模型，可以有效检查包括现场施工方法的可行性等，优化施工方案。如施工平台，通过 BIM 模型确定了平台搭设的合理位置，确保单元板块进出时不会与吊杆等干涉。

⑥ 基于 BIM 模型的设计变更效果确认：可视化实现，如图 5-154 所示，通过对设备层内侧防鸟网效果的快速模拟，确定最终设计变更是否满足业主和建筑师要求（图 5-155、图 5-156）。

图 5-154　幕墙施工钢平台 BIM 模型（来源：远大上海中心大厦外幕墙 BIM 报告）

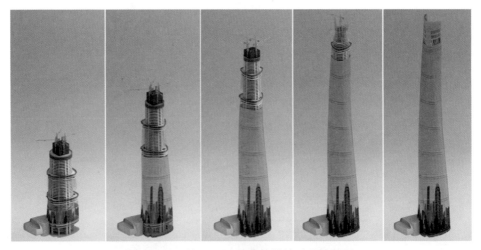

图 5-155　基于 BIM 的幕墙设计过程效果图

图 5-156　基于 BIM 的幕墙设计最终效果图

图 5-157　青岛万达城效果图

5）幕墙设计案例分析二：万达城幕墙设计案例

（1）工程概况

青岛万达城项目位于青岛市黄岛区（图 5-157），业主为万达文化旅游规划院,美国 TVS 作为建筑方案设计方,该地块总用地面积约 19.8 万 m²(约合 297 亩)。总建筑面积约 35 万 m²。青岛万达城项目包括室内步行商业街、次主力店、商管办公、娱乐楼(含影院、KTV、大玩家、儿童天地、超市业态)、室内水公园、室内主题公园、电影乐园等业态。

该项目外立面造型复杂,幕墙系统构造多,设计周期紧,造价要求与幕墙品质要求高,方案调整多。本项目通过幕墙 BIM 技术帮助业主解决以上问题。

(2) 幕墙 BIM 工作

① 前期规划:项目体量大,幕墙构造节点多。业主对幕墙 BIM 需求主要集中在外立面优化(包含曲面优化和形体优化),外立面成本控制,方案选型,幕墙与其他专业问题,BIM 辅助幕墙设计,BIM 辅助施工等。BIM 设计从外立面深化阶段开始介入,直到外立面施工单位招标结束。

由于该项目体量较大,深度要求为中高等,因此选择 Catia 为幕墙 BIM 平台,可打开大文件模型。其中涉及异形玻璃与铝板优化问题,同时采用 Grasshopper 辅助。由于建筑结构机电 BIM 采用 Revit 软件,因此选择在全专业 BIM 模型整合时使用 Navisworks。

② 外立面分格与优化:收到方案设计师提供的 Rhino 模型并未对金属幕墙进行分格与优化(图 5-158)。在本项目中通过 IGS 或 STP 格式导入 Catia,进行外立面分格(图 5-159)。Catia 中操作有关联性,通过参数化的建模易于模型调整。本项目从方案深化阶段一直到施工阶段对外立面都有调整,考虑到调整次数比较多,在建模过程中尽量使用关联设计。

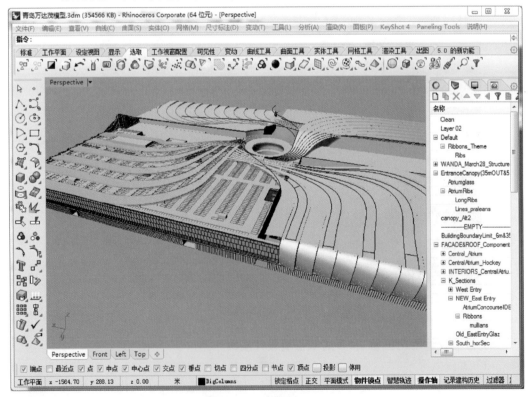

图 5-158 方案设计模型

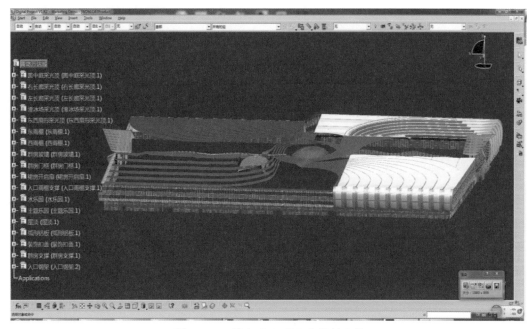

图 5-159 导入 Catia/DP 中进行分格

对屋面模型进行方案调整（冰场采光顶上方穿孔铝板），该处通过二维图纸难以看出效果，三维模型直观表达了建筑效果。调整好的模型再出 CAD 平面图，为幕墙结构设计提供参考（图 5-160）。

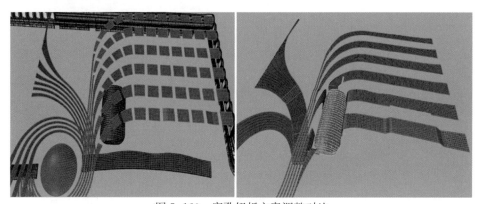

图 5-160 穿孔铝板方案调整对比

③ 采光顶曲面优化：在本项目中直街采光顶为波浪状，采用四边形分格，波峰高度为 7.5 m，波谷高度为 2.5 m。由于特殊的造型加上四边形分格，很难做成完全平面的玻璃，初始模型中为曲面与双曲面玻璃，造价昂贵超出预算。设计师使用 Rhino 的插件 kangaroo 对曲面进行优化，这样的造型如果全是平板玻璃拼成一定会有起翘，考虑到施工通过现场冷压可以解决起翘为 15 mm 以下，第一次优化结果 60% 板块起翘在 40 mm 以上，通过 kangaroo 对优化方法改良最终将翘起尺寸控制在 12 mm 以下。模型建成后提取线模导入 SAP2000 进行结构计算，算出采光顶用钢量、玻璃面积、开窗面积并进行成本核算，最后导出室内装饰效果图供业主决策（图 5-161—图 5-163）。

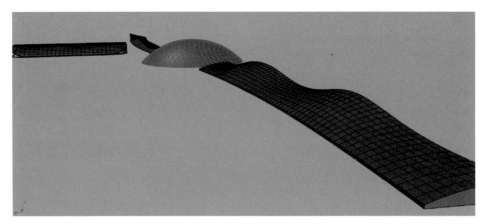

图 5-161　采光顶模型

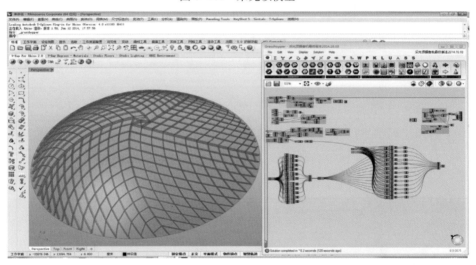

图 5-162　圆形采光顶使用 Grasshopper 优化

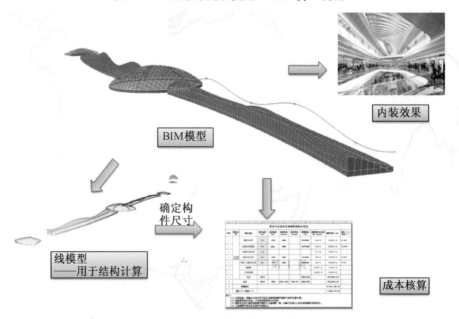

图 5-163　BIM 模型应用图

④ 方案比选:在该项目中方案改动频繁,使用幕墙 BIM 软件建模和快速渲染软件 Keyshot 做简单渲染。图 5-164 使用 Grasshopper 做彩釉玻璃人像模拟。通过调节点直径、间距、透明度等参数制作多种单块玻璃方案供选择(图 5-165)。

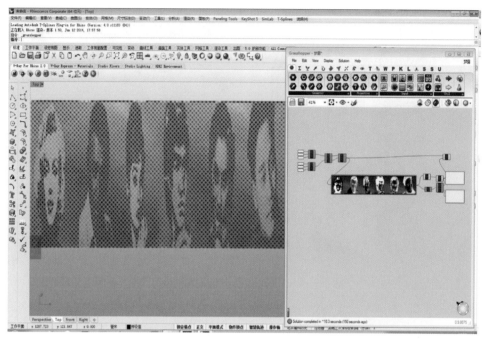

图 5-164　GH 模拟彩釉玻璃人像

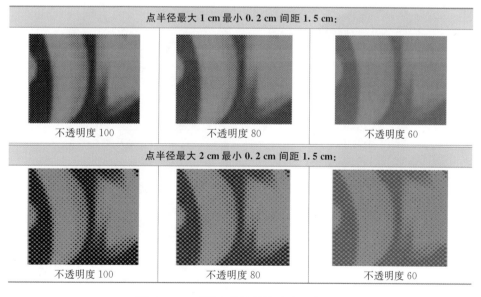

图 5-165　不同参数的单块玻璃方案示意

⑤ 电子封样:青岛万达城制作了三块电子封样,最终选择弧形铝板与折线玻璃铝板交接处做非实体样板段和实体样板段。电子封样制作完交付施工单位进行非实体样板段施工,在非实体样板段中发现问题并调整电子封样模型,再交付施工

单位指导实体样板段施工。非实体样板为临时搭建模拟建筑主体上的样板,看完效果后会拆掉,实体样板段为在主体建筑上做的样板段(图 5-166、图 5-167)。

图 5-166　电子封样模型

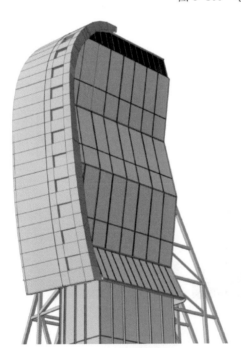

图 5-167　电子封样指导非实体样板段施工

⑥ 模型整合:幕墙 BIM 模型搭建完毕后与建筑结构机电 BIM 整合,本项目在 Navisworks 中进行整合。并从室内外检查幕墙和建筑、结构、机电等专业之

间的碰撞问题。整合后发现屋顶机房有碰撞，根据碰撞结果，幕墙 BIM 调整屋
顶穿孔铝板位置，在碰撞报告中出示问题解决方案（图 5-168—图 5-171）。

图 5-168　屋面在主题公园室内的观察效果

图 5-169　从室内检查冰场采光顶示意

图 5-170　检查屋面幕墙

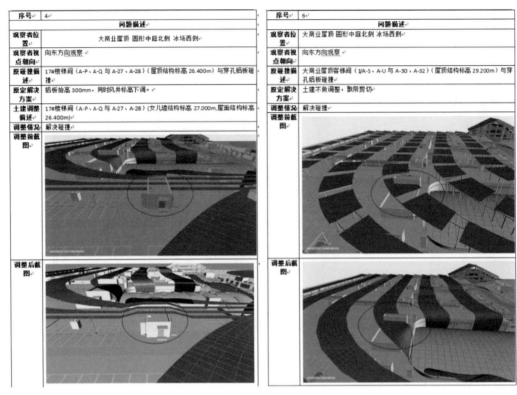

序号	4	序号	6
问题描述		**问题描述**	
观察者位置	大商业屋顶 圆形中庭北侧 冰场西侧	观察者位置	大商业屋顶 圆形中庭北侧 冰场西侧
观察者视点朝向	向东方向观察	观察者视点朝向	向东方向观察
原碰撞描述	17#楼梯间（A-P、A-Q 与 A-27、A-28）（屋顶结构标高 26.400m）与穿孔铝板碰撞	原碰撞描述	大商业屋顶客梯间（1/A-S、A-U 与 A-30、A-32）（屋顶结构标高 29.200m）与穿孔铝板碰撞
原定解决方案	铝板抬高 300mm，同时风井标高下调	原定解决方案	土建不做调整，飘带剪切
土建调整描述	17#楼梯间（A-P、A-Q 与 A-27、A-28）（女儿墙结构标高 27.000m，屋面结构标高 26.400m）	调整情况	解决碰撞
调整情况	解决碰撞	调整前截图	
调整前截图		调整后截图	
调整后截图			

图 5-171　屋顶碰撞报告

⑦ 模型交付：整合模型交付施工单位，指导施工单位施工。如图 5-172 所示，通过 BIM 模型交付施工单位直接进行采光顶施工，施工单位通过 BIM 模型提供的信息进行下料施工。

图 5-172　直接采光顶施工现场

5.5　BIM 设计的成果交付

为便于施工图设计阶段 BIM 项目设计、验收和交付,应明确 BIM 项目交付的内容、交付标准与范围、交付深度等具体内容和形式。

5.5.1　交付内容

如表 5-11 所示某项目 BIM 设计施工图的交付内容,设计单位可以根据合同要求,交付相应的电子文件和纸质文件。

表 5-11　　　　　　　　　　施工图交付内容

阶段	BIM 设计图纸成果	成果格式或形式	备注
施工图设计阶段	(1) 施工图设计全套图纸:纸质蓝图	纸质图	(1) 除使用 BIM 设计完成的传统平、立、剖及详图等二维图纸外,还包含部分建筑整体、局部三维图纸,协助业主、施工单位正确理解设计意图和成果。 (2) 按设计进度时间节点交付。
	(2) 施工图设计全套图纸:电子版	PDF, DWG 等格式	
	(3) BIM 碰撞检查、综合排布等优化分析报告:电子版	XML, PDF 等格式	(1) 基于 BIM 模型完成的碰撞检查、管线综合排布等核查与优化分析报告,其中包含有关模型构件的位置信息、问题描述、优化解决方案等内容。 (2) 设计图纸交付后 3 周内交付
	(4) 施工图设计 BIM 模型:电子版	NWC/NWF/NWD 或 DWF/DWFX 等格式	(1) 包含构件的名称、编号或型号、几何尺寸、位置、材质、流量、电压、功率等主要机电参数信息的土建及机电专业轻量化 BIM 浏览模型。 (2) 基于此模型进行全专业碰撞检查、多模型集成浏览、设计审核与协调、数据信息查询与传递等。 (3) 设计图纸交付后 4 周内交付
	(5) BIM 设计模型空间漫游模拟:电子版	AVI, MP4 等视频格式	(1) 基于 BIM 模型成果完成的,主管廊、机房等重点空间的、预设漫游路径的模拟漫游成果。 (2) 用于协助业主项目招投标、项目介绍、方案对比等工作必要的项目展示。 (3) 设计图纸交付后 3 周内交付
	(6) BIM 模型等成果使用说明	PDF 格式	(1) 针对 BIM 模型、漫游模拟、碰撞报告、设计图纸等电子版 BIM 设计成果的使用说明文件。 (2) 设计图纸交付后 3 周内交付

5.5.2　交付标准与范围

BIM 设计图纸均应符合企业《建筑工程设计文件编制深度规定》的要求,其深度应满足发包人要求、土建施工、设备安装、工程预算、设备材料加工订货的需要,并符合相关规范、规程和技术标准。

在最终以设计图纸履行合约需求的前提下,明确 BIM 施工图设计出图范围是非常必要的。BIM 施工图阶段设计水平较高的企业的出图范围(表 5-12—表5-16),设计单位可以按照实际应用状况、合同内容等有所选择,适当提高或降低标准。

1) 建筑专业 BIM 设计出图范围表(表 5-12)

表 5-12　　　　　　　　建筑专业 BIM 设计出图范围表

图纸类型	BIM 出图	CAD 出图	备注
图纸目录	√		
设计说明		√	
材料做法表		√	
总平面图		√	
各类定位图	√		
各层各类分区图	√		
各层平面示意图	√		
各层平面图	√		
立面图	√		
剖面图	√		
各类详图	√		

2) 结构专业 BIM 设计出图范围表(表 5-13)

表 5-13　　　　　　　　结构专业 BIM 设计出图范围表

图纸类型	BIM 出图	CAD 出图	备注
图纸目录	√		
设计说明		√	
基础底板组合平面图	√		
基础底板结构模板图	√		
基础底板配筋平面图		√	
基础详图		√	
各层墙柱平面图	√		
剪力墙详图	√		
各层组合平面图	√		
各层模板平面图	√		
各层楼板配筋平面图	√		
各层梁配筋平面图	√		
楼梯详图	√		
钢结构详图		√	
坡道详图	√		

3) 暖通专业 BIM 设计出图范围表(表 5-14)

表 5-14　　　　　　　　暖通专业 BIM 设计出图范围表

图纸类型	BIM 出图	CAD 出图	备注
图纸目录	√		
使用标准图纸目录		√	
设计说明		√	
主要设备材料表	√		
图例		√	

续表

图纸类型	BIM 出图	CAD 出图	备注
各类原理图		√	
各类系统图		√	
干管轴测图		√	
各层各类平面图	√		
各类机房剖面图	√		
机房放大图、大样图	√		
机房详图	√		

4）给排水专业 BIM 设计出图范围表（表 5-15）

表 5-15　　　　　　　　给排水专业 BIM 设计出图范围表

图纸类型	BIM 出图	CAD 出图	备注
图纸目录	√		
使用标准图纸目录		√	
设计说明		√	
主要设备材料表	√		
图例		√	
各类系统图		√	
各层各类平面图	√		
各类放大图、大样图	√		
各类详图	√		

5）电气专业 BIM 设计出图范围表（表 5-16）

表 5-16　　　　　　　　电气专业 BIM 设计出图范围表

图纸类型	BIM 出图	CAD 出图	备注
图纸目录	√		
使用标准图纸目录		√	
设计说明		√	
主要设备材料表	√		
图例		√	
各类系统图		√	
各类示意图		√	
控制要求一览表		√	
各层各类平面图	√		
各层各类布置图	√		
各类平面示意图	√		
各类剖面图	√		

5.5.3　成果文件深度标准

　　在 BIM 设计交付物中，交付成果文件深度标准，实际上是信息模型深度标准,本节建筑信息模型施工图阶段深度标准参考北京市《民用建筑信息模型设计标准》(模型深度等级 2.0～3.0 级),并考虑与国际通用的模型深度等级(LOD 300)相对应,模型深度的具体描述,又分为几何信息深度和非几何信息深度两个方面。

1) 建筑专业模型深度等级表

建筑专业模型深度等级分为建筑专业几何信息深度等级(表 5-17)和非几何信息深度等级(表 5-18)。

表 5-17 建筑专业几何信息深度等级表

项目	列项	内容	1.0级	2.0级	3.0级	4.0级	5.0级
几何信息深度	1	场地:场地边界(用地红线、高程、正北)、地形表面、建筑地坪、场地道路等	✓	✓	✓	✓	✓
	2	建筑主体外观形状:例如体量形状大小、位置等	✓	✓	✓	✓	✓
	3	建筑层数、高度、基本功能分隔构件、基本面积	✓	✓	✓	✓	✓
	4	建筑标高		✓	✓	✓	✓
	5	建筑空间		✓	✓	✓	✓
	6	主体建筑构件的几何尺寸、定位信息:楼地面、柱、外墙、外幕墙、屋顶、内墙、门窗、楼梯、坡道、电梯、管井、吊顶等		✓	✓	✓	✓
	7	主要建筑设施的几何尺寸、定位信息:卫浴、部分家具、部分厨房设施等		✓	✓	✓	✓
	8	主要建筑细节几何尺寸、定位信息:栏杆、扶手、装饰构件、功能性构件(如防水防潮、保温、隔声吸声)等		✓	✓	✓	✓
	9	主要技术经济指标的基础数据(面积、高度、距离、定位等)		✓	✓	✓	✓
	10	主体建筑构件深化几何尺寸、定位信息:构造柱、过梁、基础、排水沟、集水坑等			✓	✓	✓
	11	主要建筑设施深化几何尺寸、定位信息:卫浴、厨房设施等			✓	✓	✓
	12	主要建筑装饰深化:材料位置、分割形式、铺装与划分			✓	✓	✓
	13	主要构造深化与细节			✓	✓	✓
	14	隐蔽工程与预留孔洞的几何尺寸、定位信息			✓	✓	✓
	15	细化建筑经济技术指标的基础数据			✓	✓	✓
	16	精细化构件细节组成与拆分的几何尺寸、定位信息				✓	✓
	17	最终构件的精确定位及外形尺寸				✓	✓
	18	最终确定的洞口的精确定位及尺寸				✓	✓
	19	构件为安装预留的细小孔洞。				✓	✓
	20	实际完成的建筑构配件的位置及尺寸					✓

表 5-18　　　　　　　建筑专业非几何信息深度等级表

项目	列项	内　　容	1.0级	2.0级	3.0级	4.0级	5.0级
非几何信息深度	1	场地:地理区位、基本项目信息	√	√	√	√	√
	2	主要技术经济指标(建筑总面积、占地面积、建筑层数、建筑等级、容积率、建筑覆盖率等统计数据)	√	√	√	√	√
	3	建筑类别与等级(防火类别、防火等级、人防类别等级、防水防潮等级等基础数据)		√	√	√	√
	4	建筑房间与空间功能,使用人数,各种参数要求		√	√	√	√
	5	防火设计:防火等级、防火分区、各相关构件材料和防火要求等		√	√	√	√
	6	节能设计:材料选择、物理性能、构造设计等		√	√	√	√
	7	无障碍设计:设施材质、物理性能、参数指标要求等		√	√	√	√
	8	人防设计:设施材质、型号、参数指标要求等		√	√	√	√
	9	门窗与幕墙:物理性能、材质、等级、构造、工艺要求等		√	√	√	√
	10	电梯等设备:设计参数、材质、构造、工艺要求等		√	√	√	√
	11	安全、防护、防盗实施:设计参数、材质、构造、工艺要求等		√	√	√	√
	12	室内外用料说明。对采用新技术、新材料的做法说明及对特殊建筑和必要的建筑构造说明		√	√	√	√
	13	需要专业公司进行深化设计部分,对分包单位明确设计要求,确定技术接口的深度			√	√	√
	14	推荐材质档次,可以选择材质的范围,参考价格			√	√	√
	15	工业化生产要求与细节参数				√	√
	16	工程量统计信息:工程采购				√	√
	17	施工组织过程与程序信息与模拟				√	√
	18	最终工程采购信息					√
	19	最终建筑安装信息、构造信息					√
	20	建筑物的各设备设施及构件的维修与运行信息					√

2) 结构专业模型深度等级表

结构专业模型深度等级分为结构专业几何信息深度等级表(表 5-19)和非几何信息深度等级表(表 5-20)。

表 5-19　　　　　　　结构专业几何信息深度等级表

项目	列项	内　　容	1.0级	2.0级	3.0级	4.0级	5.0级
几何信息深度	1	结构体系的初步模型表达结构设缝主要结构构件布置	√	√	√	√	√
	2	结构层数,结构高度	√	√	√		√

续表

项目	列项	内　容	1.0级	2.0级	3.0级	4.0级	5.0级
几何信息深度	3	主体结构构件：结构梁、结构板、结构柱、结构墙、水平及竖向支撑等的基本布置及截面		√	√	√	√
	4	空间结构的构件基本布置及截面，如桁架、网架的网格尺寸及高度等		√	√	√	√
	5	基础的布置及尺寸，如桩、筏板、独立基础等		√	√	√	√
	6	主要结构洞口定位、尺寸		√	√	√	√
	7	次要结构构件深化：楼梯、坡道、排水沟、集水坑等			√	√	√
	8	次要结构细节深化：如节点构造、次要的预留孔洞			√	√	√
	9	建筑围护体系的结构构件布置			√	√	√
	10	钢结构深化			√	√	√
	11	精细化构件细节组成与拆分，如钢筋放样及组拼，钢构件下料				√	√
	12	预埋件、焊接件的精确定位及外形尺寸				√	√
	13	复杂节点模型的精确定位及外形尺寸				√	√
	14	施工支护的精确定位及外形尺寸				√	√
	15	构件为安装预留的细小孔洞				√	√
	16	实际完成的建筑构配件的位置及尺寸					√

表 5-20　　　　　　结构专业非几何信息深度等级表

项目	列项	内　容	1.0级	2.0级	3.0级	4.0级	5.0级
非几何信息深度	1	项目结构基本信息，如设计使用年限，抗震设防烈度，抗震等级等	√	√	√	√	√
	2	构件材质信息，如混凝土强度等级，钢材强度等级	√	√	√	√	√
	3	构件的配筋信息钢筋构造要求信息，如钢筋锚固、截断要求等		√	√	√	√
	4	防火、防腐信息		√	√	√	√
	5	对采用新技术、新材料的做法说明及构造要求，如耐久性要求、保护层厚度等		√	√	√	√
	6	其他设计要求的信息		√	√	√	√
	7	工程量统计信息：主体材料分类统计，施工材料统计信息				√	√
	8	工料机信息				√	√
	9	施工组织及材料信息				√	√
	10	建筑物的各设备设施及构件的维修与运行信息。					√

3) 机电专业模型深度等级表

机电专业模型深度等级分为机电专业几何信息深度等级表（表 5-21）和非几何信息深度等级表（表 5-22）。

表 5-21　　　　　　　　　　机电专业几何信息深度等级表

项目	列项	内　　容	1.0 级	2.0 级	3.0 级	4.0 级	5.0 级
几何信息深度	1	主要机房或机房区的占位几何尺寸、定位信息	√	√	√	√	√
	2	主要路由（风井、水井、电井等）几何尺寸、定位信息	√	√	√	√	√
	3	主要设备（锅炉、冷却塔、冷冻机、换热设备、水箱水池、变压器、燃气调压设备等）几何尺寸、定位信息	√	√	√	√	√
	4	主要干管（管道、风管、桥架、电气套管等）几何尺寸、定位信息	√	√	√	√	√
	5	所有机房的占位几何尺寸、定位信息		√	√	√	√
	6	所有干管（管道、风管、桥架、电气套管等）几何尺寸、布置定位信息		√	√	√	√
	7	支管（管道、风管、桥架、电气套管等）几何尺寸、布置定位信息		√	√	√	√
	8	所有设备（水泵、消火栓、空调机组、暖气片、风机、配电箱柜等）几何尺寸、布置定位信息		√	√	√	√
	9	管井内管线连接几何尺寸、布置定位信息		√	√	√	√
	10	设备机房内设备布置定位信息和管线连接		√	√	√	√
	11	末端设备（空调末端、风口、喷头、灯具、烟感器等）布置定位信息和管线连接		√	√	√	√
	12	管道、管线装置（主要阀门、计量表、消声器、开关、传感器等）布置		√	√	√	√
	13	细部深化模型各构件的实际几何尺寸、准确定位信息			√	√	√
	14	单项（太阳能热水、虹吸雨水、热泵系统室外部分、特殊弱电系统等）深化设计模型			√	√	√
	15	开关面板、支吊架、管道连接件、阀门的规格、定位信息			√	√	√
	16	风管定制加工模型				√	√
	17	特殊三通、四通定制加工模型，下料准确几何信息				√	√
	18	复杂部位管道整体定制加工模型				√	√
	19	根据设备采购信息的定制模型					√
	20	实际完成的建筑设备与管道构件及配件的位置及尺寸					√

表 5-22 机电专业非几何信息深度等级表

项目	列项	内　　容	1.0级	2.0级	3.0级	4.0级	5.0级
非几何信息深度	1	系统选用方式及相关参数	√	√	√	√	√
	2	机房的隔声、防水、防火要求	√	√	√	√	√
	3	主要设备功率、性能数据、规格信息	√	√	√	√	√
	4	主要系统信息和数据	√	√	√	√	√
	5	所有设备性能参数数据		√	√	√	√
	6	所有系统信息和数据		√	√	√	√
	7	管道管材、保温材质信息		√	√	√	√
	8	暖通负荷的基础数据		√	√	√	√
	9	电气负荷的基础数据		√	√	√	√
	10	水力计算、照明分析的基础数据和系统逻辑信息		√	√	√	√
	11	主要设备统计信息		√	√	√	√
	12	设备及管道安装工法			√	√	√
	13	管道连接方式及材质			√	√	√
	14	系统详细配置信息			√	√	√
	15	推荐材质档次,可以选择材质的范围,参考价格			√	√	√
	16	设备、材料、工程量统计信息:工程采购				√	√
	17	施工组织过程与程序信息与模拟				√	√
	18	采购设备详细信息					√
	19	最后安装完成管线信息					√
	20	设备管理信息					√
	21	运维分析所需的数据、系统逻辑信息					√

6 BIM 设计的延伸应用

6.1 二次深化设计复核

按照国内建筑设计行业通行的交付标准,建筑师提供的施工图仍然不是可以完全指导施工的图纸。尤其在超高、特大项目中,真正意义上可用于施工的图纸,是依靠施工总包或者分包在施工前完成的深化设计图。一方面,施工深化图的信息在一定程度上会对施工图做出修正,这不可避免会导致施工深化设计的成果与施工图设计产生冲突。因此,在施工正式开始前,建筑师往往需要根据开发商的要求,对施工总包或分包提出的施工深化图进行进一步确认和把控。另一方面,由于建筑师不是项目建造的实施者,同时由于建筑师的安全设计和安全造价原则,在建筑设计中会存在一部分"过剩设计"——相对于性能非必须的部分。因此,在施工图深化设计阶段,各专业承包商往往可能会利用自身的管理和技术经验优化设计和施工,从而达到降低造价的目的。

深化设计是指承包单位在建设单位提供的施工图或合同图的基础上,对其进行细化、优化和完善,形成各专业的详细施工图,同时对各专业设计图进行集成、协调、修订与校核,满足现场施工及管理需要的过程。深化设计作为设计的重要分支,补充和完善方案设计的不足,有力地解决了方案设计与现场施工的诸多冲突,充分保障方案设计的效果还原。

二次深化设计复核包括以下两类。

(1) 专业性深化设计复核。专业深化设计的内容一般包括土建结构深化设计、钢结构深化设计、幕墙深化设计、电梯深化设计、机电各专业深化设计(暖通空调、给排水、消防、强电、弱电等)、冰蓄冷系统深化设计、机械停车库深化设计、精装修深化设计、景观绿化深化设计等。这种类型的深化设计复核应该在建设单位提供的专业 BIM 模型上进行。

(2) 综合性深化设计复核。对各专业深化设计初步成果进行集成、协调、修订与校核,并形成综合平面图、综合管线图。这种类型的深化设计复核着重与各专业图纸的协调一致,应该在建设单位提供的总体 BIM 模型上进行。

BIM 顾问单位在施工方深化设计的基础上建立精装、幕墙、钢结构等专业 BIM 模型、重点设备机房和关键区域机电专业深化设计模型,对这些设计内容在总体 BIM 模型中并进行复核,并向建设单位提交相应的碰撞检查报告和优化建议报告。BIM 顾问单位根据业主确认的深化设计成果,及时在 BIM 模型中做同步更新,保证 BIM 模型真实反映深化设计方案调整的结果,向建设单位报告咨询意见。

6.2 施工图设计验证

监理的目的是充分理解和监管建筑设计意图的最终实现,确保建筑设计的实现符合业主需求,从而保证开发主体的利益最大化。由于建筑师的职能定义就是业主利益的忠实代表和专业代理,出于对建筑产品负责,建筑师也必须全面监管建筑的建造过程,包括质量、时间、造价、功能及形式等,因此监理环节也是建筑师职能的组成部分。在实际操作中,监理职能中的施工技术、工程管理部分被称为工程监理,而与建筑设计相关的内容被称为设计监理。

设计阶段是确定工程项目造价的主要阶段。工程项目价值包括物化劳动价值和活化劳动价值。在设计阶段,项目的规模、标准、功能、组成构造等方面都具体化了,从而决定了工程项目的基本物化劳动价值。工程成本是物化劳动价值与活化劳动中必要劳动价值部分的总和。工程价格是工程成本与活化劳动价值中的另外一部分(即为社会所创造价值,比如利润和税金)的总和。所以设计阶段实际上是确定工程成本的阶段和确定工程价格的基本阶段。无疑一个工程项目的最终资金投放量的多少要看设计的结果如何。

BIM 技术能够在项目实施期间为设计监理提供全信息的沟通平台,便于和项目参与方进行设计意图表达和设计交底,也容易让施工企业立即了解设计意图。基于 BIM 的设计监理具体包括以下几个方面。

1) BIM 模型健康度检查

BIM 模型健康度检查是指对设计师创建的 BIM 模型的文件大小、质量和文件的有效性进行检查。通过压缩文件,清理未使用项,评估文件的警告信息并且进行核查,提供建议以增强 BIM 模型的有效性。具体检查内容包括项目文件分析、项目文件状态分析和工作集分析。

项目文件分析:即尽量把 BIM 文件压缩到最小,以提高项目文件的工作效率。

项目文件状态分析:即查找项目中的警告信息,并将项目中的警告信息列出并予以解决。因为当保存文件时,警告信息会限制文件的性能。

工作集分析:工作集是 BIM 实施最为重要的方面之一。工作集分析包括工作集的命名,物体所在工作集的一致性,说明工作集中不同的类型和元素数。创建合适的工作集结构能够帮助用户建立更优化和高效的工作流程,并且能够快速获得信息。

2) 基于 BIM 的设计质量审查

工程项目的质量目标与水平,通过设计监理使其具体化,据此作为施工的依据。设计质量的优劣,直接影响工程项目的使用价值和功能,是工程质量的决定性环节。传统的设计检查基于二维 CAD 图纸,效率低,检查不全面同时对检查人员的专业能力要求较高。BIM 技术通过集成项目各专业 3D 模型实现可视化、动态、全面性检查,效率高。BIM 工程师代表业主对设计质量进行控制的主要工作是审核设计图纸,即对设计成果进行验收。在初步设计阶段,应审核工程所采用的技术方案是否符合总体方案的要求,以及是否达到项目决策阶段确定的质量标准;在技术设计阶段,应审核专业设计是否符合预定的质量标准和要求;在施工图设计阶段,是设计阶段质量控制的重点,应注重反映使用功能及质量要求是否得到满足。

3) 基于 BIM 的设计优化

设计阶段是影响投资程度最大的阶段。按照德国专家墨尔的研究结果,工程项目各阶段对投资的影响程度是不同的。总的影响趋势是随着项目的开展,各项工作对投资影响程度逐步下降,方案设计阶段对投资的影响程度可高达95%,到施工阶段至多 10%。我国目前的实际情况是很多工程设计人员缺乏经济观念,设计思想保守,在设计过程中存在技术与经济脱节的问题,往往造成投资上的浪费。经验表明,一项合理的设计有可能使造价降低5%～10%,甚至更高。

在 CAD 时代,无论什么样的分析软件都必须通过手工的方式输入相关数据才能开展分析计算,而操作和使用这些软件不仅需要专业技术人员经过培训才能完成,同时由于设计方案的调整,造成原本就耗时耗力的数据录入工作需要经常性重复录入或者校核,导致建筑物理性能化分析以及建筑优化通常被安排在设计的最终阶段,成为一种象征性的工作,使建筑设计与建筑优化之间严重脱节。

利用 BIM 技术,建筑师在设计过程中创建的虚拟建筑模型已经包含了大量的设计信息(几何信息、材料性能、构件属性等),只要将模型导入相关的性能化分析软件,就可以得到相应的分析结果,原本需要专业人士花费大量时间输入大量专业数据的过程,如今可以自动完成,这大大降低了性能化分析的周期,提高了设计质量,同时也使设计公司能够提供更专业的设计优化建议。

4) 基于 BIM 的设计进度控制

工程项目的进度,不仅受施工进度的影响,而且设计阶段的工作,往往会直接影响整个工程的进度。如土建与设备各专业之间因缺乏协调而出现矛盾时,施工单位很难按图施工,只得通过业主告知设计单位几经周折才能解决,影响了工程进度和工序的正常开展。

在传统的建筑工程设计模式下,使用类似挣值法的工程项目管理方法,虽然能提高建筑工程设计管理水平，但也会为建筑设计企业带来额外的工作量。因为统计建筑工程设计项目的实际进度和工时需要耗费许多时间，准确性也较低，再将所统计的信息录入相应模板进行挣值法的过程也较为繁琐。

BIM 作为一个项目的信息综合平台，就能体现出自身的优势。以 Autodesk Revit 平台为例，通常利用 Revit 出图的建筑工程设计项目都会有完整的图纸清单，设计管理者仅需要在其中加入"图纸完成比"和"累计工时"的实例参数，并要求设计师定期填写这两项参数，就可以使用 Revit 的清单功能，输出即时、准确的设计进度和人力投入情况。再将所得数据输入挣值法模板，就能准确、高效地完成挣值法。如果建筑设计企业还具备软件二次开发的能力，甚至将挣值法模板写为插件，置于 Revit 中，让软件自动完成数据的读取和分析，进一步提高设计管理的效率。

5）可视化施工交底

随着国家经济的发展，建筑除了满足基本居住、生活需求外，更多地开始追求美学的表现，建筑复杂性也成几何形增长。传统 2D 图纸已很难对建筑信息进行表达。BIM 可视化交底确保施工单位能够很好地了解设计意图，减少施工错误，降低施工成本。

6.3 设计变更管理

在施工前或施工过程中，对设计图纸任何部分的修改或补充都属于设计变更。业主、工程师、设计单位、施工单位均可提出设计变更。例如，业主对项目功能的局部改变而提出的设计变更，设计单位因对原设计图纸修改和完善提出的设计变更，工程师或承包方对项目的合理建议产生的设计变更等。设计变更涉及设计图纸的修改，设计变更的图纸必须由原设计单位提供，或承包商提供并经过设计单位审查、签字确认。除设计单位，任何项目参与者提供的图纸均为无效。施工图纸的设计变更是进行施工的依据，也是工程决算、产生索赔以及工程交付使用后管理、维修的依据，它和原设计图纸一起组成一个完整的工程设计，并和原设计具有同等效力。因此，设计变更是一个非常重要和严肃的问题，做好工程建设项目中设计变更的管理，对确保工程质量、投资的有效控制以及提高企业经济效益和建设项目的社会效益都具有重要意义。

传统的设计变更管理流程涉及建设单位、设计单位、施工单位和监理单位等多方面，对施工进度、工程质量、投资控制以及各方面关系的协调都产生一定的影响。利用 BIM 技术，可以快速高效地对施工过程中建设单位、施工总包和分包提出的变更要求进行预先分析和评估，有助于项目决策方做出有效的决策方案，同时也便于项目竣工后的决算。基于 BIM 的设计变更管理主要表现在以下几个方面。

1）对变更的全面分析与评估

设计变更包括来自开发商的需求变更和非需求变更，大量的非需求变更往往为项目预算、进度管理带来挑战。如何快速、准确、全面地分析每次设计变更是项目成功的关键。BIM 技术创建的 3D 虚拟建筑模型是一个包含了建筑所有信息的数据库,如果将 3D 建筑模型赋予其他维度的信息,如时间、成本、项目全生命周期、可持续建筑评价指标等,可以形成 4D,5D,6D,7D 甚至 nD 的建筑数据模型。将项目任何的设计变更输入 BIM 模型中,可以实时、全面、动态、可视化地得出变更影响结果,如工期、成本、绿色环保、项目总投资的变化等。

2）图纸的快速生成

传统的建筑设计基于二维 CAD 图形编辑功能,需要对设计图纸进行精确的几何图形绘制或更改。这是一些非常直接的在图形元素上的操作,最终生成图纸上的线条打印出来,实质上是对以前手工绘画的电脑转换。该方式最大的缺点是一旦发生设计变更,图纸更改的工作量特别巨大而且繁杂。基于 BIM 参数化技术实现的建筑信息模型方法是以构件在真实世界的属性和行为特征建模,该模型包含的信息在建筑的整个生命周期中不断补充、细化和利用,可以实现其在建筑设计、施工和管理等过程中充分利用信息技术的优势。BIM 不但支持传统的建筑图纸表达方式,而且直接通过模型即可管理这些图纸,所以不需要利用额外的工具,即可实现数据的实时更新与协调。其数据输入简单并且可重复使用相关数据,数据利用率高。例如,在建筑第一层选择一片外墙移动,将导致所有与之相连的竖向墙体做出相应的移动。屋顶将随着墙移动并保持悬挑关系,其他外墙将延伸以保持与移动的墙相连,内墙也将延伸到与移动的墙相连,房屋的面积将在房间列表中更新,以反映最新的空间大小。同样,在平面图、屋顶平面图、室内、室外立面图、面积大小和工程量将立即更新。

3）变更审批流程的极大简化

设计变更流程一般包括变更的提出,变更的审批和变更的实施与控制。传统的变更流程建立在直线型管理与有限的决策参考信息之上(图 6-1),更多地靠管理者的管理能力和项目经验。基于 BIM 的变更审批流程(图 6-2)建立在环形组织和丰富的决策信息之上,从对人与人之间的沟通交流转变为人与 BIM 模型之间的沟通。同时整套流程建立在项目统一的服务器上,实现对每一个变更进展情况的实时跟踪与监控达到省时、省力、高效的目的。

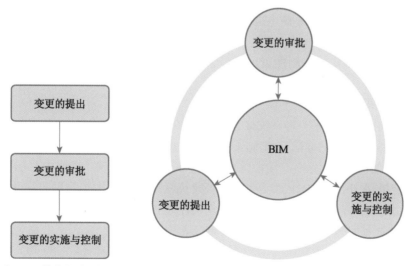

图 6-1　传统的变更流程　　　　　图 6-2　基于 BIM 的变更流程

4）可视化全过程变更资料管理

基于 BIM 的可视化全过程变更资料管理，就是业主、设计、施工等各个专业在同一个工作平台下工作，设定的项目中心文件集体共享，不同专业人员使用各自的 BIM 核心软件建立自己专业相关的 BIM 模型，与这个中心文件链接，并在与其同步后，将新创建或修改的信息自动添加到中心文件。这个中心文件就是建筑数据库信息模型，各专业都可以在此模型中查看其他专业部件的布置及其信息，从而实现信息共享整体推进。对于结构复杂、系统庞大、功能众多的建筑项目，各施工单位之间的协调管理显得尤为重要。有了 BIM 这样一个信息交流的平台，每一次的设计变更都可以使建设单位、设计院、顾问公司、施工总承包、专业分包、材料供应商等众多单位在同一个平台上实现变更数据共享，完成设计变更全过程，同时使沟通更为便捷，协作更为紧密，变更管理决策更为有效。基于 BIM 的可视化变更资料管理也为后期工程审核以及工程竣工资料的完成提供有力支撑。

6.4　BIM 与建筑生命周期评价方法

6.4.1　可持续建筑与新的思维方式

可持续建筑就是将建筑与自然环境、社会环境作为一个整体系统考虑。衡量建筑的可持续性，也是衡量建筑对自然与人类社会的影响程度。自然环境、人类健康与经济效益是影响建筑可持续性的三个主要因素。

由于可持续建筑的概念与传统建筑概念不同，对可持续建筑的设计与评价方式也随之发生转变。不同设计参量会影响建筑整体的可持续程度，如不同的建筑形体系数、窗墙面积比、朝向、建筑地理位置、维护结构设计、建筑材料与构件选用等条件会对建筑的能耗、水耗、环境排放、室内空气质量、人体舒适度等可持续指标产生复杂和综合的影响。整合方法与生命周期思想采用系统的方法，考察建筑对环境和社会的能源流动和物质流动，加入时间周期概念，从建筑形成到寿命终止整个过程考察建筑的可持续性。整合方法不是单一的建筑阶段与单项指标（能耗、水耗、材料、场地、交通等）的满足，因此这种方法可以量化控制多重建筑参量，整体地控制建筑可持续性，使建筑的可持续性得以真正实现。

6.4.2　生命周期方法

生命周期方法是一种系统整合的方法，它从建筑规划设计、建筑材料的开采、构件的加工、场地的运输、建造施工、使用、运营维护修缮、构件替换、到建筑寿命终止、拆除处理建筑生命各个阶段综合考察建筑生命周期表现。这种方法可以量化建筑的能耗、水耗、废弃物、成本等各个有关建筑可持续性的因素，帮助建筑设计者、使用者、开发商和问题决策者等各个利益相关者对建筑的性能进行控制与预测。

生命周期方法在建成环境方面的应用主要表现在建筑生命周期评价（LCA），在建筑经济方面称为建筑生命周期成本（LCC）。LCA 与 LCC 依据不同的建筑相关数据与信息进行建筑可持续性评价，为建筑的可持续性提供支持。

建筑生命周期评价通过对建筑材料、构件与建筑整体信息的研究(建筑中能源、水、材料的输入与废弃物、副产品的输出)量化考察建筑的环境影响、人类健康影响与能源排放等。专门的计算工具与数据库开发使建筑生命周期评价日益完善,虽然这种方法还不能完全评估所有的可持续指标,但它能够提供一种比较成熟与综合的评价方法。

建筑生命周期成本关注整个建筑生命周期的初始成本、运行成本和相关的成本节约问题及初始成本的回报问题,为建筑成本投资提供参考与决策信息。比如,高效的设备系统通常比低效的系统成本高,但是从建筑生命整个生命周期出发,购买成本、能耗、维护、替换等成本的总和往往能更清楚地比较出两种设备系统的真实成本。

6.4.3　BIM 与建筑生命周期评价的关联

LCA 与 LCC 需要以大量的数据信息作为基础,才能实现量化的可持续性评价。对于不同建筑与实际项目,相关的建筑信息的获取与数据精确性对建筑的可持续性评价十分重要。BIM 作为生命周期管理工具,为建筑生命周期方法的应用提供了理想的平台。BIM 可以建立建筑场地、建筑构件、结构、设备管线等模型,将建筑生命周期各个阶段的情景模拟出来,这些模型代表的数据信息为生命周期评价提供直接的数据,将 LCA 与 LCC 的可操作性大大提升(图 6-3)。BIM 具有的以下特点使得其与生命周期评价的关联与整合十分有优势。

图 6-3　基于 Revit 的 LCA 工具——Tally 的操作界面

(1) 整合性与生命周期思想的结合。与一般设计工具不同,基于 BIM 的建筑设计工具不止针对设计前期开发,它包括场地规划、方案设计、施工过程控制等其他具体的设计阶段,将项目实施的阶段逐一细化考虑,针对不同项目又有不同侧重,整合了设计、施工、维护、拆除等阶段的建筑模型模拟,对建筑、结构、暖通、电气、给排水等各个专业部门的模型可以统一管理,使信息完整充分,实现整个项目各时期与各部门的信息化与统一化。

(2)建筑信息化与参数化管理。BIM 将建筑几何信息与数据信息关联,模型实时反映建筑的各种三维图形与二维数据,分别用于设计调整与其他可持续性分析,实现了模型数据信息化。BIM 模型中,建筑构件构造形式、材料种类与物理属性可以根据需要修改与编辑,与生命周期相关的建筑材料环境与成本等可持续性相关信息可以添加至构件材料数据库,丰富完善建筑构件信息,为今后建筑可持续性设计与决策提供技术支持(图 6-4)。

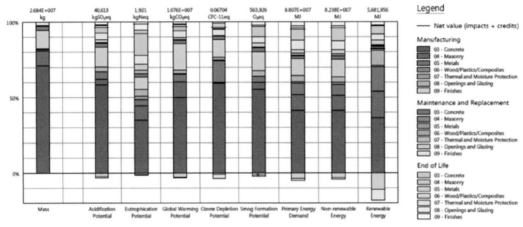

图 6-4　Tally 计算结果

(3)信息输出与反馈。BIM 与生命周期评价工具的结合可以对建筑、结构、设备等各个设计方案实现关联的环境评价与经济分析,提供建筑项目的可持续性指标与量化数据,形成统一的建筑设计与评价系统,BIM 可以根据分析评价的数据反馈结果重新调整建筑各个方案,这种结果预测与方案优选过程相互作用与影响,最终完成可持续性建筑(图 6-5、图 6-6)。

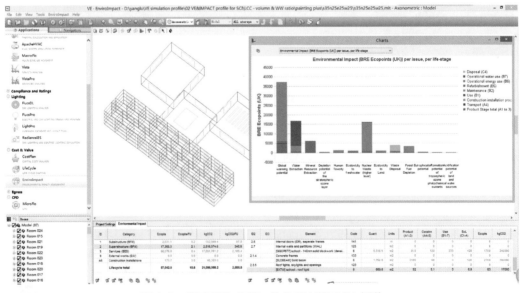

图 6-5　基于 IES〈VE〉的 IMPACT-LCA 评价

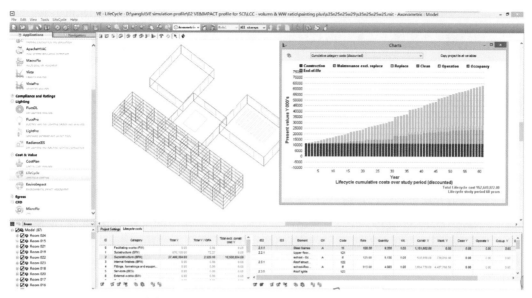

图 6-6　基于 IES＜VE＞的 IMPACT-LCC 评价

6.5　BIM 模型对施工的价值及服务

6.5.1　设计模型和施工模型

　　设计阶段创建的建筑信息模型主要服务于表达设计意图以及进行设计阶段的多专业协同,并不包含施工阶段 BIM 应用所包含的信息,因此不能直接用于辅助施工。出现这种现象的根本原因是传统的工程交付模式人为地割裂了设计阶段和施工阶段,承包商不能介入设计阶段的工作,所以不能将施工阶段的信息和知识在设计成果中整合。随着 BIM 技术的发展和广泛应用,行业内逐渐认识到 BIM 技术对项目团队合作以及项目实施管理的意义。在欧美国家,有前瞻精神的设计师已经开始在设计阶段咨询承包商和设施管理方的意见,并将其融入设计阶段的成果(不仅仅局限于模型)中。在受到某些法律法规约束(比如中国的招标投标法)的情况下,设计师可能无法和本项目的承包商进行直接有效沟通,这就需要业主对设计和施工阶段的信息整合有充分的认识和重视,通过项目前期对信息流的合理规划,在设计阶段为施工阶段进行数据和信息的准备,才能达到整合设计和施工阶段信息的目的。施工阶段 BIM 模型主要应该包含以下信息。

　　① 施工 BIM 模型首先应该包括建筑及其组成构件的详细几何空间信息。模型中的几何空间信息通过三维可视化的形式准确定义建筑中每一个组成构件自身的尺寸、位置、与其他构件之间的空间关系,同时可以计算相关工程量信息。

　　② 施工 BIM 模型还应该包括施工过程中用到的临时设施和构件,比如吊车、运输车辆、脚手架、临时支护设施等,因为这些临时构件对项目的施工进度计划和组织非常重要。

③ 施工 BIM 模型中的各个构件应该和其相应的施工做法说明相关联。这些信息用于施工过程中的材料采购、施工工艺选择、安装方案、试运行等。

④ 施工 BIM 模型中和系统设计相关的构件,还应该包含其工程分析和计算信息,比如结构荷载、热负荷、设计照度等,用于施工过程中对各工程系统及其组成构件进行采购和制造。

目前行业内还没有一款 BIM 工具能够把施工阶段所需要的信息全面整合,但信息的全面整合是一种明确的并且有实际意义的趋势。因为设计和施工是两个相对独立的过程,并且因为每个过程内不同领域的专业人员在建立 BIM 模型时的侧重点不同,所以很可能需要将设计阶段产生的,基于不同 BIM 工具的多个 BIM 模型在施工阶段进行整合,甚至整合部分非模型化的信息创建施工 BIM 模型。

BIM Handbook 一书介绍了创建施工 BIM 模型的流程,如图 6-7 所示。在参与项目的多个团队中,一部分团队以 BIM 模型为工作平台,而另外一些团队仍然使用传统的二维 CAD 图纸进行信息和资料的传递模式。在这种情况下,除非有合同明确规定,总包商通常会负责将分包商或设计方的二维图纸进行模型化处理,并有责任在二维图纸出现内容更新的时候,随时对 BIM 模型进行同步更新,以确保 BIM 模式准确反映最新的设计。之后,由总包商或指定的咨询工程师对各方的 BIM 模型在同一个平台上进行整合,形成一个共享的 3D BIM 模型,用来支持各种应用,包括三维空间可视化、施工组织设计、分包商之间的协同工作、工程量计算等。

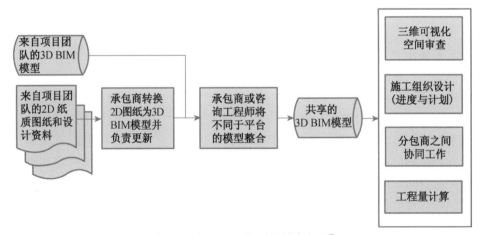

图 6-7　施工 BIM 模型的创建流程[①]

BIM 模型对于施工阶段的工作具有重要意义。施工单位(包括总包方和分包方)可以利用 BIM 模型进行设计深化后的碰撞检查充分协同分包商之间的工作内容,可以快速准确提取各种工程量清单并进行成本预算和控制,可以有效利用 4D 模拟进行施工进度组织和优化,可以整合进度和成本实现项目管理的 5D

---

① 图片参考:Eastman C,Teicholz P,Sacks R,et al. BIM Handbook:A Guide to Building Information Modeling for Owners,Managers,Designers,Engineers,and Contractors [M]. 2nd Edition. Hoboken:John Wiley & Sons Inc. ,2011.

模拟,可以有效支持工厂预制件生产,进而提高建设效率和质量并有效降低安全风险,可以辅助施工现场进行定位和追踪等。本节重点讨论和设计阶段 BIM 模型紧密相关的两个施工阶段的主要应用:工程量计算与成本、施工分析和进度组织。

6.5.2　BIM 模型用于工程量计算和成本控制

　　成本、质量、工期是传统意义上衡量一个建筑工程项目成败的三个最为重要的目标,而成本控制是贯穿项目全生命周期的工作。在项目的规划设计阶段就需要多次对项目进行成本计算和分析。在项目立项阶段,在可行性研究中,应该对不同建设方案的成本估算,进而最终确定建设方案;在项目扩初设计阶段,应该根据建筑形式和主要设备系统选型对项目进行概算分析。估算和概算都是在工程项目的详细设计尚未完成时进行的,因此必然具有不准确的特性。通常一个建设工程项目应该在施工图设计结束后,项目中涉及的各个系统和构件的要求都已经明确的情况下进行精确的成本预算工作。然而这种在设计完全结束后才进行预算的做法存在明显缺陷,因为一旦成本计算结果超过了预先设定的预算范围,则必须应用价值工程分析去消减设计中的功能或质量标准,甚至不得不取消建设项目。理想的做法是在设计的过程中就可以实时计算分析整个项目的成本,从而随时掌握项目的成本构成,同步进行设计决策以保证项目的预算目标。在设计和施工阶段正确应用 BIM 模型,可以有效协助实时成本分析和预算控制。

　　在项目早期设计阶段,成本计算所能利用的主要信息是建筑物的主要参数,比如各类功能区的面积和体积、车位的个数、电梯的个数等。这个阶段的成本估算主要是通过单位成本法用不同类型的成本单价乘以其数量(比如每平方米办公区域的成本乘以办公区域的总面积)然后将全部类型的成本相加获得。大多数的建筑概念设计软件更多关注建筑设计的造型表达功能,因此有可能无法定义不同成本类型的空间和构件,也就无法计算其相应的数量信息。因此,如果希望利用 BIM 模型进行项目估算,就必须将概念设计模型导入支持计算主要成本类型数量信息的 BIM 软件。

　　随着设计的深入,建筑物各系统逐步被细化,因此利用 BIM 模型进行更精确的工程量提取成为可能。目前市场上绝大部分 BIM 工具软件都具备从设计阶段生成的 BIM 模型提取构件的工程量(面积、体积、长度、数量)并形成报表的能力。但是目前没有任何一种 BIM 建模工具能够提供成本计算软件所需要的完全的电子表格能力,也就是说目前的 BIM 建模软件还不能替代预算软件,因此预算人员必须仔细衡量自身所具有的 BIM 能力、现有的预算软件以及现有的 BIM 建模工具中对 BIM 模型工程量提取的方法,综合确定利用 BIM 模型辅助预算工作的方法。*BIM Handbook* 一书总结了目前三种主流的 BIM 软件和造价分析软件整合辅助成本计算的方法。

1) 从 BIM 模型输出工程量到造价软件

　　目前,市场上几乎所有的 BIM 建模软件都可以从 BIM 模型中提取工程量并将其输出到 Excel 电子表格文件或输出到外部数据库。在美国市场上,根据实际造价工作内容的不同,存在超过 100 种不同的造价软件。在中国,主要的造价软件分为算量软件和计价软件。算量软件是用来计算工程量的,根据应用内容不同,又分为土建算量、钢筋算量、安装算量等,主要开发厂商有广联达、鲁班、清华斯维尔、建研科技等。计价软件有的用来套用不同地区的定额(中国计划经济下的特定标准),或用来套用我国清单计价标准的。目前绝大部分国内外的造价软件都是基于电子表格进行工作的,因此将 BIM 模型中的工程量通过电子表格或者数据库的形式输出到相应的造价软件是最基本的 BIM 辅助预算工作的方法,然而,这种工作模式要求 BIM 模型的创建要严格遵守根据后续造价软件的要求制定的建模规则,才能得到相对精确的结果。

2) 将 BIM 模型和造价软件直接关联

BIM 模型和造价软件可以通过在 BIM 建模软件中添加插件的方式将模型中的构件和造价软件中对该构件的价格定义直接关联。目前国外主要造价软件开发商都针对主流的 BIM 建模软件开发了不同用途的插件,这些开发商和造价软件包括 Saga Timberline 的 Innovaya、U. S. Cost 的 Success Design Exchange 和 Success Estimator,Nomitech 的 CostOS BIM Estimating,Vicosoftware 的 Estimator 等。这些插件或工具帮助造价员将 BIM 模型中的构件和造价软件中组成该构件价格的数据相关联(这些价格信息也可能来自和造价软件相关联的外部价格数据库,比如 R. S. Means)。

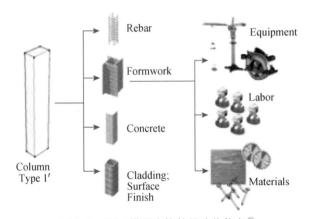

图 6-8　BIM 模型中构件的造价信息①

造价软件中通过"配方(recipe)"模式定义了各种构件的造价信息。如图 6-8 所示,一种类型的现浇钢筋混凝土柱,其造价信息首先被拆分成构筑这个钢筋混凝土柱的四个工序的造价信息,分别是"钢筋绑扎""支模板""浇筑混凝土""面层和饰面"。这个柱的造价就是四个工序造价的总和。而对于每一个工序,又可以拆分成可以计价的人、机、材。比如支模板这道工序,其涉及的人工价格可以通过定义每个模板工的人工时单价、模板工的工作效率以及模板工作量(钢

---

① 图片来自 www.vicosoftware.com。

筋混凝土柱的表面积或通过体积换算的面积)进行定义;机械价格可以通过支模板工作中用到的设备的单价、工效、工作量进行类似计算;材料价格可以通过该工序所消耗的材料价格(模板的折旧或租金、钉子等辅料的价格)和工程量信息进行计算。当人工、材料、机械的单价和工效都确定后,如果修改这个钢筋混凝土柱的设计(尺寸、形状、位置等),那么造价软件就可以通过自动计算修改后的工程量更新造价信息。当所有构件的配方信息都被完全定义后,对建筑物的设计进行任何改动,该工程的总建筑安装造价都会自动更新。

利用这种关联 BIM 模型和造价软件的模式,施工单位可以快速计算工程项目的成本信息,并且在设计发生变更时,可以准确评估由于变更带来的工程量的增减以及相应的成本变化。要实现这种自动关联,前提是工程项目的全部系统(包括土建系统和机电系统,甚至各种辅助系统)都应该整合在统一的 BIM 平台上,而这个要求在目前看来对部分承包商或建设项目可能还有困难。要推动这种造价管理模式,需要从两点上进行突破:首先,项目各参与方应该在达成协议的情况下,采用同一种 BIM 应用平台创建模型,或者至少是可以进行无损数据转换的 BIM 应用平台进行协作;其次,适合的项目交付模式也可以促进项目参与方在数据和信息方面的合作,比如建筑施工总承包(Design-Build,DB)模式或者目前开始时在欧美兴起的项目整体交付(Integrated Project Delivery,IPD)模式。

3) 使用第三方工程量提取工具

除了上面介绍的利用造价软件在 BIM 建模软件中添加插件的方法关联 BIM 模型构件和其造价信息外,还可以利用第三方开发专门用于工程量提取的软件工具,计算工程量并将其与造价信息相关联。虽然大多数 BIM 建模软件都可以计算工程量,但是 BIM 软件的工程量计算方法有可能和具体工程所需要的工程量计算要求不一致,同时,利用 BIM 软件进行工程量计算也要求造价人员掌握相应的 BIM 软件操作。目前主流的第三方工程量提取软件包括:Autodesk QTO、ExactalCostX、Innovaya、Vico Takeoff Manager 等。这些第三方工具软件都可以手动或自动将 BIM 模型中的构件和造价的"配方"相关联,有的还可以对 BIM 模型中的构件根据其做法说明进行注释,并且以可视化的方式显示工程量提取结果。

使用这种第三方工具软件进行工程量提取,需要注意 BIM 模型的版本变化,一旦 BIM 模型发生了改变,改动后的构件需要重新和造价信息进行关联,以确保造价信息的准确性。如果 BIM 模型和造价信息是通过插件进行关联,一般来说造价软件可以自动追踪 BIM 模型的版本变化,比如 Vico Office 软件可以通过其 Revit 插件发布模型到 Vico Office,而且在 Vico Office 中可以追踪不同 BIM 模型版本变化。第三方工程量提取软件通常需要由造价人员进行版本跟踪,有些工具软件,比如 Innovaya,可以将两次导入的模型中造价发生变化的构件用特殊颜色高亮提示,同时可以用另外一种颜色提示没有被包含在造价统计中的构件。

以上介绍的三种工程量提取的方法可以较为准确地计算项目的成本,但仍然不能达到我国建筑行业规定的预算标准,主要原因有两个:软件的算量规则和施工工艺的定义。目前使用的 BIM 建模软件几乎都是国外研发的产品，因此不支持我国建筑造价管理规定中的算量规则，比如梁、板、柱交接处构件体积的扣减方法。有些软件虽然可以比较灵活地定义某些规则，但仍然不能完全满足我国概预算要求，而且越是依靠灵活定义进行调整，造价分析的自动化程度越低。目前国内有几家造价软件开发商和 BIM 应用开发商正在对主流的 BIM 建模软件进行二次开发，以期实现符合我国造价标准的自动算量功能。同时，因为造价工作除了算量，还需要考虑计价，而我国从特有的计划经济年代延续下来的定额标准与国外通行的清单计价法存在巨大区别。虽然我国目前也在积极推行清单计价法，但其仍然有定额的影子，因此计价方面目前还很难直接应用国外的计价软件。目前比较可行的方法是通过符合中国算量标准的方法从 BIM 模型提取工程量后，结合我国的计价软件进行造价管理。有些国外的造价管理软件，比如 Vico Cost Planner，可以非常灵活地定义计价信息，因此可以实现符合中国标准的造价管理，同时也可以利用其附加的施工管理的多种功能，比如成本控制、限额规划等。

6.5.3 BIM 模型用于施工分析和进度组织

施工组织计划是指在空间和时间上对施工中涉及各个作业进行排序，同时要考虑到原材料采购、人工和设备资源的合理安排、空间限制条件等约束。传统上，甘特图（横道图、条状图）是进行施工进度组织的主要工具，但很难通过其分析紧前紧后工序之间的关联特性找到关键路径。近年来在建筑施工领域，支持关键路径分析法（CPM）的进度管理软件颇为流行，比如 Microsoft Project，Primavera SureTrak，P3/P6 等。随着 BIM 技术的发展，部分施工进度管理软件已经开始将 BIM 模型中的建筑构件和施工进度相关联，并能实现基于位置（location-based）的进度管理，比如 Vico Schedule Planner，能够有效管理从事重复性工作的团队在不同位置进行工作。

利用 BIM 模型辅助施工组织的最直接的效益是，通过将空间建筑构件和施工进度相关联，在三维空间内进行可视化的施工模拟，可以及时发现过去只有经验丰富的项目经理才能发现的施工进度组织问题。这种技术在 BIM 技术领域内称作 4D 施工模拟，是指在 3D（三维空间）的基础上，在第四个维度（时间）上对施工进度进行可视化处理。

4D 建模技术和相应的应用工具兴起于 20 世纪 80 年代，被用于大型、复杂工程，比如基础设施工程或能源工程，防止由于进度组织不合理造成的工程延期或成本增加。随着建筑工程中 3D 技术的普遍应用，早期的 4D 模拟使用"快照"的方法，手工建立 3D 模型和进度关键阶段（里程碑）的关联。90 年代的中后期，4D 模拟的商业软件开始逐步进入市场，允许工程技术人员将 3D 模型中构件或构件组合和施工进度中的任意时间相关联并能生成连续的动画文件，如图 6-9所示。BIM 技术下的 4D 进度模拟可以对同一个项目的不同施工组织进行反复模拟和优化，从而找到最佳施工方案。本节主要讨论应用 BIM 模型进行 4D 模拟的意义和实施过程中应该考虑的因素。

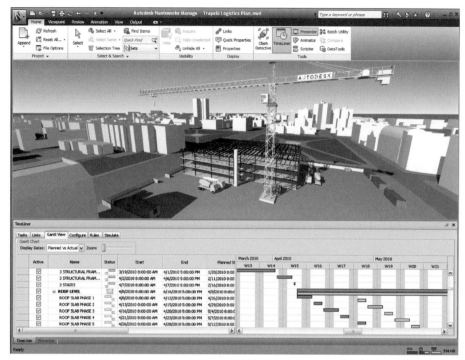

图 6-9 利用 BIM 模型进行 4D 模拟①

1）4D 模拟的意义

施工单位可以通过 4D BIM 模拟和评估施工组织计划,并将模拟的结果以可视化的形式和项目的其他参与方共享,让项目所有利益相关方都能够在不具备施工专业背景的情况下快速准确地理解其施工进度组织。作为一种辅助沟通的工具,4D 模拟主要能够带来如下收益。

通过在时间和空间上对施工组织进度进行可视化研究,承包商的施工进度设计团队可以发现潜在的时间—空间冲突,并找到通过传统的甘特图不易发现的进度优化潜力。

4D 施工模拟能以直观的方式向非专业人士(业主方的领导、建筑的终端用户、受到项目施工影响的邻里社区等)说明施工组织计划,从而能准确获取这些相关人员对施工进度计划的意见反馈,对原有施工组织进行必要的调整。

4D 施工模拟可以把施工时必要但不包含在建筑物模型内的设施和设备包含在施工进度计划里,比如物料堆放区域、临时道路交通、塔吊和运输车辆、脚手架等,从而对施工现场形成更为清晰准确的组织计划。

通过要求分包商提供 4D 施工模拟模型,并将其与总包方的施工计划进行4D BIM 整合,总包商可以有效协调分包商的施工顺序、施工空间安排等。

通过对比施工实际进度和计划进度,项目经理可以快速评估哪些构件的施工落后于进度计划,并利用 BIM 模型模拟多种进度调整方案,最终确定合理的补救措施。目前已经有项目通过无人机技术定期对施工现场进行扫描,并将点

---

① 图片来自 www.autodesk.com。

云模型与计划模型相比对，发现施工进度上存在的问题。

应用 4D 模拟需要相对较高的初期投入，包括创建合理的 BIM 模型，将模型的每一个构件和施工进度相关联，每次模型更新或者进度计划改动后对 4D 模拟的调整等。但是，大量的工程实践证实，当合理使用 4D 技术的时候，在工期和成本方面的回报，远远大于初期的投资。

2）4D 模拟需要考虑的问题

要实现 4D BIM 模拟如上所述的收益，合理创建 BIM 模型非常重要，同时也要正确选择适合的 4D 模拟软件。

为 4D 模拟建立的 BIM 模型，不同于设计阶段用于设计协同的 BIM 模型，需要考虑很多和施工工艺、施工工序相关的内容。

BIM 模型中的构件应该按照施工进度阶段进行分组，方便将构件批量和施工进度进行关联。

BIM 模型中的部分构件虽然看似一个整体，但如果施工工艺要求分阶段分步骤施工，则应该在模型中进行分隔。比如，如果一块巨大的现浇钢筋混凝土板应该分三次浇筑混凝土，则应该在模型中将整块板按照施工缝的位置分为三个构件，否则无法和施工进度进行正确关联。

根据施工 BIM 模型要求的精度，有可能需要对设计阶段的 BIM 模型进行深化。比如，如果 4D 模拟要求准确反映现浇钢筋混凝土结构的具体施工工艺，那么简单按照钢筋混凝土构件的外形尺寸进行建模就不够了，而要按照实际设计图纸对钢筋进行建模，然后构建模板，用以反映钢筋绑扎、支模板等施工工序。

在用于 4D 模拟的 BIM 模型中应该包含施工所需的临时设施并能够反映场地布置情况。

在选择 4D 模拟软件的时候，要评估其和 BIM 建模软件所构建的 BIM 模型的协同能力，主要考虑如下方面。

首先需要评估软件对于不同 BIM 建模平台创建的 BIM 模型的兼容能力，考察 4D 模拟软件可以顺利导入 BIM 模型中各个构件的哪些属性，比如空间几何信息、构件名称、构件统一编码、颜色、位置等。有些基础 4D 模拟软件只能从 BIM 模型导入最基本的空间位置和构件名称，其过滤功能和查询功能就非常有限了。

其次要评估软件对于不同施工进度格式文件的导入能力。目前，Microsoft Project 是最基本的进度软件，而某些更为专业的进度管理软件，比如 Primavera，通过数据库建立进度管理模式，要求相应的 4D 模拟软件有数据库连接和管理能力，才能导入 Primavera 创建的施工进度。

4D 模拟软件还应该具有对来自不同平台的多个 BIM 模型进行整合的能力。当土建模型是由一个设计公司提供，而设备安装模型由另外一个公司用不同 BIM 建模平台创建的时候，优秀的 4D 模拟软件应该可以导入两个或多个不同格式的模型文件，并将所有构件链接到施工进度。

优秀的 4D 模拟软件还应该具有对输入的 BIM 模型进行重组功能。设计阶段设计师创建设计模型时，其对构件的组合一般是基于方便建立设计模型的原则进行的，比如对于所有将要进行批量复制的构件进行组合，然后复制。但这些构件并不一定在施工阶段是同时施工的,所以需要将这些组合在 4D 模拟软件中打散,然后按照施工进度的规律重新组合。

4D 模拟软件还应该具有简单的建模能力。因为从设计师传递过来的 BIM 模型,一般来说不包含施工组织设计所必需的临时设施。4D 模拟人员可以在 BIM 建模软件中添加所需的临时设施,但也希望 4D 模拟软件具有简单的添加构件的建模功能,这样,一旦来自各方的模型整合完毕后,如果需要添加某些设施,可以避免很多重复性工作。

模型构件的自动关联功能可以大幅度提高 4D 模拟的工作效率。优秀的 4D 模拟软件除了自带的常用的自动关联规则外,还允许用户定制客户化的自动关联规则。比如,将构件名称开头含有"Exterior_Wall_3rd_Floor"(即第三层外墙)的所有构件和某一个特定的施工作业相关联,这样就避免了将第三层所有外墙构件一个一个手动与施工计划关联。成功应用自动关联功能的前提是,用于 4D 模拟的 BIM 模型的构件命名是符合一定命名标准的。

6.6 BIM 模型对运维的价值及服务

6.6.1 整合 BIM 和 FM 的价值

随着建设项目的功能越来越复杂,项目建成之后在运营和维护阶段对信息和数据的依赖性也越来越高。因此,在设计阶段就应该考虑运营和维护阶段的信息需求并开始相应的准备工作。然而,目前设施管理(Facility Management,FM)实践仍然停留在比较落后的水平。相比国外,国内的 FM 水平相对更低。大部分情况下,在项目结束后,业主会收到由设计方和施工方提交的项目执行各阶段的图纸、设计说明、施工文档、设备的说明书和使用手册、已经投入使用的设备的维护记录等资料。这些资料无论是电子版资料还是纸质版资料,通常都会被收藏到档案室以备有需要的时候查询。这种管理信息管理模式,在需要寻找某一个特定的数据的时候,存在很大的执行难度。

设施管理涉及的内容非常广泛,按照国际设施管理协会(IFMA)的定义,主要包括对人、过程、地点的管理,也就是业内常说的 3P(People,Process,Place)。楼宇运营维护阶段和 BIM 技术密切相关,设施管理功能主要包括四个方面:第一,用于结合计算机辅助维护管理系统(Computerized Maintenance Management System,CMMS)实现对楼宇各种服务系统和设备的维护水平;第二,用于结合计算机辅助设施管理系统(Computer-Aided Facility Management,CAFM)提升楼宇空间和人员管理的水平;第三,有效支持紧急事件处理和灾难应对;第四,结合能耗分析系统对楼宇运行期间等能耗水平进行监测和优化管理。因为本分册重点研究的是项目设计规划阶段 BIM 应用的价值,所以这里重点介绍 BIM 结合 CMMS、CAFM 的价值,而应急处理和能耗分析不做重点讨论。

有效整合项目全生命周期内的全部数据是应对运营和维护阶段对信息要求的理想模式。有效整合意味着在项目某一阶段所需要和所产生的数据,就在那个阶段以适合的粒度(详细度)和准确度被收集起来,并且对同一个数据只进行一次收集(减少不必要的工作并保证数据的一致性),之后及时对新的数据进行补充或更新。当项目竣工交付的时候,运营维护所需的所有数据和信息都应该准确处于可用的状态。将 BIM 技术和 FM 进行整合是这种理想的数据管理模式的基础,并能为业主带来以下三方面的实际意义。

1) 流线化的数据衔接和应用

整合 BIM 和 FM 后最显著和直接的效益是将 BIM 应用中获得的信息和数据直接导入下游 FM 应用中,避免二次输入所需的人工和时间。能够从 BIM 中提取的信息包括空间几何信息、功能空间定义、设备的类型、设备系统构成等。这种数据和信息的自动衔接,不但可以节省录入成本,同时可以避免人工输入产生的录入错误,从而保证 FM 系统中数据和信息的质量。设计阶段的模型传递到施工阶段后,总包商和不同专业的分包商继续在此模型基础上添加其所安装的设备和系统的各种信息,比如安装日期、生产厂商、产品序列号、保修期限、测试报告等,供运营和维护阶段使用。

为了实现在 BIM 模型和不同的设施管理系统或平台间有效进行数据衔接,必须存在一个被全行业认可的设施管理数据标准。按照这个标准在设计阶段建立的模型才能将模型中的数据有效提取,供下游的设施管理软件使用,同时,按照这个数据标准建立的设计模型才有可能被遵守同样标准的施工阶段充分利用,在设计模型的基础上添加施工阶段产生的各种运维需要的信息。图 6-10 显示的是在 Revit 环境下结合 FM:Systems 添加设备信息。

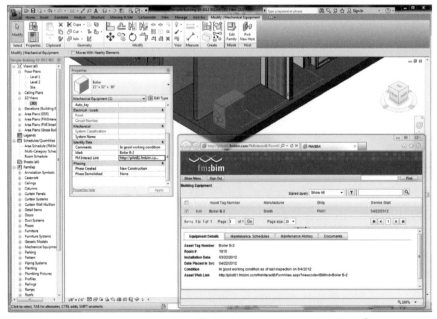

图 6-10　在 Revit 环境下结合 FM:Systems 添加设备信息①

_____

① 图片来自 www.fmsystems.com。

COBie 是目前业界公认的资产和设施管理的数据标准。COBie 是一个开放的行业标准,是 Construction Operations Building information exchange 的缩写。目前有超过 20 种商业软件间支持 COBie 标准,可以输出符合 COBie 格式的设施管理信息,也可以读入其他软件创建的 COBie 数据文件。常用的电子表格程序,比如微软的 Excel,也可以创建和交换符合 COBie 格式的数据。COBie 数据格式由 Whole Building Design Guide 创建和维护,6.6.2 节将对 COBie 标准进行简要介绍,在 www.wbdg.org 网站有更多相关的技术文件、案例模型和指导视频等。

2)可视化的空间管理

BIM 技术在可视化方面的能力是毋庸置疑的,特别是随时间推移把同一空间的不同景象进行显示的 4D 能力,能协助建设项目的各参与方就功能、技术、进度、成本、质量等问题进行高效沟通。对运营维护阶段的空间管理,在 BIM 技术的支持下,CAFM 系统可以展示真实的 3D 空间以及空间的各个系统和设备的关系,如图 6-11 所示。遵循合理模型结构和建模方法的模型,还可以展示隐蔽结构的空间关系,比如吊顶内部的管线、竖向管井内的结构、室外地面下预埋的各种系统等,如图 6-12 所示。

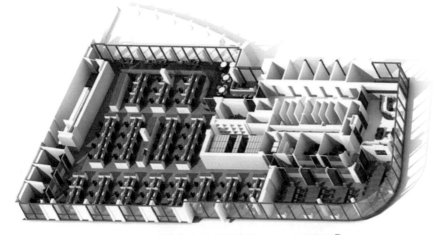

图 6-11　带有家具和设施的空间 BIM 模型[①]

3)快速便捷地获得数据和信息

BIM 和 FM 的整合根本上是将设计阶段和施工阶段产生的数据和信息与设施管理平台进行整合。在没有 BIM 技术的时代,FM 所需的数据是靠手工输入到设施管理系统中的。这种手工输入数据的方式非常低效,因此只能在有限的人力和时间内,输入 FM 管理系统所必须的信息,而更多的信息还要依靠传统的物理存储的方式。比如,大量设备的安装测试报告和使用说明书要么以物理形式存放在资料室,或者以数字文件格式存储在某个文件夹内,不能和 FM 系统中的设备进行有效关联,造成不能快速提取这些数据和信息。相反,当 BIM 模

---

①　图片来自 www.deckardtyler.com。

型和 FM 有效整合后,操作人员可以通过点击模型中的各个构件或设备,快速获得和被点击对象相关的各种数据和信息。

图 6-12　隐蔽空间内系统的可视化①

　　最新的 BIM 技术可以通过各种传感器获得运行中的各种设备和系统的运行状态,并将这些数据实时显示在 FM 管理系统中。BIM 模型与实时数据的整合不仅可以为运行中的各系统的分析和决策提供直观的反馈,更重要的是提供了一种静态 BIM 模型和动态运行数据的结合平台,为更多的智能化服务提供实用的接口。图 6-13 是将 BIM 模型中的某个灯具的能耗运行状态实时显示的实例。

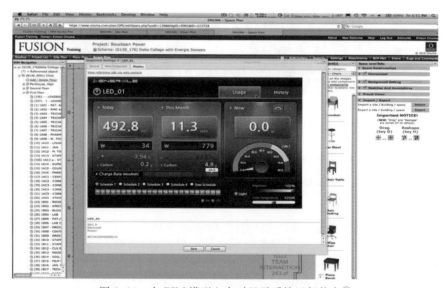

图 6-13　在 BIM 模型上实时显示系统运行状态②

---

　　①　图片来自 www.energyair.com。

　　②　图片来自 www.onuma.com。

6.6.2 COBie 标准

由于建筑行业是设计、施工、运营维护相对割裂的行业特色,不同阶段的专业认识往往只关注这个阶段的数据和信息,而很难保证在当前阶段产生的数据和信息可以被后续阶段有效利用。COBie 是一种面向运营和维护的数据标准。如果项目的各参与方在项目的每个执行阶段都确保按照 COBie 的要求创建和维护数据和信息,那么在竣工交付的时候,项目业主就会得到大部分支持 CMMS 和 CAFM 系统的关键信息,从而消除不必要的数据和信息的重新录入工作。设计阶段向施工阶段交付的内容包括建筑空间、结构系统、设备系统、设备空间布局等,施工向运维交付的内容包括所有安装的产品的数据、竣工布局(包括平面和空间)、产品保修信息和备件信息等,还有些信息是需要设计方和施工方合作建立的。按照 COBie 的要求,这里以与设计相关的内容为重点,介绍项目不同阶段需要创建和维护的内容(图 6-14)。

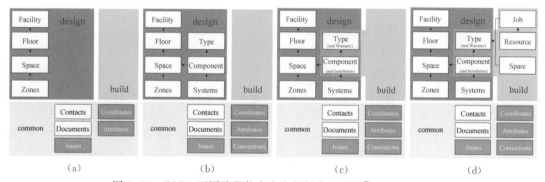

图 6-14 COBie 不同阶段信息内容的创建和维护①

1) 早期设计阶段

在设计的早期阶段,COBie 数据通过定义功能空间的清单来建立,如图 6-14(a)所示。任何一个设施(Facility,包括楼宇或者其他建设项目)都可以划分为不同的楼层(Floor,包括屋顶和场地等),每个楼层可以包括多个空间(Space)。如果多个物理分隔的空间在功能上有相关性,则这一组空间可以定义为分区(Zones),比如多个手术室可以集合在一起定义为手术分区。

2) 施工图设计阶段

随着设计深度的增加,建筑物内各构件的材质和性能、所需设备系统的产品要求等被逐步明确和细化。在这个阶段设计师可以添加的、与设施管理相关的信息通常包括建筑和结构构件的做法、产品的性能、设备的位置和数量等。这些数据和信息之所以在设计阶段创建,因为设计的过程需要这些数据和信息支持各种性能分析和优化、工程量计算、设计意图的沟通等。这些数据和信息不仅仅可以服务于设计阶段,大部分也是设施管理所需的基本资料,因此应该在数据和信息创建的时候就考虑到运营和维护的需要,避免手工二次输入所带来的成本

---

① 图片来自 www.wbdg.org。

（人工成本、时间成本、录入错误等）。

按照 COBie 的定义，各种设施被定义为构件（Component）并和具体的空间（Space）相关联，这样就可以确定某一个功能空间内所有的设施。同时，每个设施都有自己的类型，而设施的各种参数属性被定义在公共区（Common）的属性（Attributes）中，如图 6-14(b) 所示。所有的构件（Component）都会被归入服务于建筑物的不同系统中，比如喷淋系统、通风系统、采光系统、空调系统、中水系统等。当前的 COBie 标准还有一组数据对一个系统内各个构件的接口关系进行定义，用来描述一个设备或构件在逻辑上是如何与其他设备或构件连接的。比如，一个阀门如果被关闭了，那么会有什么其他设备和构件受到什么样子的影响。这组对连接的描述通过公共区的关系（Connections）进行定义，而且这个描述不是必须的，在当前的 COBie 标准中是可选项。在施工图设计阶段，设计师还可以把设计过程中引用的设计标准、规范等文档，作为该设施将来归档所需的资料（Documents）数据，按照 COBie 规范中公共区对资料的定义进行索引和关联。

3）承包商质量控制阶段

承包商需要在施工准备阶段和施工阶段向设计方和业主方提交各种资料和文档，COBie 标准允许这些资料和文档以电子版格式提交，并且将被批准的资料文档与项目中的材料、产品、设备、系统等直接进行关联。大部分被关联的文档由设备和产品的生产厂商创建，并以 PDF 格式文件进行存储，施工图和详图等可以采用其原始的 CAD/BIM 格式存储，并应该提供 PDF 视图。当 COBie 数据包向下游应用传递时，这些资料和文档需要被包括在被传递的 COBie 数据包内。

4）产品安装阶段

在产品安装阶段，项目总包商和分包商会采购项目所需的材料、产品、设备等，并按照设计要求进行安装。生产厂商的信息和产品的型号会被录入 Type 数据中，这种纪录可以在安装的时候产生，也可以在上一个阶段通过提交数据文档的形式完成。同样，产品的保修信息也应该录入到 Type 数据中。因为保修信息是针对某个具体设备或产品的，也就是说，对于同一个类型和型号的若干产品，有可能存在不同的保修期，所以需要特别注意。同时，还要准确记录设备的安装和测试日期，因为这些信息也可能和保修期相关。产品序列号和标签等应该被记录在构件（Component）数据中。这些要求参见图 6-14(c)。对于大型工程项目，这种对厂商、型号、序列号、标签的录入工作量非常巨大，通常可以通过商业化软件辅助录入工作。对于由小承包商建设的小型项目，如果没有商业软件可以利用，一般也可以应用标准化的 COBie 电子表格形式进行记录。

这里应该特别指出的是，在美国和大部分欧洲国家，记录各个设备的标签信息已经是施工承包合同的一个常见的要求，所以 COBie 并没有为承包商增加更多的额外工作，只是对这项工作进行了标准化而已。

5）系统调试运行阶段

一旦设备安装和测试完毕，各个系统就会被投入运行阶段。在 COBie 标准中,有几类文档和系统的运行相关,包括说明书、测试文档、证书等。如前所述,这些文档都应该以 PDF 格式存储在 Documents 数据中,并且应该和相应的系统进行准确关联。

系统调试运行阶段的一项重要工作是为设施的长时间健康运行创建各种维护计划。在 COBie 标准中包括如下类型的计划:维护预案(Preventive Maintenance Plan)、安全计划(Safety Plans)、故障排除计划(Troubleshooting Plans)、启动程序(Start-Up Procedures)、关闭程序(Shut-Down Procedures)、应急预案(Emergency Plans)等。这些维护计划被归于 COBie 标准中的作业(Job)数据下,如图 6-14(d)所示。一般来说,设施维护人员需要某些特定的资源(Resource)来执行一项作业,比如某种特殊的材料、工具或特别的培训课程。一个 COBie 标准中定义的作业会与其要求的资源进行关联,这样设施维护人员在执行一项作业之前就可以确保所有需要的资源都已经准备到位。有时,某些资源还需要一些备件(Spare)来应急。

6.6.3　与合同和法律相关的事项

将 BIM 和 FM 相结合意味着设计和施工阶段创建的信息将被带入运营和维护阶段,从而实现数据和信息在工程项目的全生命周期内共享。这种新的合作模式完全不同于传统的设计、招标、建设、运营的项目合作模式。传统合作模式的特点就是人为割裂工程项目的不同阶段,从而清晰界定不同阶段每个参与方的角色以及相关联的权利和义务,并且尽量将不同阶段之间、不同参与方之间数据和信息的传递数量降至最低,减少因为数据和信息交换引起的争议。这种传统的项目合作模式虽然从法律上减少了由于责任界定不清造成的争议和诉讼,但也极大地阻碍了项目参与方的有效合作,特别是 BIM 技术这种能打通项目各阶段的"信息孤岛"的新技术的应用。对于应用 BIM 技术的阻碍,表面上是弱化了设计师和承包商各自内部及相互间的合作,但最终会影响到业主,因为没有高效的数据和信息的协同,最终会稀释业主整合 BIM 和 FM 的效果。在现有的建筑行业体制下,要想实现比较有效的 BIM 和 FM 的整合,需要考虑很多与法律相关的合同条款,比如模型的所有权以及知识产权等问题。

1) 模型的所有权

对于任何应用 BIM 技术的工程项目(即使项目只在设计阶段应用 BIM 技术,而不推进到施工和运营维护阶段),都应该在合同中明确定义模型的所有权。BIM 模型中包含了由不同参与方提供的数据和信息,如果不能对这种合作创建的信息成果进行明确的所有权定义,在后期模型使用过程中就会出现问题。在多数情况下,比模型的所有权更重要的是,项目的各参与方能够顺利地使用 BIM 模型;而清楚定义模型的所有权和使用模型的许可授权,也正是为了保证项目参与方能从 BIM 模型顺利获得其所需的数据和信息。当 BIM 和 FM 进行整合的时候,美国等较早采用 BIM 技术的国家的实践表明,更多的项目在合同中明确表示 BIM 模型的所有权归业主所有,因为业主要在运营阶段长期使用该模型,并在设施发生装修或改建的时候修改该模型。通常来说,业界存在三种关于模型所有权的合同形式,即业主拥有模型所有权、设计师拥有模型所有权、多参与方各自拥有模型所有权。只要在合同中合理确定对模型信息的获得和使用的方法,任何一种合同形式都可以顺利支持 BIM 整合 FM 的项目应用。特别需要指出的是,无论采用哪种合同形式,都应该特别考虑到未来设施改建时模型的使用问题。

业主方拥有 BIM 模型及其包含的信息,是大多数业主(特别是政府和机构业主)青睐的一种合同形式,因为这些业主通常会长期持有该建筑设施,因此有可能会在施工验收交付后,在其他应用中(比如 CMMS)用到这些数据和信息。如果采用这种合同约束形式,一定要对合同中项目各参与方给予适当的 BIM 模型使用授权,以确保所有项目参与方都能在需要的时候及时从 BIM 模型获得数据和信息。美国标准合同条款文件 ConsensusDOCS 301 关于 BIM 应用部分中,虽然没有特别说明模型的所有权从模型创建方传递到业主方,但明确说明模型的创建方应该给予合同其他方一个有限的、非排他的、服务于本项目的使用模型的权利(参见 ConsensusDOCS 301 第 6.2 小节)。同样,AIA E202—2008 当中也有类似的条款,其他方在使用某一方创建的模型信息时并不意味着模型所有权的转移,而且对于模型的使用、修改、传送也仅限于服务于本项目(参见 AIA E202—2008 第 2.2 小节)。

采用业主拥有模型的合同形式的时候,设计师要特别注意在合同条款中保护自己为该项目建立的部分模型内容在其他项目中重复利用的权利。构件族库是一个设计公司的重要知识财富,而构件族库是随着设计项目的增加而逐步丰富起来的。设计方应该在和业主签订 BIM 模型所有权合同的时候,保护自己为该项所开发的标准族库构件(或经过修改的族库构件)可以被自由用于其他项目。同时,设计师还应该在合同中的免责条款中明确,由设计方提供的 BIM 模型,如果经过业主或其他第三方修改后,设计方不再对该模型以及模型内包含的数据和信息负责。

设计师拥有设计的 BIM 模型,是另外一种非常常见的确定 BIM 模型所有权的合同形式。这种模型所有权的规定也符合美国 AIA 传统上对于设计的定义——设计是建筑师提供专业服务的工具。如果在合同中确定 BIM 模型的所有权是设计师,那么同时应该清楚规定其他合同方(比如业主、承包商等)使用这个 BIM 模型的权利。对于业主来说,在考虑 BIM 和 FM 结合的时候,应该在合同中明确规定业主方有权利将设计和施工模型中的数据和信息用于运营和维护工作。同时,在采用这种合同形式的时候,业主也应该从设计师那里获得修改 BIM 模型的权利,用以服务项目改扩建工程。业主从设计师那里获得是对 BIM 模型的有限使用权,因此当业主对模型进行修改后,设计师将不再负有责任。

最后一种合同实践模式是,合同各方拥有 BIM 模型中由自己创建和提供的数据和信息。这种合同形式要求对 BIM 模型的使用进行多种交叉授权。除此之外,采用这种合同形式需要注意的地方与采用设计师拥有 BIM 模型所有权的合同形式基本相同。

无论采用哪一种合同形式确定 BIM 模型的所有权,由于 BIM 模型作为一种数字信息非常容易被复制,都要特别注意对某些专有信息保密工作。项目任何一个参与方,如果需要向 BIM 模型添加任何需保密的设计数据或信息,都可以在合同中以保密条款的形式约束项目其他参与方不得在未授权的情况下对外披露这些保密信息。

2) 知识产权

在 BIM 技术应用的过程中,项目的各参与方以合作的形式不断向该项目的一个或多个设计载体内添加数据和信息,最终完成项目的设计。这种合作完成项目设计的形式,为知识产权保护提出了一系列挑战性的问题:在这种合作模式下,什么是设计? 设计的载体是什么? 谁拥有设计的版权? 在目前的工程实践中,还不可能使用单一 BIM 模型表达所有设计工作,而是由一个模型(通常叫作土建模型)控制基本的空间体量信息和建筑结构构件,结合其他多个互相关联的模型实现专用功能,比如成本分析、施工组织进度管理、日照分析、能耗分析、设备系统设计等。在这种情况下,设计应该是这些互相关联的工作的集合。研究这样一个动态工作集合的版权问题,实际上需要研究知识产权领域如何定义联合工作、派生工作、雇佣工作情况下版权的归属问题。

版权保护是针对原创作品的,包括图片、图形、雕刻的作品等,防止未经授权而被其他人复制、使用或修改。如同其他用于专业服务的手段和工具(Instruments)一样,BIM 模型无论是作为整体还是其中的一部分,都应该作为版权保护的对象。专业设计人士经常担心他们为 BIM 模型添加的设计元素被其他可以接触到模型的人直接采用或稍加修改用于其他项目。这种做法等同于二维图纸时代拷贝一个公司的详图或标准图。虽然无视版权的行为在实际工作中很难被有效制止,我们还是要在项目合同中仔细推敲关于版权的规定。

传统的业主-建筑师之间的合同,至少在美国,对建筑师设计手段和工具提供严格的版权保护条款。比如,美国建筑师协会 AIA Document B101—2007 第 7.2 小节有如下描述:"建筑师是其设计手段和工具的作者和版权所有者,这些设计手段和工作包括设计图纸(Drawings)和设计说明(Specifications),因此保留对这些作品的全部判例法权利(Common-Law Rights)、实定法权利(Statutory Rights)以及其他保留权利,包括版权。"AIA 为 BIM 技术特别制定的指导原则 AIA E202—2008 Building Information Modeling Protocol Exhibit 第 2.2 小节也有相似的规定,而且同时将模型中的原创内容的保护从建筑师延伸到了所有对 BIM 模型提供原创作品的成员,相关描述是"模型元素(Elements)的作者在向 BIM 模型提交其创作的内容时,并不同时附带任何有关该内容的版权"。

AIA 合同范本外的其他一些合同标准中,对版权的规定相对比较灵活,允许合同乙方选择是否允许合同甲方(业主方)获得相关作品的版权,包括文档、图纸、说明、电子格式数据以及包括 BIM 模型在内的设计专业人士为该项目准备的其他信息。比如,Consensus DOCS 301 Building Information Modeling(BIM) Addendum 就可以被用于类似的合同规定。这个关于 BIM 的附录指出:"项目业主是否有权利在项目结束后拥有使用设计模型的全部权利以及版权,依靠业主和建筑师、工程师之间的合同约定确定。"Consensus DOCS 301 和 AIA E202—2008 一样,不认为模型的作者在移交其作品时默认附带任何版权。

BIM

参考文献

［1］丁士昭,马继伟,陈建国.建设工程信息化导论[M].北京:中国建筑工业出版社,2005.

［2］过俊.BIM在国内建筑全生命周期的典型应用[J].建筑技艺,2011(Z1):95-99.

［3］李建成,罗志华,王凌.计算机辅助建筑设计教程[M].北京:中国建筑工业出版社,2009.

［4］李建成.BIM研究的先驱——查尔斯·伊斯曼教授[J].土木建筑工程信息技术,2014,6(4):114-117.

［5］李建成.数字化建筑设计概论[M].2版.北京:中国建筑工业出版社,2012.

［6］刘葵.从CAD渐进到BIM[J].中国计算机用户,2003(33):66.

［7］刘烈辉.建筑信息模型与建筑室内设计[J].土木建筑工程信息技术,2009,1(2):83-86.

［8］设计企业BIM实施标准指南[M].北京:中国建筑工业出版社,2013.

［9］王陈远.基于BIM的深化设计管理研究[J].工程管理学报,2012(8).

［10］王广斌,向乃姗.多学科设计优化在建筑工程设计中的应用[J].东南大学学报,2010(11).

［11］王守清,刘申亮.IT在建设工程项目中的应用和研究趋势[J].项目管理技术,2004(2):1-7.

［12］王要武,李晓东,孙立新.工程项目信息化管理[M].北京:中国建筑工业出版社,2005.

［13］王争鸣,李原,余剑峰.产品数据管理技术研究[J].西北工业大学学报,1999,17(3):428-432.

［14］ 许蓁.BIM 设计协作平台下反馈信息的流程管理分析［J］.建筑与文化，
2014(02):34-37.

［15］ 杨远丰，莫颖媚.多种 BIM 软件在建筑设计中的综合应用［J］.南方建筑，
2014(04):26-33.

［16］ 张建平.BIM 技术的研究与应用［J］.施工技术,2011(1):15-18.

［17］ 张建平，马智亮，任爱珠，等.信息化土木工程设计［M］.北京:中国建筑工
业出版社,2005.

［18］ 张建平，余芳强，李丁.面向建筑全生命期的集成 BIM 建模技术研究［J］.
土木建筑工程信息技术,2012,4(1):6-14.

［19］ 赵景峰.BIM 协同模式探索与信息高效利用［J］.中国建设信息,2013(4):
48-51.

［20］ 赵红红，李建成.信息化建筑设计［M］.北京:中国建筑工业出版社,2005.

［21］ 中国勘察设计协会，欧特克软件(中国)有限公司.Autodesk BIM 实施计
划——实用的 BIM 实施框架［M］.北京:中国建筑工业出版社,2010.

［22］ Adopting BIM for facilities management—Solutions for managing the
Sydney Opera House［R］. Brisbane: Cooperative Research Centre for
Construction Innovation,2007.

［23］ Eastman C，Teicholz P，Sacks R，et al. BIM Handbook: A Guide to
Building Information Modeling for Owners, Managers, Designers,
Engineers, and Contractors ［M］. 2nd Edition. Hoboken: John Wiley &
Sons Inc. , 2011.

［24］ Eastman C，Jeng T S，Chowdbury R，et al. Integration of Design
Applications with Building Models ［A］.//CAAD Futures 1997
Conference Proceedings［C］. München，1997: 45-59.

［25］ Greenwold S. Building Information Modeling with Autodesk Revit［R］.
San Rafael: Autodesk Inc. , 2004.